Rudolf Braunburg

Die Geschichte der Lufthansa

Vom Doppeldecker zum Airbus

Rasch und Röhring Verlag

Bildnachweis: Archiv des Autors

CIP-Titelaufnahme der Deutschen Bibliothek
Braunburg, Rudolf:
Die Geschichte der Lufthansa: vom Doppeldecker zum Airbus/Rudolf Braunburg.
– Hamburg: Rasch und Röhring, 1991
ISBN 3-89136-416-4

Schutzumschlaggestaltung: Studio Reisenberger, unter Verwendung eines Fotos von Frieder Blickle
Satzherstellung: KCS GmbH, Buchholz/Hamburg
Druck- und Bindearbeiten: Ebner Ulm

Inhalt

Vorwort 7

Erster Teil
Die alte Lufthansa (1926–1945)

Erstes Kapitel
Der Kranich wird flügge 11

Der Traum vom Fliegen · »... wetteifernd im närrischen Ehrgeiz« · Mit neunzehn Typen an den Start · Fliegen wird schick · Das große Abenteuer Nordatlantik · »Das war noch Romantik« · Die unrentablen Riesen

Zweites Kapitel
Die glorreichen dreißiger Jahre 52

Der Kranich fliegt um die Welt · »Bei solchem Wetter fliegen nur Verrückte... oder die Luft Hansa« · Blind fliegen – eine Revolution im Luftverkehr · Ein Boot geht in die Luft · Ab die Post per Katapult · Im Zeichen des Kondors: deutsche Luftfahrt in Südamerika · Der Ferne Osten rückt näher · Die »Tante Ju« und ihre Konkurrenz · Nach 1933: »Diener von Volk und Staat« · Zweiundzwanzig Stunden bis New York · »... die im Dunkeln sieht man nicht« · Flottenplanung unter politischen Vorzeichen · Zum ersten Mal nonstop nach Amerika · Bilanz am Vorabend des Zweiten Weltkrieges

Drittes Kapitel
Der schrumpfende Riese 139

Die Lufthansa wird kriegsverpflichtet · Im Dienst der Luftwaffe · Nachruf auf einen Pionier · »... war uns eine Ehrenpflicht« · Geisterflüge · Zusammenbruch

Zweiter Teil
Die neue Lufthansa (1955–1991)

Erstes Kapitel
Der Phönix aus der Asche 175

»... ein harter Weg voller Mühen und Anstrengung« · Die Wiedergeburt des Kranichs · Neuaufbau aus dem Nichts · Die alten Lufthanseaten · Treffpunkt Shannon · Eine Fluggesellschaft setzt sich durch · Die Ära der Superconnie · Flughäfen, Verkehrsrechte und politisches Prestige · Das Geschäft mit Fracht und Charter · Das Jet-Zeitalter beginnt · Ein Beruf stirbt aus · Lufthansa contra Bundesbahn · Ein ganz neues Fluggefühl · Ein Jet im Jetstream · Lehrjahre eines Piloten · Ein Flugzeug wie ein Gedicht · Zum Beispiel 1964 · Eine homogene Flotte · »... ein positives Kapital« · Ein Flugzeug wird überholt

Zweites Kapitel
Der Kranich in der Sonne 254

Die Riesen kommen · Hauptsache Sicherheit · Kein Dampfer für alte Herren · Ein Stern für Frankfurt · Nashörner für Amsterdam · »... ganz einfacher Service« · Ein Paradies für Arizona · Der Ernstfall wird geprobt · Ein Airbus für die kurzen Wege · Ein modernes Unternehmen · Flughafen-Notizen · Im Sog der Politik · Ein normaler Flug · Ein einzigartiger Aufstieg · Die Flotte wird modernisiert – der Flugingenieur weicht · Piloten gegen die Startbahn West · Instant-EROPS · Nonstop ist IN · Corporate Identity · Supervogel flügellahm? · Fly-by-Wire · INTERFLUG – die gescheiterte Zusammenarbeit · Ausblick auf das Jahr 2000 ·

Chronik 325

Vorwort

Das Beste, was einer Fluggesellschaft passieren kann, ist: Ein Journalist, der weder zur Firma gehört noch gar Verkehrsflieger ist, schreibt die Inside-Story der Airline. Er wird hervorragend bewirtet und informiert werden. Jeder zuständige Manager wird ihm mit ausführlichen Stellungnahmen unter besonderer Berücksichtigung der eigenen Leistungen zur Verfügung stehen: kein faules Fleckchen auf dem Big Apple der Firmengeschichte.

Das Allerbeste freilich, was einer Fluggesellschaft passieren könnte, wäre der kritische Bericht eines Insiders, der auch die faulen Stellen nicht ausläßt. Denn die geglättete Geschichte würde ohnehin von keinem einigermaßen kritischen Leser geglaubt werden. Hingegen wäre zu vermuten, daß in einem solchen Bericht das Lob stimmen könnte. Nichts Selbstverständlicheres in einer Firma von mehr als 30 000 Angestellten als gelegentliches Fehlversagen. Kein Unternehmen dieser Größenordnung könnte glaubhaft behaupten, fehlerfrei über die Runden gekommen zu sein. Freilich stellt sich die Sachlage aus dem Blickwinkel der PR-Abteilung anders dar; auch dafür sollte man Verständnis aufbringen.

Als vor zwölf Jahren die erste Ausgabe dieses Buches der Presse vorgestellt wurde, hatte die Lufthansa durch eine interne Anordnung ihren Vertretern die Teilnahme an der Pressekonferenz untersagt. Eine korrekte, verständliche Maßnahme. Denn ich hatte alle Vorschläge, wie sie von der PR-Abteilung zur Bedingung für eine Förderung gemacht wurden, abgelehnt: die geforderten Biographien der Manager und Führungspersönlichkeiten mit ausgiebigem Fotomaterial, das mir der damalige Pressechef zur Verfügung stellten wollte; die Bitte, das Manuskript kapitelweise zur Absegnung vorzulegen; die selbstverständliche Aussparung allzu interner Firmenkritik...

Die Reaktion der PR-Abteilung und das Totschweigen des Buches (und seines damals zur Persona non grata erklärten Autors) durch die eigene Firma waren aus deren Sicht selbstverständlich. Genauso selbstverständlich war, daß auf der Pressekonferenz trotzdem viele LH-Vertreter anwesend waren. Nicht offiziell, sondern schlichtweg als Freunde und Kolle-

gen. Für die anwesenden Journalisten ein Werbegag, für den ich meiner Firma bis heute zu Dank verpflichtet bin.
Was mir vorschwebte, war die Darstellung der Geschichte der Lufthansa *aus der Sicht der Piloten, die sie erflogen haben.* Ein solches Vorhaben mußte den Managern und Bürokraten am Schreibtisch von vornherein suspekt erscheinen. Noch kein Pilot hatte das jemals versucht.
Im chronologischen Ablauf der Geschichte der Vorkriegs-Lufthansa gab es bislang wesentliche Lücken. So blieb zum Beispiel eine der wichtigsten Epochen der alten Hansa – die Einführung des Instrumentenfluges – weitgehend unbeachtet, obwohl sie den »Aufstand der Piloten« gegen Carl August von Gablenz zur Folge hatte. Es ist das spezielle Verdienst Siegfried Graf Schacks (neben Hans M. Bongers), Licht ins Informationsdunkel gebracht zu haben. Mein Dank gilt insbesondere ihm; er stellte mir in unermüdlicher Arbeit immer wieder neues Material zur Verfügung. Er hat bis zu seinem Tod gegen Darstellungen innerhalb der neuen Lufthansa gekämpft, die aus der Sicht dieses verdienten Flugpioniers falsch waren.
Weder der Rückgriff auf seine Erfahrungen und Informationen noch die Darstellung der Rolle der Lufthansa im Dritten Reich konnten auf Wohlgefallen stoßen, wenn derartige Geschichtsepisoden lieber unter den Tisch gekehrt werden sollen. Wesentliche Hilfe boten in diesem Zusammenhang auch die Geheimakten des Reichswehrministeriums aus den Jahren 1919 bis 1933 und des Reichsluftfahrtministeriums der Jahre 1933 bis 1939, herausgegeben vom Militärgeschichtlichen Forschungsamt und gesammelt von Karl Heinz Völker.
Besonderes Gewicht wurde, weil bisher weitgehend unbekannt, auf die Rolle und das Ende der Lufthansa im Zweiten Weltkrieg gelegt. Auch sie wurde, soweit möglich, aus der Sicht der beteiligten Piloten dargestellt.

Berlin-Schönefeld, Frühjahr 1991 — Rudolf Braunburg

Erster Teil

Die alte Lufthansa
(1926–1945)

Erstes Kapitel
Der Kranich wird flügge

Der Traum vom Fliegen

Einer weitverbreiteten Meinung zufolge soll der Wunsch zu fliegen ein uralter Traum der Menschheit sein.
Das ist falsch. In Wirklichkeit hat die Menschheit die Mutigen und Unentwegten, die sich in die Lüfte zu schwingen versuchten, als asoziale Einzelgänger, Phantasten und Verrückte abgestempelt. Diese Flugpioniere mußten ihre Interessen immer wieder gegen den genormten Bürgersinn der »Vernünftigen« vertreten.
Schon auf Ikarus wurde mit mahnend erhobenem Zeigefinger hingewiesen: So ergehe es den Abenteurern, die sich ihrer Grenzen nicht bewußt bleiben. Der Wasserstoff-Ballon, den der Physiker Jacques Charles 1783 fliegen ließ, wurde von wütenden Bauern bei der Landung zerstört. Und als die ersten Ballonfahrer in ihren Montgolfieren notlandeten, entgingen sie nur mit Mühe den Heugabeln der aufgebrachten Landarbeiter. Hohn und Spott und Hexenprozesse waren alles, was die Menschheit für die Verwirklichung ihres angeblichen Traumes übrig hatte. Und sogar Dädalus selbst, der mit seinem Sohn auf dem Luftweg von der Insel Kreta floh, fühlte sich nach dem Absturz Ikarus' keinesfalls verpflichtet, den Gedanken der Schwerkraftüberwindung weiterzuverfolgen: Er setzte seine Reise nach Sizilien mit dem Schiff fort.
Hohn und Spott und permanenter Geldmangel waren es auch, die Männer wie Otto Lilienthal oder die Gebrüder Wright bei ihren Versuchen begleiteten – sieht man einmal von dem Häufchen zufälliger oder ständiger Beobachter ab, die in den Rhinower Bergen bei Berlin oder in den Sanddünen von Kitty Hawk die oft trostlos kurzen Sprünge verfolgten. All diesen »Männern der ersten Stunde« ging es freilich noch um den reinen Selbstzweck des Fliegens. *L'art pour l'art* hieß die Devise. An einen Luft-*Transport* war zunächst nicht zu denken.
Die fernere Vergangenheit allerdings hatte es darin schon einmal weitergebracht! Ikarus wird fälschlicherweise immer als der Ausgangspunkt des Fluggedankens betrachtet. Das stimmt nur, wenn wir die Mythologie aus der Geschichte der Menschheit ausklammern. Beziehen wir sie dagegen ein, so stellt Ikarus ein Endstadium, zumindest einen Übergang dar.

Denn die Mythen der Völker sind voll von fliegenden Wesen, fliegenden Wagen, fliegenden Gebrauchsgegenständen. Der Große Garuda zum Beispiel breitete seine gewaltigen Schwingen längst über den Fernen Osten aus, bevor die beiden griechischen Gefangenen auf Mittel und Wege sannen, aus der Festung des Minos zu entkommen. Der Sage nach sollen sie dort in der Bibliothek die »Flugberichte der Alten« studiert haben, das indische *Kiskindah Kanda* zum Beispiel, das einen der ältesten Flugberichte der Welt enthält:

»Ich und Jatayus, wetteifernd im närrischen Ehrgeiz und um des Weltruhms willen, schwangen uns auf in den Raum ... Zur gleichen Zeit flogen wir dahin. Auf der Erde unter uns sahen wir die Städte, eine nach der anderen. Und sie waren nicht größer als Räder eines Wagens ... Die Wälder unter uns glichen Rasenmatten. Die Berge sahen aus wie verstreute Kieselsteine, und die Flüsse wie Riemen, welche die Erde banden ...«

In der Tat: Wer die Zeugnisse der Alten, das *Ramayana* etwa, die *Edda* oder das finnische *Kalewala*, die afrikanischen, australischen, mexikanischen Mythen betrachtet, kommt zu der Überzeugung, daß die Luftstraßen der Welt damals nur so überfüllt gewesen sein müssen von fliegenden Drachen, Vogelmenschen, Sylphen, Göttern, Halbgöttern und äolischen Geistern. Dies keineswegs aus purer Freude am Fliegen, sondern weil wichtige Figuren des mythologischen Lebens befördert werden mußten.
So war der Garuda (im Gegensatz zu der jetzigen holländisch-indonesischen Airline gleichen Namens) das Luftfahrzeug der Gottheit Vishnu, die fliegende Stute Burak das Langstreckenverkehrsmittel Mohammeds, mit der er in der Nacht von Mekka nach Jerusalem und zurück fliegen konnte. Auch Loki, der Listige, flog mit dem geraubten Federkleid Freyas, daß es eine Lust war: »Es flog Loki, die Federn rauschten, bis hinter ihm lag das Heim der Asen und vor ihm lag die Burg der Riesen.«
Mit Ikarus' halb realistischem, halb sagenhaftem Fluchtversuch sank diese phantastische Welt der mythologischen Wesen ins Unterbewußtsein der Menschheit zurück, um dann bei einzelnen Individualisten als Sehnsucht nach der leiblichen Überwindung der Schwerkraft immer wieder aufzutauchen. Auch der realistische Alexander, der sich die Welt untertan machen wollte, soll sich, von zwei Greifen gezogen, in die Lüfte erhoben haben. Auf einem Holzschnitt von Hans Leonhardt Schäuffelein ist dieses Ereignis dargestellt. Und kaum war der erste Motorflug an einem winterverhangenen, frostböigen Dezembermorgen des Jahres 1903 durch Orville Wright erfolgt, zwang bereits Geldmangel dazu, über

die finanziellen Möglichkeiten des Fliegens nachzudenken. Damit war der Impuls für jene Schizophrenie gegeben, die bis zum heutigen Tage (und da erst recht!) diese wunderbarste aller Fortbewegungsarten begleiten sollte. Nur betuchte Leute können sich heute noch das Hobby leisten, aus purer Lust am Fliegen in die Luft zu gehen. Auf breiter Basis läßt sich der Traum von der Überwindung der Schwerkraft nur durch das Flugzeug als Transportmittel realisieren, das den Geschäftsmann, den Langstreckentouristen von A nach B bringt.

Im Bereich des modernen Luftverkehrs dienen die genialsten technischen Erfindungen nüchtern-sachlichen Zwecken. Die Geburt des Fliegens nicht als Erfüllung eines Traumes, sondern als Folge nüchternen Zweckdenkens schon bei Dädalus und Ikarus (wie kommen wir von der Insel weg?) – diese Zweckdienlichkeit hat Jean Giraudoux bei der Lektüre von Robinson Crusoe traurig gestimmt. Die Robinsonsche Profanisierung schöpferisch-genialen Ideenreichstums ist Existenznotwendigkeit eines jeden modernen Unternehmens.

Die alte wie die neue Lufthansa können – alles in allem – als erfolgreiche Unternehmen betrachtet werden. Aber es kann nicht schaden, wenn man zwischen Erfolgsbilanzen und Statistiken immer wieder mal einen Band aus der indischen oder griechischen Mythologie hervorzieht und nachblättert, wie dort geflogen wurde.

Da gibt es jene wunderbare Stelle aus dem *Ramayana*, wo als Luftverkehrsmittel der Himmelswagen Pushpaka benutzt wird, der, »vom Wind geschaukelt, im Schmuck seiner Perlen blitzte«. Lindbergh, der erste Nordatlantik-Überquerer in westöstlicher Richtung, hat, obwohl Schriftsteller, nicht so bildreiche Worte für seine Ozeanüberquerung gefunden wie jenes uralte indische Götterepos:

»So ungeheuer ist der Luftdruck, als er (der Luftfahrer Rama) sich vom Berge abstößt, daß Büsche und Bäume entwurzelt werden und sich hinter ihm her in die Luft erheben. So, wie Freunde uns noch ein Stück begleiten, wenn wir auf Reisen gehen. Überschüttet von Blüten, Blättern, Knospen, fliegt er wie eine Wolke mit leuchtenden Rändern. Bald scheint er den Ozean mit allen Wogen, bald scheint er den Himmel verschlingen zu wollen... Bald jagt der Wind ihn wie wilde Meereswellen, bald trägt das Mondlicht ihn wie sanfte Wogen. Unermüdlich durcheilt er das Luftmeer. Er scheint den Raum zu verzehren, an den Mond zu rühren und das Firmament mit seinen funkelnden Gestirnen an sich zu reißen. So durchschwimmt er den wasserlosen Ozean, zerteilt er die flutenden Wolken, die weiß, rosig, blau, purpurn, gelb und rot ihn umzucken. So stürzt er sich in die Nebelmassen und durchdringt sie, bald sichtbar, bald unsichtbar wie der Mond.«

Das Einzelgängerische, das aus der Norm Fallende, wie es allen Luftfahrtpionieren zu eigen war, kennzeichnete auch die erste Generation der Verkehrspiloten. Vielleicht war eine Spur davon sogar noch in der ersten Generation der Nachkriegspiloten vorhanden. Schließlich mußten sie, um 1955 zur neu erstehenden Lufthansa zu kommen, ihr Leben radikal ändern; Viele von ihnen hatten längst einen völlig andersartigen Zivilberuf, der sie durchaus befriedigte – bis sich eben die Chance bot, bei der neuen Lufthansa zu beginnen. Allerdings war diese Nachkriegsgeneration in einer weitaus schwierigeren Lage als die Piloten nach dem Ersten Weltkrieg. Anfang der zwanziger Jahre war das Fliegen nämlich nicht – wie nach 1945 – grundsätzlich verboten!

Und so zeigten die zwanziger Jahre ein wirres Bild von Luftfahrtenthusiasten, die um jeden Preis wieder fliegen wollten – koste es, was es wolle. Und es kostet eine ganze Menge! Zwar durfte eine deutsche Luftfahrtindustrie nur beschränkt entstehen; aber niemand hinderte die Deutschen daran, mit übriggebliebenen Militärmaschinen Luftdienste einzurichten oder Flugtage mit Sensationsvorführungen im Kunst- und Tiefflug zu veranstalten.

Wer kennt die Namen, kennt die Zwecke?

Die erste »Zulassungsbescheinigung für den Luftverkehr« (Nr. 1) wurde am 8. Januar 1919 der Deutschen Luftreederei (DLR) erteilt. Allerdings durfte sie lediglich für eine befristete Zeit »Luftverkehr zu Propagandazwecken« betreiben: Abwurf von Wahlaufrufen und Propagandamaterial für die bevorstehenden Wahlen zur Nationalversammlung. Die Piloten kamen aus der Militärfliegerei. Einer von ihnen war Willy Polte, von dem noch die Rede sein wird.

Die DLR bewies von Anfang an praktisches Gespür. Als sich die Sache mit der Wahlpropaganda erledigt hatte, kamen ihr Kohlemangel und Streikgefahr bei der Deutschen Reichsbahn zu Hilfe. Als die Nationalversammlung nach Weimar einberufen war, vermißten ihre Mitglieder bald eine akzeptable Verbindung nach Berlin. So kam es zur Fluglinie zwischen Berlin-Johannisthal und Weimar-Webicht: Am 5. Februar 1919 rollte ein ehemaliger Aufklärer zum ersten Start an, um Post, Zeitungen und Passagiere zu befördern.

»... wetteifernd im närrischen Ehrgeiz

Der Herr Minister hockte auf einem Bügelbrett, das man in den zweiten Sitz des AEG-Doppeldeckers geschoben hatte. Wahrscheinlich war er damals, am 8. Februar 1919, glücklicher als heute so mancher Mallorca-Tourist, der trotz rechtzeitigen Spurtens an die Chartermaschine keinen Fensterplatz mehr erwischt hatte. Denn Minister Albertz wollte zurück nach Weimar, wo die deutsche Nationalversammlung um eine neue Verfassung kämpfte.

Noch im gleichen Jahr sollten von der Grasnarbe auf Berlin-Johannisthal weitaus komfortablere Flugzeuge abheben. Im Sommer startete erstmals keine umgebaute Militärmaschine, sondern ein sensationelles Junkersprodukt, speziell für die Zwecke des kommerziellen Luftverkehrs entworfen: die Junkers F 13, der erste Ganzmetall-Tiefdecker für den Zivilverkehr. Ihre vier Passagiere brauchten nicht mehr, wie der Herr Minister, rittlings auf Brettern zu sitzen; sie reisten in einer geschlossenen Kabine und saßen auf bequemen Sitzen. Die Kristallfenster ließen sich teilweise öffnen.

Weniger komfortabel reisten die beiden Piloten vorn. Ihr Cockpit war, sieht man von der Windschutzscheibe und der nach vorn gezogenen Dachhaut ab, offen. Aber die F 13 besaß im Cockpit eine Einrichtung, deretwegen die Piloten von ihren Kollegen in den offenen Kisten beneidet wurden, nämlich Doppelsteuerung. Das bedeutete, daß sich auf längeren Flügen beide Piloten ablösen konnten.

Mit der Navigation freilich war es eine schwierige Sache. Man navigierte nach Sicht an markanten geographischen Punkten entlang: Ortschaften, Waldschneisen, Flüssen. Die ideale Richtlinie stellte die Eisenbahn dar. Nach dem Motto *Linkes Rad, rechte Schiene* konnte man auf einfache Art (die auch heute noch bei Sportfliegern angewandt wird) sogar Zusammenstöße bei Gegenverkehr mit einiger Wahrscheinlichkeit vermeiden.

Trotzdem gab es eine (Bahn-)Strecke, die wegen Kollisionsgefahr berüchtigt war: die Route Berlin–Hannover–Amsterdam der Deutschen Aero Lloyd von 1925. Dort begegneten sich irgendwo die gleichzeitig in Amsterdam und Berlin gestarteten Maschinen. Ihre Piloten sahen dieser Begegnung mit gemischten Gefühlen entgegen, denn das eine Flugzeug war eine F 13, bei der der Pilot links saß und rechts neben der Bahnlinie flog, das Gegenflugzeug jedoch war eine Fokker FIII, ein mit einem englischen Armstrong-Siddeley-Motor ausgerüsteter Schulterdecker, der eine anormale Cockpitanordnung hatte: Der einzige Pilotensitz befand sich rechts neben dem Motor. Da der Pilot darin nur Sicht nach rechts hatte, flog er logischerweise, um die Bahnlinie überhaupt zu sehen, links davon. Mit anderen Worten: Bei Gegenverkehr begegneten sich beide Flugzeuge auf der gleichen Seite.

Es waren verwegene Burschen, die Anfang der zwanziger Jahre, mit Kopfhaube, Brille, Sturzhelm, Wollschal und Pelzhandschuhen bewehrt, den Kampf gegen die Schwerkraft aufnahmen. Sie kämpften auch gegeneinander und um jeden Passagier. Wenn zum Beispiel in Warnemünde die Ostseefähre aus Skandinavien einlief, rannten die Piloten vom Flugplatz an die Fähre und versuchten, Passagiere für einen Flug nach Berlin zu gewinnen. Szenen, wie es sie heute in südlichen Ländern unter Taxifahrern oder Gondolieri gibt...

Zu den Piloten der ersten Stunde gehörten unter anderem Wolf Hirth, der spätere Motorkonstrukteur, und Ernst Udet, mit zweiundsechzig Luftsiegen der erfolgreichste überlebende Jagdflieger des Ersten Weltkrieges.

Allerdings bestand Udets Tätigkeit nicht so sehr im Absolvieren eines regelmäßigen Flugdienstes – dazu wäre ein Draufgänger und passionierter Kunstflieger wie er gar nicht in der Lage gewesen. Vielmehr nutzte man seine Popularität und Fähigkeiten für grundsätzliche Werbung aus. Ein Plakat von Ludwig Hohlwein aus dem Jahr 1919 zeigt ihn zusammen mit seinem Kriegskameraden Robert Ritter von Greim als Werbeträger für das »Rumpler Schaufliegen«.

Otto Meyer, technischer Direktor der Bayrischen Rumplerwerke, berichtete über einen solchen Flug:

»Am Vormittag des 5. Oktober fliegen Udet und Greim ihre Maschinen ein. Es stehen drei Jagdsitzer, zwei Rumpler Ru D1 und eine Fokker D VII zur Verfügung. Am frühen Nachmittag beginnt das Schaufliegen. Otto Meyer, die weiße Startflagge schwingend, hat selbst als Flugwart die Leitung der Veranstaltung übernommen. Als erster startet Ernst Udet. Nach überraschend kurzem Anlauf zieht der den kleinen roten Doppeldecker sofort steil auf die große Höhe, setzt dort zum sogenannten Immelmann-Turn an, jener plötzlichen Kehrtwendung zur Änderung der Flugrichtung, wie sie der deutsche Jagdflieger Immelmann im Luftkampf einführte. Dann macht Udet ein paar Rollings, wobei er das Flugzeug, ohne an Höhe zu verlieren, mehrmals elegant um die Längsachse dreht. Schließlich geht er mit donnerndem Motor in den Sturzflug über und schlägt den ersten Looping. Nach mehrfacher Wiederholung dieser klassischen Kreisflugfigur stellt er den Motor ab, gleitet im Sideslip mitten auf das Fluggelände zu, um die nun seitlich über den Tragflügel mit pfeifenden Spanndrähten abrutschende Maschine dicht über dem Boden geradezurichten und nach kurzem Ausschweben zu landen.

Während die Zuschauer in unerhörter Begeisterung Beifall spenden, ist auch schon Ritter von Greim in der Luft, dessen Kunstflugprogramm ebenfalls zu stürmischen Ovationen Anlaß gibt. Es ist schwer zu sagen, wer von den beiden der Bessere ist. Ihre einfallsreichen tollen Kapriolen, die schon an Akrobatik grenzen, verraten indessen, daß die Piloten wie verwachsen mit ihren wendigen Maschinen sind und diese in allen Fluglagen voll beherrschen.

Inzwischen haben die Rundflüge des Rumpler-Luftverkehrs eingesetzt, die nun während der Pausen des Kunstflugprogramms fortlaufend durchgeführt werden. Die Zeit vergeht wie im Fluge, und schon tummeln sich die beiden Kampfflieger gemeinsam in den Lüften. Sie jagen abwechselnd hintereinander her, brausen dicht über das Flug-

feld, reißen ihre Maschinen wieder hoch und vollführen regelrechte Luftkämpfe, wobei die Maschinen oft so dicht aneinandergeraten, daß es den Anschein erweckt, als würden sie im nächsten Augenblick zusammenprallen.
Die Zuschauer am Flugfeld verfolgen diese oft gefährlich aussehenden Situationen mit atemloser Spannung. Aber gleich darauf bricht die Menge in Jubel aus, wenn sich die Flugzeuge durch geschicktes Manövrieren wieder voneinander entfernen. Die Luftspiele, wie sie Udet und Greim damals zeigten, bleiben allen in unvergeßlicher Erinnerung. Kurze Zeit darauf muß der Flugtag in München-Oberwiesenfeld, des Erfolges wegen, wiederholt werden.«

Auch Geschäftsleute, Reporter und bekannte Größen aus der Theaterwelt stellten sich – schon damals – gern für Werbezwecke zur Verfügung.
HABEN SIE DEN DOPPELDECKER GESTERN ZWISCHEN 10 UND 11 UHR VORMITTAGS ÜBER UNSERER STADT KREISEN SEHEN?, so fragte etwa eine Ulmer Zeitung am 25. Februar 1921 per Schlagzeile und lüftete dann das Geheimnis, daß Hannelore Ziegler, die damals gefeierte junge Tänzerin, von Augsburg herübergekommen war, um noch einmal vor überfülltem Hause zu spielen. Anschließend ging sie auf Tournee nach Holland und in die Schweiz – per Flugzeug. Die Landung in Ulm fand auf dem dortigen Verkehrsflughafen statt, einem ehemaligen kleinen Exerzierplatz.
Die Werbung kam schon damals auf die ausgefallendsten Ideen. So kreierte das berühmte Tanzpaar Erry & Merry den Rumpler-Foxtrott. Hanns Stetten hatte ihn zu Ehren Rumplers komponiert, Ludwig Hohlwein entwarf den Notenumschlag. Die Ausgabe für Klavier kostete Mk 1,80, die für Salon-Orchester Mk 2,50.
Der Leser ist geneigt, Vergleiche mit der Zeit nach dem Zweiten Weltkrieg zu ziehen. Damals brachte die Deutsche Lufthansa einseitig gepreßte 45er-Platten heraus, die als Werbegeschenke oder an Bord verteilt wurden, anläßlich der Einführung des Düsenluftverkehrs beispielsweise einen Schlager mit dem Titel *Eine neue Kraft ist geboren.* Und Mitte der siebziger Jahre spielte Klaus Doldinger für die Plattenfirma »Atlantik« das Lufthansa-Thema *Skies.*
Aber noch sind wir in den zwanziger Jahren!
Neben einer Unmenge an rein sensationellen Luftspektakeln gab es echte Pionierleistungen: 1922 nahm die Deutsch-Russische Luftverkehrs-GmbH Deruluft ihre Flüge zwischen Königsberg und Moskau auf, später wurden durch Gründung des »Luftverkehr Persien« Teheran und Isfahan an das russische Verkehrsnetz angeschlossen. Im Juli 1924 wurde die erste Nachtfluglinie Berlin–Warnemünde–Karlskrona–Stockholm durch den Junkers-Luftverkehr eröffnet. Damals gab es in Deutschland

die imponierende Zahl von siebzig Verkehrsflughäfen! Alle diese Grasfeldchen und planierten Äcker wurden oftmals nicht nur von einer, sondern von zahlreichen konkurrierenden Fluggesellschaften angeflogen. Fast alle waren sie auf Regierungssubventionen angewiesen. Es kam zu ersten Zusammenlegungen: Im Junkers-Luftverkehr gingen mehrere kleinere Gesellschaften auf; DLR und Lloyd Luftdienst verschmolzen zur Deutschen Aero Lloyd AG.

Auch die Luftschiffe gab es noch. Mit ihnen hatte Deutschland schon vor dem Krieg als erstes Land der Welt einen zivilen Luftverkehr eröffnet. Begonnen hatte es im Juni 1910, als das Vierundzwanzig-Passagiere-Luftschiff LZ 7 *Deutschland* abhob. Und nur vier Jahre später, zur Zeit des Kriegsbeginns, hatte die Deutsche Luftschiffahrts AG, die mit der Luftschiffbau-Zeppelin-GmbH und der Hamburg-Amerika-Linie liiert war, bereits mehr als zehntausend Passagiere befördert! Unfallfrei dazu!

1925 war die Reichsregierung die unrentable Zersplitterung und den ruinösen Wettbewerb leid.

Ernst Brandenburg, seit 1924 Leiter der Abteilung Luftfahrt im Reichsverkehrsministerium, lehnte die Zahlung weiterer Subventionen an die sich selbst den Garaus machenden defizitären Mini-Gesellschaften ab. Er drängte auf eine Einheitsgesellschaft.

Er fand Unterstützung nach außen durch Dr. Kurt Weigelt, der von der Deutschen Bank zum Aero Lloyd gestoßen war und aus Gründen der Konkurrenzfähigkeit gegenüber dem Ausland die Notwendigkeit des Zusammenschlusses erkannte und forderte. »Die Beschleunigung, mit der eine Nation auf einem bestimmten Verkehrssektor führend wird, kann von politischer und wirtschaftlich richtunggebender Bedeutung sein.«

»Zivilisation heißt Transport«, zitierte Weigelt in einer Denkschrift *Zusammenschluß im Luftverkehr* Ende 1925, ohne den Verfasser zu nennen. Es war der *Dschungelbuch*-Autor Rudygard Kipling *(Civilisation is transportation)*. So wurde am 6. Januar 1926 die Deutsche Luft Hansa AG gegründet. Ihr Anfangskapital betrug 50 000 Mark.

Die Bezeichnung Luft Hansa entstammt zum Teil dem Namen der Tochtergesellschaft des Deutschen Aero Lloyd, der Aero Hansa. Zum erstenmal vollständig verwendet wurde sie von dem Junkers-Pressechef Fischer von Poturzyn. Er hatte schon früher eine Betrachtung zur Verkehrsluftfahrt mit dem Titel Luft Hansa veröffentlicht. Er sprach darin von den »Hansastädten des Luftverkehrs«, die am »Gestade des Luftozeans« lagen.

Vorgeschlagen hatte diese Bezeichnung der Verleger des Artikels, Werner Lehmann. Er war bis zu seinem Tod Prokurist eines großen Münchner Verlags. Das Bildsymbol, der Kranich, wurde vom Deutschen Aero Lloyd entlehnt; die Farben Blau und Gelb kamen wiederum von Junkers. Übrigens wurde erst in den letzten Monaten des Jahres 1933 die Schreibweise Luft Hansa in Lufthansa geändert.

Mit neunzehn Typen an den Start

»Die Gründung der Lufthansa wirkte wie ein belebendes Elixier auf alle, die sich der Fliegerei verschworen hatten!« So Flugkapitän Utter, einst Vorstandsmitglied der neuen Lufthansa, über die damalige Geburtsstunde.

Das junge Unternehmen hatte sich konkrete Ziele gesetzt, die nur durch kühnen Pioniergeist zu bewältigen waren:

1) Deutschland mit den wichtigsten europäischen Wirtschaftszentren zu verbinden.

2) Die bedeutendsten deutschen Städte an das europäische Luftverkehrsnetz anzuschließen.

3) Zwischen Deutschland und denjenigen außereuropäischen Ländern, zu denen es besondere Handelsbeziehungen unterhielt, eine Luftverbindung herzustellen.

Um diese hochgesteckten Pläne zu realisieren, ging die Luft Hansa sozusagen sofort in die vollen!

Noch im Gründungsjahr wurde eine Nachtstrecke eingerichtet. Sie führte von Berlin vorbei an Stettin und Stolp hinaus auf die Ostsee und an der Küste entlang nach Danzig. Von dort ging es vorbei an Elbing nach Königsberg. Man kann heute nicht genug die Kühnheit jenes Projekts bewundern. Die gesamte Strecke wurde bodenseitig mit Sichtfeuern ausgerüstet, an denen entlang der Pilot bis Königsberg franzte. Da gab es weiße Hauptleuchtfeuer, Neonfeuer und Blinkfeuer. Die einzelnen Standorte und die Arten der Feuer waren in der Navigationskarte verzeichnet – ähnlich, wie in Schiffskarten die verschiedenartigen Küstenleuchtfeuer verzeichnet sind.

Ebenfalls im Gründungsjahr wurden Frankreich und Schweden, ein Jahr später Norwegen, Dänemark, Österreich und die Tschechoslowakei ins Streckennetz einbezogen.

Ein Problem besonderer Art stellte die Überquerung der Alpen dar, durch die Südeuropa ins Streckennetz einbezogen werden sollte, denn die junge Luft Hansa besaß kein Flugzeug, dessen Motoren stark genug waren, die Alpen im Direktflug zu überqueren. Selbst die Udet-Kondor mit ihren vier imposanten Motoren schaffte das nicht. Umwege über die Täler waren die Regel. Als einer der ersten hatte Flugkapitän Willy Polte, einer der Pioniere, schon vor Gründung der Luft Hansa, am 15. April 1925, mit einer einmotorigen Komet III in dreieinhalb Stunden die Zillertaler Alpen und das Karwendelgebirge überquert und war in Mailand gelandet. 1927 war er dann einer der ersten, die mit der Rohrbach-Roland, deren drei BMW-Motoren stark genug waren, direkt nach Mailand flogen. Mailand war wegen seiner Frühjahrsmesse ein wichtiges Ziel südlich der Alpen.

Trotz Poltes erfolgreichen Flügen mochte man die riskante Strecke jedoch nicht für den Passagierverkehr freigeben. Erst 1931 wurde mit zwei Rohrbach-Roland die Linie nach Mailand und Rom eröffnet. Drei Jahre früher, 1928, war es zunächst zu einem Post- und Frachtverkehr auf dieser Strecke gekommen.

Im ersten Jahr begannen auch schon Erkundungsflüge nach Fernost. So flogen zwei Junkers G 24 im Juli 1926 von Berlin-Tempelhof über Rußland nach China und landeten am 30. August in Peking. Später, in den dreißiger Jahren, sollte die Ostasienroute einer der Schwerpunkte der Hansa werden. Ebenfalls im Gründungsjahr startete man von Brasilien aus mit einem Dornier-Wal-Flugboot Probeflüge über den Südatlantik. Dort hatte die Tochtergesellschaft Condor-Syndikat, über die an anderer Stelle ausführlich zu reden sein wird, die ersten Flugstrecken eröffnet. Stützpunkt für die Atlantiküberquerung wurde die Insel Fernando de Noronha. Dreißig Jahre später tauchte unter den Super-Constellation-Piloten der Name noch einmal auf. Da war Fernando de Noronha der Ausweichhafen für Dakar – oft genug der einzige, der zur Verfügung stand. Ein magischer Name; und die Romantiker unter den damaligen Crews wären gern einmal hingeflogen.

Die Luft Hansa konnte im ersten Jahr ihres Bestehens nicht nur Erfolge beim Ausbau des Streckennetzes vorweisen, sondern auch beachtliche Transportleistungen. Mit 120 Flugzeugen wurden rund 56 000 Personen befördert. Zwei Jahre später waren es – bei 148 Flugzeugen, die 99 Flughäfen anflogen – rund 111 000 Passagiere. Man muß den krassen Gegensatz zwischen der damaligen und der heutigen Fliegerei kennen, um diese scheinbar so selbstverständlichen Leistungen würdigen zu können. Damals gaben die Luftverkehrsgesellschaften »Anweisungen« oder »Anordnungen« für ihre Passagiere heraus, die etwa so aussahen:

1) Bei der Abreise nicht mit Hut, Schal oder Mütze über Bord winken, denn sie könnten durch den Luftdruck entrissen werden und Schaden an der Maschine anrichten.

2) Nicht den Kopf oder Arm plötzlich über Bord strecken; man könnte durch den Luftdruck überrascht und verletzt werden. Auf alle Fälle verliert man durch eine solche Handlungsweise die Kopfbedeckung.
3) Als Schutz der Frisur empfiehlt sich eine Leder- oder Seidenmütze.
4) Hochflieger sollten vorher Wasser abschlagen und keine Speisen wie Erbsen, Bohnen oder Schwarzbrot zu sich nehmen, die zu übermäßiger Gasbildung in den Därmen führen.
5) Man erzähle jedermann von den Erfahrungen des Fluges.

Der rasche Erfolg des jungen Unternehmens ist überhaupt nicht denkbar ohne die Männer, die bei seiner Gründung Pate standen. Vor allem drei sind zu nennen:
Erhard Milch, einer der Direktoren, kam von der Militärfliegerei zur Zivilluftfahrt, war unter anderem Geschäftsführer der Danziger Luftpost und ging vom Junkers Luftverkehr zur Hansa. 1933 siedelte er ins Reichskommissariat für Luftfahrt über, gehörte aber noch bis 1943 dem Vorstand der Lufthansa an.
Carl August von Gablenz, späterer Wegbereiter der Interkontinental-Strecken, war ebenfalls Jagdflieger gewesen. Über seine Tätigkeit als »fliegender Direktor« wird an anderer Stelle ausführlich zu berichten sein. Er verunglückte 1942 mit einem Kurierflugzeug tödlich.
Walter Luz leitete die kaufmännischen Geschicke. Er kam vom Luftschiffbau Zeppelin und stieß über Aero Union und Deutschen Aero Lloyd zur Hansa.
Aber auch andere sollen nicht unerwähnt bleiben.
Das Protokoll der Gründungssitzung vom 6. Januar 1926 vermerkt neben anderen Ministerialrat Brandenburg und Regierungsrat Koch vom Ministerium, die Direktoren Wronsky und Merkel, neben Milch die ersten Vorstandsmitglieder der Deutschen Luft Hansa AG, außerdem Geheimrat Fisch vom Reichsverkehrsministerium, Dr. Kurt Weigelt vom Deutschen Aero Lloyd und Oberbaurat Bruno Heck vom Junkers Luftverkehr.
Dem siebzigköpfigen Aufsichtsrat gehörten – am Rande bemerkt – übrigens zwei Männer an, die später noch, wenn auch auf sehr unterschiedliche Weise, Geschichte machen sollten: Konrad Adenauer, der Oberbürgermeister von Köln – er sollte mehr als zwanzig Jahre später der erste Kanzler der jungen deutschen Bundesrepublik werden; und Carl Goerdeler, der Oberbürgermeister von Leipzig – er wurde zu einem der führenden Köpfe des Widerstandes gegen Hitler und nach dem Attentat vom 20. Juli 1944 hingerichtet.
Doch zurück zur Luft Hansa des Jahres 1926!

Mit der Gründung des neuen Unternehmens sollte sich für die Flugzeugführer einiges grundlegend ändern. Hatte es bisher für die ehemaligen Militärpiloten nur einer kurzen Überprüfung bedurft, um die Berechtigung für sämtliche Flugzeugtypen und für die Beförderung von Post, Fracht und Passagieren zu erhalten, so wurde ab 1925 der Nachwuchs auf der Deutschen Verkehrsfliegerschule in Berlin-Staaken systematisch geschult. Ab 1928 kamen vier weitere Schulen hinzu: Warnemünde, Schleißheim, List auf Sylt und Braunschweig.
Die verantwortlichen Lufthanseaten hatten nämlich sofort erkannt, daß man mit einem munteren Drauflosfranzen nach Erdsicht nicht mehr lange konkurrenzfähig bleiben würde. Schließlich war das junge Unternehmen keinesfalls die erste Fluggesellschaft der Welt – die KLM beispielsweise flog schon seit 1920 mit ihren Fokker-Schulterdeckern durch Europa. Von vornherein wurde daher bei der Luft Hansa größter Wert auf Instrumenten- und später auf Blindflug gelegt. Hierin sollten sie bald führend in der Welt werden!

Anfangs hatte die Luft Hansa sich noch mit einem Flugzeugpark aus neunzehn verschiedenen Typen zurechtzufinden. Auch die Triebwerkvielfalt trug kaum zu einer homogenen Flotte bei: Die 449 Triebwerke bestanden aus neunzehn Typen und acht verschiedenen Fabrikaten.
Und doch wurde die Flotte je nach Bedarf durch immer neue Typen ergänzt – so beispielsweise durch die L 73, einen 1926 von den Albatross-Werken gebauten zweimotorigen Doppeldecker für acht Passagiere. Zwei dieser Maschinen wurden von der Luft Hansa als »Fliegende Schlafwagen« auf Strecken eingesetzt, die auch nachts beflogen wurden: Berlin–Breslau–Wien und Berlin–Lübeck–Kopenhagen–Malmö.
Auf den Ozeanen sollten sich vornehmlich die Flugzeuge der Firma Dornier bewähren. Die Flüge ihrer Dornier-Wal und Do-18-Flugboote, insbesondere der späteren Do 26 (die wegen des Krieges nicht mehr genügend zum Einsatz kam), trugen wesentlich zum Ruhm der deutschen Ozeanflieger bei. Auf dem Landsektor war es Junkers, der mit seinen Konstrukteuren der Luft Hansa fast ideale Flugzeuge bescherte – allen voran die unnachahmliche Ju 52.
In den Jahren vorher war die Junkers F 13 das sensationellste und ausdauerndste Flugzeug am deutschen Luftfahrthimmel gewesen. Sie konnte je nach Bedarf auch mit Schwimmern oder Schneekufen ausgerüstet werden. 320 Maschinen dieses Typs wurden gebaut, fünfzig davon im deutschen Luftverkehr eingesetzt.
Da die deutsche Luftfahrtindustrie durch die Bestimmungen von Versailles und das Londoner Ultimatum vom 5. Mai 1921 fast völlig zum

Erliegen gekommen war, hatte Junkers seinen Welterfolg – u. a. bestellten auch die Amerikaner – zum Teil in Reval, Danzig und Moskau produziert. In der Kreml-Stadt arbeitete damals bei Junkers ein junger Ingenieur, der einmal Weltruhm für die Sowjetunion erringen sollte: Andrei N. Tupolev.
1924 wurden mit der F 13 unter anderem folgende Strecken geflogen: Stockholm–Petersburg, Danzig–Lemberg, Berlin–Helsingfors. Noch früher, 1920, wurde sie bereits in Kolumbien eingesetzt. Außerdem flog sie in der Türkei, in Rußland, Persien, Brasilien, Venezuela, Litauen, Lettland, Estland, Mexiko und West-Indien.
Schon 1923 waren mit ihr 26 509 Passagiere befördert worden, und noch 1938 flogen zwei Maschinen bei der Lufthansa, weitere zwei beim Condor-Syndikat. Erst 1939 wurden sie endgültig verkauft!

Fliegen wird schick

Der Ausbau des Streckennetzes ging zügig voran. Am 21. März 1927 sah man den Kranich bereits auf der Strecke Berlin–Dresden–Prag–Wien. Venedig und Oslo kamen hinzu. Wer nennt die Namen, zählt die Routen? Unter den deutschen Häfen waren viele, die heute für die Lufthansa keine Rolle mehr spielen: Stettin, Essen, Breslau, Gleiwitz, Halle, Dortmund, Erfurt, Münster, Freiburg, Mannheim. Und im Ausland: London, Mailand, Brünn, Rom, Kopenhagen, Gothenburg (Göteborg)...
Am 1. September 1927 hatte die Hansa folgenden Cockpit-Personalbestand: hunderteinundvierzig Flugzeugführer, sechzig Bordwarte, achtzehn Bordfunker.
Der Bordwart war Copilot und Mechaniker zugleich. Er übernahm die Kontrollen am Boden, vor dem Start, beim Betanken und während des Fluges durch Mithilfe bei der Navigation. Der Funker wurde wichtig, als 1926 Funkgeräte eingebaut wurden.
1927 war auch das Geburtsjahr des Luftfrachtverkehrs. Am 13. August vereinbarten Luft Hansa und Reichsbahn die Zusammenarbeit bei der Güterbeförderung: den Flug-Eisenbahn-Verkehr (Flei-Verkehr).
Mit Fracht verband man 1927 die Begriffe langsam und schwer. Erst 1933 ging die Hansa zum Schlagwort »Luftexpreßgut« über. Der erste Stamm von Frachtanlieferern benutzte das Flugzeug für besonders eilige Sendungen: Pressefotos, Blumen, Aquarienfische, Obst, Rassehunde.
»Solche eiligen, verderblichen Güter kamen zwar regelmäßig an unsere Schalter, füllten aber nicht jede Nacht eine Junkers W 33«, erinnerte sich

fünfzig Jahre später ein namhafter Lufthanseat, Dr. Ernst Vocke, der damals seine Lehrzeit absolvierte.
»Wir beförderten täglich Ladungen von Schnittblumen von Amsterdam nach Berlin oder Modeartikel, vor allem Damenhüte, von Berlin nach London. Letztere waren zwar leicht, bildeten aber eine recht sperrige Ladung, was uns in der W 33 zuweilen schon Probleme bescherte.«
Oft wurde eine Maschne so überladen, daß die Tür nicht mehr zuging. Dann wurde die Tür mit Bindedraht verleiert; der Kapitän startete trotzdem – mit halboffener Tür.
Die Hansa schickte Werber aus, die wie Staubsaugervertreter an den Türen klingelten. Später, während der Wirtschaftskrise von 1932, waren deren Kommentare typisch und enttäuschend zugleich: »Firma A... nicht zu finden!« – »Firma B. pleite!« – »Firma Müller und Sohn: Vater verzehrt eine kümmerliche Rente, Sohn stempelt.« Die Postfrachtstrecken (PFs) hatten Nummern. Manchmal hieß es: »PF1 nicht angekommen.« Später kam die Nachricht von der Notlandung durch: »Die *Bosporus* steht irgendwo in der Mark Brandenburg auf einer Waldwiese.« – »Alles geklappt?« – »Alles geklappt! Es war ja Vollmond!«
Über eine andere Begebenheit berichtet Ernst Linz:

»Auf dem Flugplatz Halle/Leipzig tat in der Frachtabteilung ein typisch sächsischer Vertreter Dienst, welchen man gutgläubig, wenn nicht gar naiv nennen konnte. Dies war natürlich Anlaß genug, daß die Besatzungsmitglieder ihn hänselten, so oft es ging, zumal diese immer zu Späßen aufgelegt waren. Also rief eines Tages die Besatzung der Nachtstrecke bei ihm an und wollte die Frachtgebühr für einen Elefanten wissen, welcher nach London zu einem Zirkus spediert werden sollte. Nach fast nicht endendem Blättern in den Frachttarifen konnte man sich dennoch nicht einig werden, schon wegen des Umfanges und Gewichtes des Frachtgutes. Daß dieser Anruf ausging wie das sagenhafte Hornberger Schießen, ließ die Besatzung nicht ruhen, bis sie einen neuen Dreh ausknobelte. Schon zwei Tage später klingelte wieder abends das Telefon in der Fracht-Abteilung. ›Spreche ich mit dem amtlichen Frachtgutleiter?‹ ›Echja, mei Gutester‹, ertönte es aus der Muschel, ›was gann ich denn für Sie dun?‹ ›Also, passen Sie auf, ich habe ein dringendes Anliegen, es handelt sich um eine eilige Fracht nach Paris, es sind Flöhe für einen Flohzirkus. Die Tiere sollen morgen abend in Paris auftreten. Können Sie mir die Frachtkosten sagen. Es sind so eine Zigarrenkiste voll.‹ ›Dammich, so was ham mr noch nicht dransportiert, will man nachschauen!‹ Diesmal wollten die Anrufer nicht so lange warten und vergeblich aufhängen, zumal sie das Lachen kaum noch zügeln konnten, also hatten sie gleich eine Zwischenbemerkung parat. ›Hören Sie, die Frachtkosten interessieren mich nur an letzter Stelle, vielmehr geht es mir darum, daß meine Tiere heil in Paris ankommen. Sie müssen nämlich unterwegs gefüttert werden, und zwar am menschlichen Arm. Geht das zu machen?‹ Diese Nachricht hatte unseren Flugleiter völlig aus der Fassung geworfen, denn sekundenlang blieb die Leitung tot, bis sich unser Flugleiter wieder einigermaßen gefangen hatte, und mit einem hörbaren Seufzer meldete er sich wieder. ›O Gott, o Gott, wem gönne mr denn das zumuden. Dem Gäpden drau ich es nicht zu sagen, na, und dr Bordwart is een grober Gerl. Nu, vielleicht machds dr Funger?‹

Sonntags nie hieß die Devise bis 1928. An Sonn- und Feiertagen ruhte der Luftverkehr.
Das wurde anders, als am 29. April 1928 der Sonntagsverkehr zwischen Berlin und Paris aufgenommen wurde. Im darauffolgenden Winterflugplan wurden auch erstmals die Nachtstrecken nach Paris und London beibehalten. Vorher waren sie in den Wintermonaten wegen Vereisungs- und Nebelgefahr gestrichen worden.
Noch 1959 sollten die DC-3-Kapitäne der neuen Hansa vor der Kanalüberquerung bei Ostende oder Dover gewissenhaft ihre Instrumente überprüfen, ehe sie den Sprung übers Wasser wagten. Die Vereisung von 1959 unterschied sich nicht wesentlich von der der endzwanziger Jahre. Auch die Nebeleinbrüche in London gaben den DC-3-Besatzungen harte Nüsse zum Knacken. Die Flugverfahren hatten sich inzwischen keineswegs vereinfacht. Mit Recht führen die uralten Hasen von damals noch heute triumphierend die Tatsache an, daß damals ein Flugzeug bei null Meter Sicht und aufliegenden Wolken landen konnte. Ein Schlechtwetterstandard, der trotz aller hochgelobten Elektronik und Automatisation bis heute nicht wieder erreicht ist!

Das deutsche Streckennetz von 1928 enthielt allein auf dem Ostsektor schon eine Vielfalt von Namen. Da gab es Danzig, Marienburg, Elbing, Allenstein, Insterburg, Königsberg, Memel, Tilsit und Riga, Reval, Leningrad, Smolensk, Moskau als Deruluft-Ziele. In den siebziger Jahren mögen die Crews auf ihren Zwischenstops von einem speziellen Cocktail in Caracas, einem Fischgericht in Dakar schwärmen. Zu jener Zeit war es der russische Tee, der begeisterte! Ernst Linz, damals auf den Oststrecken unterwegs, fragt:

»Haben Sie mal russichen Tee getrunken? Auf einer landwirtschaftlichen Ausstellung in Moskau hatte ich mich beinahe betrunken, so gut schmeckte mir dieser Tee. Und dies war auch der Anlaß, daß wir Besatzungen auf der Strecke Berlin–Königsberg–Weliki-Luki–Moskau immer Tee in Weliki-Luki tranken, wo bei der Zwischenlandung immer zehn bis fünfzehn Minuten Zeit war, bis die Einreiseformalitäten erledigt waren. Das ging soweit gut, bis eines Tages ein Besatzungsmitglied mal dringend aus der Hose mußte und zu diesem Zweck hinter das Holzgebäude ging. Dahinter floß ein Bach, welcher nicht gerade reines Quellwasser mit sich führte. Gerade, als er sich hinsetzen wollte, kam eine Maruschka aus der Küche mit einem Topf, ging zum Bach hinunter, aus welchem sie dann Wasser schöpfte für unseren guten Tee. Und was sah unser Mann in seiner Bedrängnis noch? Weiter oben am Bach stand eine weitere Frau, hob ihren weiten Rock hoch und wusch sich ihre ›Tante Rosa‹ in aller Seelenruhe sauber. Eilig zog er sich seine Hose wieder hoch, ging ins Flughafen-Restaurant, bestellte den Tee ab und dafür einen doppelten Wodka. Dann war es ihm wieder wohler, und seine Kameraden waren ihm dankbar, als er seine Geschichte nun erzählte. Seither wurde der Tee verschmäht, um so mehr stieg der Wodka-Konsum.«

Weitere Nachrichten von 1928:
Am 5. Januar war eine Strecke eröffnet worden, von der insbesondere in den Kapiteln über die Kriegsjahre noch die Rede sein wird: Marseille–Barcelona, das letzte Teilstück der Verbindung Berlin–Madrid, die längste Route Europas – 2 100 Kilometer lang.
Am 14. Mai wurde zwischen Berlin und Zürich ein Nonstop-Schnellverkehr eingerichtet: Fünf Stunden und fünfzehn Minuten dauerte der Flug.
Auch ein Flugzeugabholdienst wurde eingerichtet. Wenn der Schnelldampfer *Columbus* in Bremerhaven eintraf, standen Flugzeuge bereit, um die amerikanischen Passagiere weiter in die deutschen Städte zu befördern. Die Buchungszahlen wurden vorher drahtlos übermittelt.
1929 gab es die ersten Reichspoststrecken. Berlin–London, Berlin–Malmö, Stuttgart–Basel, Stralsund–Stockholm. Im Sommer war das Netz 4 000 Kilometer lang. 1930 landete das erste Luft-Hansa-Postflugzeug in Istanbul.
Man kann in bezug auf die endzwanziger Jahre geradezu von einer Explosion des Luftverkehrs sprechen. Schon 1930 mußten einem Piloten, der sich bereits auf der zwölfmotorigen Dornier Do X fliegen sah, die frühen zwanziger Jahre wie aus der Mottenkiste erscheinen. Eine Geschichte wie die folgende aus dem Jahr 1925 mutete fünf Jahre später schon antiquiert an:
Eine Junkers F 13 der Junkers Luftverkehrsgesellschaft flog kurz vor Weihnachten von Dorsten nach Amsterdam. Das Wetter war stürmisch und regnerisch. Josef Schoeß, der als Begleiter des Flugkapitäns Haar mitflog, schildert fast fünfzig Jahre später den Start: »Der Abflug ging glatt vonstatten, die Sicht war gut. Trotzdem mußte vom Käpten harte Arbeit geleistet werden, denn immer wieder traten Regenböen auf, wodurch der Propeller seine Drehzahl änderte und ein Vibrieren, das die ganze Maschine erfaßte, verursachte.«
In bockigem Wetter, geschüttelt von den Turbulenzen der Regenschauer, kam man bis Utrecht. Bis Amsterdam-Schiphol fehlten gute dreißig Kilometer, als die Wassertemperatur des Motors rasch anstieg. Damit war ziemlich klar, daß der Motor in den nächsten Minuten ausfallen würde. Haar ging in eine Kurve, suchte eine Wiese zur Notlandung und landete die Junkers glatt in der Nähe von Nieuwsluis.

Inzwischen hatte sich der Motor festgefressen, so daß an einen Start nicht mehr zu denken war. Es goß in Strömen, niemand ließ sich blicken. Endlich entdeckte man eine Kate, deren Bewohner die beiden Unglücklichen einluden, bei ihnen Weihnachten zu feiern. Tatsächlich ließ sich während der Feiertage niemand blicken, der bereit gewesen wäre, bei der Demontage des Flugzeugs zu helfen. Erst nach dem Fest bot sich Hilfe an. Gummistiefel und wasserdichte Mäntel wurden beschafft; Leitwerk und Flächen bis zum engültigen Abtransport in der Kate verstaut. Der Rumpf mußte zur nächsten Straße bugsiert werden. Über die zahlreichen Gräben wurden Stege gebaut, Bohlen untergeschoben. Kurz vor der rettenden Straße versperrte ein Gutshof den Weg. Ein Torpfeiler mußte abgerissen werden, ehe die Passage frei war. Als der Abschleppwagen endlich die letzten Teile nach Schiphol beförderte, waren Wochen vergangen. Dort wurde der Motor überholt, alles wieder montiert, ein Probelauf gemacht – die Maschine konnte wieder starten. Im Februar traf die Crew mit ihrer F 13 wieder in Deutschland ein.
Einer, der schon früh die Welt aus der Vogelschau erleben wollte und Fluggast der Luft Hansa wurde, war Hermann Hesse. 1928 schrieb er:

»... das Land meiner Jugend lag unter mir wunderlich entfaltet, sehr weit, sehr farbig, es schimmerte blaß der Bodensee, und der Hohentwiel steckte wie ein vom Riesen entworfener Kiesel in der Erde. Und schon war ich der sogenannten Heimat nahe, wo all die Pflichten und Briefe warteten, und wäre lieber weitergeflogen. Aber die Technik, so hübsch sie ist, hat ihre Grenzen, es gab kein Pardon, kein Weiterfliegen, an der Endstation mußte ich unweigerlich aussteigen. Sobald es Flugzeuge mit langen Dauerflügen geben wird, auf denen man wie auf einem Segelschiff Wochen und Monate lang leben kann, werde ich mich bei der Luft Hansa nach den Bedingungen erkundigen.«

Bei aller beabsichtigten Verrücktheit der Roaring Twenties – sie waren die kulturell und zivilisatorisch schöpferischste Epoche! Picasso, Einstein, Hindemith, Kafka, Thomas Mann schufen neue geistige Welten. Byrd eroberte den Nordpol, Lindbergh den Atlantik, Piccard die Stratosphäre. Penicillin und Insulin wurden erfunden. Der Jazz beherrschte die Bars. Sprengler sagte den Untergang des Abendlandes voraus. Wer flog, galt nicht mehr als Verrückter. Das neue Verkehrsmittel war salonfähig geworden.

Das große Abenteuer Nordatlantik

In den sechziger Jahren konnten die Schleswig-Holsteiner, die bei Brunsbüttel oder Cuxhaven an der Elbmündung saßen, allwöchentlich ein seltsames Happening ablaufen sehen. Eine Jacht lief aus, Schlauchboote wurden zu Wasser gelassen. Mit orangefarbenen Schwimmwesten bekleidete Menschen in weißem Drillichzeug sprangen ins Wasser, retteten sich an Bord der Schlauchboote. Manchmal tauchte ein Hubschrauber auf, hievte einen Schiffbrüchigen, der nicht rechtzeitig das Schlauchboot erreicht hatte, hoch und beförderte ihn zur nächsten Search & Rescue-Station.
Was sich hier abspielte, waren die Notwasserungsübungen der Lufthanseaten. Sie wurden vom Luftfahrt-Bundesamt vorgeschrieben und mußten von allen absolviert werden, die auf den Atlantikrouten eingesetzt waren.
Aber diese Übungen, über die an geeigneter Stelle noch gesondert berichtet wird, hatten ihre Vorläufer.
Schon im September 1927 lief das Schulschiff *Deutschland* mit den ersten zehn Seeflugaspiranten des kommenden Atlantik-Luftverkehrs aus. Damals allerdings ging es nicht um eine simple Tagesreise. Die Fahrt dauerte fast fünf Monate und ging von Elsfleth (Weser) über Madeira nach Rio de Janeiro, von dort nach Kapstadt und zurück über Sankt Helena. Ein Theorie-Kursus an der Seefahrtschule in Lübeck folgte. Am 22. März 1929 erhielten die ersten fünfzehn Piloten das Patent für »Große Fahrt«. Es war damals für einen Atlantikflieger Grundbedingung.
Auch in den endfünfziger Jahren noch! Die zukünftigen Langstrecken-Kommandanten für den Nordatlantik mußten damals zum Teil zunächst ihre Navigatorlizenz erwerben. Ihre, darunter auch des Verfassers Lizenz, entsprach damit dem Kapitänspatent für »Große Fahrt«. Da es freilich schon eine Anzahl von Piloten gab, die ohne Navigatorlizenz Kommandant geworden waren und die wenig Lust verspürten, sich noch einmal auf die Schulbank zu setzen, wurde diese Vorbedingung wieder fallengelassen. Die Piloten, die den Umweg über den Navigationsoffizier gehen mußten, fühlten sich benachteiligt (sie wurden zum Teil erst zwei Jahre später Kommandant) und konnten erst nach mühsamen Verhandlungen erreichen, daß ihnen die Navigatorjahre doppelt auf ihre Dienstjahre angerechnet wurden.
Derlei bürokratische Raffinessen lagen den ersten Ozeanfliegern noch fern! Leiter der Seeflugabteilung, die 1929 eingerichtet wurde, war Freiherr von Buddenbrock.

Um die Leistungen der Lufthansa-Pioniere, insbesondere bei der Überquerung des Nordatlantiks, genügend würdigen zu können, muß man die Flüge zweier Vorgänger erwähnen, von denen der eine überhaupt nichts mit der Hansa, der andere nur indirekt damit zu tun hatte: die Westostüberquerung Lindberghs und der Ostwestflug des Trios Köhl, von Hünefeld und Fitzmaurice.
Man mache sich klar, wie damals geflogen wurde. Die Funknavigation wurde erst 1931 eingeführt. Die Piloten der zwanziger Jahre saßen im offenen Cockpit, mit Kopfhaube, Lederjoppe, gefütterten Stiefeln und Handschuhen. Sie hatten die Franzkarte auf den Knien und sehr viel Mut im Herzen. Für Nachtflüge galt: »Wer sich nachts verfranzt, der kann getrost sein Testament machen!«
Trotzdem waren die zwanziger Jahre reich an Pionierflügen. Ihre Ziele hießen Nordpol und Nordatlantik. Amundsen versuchte mehrfach vergeblich, den Nordpol aus der Luft zu erreichen. Sein Versuch scheiterte, im Gegensatz zu den beiden Amerikanern Byrd und Bennett, die am 9. Mai 1926 mit einer dreimotorigen Fokker F7-b über den Nordpol hinweg und wieder nach Spitzbergen kreuzten. Trotzdem machten die Luftschiff-Flüge von Umberto Nobile und Amundsen Schlagzeilen. Nobile wurde nach einer Strandung im Packeis gerettet; Amundsen kam um.
Nicht besser verliefen die Pionierflüge auf dem Nordatlantik. 1919 hatte ein in New York lebender Millionär, Raymond Orteig, 25 000 Dollar für die Überquerung des Nordatlantiks ausgesetzt. Ein Jagdflieger aus dem Ersten Weltkrieg mit fünfundvierzig Abschüssen, Charles Nungesser, startete zusammen mit seinem Kollegen Coli. Der 8. Mai 1927 war der letzte Tag, an dem man sie zusammen sah. Noch weniger glücklich verliefen die Probeflüge der Amerikaner Davis und Woster. Sie kamen schon vor dem eigentlichen Start um.
Dann lieh sich ein fünfundzwanzigjähriger Amerikaner schwedischer Herkunft 15 000 Dollar, kaufte bei einer unbekannten Flugzeugfirma ein unansehnliches Landflugzeug – und wollte damit den Sprung über den Nordatlantik machen.
Charles Lindbergh war bisher nichts als ein Abenteurer gewesen, ein Aushilfspilot, der auf Flugveranstaltungen riskante Kunstflüge und Bravourstückchen vorführte, um zu Geld zu kommen. Das Flugzeug, das er sich für seine Pläne auserkor, war alles andere als eine Glanzleistung moderner Flugtechnik. Es hieß Ryan NYP; und heute würde man sagen, diese aus der Ryan M 2 entwickelte Maschine war eine Art von selbstgestricktem Eigenbau eines Individualisten. Der Neunzylindermotor leistete 220 PS. Aber Lindbergh zeigte, daß es weniger auf die Technik als auf den Menschen und seinen Wagemut ankam.

Eine Stunde vor dem Start eines Nordatlantikjets setzt heutzutage im Cockpit eine hektische Aktivität ein. Kein Langstreckenflug ohne die Funktionsprüfung der gesamten Cockpittechnik.
Dieser winzige Teil aus dem Gesamtüberprüfungsprogramm eines modernen Airliners zeigt schon den krassen Gegensatz zu jenem Schlechtwetterstart auf regenweichem Feld vor einem halben Jahrhundert. Die *Spirit of Saint Louis* war überladen, der Gegenwind sprang auf Rückenwind um, der Motor machte dreißig Umdrehungen pro Minute zuwenig, und die Luftschraube war fälschlich auf Reise- statt auf Startleistung gestellt worden.
Daß der Start gelang, ist ein kaum geringeres Wunder als die Tatsache, daß Lindbergh Europa fand. Er flog ohne Fallschirm und Funkgerät – und bewies mit diesem Verzicht, daß er Realist war. Wohin hätte er sich denn in niedriger Höhe mitten über dem Atlantik retten sollen, ohne Schlauchboot? Und wer hätte ihm rechtzeitig helfen können, selbst wenn sein Notfunkgerät – entgegen den Gepflogenheiten damaliger störanfälliger Funkgeräte – tatsächlich durchgekommen wäre?
Die Tatsache freilich, daß Lindbergh tatsächlich wohlbehalten bei Paris landete, ist keinesfalls seinen überragenden Kenntnissen zuzuschreiben. Im Gegenteil. Hätte er gewußt, was moderne Jetpiloten über die Höhenstürme und die Druckverteilung über dem Nordatlantik wissen: Er hätte trotz seines Draufgängertums gezögert.
Die permanente Starkwindströmung in Westostrichtung verkürzt die Reisezeit eines modernen Jets gegenüber der in umgekehrter Richtung um bis zu zwei Stunden. Sobald die Luftströmungen aufgrund der Tiefdruckverteilung bei Island nicht mehr gleichförmig wehen, sondern als starke Querwinde zu mäandrieren beginnen, verursachen sie bei jedem ausgefuchsten Navigator wegen der starken Querwindabdriften Kopfschmerzen. Mit einem Kompaßkurs, der ihn bei gleichmäßigem Rückenwind, aber auch nur dann, nach Irland gebracht hätte, war Lindbergh in seinem einmotorigen Ryan-Schulterdecker losgeflogen. Sein unvorherberechenbares Glück war, daß die immense Linksabdrift, die ihn statt nach Irland nach Island hätte befördern können, sich zufällig gegen die immense Rechtsabdrift aufhob, die ihn an den Rand der Azoren hätte bringen können.
Seine einzigen beiden Navigationsinstrumente, Kompaß und Uhr, hätten ihm hierüber keine Auskunft geben können. Außer diesen beiden Geräten hatte er noch ein weitaus wesentlicheres Gerät bei sich: eine Packung Streichhölzer. Mit ihnen versuchte er sowohl seine fest auf die Instrumente fixierten Augen neu zu aktivieren, wie auch seine Augenlider offenzuhalten, indem er abgebrochene Stäbchen dazwischenschob.

Kein Radar von Shannon Oceanic Control identifizierte ihn hundert Meilen vor der irischen Küste. Aber Fischkutter hatten ihn schon fünfhundert Meilen vorher entdeckt und die Meldung weitergegeben. So erwartete ihn, im Gegensatz zum modernen radarunterstützen Routine-Atlantiküberquerer, eine begeisterte Menschenmenge, die rund hundertfünfzigtausend Köpfe zählte.

Lindbergh leitete mit seinem Bravourstück eine neue Epoche ein. Bald sollte der sprunghafte Fortschritt auf dem Gebiet der Funktechnik und Aerodynamik das Bewußtsein über die bekannten Grenzen hinaus erweitern. Für unüberwindbar gehaltene Ozeane, Wüsten und Gebirgszüge sollten sich bald mit neuem Fluggerät, stärkeren Motoren bezwingen lassen. Die Zeit, von der Saint-Exupéry so poetisch berichtet hat, stand unmittelbar bevor.

Ein Jahr später, am 12. April 1928, starteten in Irland drei Männer zum spektakulären Flug gegen den Wind in umgekehrter Richtung: Fitzmaurice, Köhl, von Hünefeld. Sie landeten sechsunddreißig Stunden nach dem Start jenseits des Atlantiks in Labrador. Lindbergh kämpfte auf seiner spektakulären Überquerung einen verzweifelten Kampf gegen Vereisung, Turbulenzen und Müdigkeit. Köhl mußte zunächst einen harten Kampf gegen seine vorgesetzte Dienststelle, die Luft Hansa, und gegen die Behörden kämpfen.

Niemand wollte die Verantwortung für das Wagnis übernehmen. So mußten alle Vorbereitungen heimlich getroffen werden. Wegen des starken Jetstreams, der grundsätzlich von West nach Ost weht, war eine Überquerung nach Westen weitaus schwieriger als umgekehrt. An mißlungenen Versuchen, gegen den Strom und gegen den Jetstream zu schwimmen, hatte es nicht gefehlt. Erst im September 1927 hatten zwei irische Flieger mit einem Fokker-Schulterdecker vermittels 450 Pferdestärken von einer windverwehten Graspiste nahe Dublin abgehoben, wurden in dem berüchtigten Südostquadranten eines Tiefdruckgebietes durchgeschüttelt, gaben, hagelgepeitscht, der nahen irischen Küste den Vorrang gegenüber der fernen neufundländischen und gewannen in Ballybunnion sicheren Boden unter den zitternden Füßen. Die Erde hatte sie wieder; die Geschichte war um eine mißlungene Ostwestüberquerung reicher.

Einer der beiden Herbstpiloten war James Fitzmaurice gewesen, ein schmalgesichtiger, breit lächelnder Oberst des irischen Luftkorps. Ein Bild aus jenen Tagen zeigte ihn in breiten Breeches, jovial lachend inmitten zweier deutscher Luftfahrer: pyknisch-gedrungen der eine, asthenisch-hager der andere, leutselig winkend beide. Nie wieder ist ein so unterschiedliches Trio so erfolgreich gewesen. Hermann Köhl, der in

Zivil mit der goldenen Uhrkette vor dem unübersehbaren Bauch mehr einem bieder-phlegmatischen Bürger als einem kühnen Meeres- und Lüftebezwinger glich, war zwar, wie Sir James, ein ausgezeichneter Pilot, verstand jedoch kein Wort Englisch, genausowenig wie der irische Oberst sich auf deutsch verständlich machen konnte. Der aristokratische, monokeltragende Freiherr von Hünefeld war zwar im Besitz von Englischkenntnissen, nicht aber einer Fluglizenz– die ölverschmierten Hebel und Gestänge eines Cockpits bedeuteten ihm jene böhmischen Dörfer, auf die sich auch moderne Luftreisende angesichts eines Jetcockpits verzweifelt beziehen.
Das Zusammentreffen der beiden Deutschen mit dem Iren auf dem unter seinem Kommando stehenden Flugplatz Baldonnel mußte mehr oder weniger heimlich geschehen: Die öffentliche Meinung war wegen der vielen Todesopfer, die ähnliche Unternehmungen gekostet hatten, gegen sie; die Hansa, bei der Köhl angestellt war, warf ihm Vertragsbruch vor; Reichsverkehrsministerium und Fluggesellschaft distanzierten sich aufs schärfste – will sagen: finanziell – von dem Husarenstück, solange es nicht gelungen war. Aber so werden zumeist Meilensteine gesetzt: gegen den Willen der Öffentlichkeit, die sich erst beim Eintreten des Erfolgs stolz mit den Leistungen ihrer angefeindeten Einzelgänger identifiziert.
Der preußisch-aristokratische Freiherr trat daher hauptsächlich auf finanziellem Gebiet ins Rampenlicht. Er stellte aus eigener Tasche die erforderlichen Geldmittel bereit.
Der Junkers-Tiefdecker, der Ende März in aller Heimlichkeit von Tempelhof nach Dublin geflogen wurde, hörte auf den Namen *Bremen*. Ein United-Press-International-Foto zeigt einen krummbuckligen, ganzmetallenen Tiefdecker, der vor der düsteren tünchebedürftigen Halle von Baldonnel Airdrome startklar gemacht wird. Der Lauf seines einzigen, wassergekühlten Motors war den beiden Deutschen bestens vertraut. Auch sie waren in der Produktion mißlungener Überquerungsversuche nicht untätig gewesen: Einen Monat vor dem Herbstflug des Iren waren sie gemeinsam mit einer Schwestermaschine von Dessau westwärts gestartet, gerieten über Irland in einen schweren Sturm und landeten endlose dreiundzwanzig Stunden später wiederum in Dessau.
Wer wöchentlich einmal die irische Küste durch die Stratosphäre verläßt, um wenige Stunden später in New York, Montreal, Chicago zu landen, kennt die Stürme, die an der westlichen Peripherie Europas nordostwärts jagen, den Jets unglaubliche Rechtsdriften und Turbulenzen, der Küstenschiffahrt die sprichwörtlichen haushohen Wellen bescheren. Die irische Wetterwarte kannte sie an jenem historischen 12. April 1928 nicht: Sie

sagte günstiges Wetter voraus. Der Nachtstart, morgens um fünf, war, wie die Schilderung Pollog-Tilgenkamps belegt, bereits dramatisch genug.

»Die *Bremen* setzt sich in Bewegung. Aber sie kommt nur schlecht in Fahrt. Plötzlich zieht, zum großen Entsetzen Köhls, Fitzmaurice das Höhensteuer... das Flugzeug macht einen Sprung, prallt wieder auf den Boden und jagt in Riesensätzen weiter... Dicht voraus strebt drohend noch ein sechs Meter hoher Wall mit einer Hecke empor. Knapp davor hebt die *Bremen* endgültig ab, die Räder streifen die Hecke. Ein Hügel stellt sich ihnen in den Weg, Köhl muß eine scharfe Rechtskurve drehen, der rechte Flügel kratzt über das Gebüsch...«

Das mag nicht die dichterische Sprache Saint-Exupérys sein; so unliterarisch spielt sich aber die Realität ab. So unheldisch auch; und die Frage, wer nun eigentlich flog, Köhl oder Fitzmaurice, erscheint ebenfalls berechtigt.
Vor ihnen breitete sich nun der gewaltige Atlantik aus, der meistbefahrene, meistüberflogene Ozean der Welt, Schauplatz zahlreicher Schiffstragödien – kein einziges Düsenflugzeug aber verunglückte bisher während seiner Überquerung; so sicher, so ohne Zwischenfall spielt sich moderner Luftverkehr ab.
Der Leuchtturm von Slyne Head bildet die letzte östliche Landmarke für die drei Flieger. Die instrumentelle Ausrüstung für die Überquerung des »Mar del Nort« ist phantastisch primitiv, auf der *Bremen* gab es keine Möglichkeit zum Messen der Position. Ein simpler Magnetkompaß sollte das Fehlen von funktechnischen und astronomischen Instrumenten ausgleichen. Doch immerhin besaßen die damaligen Piloten ein Instrument, auf das heute verzichtet wird: ein Fernglas, um Einzelheiten auszumachen, sobald die ersehnte Küste auftauchte.
Vorläufig tauchte sie nicht auf, statt dessen fiel die Beleuchtung aus. Zu diesem Zeitpunkt war die Situation auch ohne Störung bereits kritisch genug. Unwissentlich durch den Nordost-Jet weit nach Norden versetzt, geriet die *Bremen* in den flugfeindlichsten Teil eines Tiefs: Wolken schlugen sie mit Blindheit, Hagelgarben prasselten gegen die Scheiben, Böen schüttelten sie.
»Unser Flugzeug«, schreibt Köhl, nachdem er das aufgewühlte, gischtsprizende Meer geschildert hat, »zitterte in allen Fugen, die Flügel schwangen und bogen sich. Das Steuer erhielt Stöße von ungeahnter Heftigkeit.«
Köhls Blindflugerfahrung wurde auf eine harte Probe gestellt, als in den Turbulenzen die Beleuchtung zusammenbrach und Fitzmaurice mit einer Taschenlampe die Instrumente aufhellen mußte. Der moderne

Luftreisende, der bei der Ansage seines Kapitäns, Labrador sei nun nach langen öden Flugstunden erreicht, gähnend die nächste Seite seiner Illustrierten umwendet und nach dem achten Whisky klingelt, wird nie die Erregung verstehen, mit der die damalige Crew nach fast dreißig Stunden durch die aufreißenden Wolken hindurch die vereisten Seen, die verschneiten Wälder Kanadas erblickte.
Weit über ihr Ziel hinausgeschossen, von Benzinmangel gedrängt, wendeten die Piloten sich wiederum nach Osten, um die Küste, Siedlungen und Landeplätze ausfindig zu machen. Der Leuchtturm von Greenly Island, in der Belle-Isle-Straße, dort, wo heute die Route 581 nach Montreal führt, wurde trotz des Fernglases für einen im Eis steckengebliebenen Schoner gehalten. Auf dem gefrorenen Wasserreservoir des Leuchtturms landete Köhl die wellblecherne Junkers W 33 kunstvoll in stark überzogenem Zustand. Trotz der geringen Geschwindigkeit stellte sich das Flugzeug auf den Kopf; der Propeller splitterte, Köhl blutete aus einer Stirnwunde. Erlöst sprangen die beiden Deutschen aus der Kabine und stürzten ins eiskalte Wasser – so unheldisch vollziehen sich Heldentaten.
Le Templeir, einem schlichten Leuchtturmwärter, wurde die Ehre zuteil, die ersten Ostwest-Atlantikflieger aufzuwärmen. Sie hatten in sechsunddreißig Stunden 3 500 Kilometer zurückgelegt. Die Junkers hatte den angenehmsten Teil ihres Daseins bereits hinter sich: Beim späteren Startversuch würde sie schwer beschädigt werden. Köhl, von Hünefeld, Fitzmaurice mußten mit einem anderen Flugzeug zu ihrem triumphalen Erfolg nach New York fliegen. Nachdem der Flug gelungen war, fand auch die Öffentlichkeit wieder große, schöne Worte. »Sie haben zum Fortschritt in der Flugkunst beigetragen und das Vertrauen in die Zukunft erhöht«, sagte der damalige US-Präsident Hoover bei seiner Begrüßung in New York. »Sie und Ihre Kameraden«, begrüßte ein Diplomat in Washington die drei Ozeanflieger in gelinder Untertreibung, »haben für Ihre Länder mehr geleistet als ein Dutzend Diplomaten.«
Fitzmaurice urteilte über seinen Passagier von Hünefeld, der bald darauf mithalf, die Fernoststrecke zu erschließen: »Das war kein gewöhnlicher Mann, das war der Extrakt deutscher Aristokratie, voll Disziplin, Energie, Entschlossenheit und Selbstzucht.«
Die beiden Deutschen starben nicht den Fliegertod. Köhl verließ die Erde 1938 in einem Münchner Krankenhaus; von Hünefeld verstarb bereits ein knappes Jahr nach seiner Ostwestüberquerung an einer Krebsoperation.

»Das war noch Romantik«

Der moderne Luftverkehr spielt sich in den Höhen ab, in denen die Jetstreams ihre Maximalstärke haben. Stürme von über 200 km/h sind keine Seltenheit. Auf der Erde würden sie verheerende Schäden anrichten. Oben aber liegen die Flugzeuge völlig ruhig in der Luft wie das sprichwörtliche Brett. Der Grund: Die Strömung ist hier völlig gleichmäßig und gleichförmig, weil keine Verwirbelungen durch Bodenerhebungen stattfinden. Innerhalb dieser gleichmäßigen Strömung wird das Flugzeug zwar, wie ein Schiff in der Wasserströmung, gegenüber der Erde versetzt, Turbulenz aber tritt nicht auf.
Erst an den Randgebieten der Jetstreams, wo Reibungszonen mit schwächeren Windfeldern entstehen, kommt es zu Verwirbelungen der Luft mit entsprechender Turbulenz, der sogenannten Clear Air Turbulence (sie hat mehrere Entstehungsursachen).
Einer, der in Bodennähe in einen Orkan geriet, war Flugkapitän Alfried Gymnich. Gymnich lebte nach dem Zweiten Weltkrieg bis zu seinem Tod in Hamburg-Poppenbüttel. Er war der erste ehemalige Lufthanseat, mit dem der Verfasser damals Kontakt aufnahm, um sich nach den Möglichkeiten einer neuen deutschen Lufthansa und seinen persönlichen Chancen zu erkundigen.
Damals, 1951, antwortete er: »Ich hoffe, wir werden alle wieder fliegen.« Für Alfried Gymnich sollte sich diese Hoffnung nicht mehr erfüllen. Er hatte es wohl damals schon gewußt und nur nicht zugeben wollen. Wie das 1928 war, als er im Orkan in Berlin landen mußte, schilderte er folgendermaßen:

»Als ich mitten über dem Platz ankam und versuchte, gegen den Orkan zu drehen, um zu landen, sah ich, wie alle Menschen, die irgendwie abkömmlich waren, aus dem Flughafengebäude gelaufen kamen und nach oben starrten. Das Interesse gilt dir, dachte ich, aber es befriedigte mich nicht.
Endlich hatte ich das Flugzeug herum, es stand wie ein großer Raubvogel auf demselben Fleck über den Häusern von Neukölln, und durch Drücken mit Vollgas kämpfte ich mich Meter für Meter an den Flughafen heran.
Alle Ereignisse vorher waren nur ein Auftakt gewesen zu dem höllischen Tanz, der jetzt begann. Eine glatte Landung war nach der Lage der Dinge unmöglich, und doch mußte ich es versuchen, denn das Flugzeug war kaum noch zu halten. Durch eine Fallböe verlor ich den Sitz, hing sekundenlang in den Anschnallgurten, die in die Schultern schnitten, und die Füße glitten von den Pedalen des Seitenruders. Mit dem Kopf stieß ich heftig gegen die sich über mir wölbende Flügelnase. Durch die plötzliche senkrechte Bewegung riß der Brennstoffaden ab, und der Motor fing an zu blubbern. Hundert Meter unter mir standen die Häuser von Neukölln, ihre spitzgiebeligen Dächer und nadelscharfen Blitzableiter starrten feindlich herauf. Siedendheiß lief es

mir über den Rücken, und meine Handflächen waren naß vom Schweiß. Im nächsten Moment ging es wieder aufwärts, der Motor stöhnte vor Überlastung, und wieder begann ich mit gefühllosen Fingern mit dem Gashebel zu jonglieren.
Ich hatte den Rand des Flughafens erreicht, stand unbeweglich über demselben Punkt, kam einige Meter vorwärts und trieb wieder ein Stück zurück, sobald ich es wagte, den Motor etwas zu drosseln. Und jetzt, in ungefähr fünfzig Meter Höhe, sah ich, wie eine der schweren Verkehrsmaschinen, die vor der Halle verankert waren, durch den Orkan emporgehoben wurde, sich rückwärts in der Luft überschlug und auf eine zweite Maschine fiel. Eine Sekunde später waren es nur noch formlose Trümmer, der Tragflügel war wie ein Stück Papier zerflattert, und die Sperrholzreste flogen gleich aufgescheuchten und verängstigten Vögeln haushoch nach allen Richtungen auseinander.

Runter, runter um jeden Preis, runter, bevor das Flugzeug in der Luft auseinanderbrechen würde. Mit Vollgas und gänzlich vorgedrücktem Höhenruder berührten die Räder den Boden, ganz langsam versuchte ich Gas wegzunehmen, aber schon schleuderte mich der Orkan mindestens zwanzig Meter hoch, es blieb mir keine andere Wahl, als abermals Vollgas zu geben, wenn ich nicht gänzlich zum Spielball des entfesselten Elementes werden wollte, und dann hing ich wieder mitten über dem Flugplatz in fünfzig Meter Höhe.

Ganz vorsichtig versuchte ich zu wenden, um einen erneuten Landungsversuch zu machen. Meine Kraft ging langsam auf die Neige, aber der zermürbende Kampf ging weiter. In meiner Aufregung hatte ich vielleicht etwas zu kräftig in das Seitenruder getreten, jedenfalls faßte der Orkan das Flugzeug plötzlich von der Seite und schob es unaufhaltsam auf den etwa 90 Meter hohen Schornstein der Maschinenfabrik Meyer zu, die unmittelbar am Platz steht. Ich trat mit aller Kraft in das Seitenruderpedal, um an dem Hindernis vorbeizukommen, aber alles, was ich erreichte, war, daß die Maschine in einem etwas spitzeren Winkel und etwas langsamer auf den Schornstein zutrieb. Ich kämpfte verzweifelt um mein Leben, zwang das Flugzeug noch einige Meter höher, arbeitete wie wild mit den für einen solchen Kampf völlig unzureichenden Rudern, und nach bangen Sekunden, die sich zu Stunden zu dehnen schienen, stand ich endlich in gleicher Höhe, keine zehn Meter entfernt, vor dem Schornstein und starrte angsterfüllt auf die gähnende schwarze Öffnung, die mich wie ein riesiger Rachen zu verschlingen drohte. Nach einer halben Ewigkeit ließ der Orkan während einer Atempause nach, als wollte er neue Kraft sammeln, um dem zerbrechlichen Menschenwerk endlich den Garaus zu machen. Jetzt gelang es mir, in den Wind zu drehen, und einige Sekunden später stand ich zum zweiten Mal über den Häusern von Neukölln. Ich war jetzt völlig erschöpft, der Verschluß der Anschnallgurte war aufgerissen, und heftiger als zuvor warfen mich die Böen im Führersitz hin und her. Ich hielt mich mehr fest, als daß ich steuerte, und hatte doch das Gefühl, daß mich schon der nächste Stoß ins Leere schleudern müßte. Meine schweißnassen Hände konnten kaum noch das Steuerrad halten, immer wieder schlugen die Böen es mir aus den Händen, und nach jedem harten Anschlag glaubte ich, nun endlich müßten die Steuerzüge reißen. Als ich über den Häusern gegen den Wind drehte, um den zweiten Landungsversuch zu unternehmen, sah ich die an der Neuköllner Seite stehende Flugzeughalle zusammenbrechen, und während ich mit Vollgas auf den Platz zudrückte, fuhr das Sanitätsauto in langsam schaukelnden Bewegungen auf das Flugfeld. Ein sonderbares Gefühl beschlich mich, als ich den Vorbereitungen zu meinem eigenen Abtransport zusah.

Die Kehle war mir wie zugeschnürt und trocken, als sei ich am Verdursten. Jeder Stoffaden klebte mir am Körper.
Einen Augenblick später jagte die Feuerwehr die Flughafenstraße entlang und bog in den Platz ein. Ihr könnt mir beide nicht mehr helfen, dachte ich halb mechanisch und spürte den Rest meines Widerstandes erlahmen. In meinem Kopf dröhnte es von dem fortgesetzten Anschlagen an den Baldachin. Die Hoffnung auf eine glatte Landung hatte ich längst aufgegeben, und ich wußte kaum noch, was ich tat. Aber dann sah ich plötzlich etwas anderes, und jäh waren meine Lebensgeister wieder ganz wach.
Über das Flugfeld kamen eine Unmenge schwarzer Punkte und bauten sich in der Landerichtung zu einer Gasse auf. Es waren Monteure mit Seilen und mit Haken versehenen Stangen. Ich begriff sofort und drückte das Flugzeug mit aufheulendem Motor steil in die Gasse hinein, aber nur Meter für Meter kam ich näher und tiefer. Zum letzten Mal riß mich eine Böe hoch, ich drückte sofort nach, nahm das Gas weg, schaltete die Zündung aus, und dann stand die Maschine in der Gasse von Menschen, die sich wie die Ameisen über den Rumpf stürzten, sich mit den Stangen an die Flügel hingen und den braven Vogel gegen die wütenden Angriffe des allmählich abflauenden Sturmes verteidigten.
Mit einem Satz sprang ich von meinem Sitz herab, und in meiner überschwenglichen Freude hätte ich am liebsten jeden meiner tapferen Helfer umarmt. Nie habe ich das Leben so lebenswert gefunden wie in diesem Augenblick der Wiedergeburt.
Mit einem letzten Versuch riß das um sein Opfer betrogene, entfesselte Element an der Maschine, die Menschen purzelten durcheinander, und dann lag das Flugzeug auf dem Flügel. Mit doppeltem Eifer verteidigten die Monteure ihr Werk, und alles, was der Orkan erzielte, war eine leichte Beschädigung des einen Querruders, die noch am gleichen Tage ausgebessert wurde. Am nächsten Tag aber flog ich die Maschine wirklich nach Hannover.
Wenn ich so alt werden sollte, wie jener Orkan stark war, nie werde ich den 4. Juli 1928 vergessen. 140 km Geschwindigkeit in der Stunde registrierte der Böenschreiber.«

Der erste Langstreckenflug über See fand im Sommer 1928 statt: Das Dornier-Wal-Flugboot *Lübeck* flog von Cadiz 1 350 Kilometer weit nach Las Palmas und kehrte über Kap Juby und Casablanca nach Cadiz zurück. Vorher war es von der Werft in Pisa nach Südspanien überführt worden. Die Crew bestand aus den Lufthanseaten Schiller, Kaspar, Ernst, Rebentrost und Fahrenbruch. Durch den Las-Palmas-Flug wurden erstmals die Flug- und Wetterverhältnisse südlicher Zonen erkundet.
Inzwischen hatte der sensationelle Flug der W 33 nach Greenly Island stattgefunden. Jetzt versuchte die Hansa, die Entlassung Köhls rückgängig zu machen. Sie bot ihm den Posten eines Direktors an. Es kam zu keiner Einigung.
Als verspätete Anerkennung, gleichermaßen Reue bekundend und Publicity ausnutzend, taufte sie die erste 1928 ausgelieferte Junkers G 31 auf den Namen *Hermann Köhl*.
Dieser dreimotorige Tiefdecker war speziell für Nachtflugstrecken entworfen worden. Der Passagierkomfort war maximal. Nur fünfzehn Sitze

waren auf drei Kabinen aufgeteilt. Fünf davon konnte man in Liegen verwandeln. Fünf weitere Liegen konnten aus der Kabinenwand herausgeklappt werden. Das Flugzeug wurde insbesondere auf den Strecken Amsterdam–London und Danzig–Königsberg eingesetzt, später auch nach Wien und Paris.
Merkwürdigerweise tauchte noch bis 1970 bei den neuen Lufthanseaten immer wieder die Legende auf, die alte Hansa habe niemals auch nur einen einzigen Flugunfall gehabt. Diese Ansicht war zwar falsch, sie zeigte aber, welch ausgezeichneten Ruf die alte Luft Hansa hatte. Tatsächlich war gerade die G 31 besonders unfallträchtig: Zwei gingen durch Brand am Boden verloren, eine dritte stürzte ab. Deshalb wurde das Baumuster sogar eine Zeitlang gesperrt, danach freilich wurde es noch bis 1936 erfolgreich eingesetzt.
Bevor Hermann Köhl seinen Ozeanflug machte, war er Nachtflugleiter auf Berlin-Tempelhof. Folgende Begebenheit fiel in diese Zeit: Flugkapitän Brauer, der später auf der viermotorigen Junkers G 38 fliegen sollte, war nachts in Königsberg gestartet und auf dem Rückflug. Regenfronten behinderten die Sicht und zwangen zum Abweichen vom Kurs.
Köhl wollte als Nachtflugleiter nicht untätig sein und forderte immer wieder Standortmeldungen an. Freilich kann man damit jedem Kapitän, der nicht die geringste Ahnung über seinen Standort hat, die beste Laune verderben. Alle diesbezüglichen Anfragen kamen über Funk an den Funker Friedl. Auf die erste Anfrage hin antwortete Brauer seinem Funker:
»Keine Ahnung, wo wir sind, man kann bei diesem Sauwetter nicht die Hand vor Augen sehen, da soll ich mich auch noch um die dämlichen Standorte kümmern, hab schließlich mehr zu tun. Sie haben doch selbst eine Karte, franzen Sie mit, und wenn Sie etwas erkennen könne, dann geben Sie es als Standort durch!«
Friedl hingegen war der Meinung, daß er kaum klarkommen könne, wenn selbst der Captain seine Schwierigkeiten habe. Immerhin – als er nach einiger Zeit einen Fluß auftauchen sah, gab er als Standort die Oder durch. Brauer allerdings war weit nach Osten ausgewichen (was Friedl in seiner Funkerkabine nicht mitgekriegt hatte) und der Fluß in Wirklichkeit die Warthe bei Posen.
Köhl, der in Berlin mitrechnete, stellte fest, daß dadurch die Maschine eine Stunde früher in Berlin eintreffen würde, denn zwischen Warthe und Oder lag eine gute Stunde Zeitdifferenz. Als dieser Zeitpunkt verstrichen war, wurde er unruhig und setzte folgenden Funkspruch ab:
»Wieviel Brennstoff haben Sie noch?«
Brauer, der weder die falsche Standortbestimmung seines Funkers noch

die Probleme Köhls mitbekommen hatte, sondern unter vollem Einsatz sein Gefährt durch die aufgerührten Elemente steuerte, mußte diese Frage absurd erscheinen. Er rief Friedl zu:
»Sagen Sie Köhl, er kann mich mal am A...«
Graf Schack, der diese Szene für die Nachwelt festgehalten hat, dazu: »Nun ist zwar der Flugkapitän Kommandant an Bord, und seinen Weisungen ist unbedingt Folge zu leisten. Doch dieses Zitat durchzugeben hatte Friedl begreiflicherweise Hemmungen.«
Und so protestierte der Funker mit dem Einwand, das verstoße gegen den guten Ton. Brauer griff zur Schreibkladde und formulierte seine Antwort schriftlich: »Unser Brennstoff geht Sie garnischt an, stellen Sie lieber drei Paar Bockwurst warm, wir haben Kohldampf!«
Obwohl sich Friedl an der nicht dudenmäßgen Schreibweise von »garnischt« und an »Kohldampf« stieß, gab er den Funkspruch nach Berlin. Köhl, der sich wegen der nicht ankommenden Maschine Sorgen gemacht hatte, reagierte so böse, daß er aus dieser Antwort eine große Beschwerdeaktion machen wollte. Sie blieb dann aus, weil alle sonstigen Betroffenen Humor zeigten.
Die Auflockerung des sterilen Funkverkehrs durch Essensbestellungen sollte auch noch den Nachkriegspiloten vertraut bleiben. Wer mit seiner DC 3 oder Convair zu später Stunde auf Hamburg-Fuhlsbüttel einfiel, konnte dort bei den Lotsen auf dem Tower über Funk seine *After-Hours*-Mahlzeit bestellen: »Ruft doch mal bitte in der Flughafenkneipe an, ob sie schon mal drei Portionen Bratkartoffeln mit Spiegelei aufsetzen können. Wir sind in fünfundzwanzig Minuten unten!«
Ein anderer von der alten Garde war August Fischer. Er wurde im Mai 1928 von der Verkehrsfliegerschule zur Strecke versetzt.
Seine Route: Hannover–Dortmund–Hannover. Sein Flugzeug: der einmotorige Schulterdecker Fokker FII. Sein Captain: Kindervater. 10 000 Flugkilometer waren nötig, bevor man vom zweiten Führer zum Captain aufsteigen konnte. Bei einer Durchschnittsgeschwindigkeit von 120 km/h waren dazu nicht ganz hundert Stunden nötig. Fischer ärgerte sich bei seinen Deutschlandflügen oft über seinen elitären, schweigsamen Kapitän, der ein ausgesprochener Morgenmuffel war. Er sprach weder beim Frühstück noch bei der Flugvorbereitung, noch an Bord ein Wort. Um sich auf den Flügen zu beschäftigen, nahm Fischer den Kartenroller in die Hand, um durch Vergleich von Karte und Boden mitzufranzen.
An Instrumenten fanden sich damals im Cockpit: Höhenmesser, Staudruck-(Fahrt-)Messer, Tourenzähler, Benzin- und Öldruckuhren, Kühlwasserthermometer, Steuerkompaß und Chronometer. Da nach Sicht

geflogen werden mußte, geschah es beim Tiefflug durch die Porta Westfalica, daß, wie Fischer sich ausdrückt, »Kaiser Wilhelm I. die Hand über uns hielt«.

Einen Hauch jener alten Tiefflug-Romantik schnupperten auch die ersten Nachkriegskapitäne auf der DC 3 noch, die Ende der fünfziger Jahre mit zwanzig Passagieren und einer Stewardeß um den Vogelsberg oder übers Weserbergland schepperte. Durch die winterlichen Schneeschauer wirbelte eine Andeutung von Bad Pyrmont oder Wetzlar durch die Cockpitscheiben, die Lichtkaskaden einer Geschäftsstraße, Skiläufer an einem verschneiten Berghang, Autostau auf einer Ausfallstraße. Die Turbulenzen der Hagelböen warfen die Maschine von der einen Fläche auf die andere. Nervöse Blicke auf die Tragfläche, ob die Enteisung befriedigend arbeitete. Hinten alles okay? Keinesfalls – eine in Tränen aufgelöste Stewardeß verzweifelte am Sinn des Lebens, weil sie erstens dem Passagier, der den Whisky bestellt hatte, Tee mit Zitrone und zweitens dem Passagier, der Antialkoholiker war, den Whisky serviert hatte. Dann sind da noch das alte Mütterchen, das ausgerechnet jetzt, wo das Fasten-Seat-Belt-Zeichen an ist, zum Klo will, und das unbegleitete Kind von acht Jahren, das sich beschwert, weil es statt Coca-Cola immer nur Milch zu trinken kriegt.

Zurück zur Anfangszeit der Fliegerei und zu August Fischer. Er berichtet auch von einem Flug, den er als Copilot neben dem Flugkapitän Kindervater auf einer Fokker FII nach Prag machte.

»Ich hatte kurz vorher den Kunstfluglehrgang bei der Deutschen Verkehrsfliegerschule beendet und versuchte, nach den verschiedenen Drücken, mit denen ich in meinen Sitz gepreßt oder angelüftet in den Anschnallgurten hing, auf den Flugzustand unserer Maschine zu schließen, gab es aber sofort wieder auf.
Zweihundert Meter hatten wir schon verloren, und der Motor heulte erneut auf. Kindervater beugte sich vor und schaltete die Zündung aus.
Mit einem Male war das alles übertönende Motorengeräusch zu Ende, der große Holzpropeller drehte den Motor weiter, man hörte das Klappern der Ventile. Giftig pfiff der Fahrtwind.
Neunhundert Meter zeigte der Höhenmesser, jetzt mußte etwas geschehen. Kindervater bewegte immer noch die Steuersäule.
Achthundert Meter, Kindervaters Gesicht war hart, wie aus Stein gemeißelt, nur die Muskeln an seinen Kinnladen spannten sich, so hart setzte er die Zähne aufeinander.
Siebenhundert Meter, über unserer rechten Tragflächenspitze, völlig verkantet, schimmerte eine Wiese. Eine Frau und ein Mann wendeten Heu. Kindervater zog den Fokker wie aus einem Turm in die Normallage, schaltete die Zündung wieder ein und drückte ihn ins Tal. Von beiden Seiten der Wiese tauchten die Wipfel der Tannen in

den Nebel. Wir fielen so in das enge Tal, daß wir Kurs nach Süden hatten, eine Kurve wäre in dieser Schlucht nicht möglich gewesen.
Dreihundert Meter las ich am Höhenmesser ab, als uns der Nebel endgültig frei gab und vor uns wieder Böhmen im schönsten Sonnenschein lag.«

Man flog zurück nach Prag. Kindervater landete die Fokker so unsanft, daß der Sporn brach. Fischer folgte ihm in die Flugleitung, wo er gerade noch den letzten Teil eines Telefongespräches mithörte: Man sei aus den Wolken herausgetrudelt, glücklicherweise in ein Tal. Der Nebeleinbruch sei ganz plötzlich gekommen.
Später nahm er seinen Copiloten beiseite und sagte:
»Bei solch einem Fall muß man am Leben bleiben. Sonst wird man nicht alt.«
Wenig später wurden die Flugzeuge mit einem Wendezeiger ausgerüstet. Im Herbst- und Winter-Luftverkehr flog ein Funker mit.

In der Geschichte der modernen Verkehrsluftfahrt gibt es ein paar Fälle, wo ein Flugzeug mit weniger Passagieren ankam, als beim Start an Bord waren. So zerbrach einmal über den Wüsten Arabiens das Kabinenfenster einer Super-Constellation, ein Passagier wurde durch den kräftigen Sog sofort herausgerissen. Ähnliche Fälle passierten auf einer DC 10, einer B 707 und einer B 727.
Auch bei der alten Hansa gab es ähnliches. Dazu Eberhard Tusch, einer der damaligen Piloten:

»1929 oder 1930 flog ich mit einer Fokker FII von München nach Kassel. Der Hochdecker mit Sperrholztragflächen und BMW-Motor hatte vier Fluggastsitze in der Kabine mit einer nach außen aufgehenden Tür, die mit normalem Griff geöffnet und geschlossen wurde. In der Kabine hatte ich einen Fluggast, um den ich mich während des Fluges aber nicht weiter kümmerte und auch nicht kümmern konnte, weil die Fluggastkabine nicht mit dem Führersitz verbunden war.
Nach der Landung in Kassel gab es eine Riesenaufregung, denn die Kabine war leer und kein Fluggast zu sehen. Die Polizei wurde eingeschaltet. Alles führte aber nur zu der Feststellung, daß beim Abflug in München ein Fluggast in der Maschine saß, der bei der Landung in Kassel verschwunden war.
Einige Tage später fand man ihn in einem Wald unterhalb der Flugroute. In einem hinterlassenen Brief hatte er sein Vorhaben angekündigt, während des Fluges auszusteigen und ›diesen sehr sicheren Weg zu beschreiten, um freiwillig dieses Jammertal zu verlassen‹.
Und wie konnte so etwas möglich sein? Die Tür der Fokker, die mit etwas 110 km/h Geschwindigkeit flog, ließ sich wegen des nicht gesicherten Schlosses leicht öffnen und auch ohne Schwierigkeiten nach außen aufdrücken.«

Tusch schloß diesen Bericht über einen vermißten Passagier mit der Bemerkung ab: »Ich meine, das war noch Romantik!«

Noch immer zeichnete sich der Flottenpark durch eine Vielzahl der verschiedenartigsten Typen aus. Die Tendenz zur Vereinheitlichung wurde nicht gerade durch die Regierungspolitik unterstützt, die einen Teil ihrer Zuwendungen nicht in barer Münze, sondern durch die Zuteilung von Flugzeugmaterial ableistete.

Im Flugzeugpark von 1929 tummelten sich u. a. vier verschiedene Typen von Dornier-Flugzeugen, vier von Focke-Wulf und sieben verschiedene Junkers-Typen. Dazu kamen noch Flugzeuge von Arado, Fokker, Rohrbach und Caspar.

Den Hauptanteil stellten die Junkers F 13 (41), die Dornier Merkur (25) und die Rohrbach-Roland (16). Im ganzen verfügte die Hansa Ende 1929 über 181 Flugzeuge aus insgesamt achtundzwanzig Typen. Zum Vergleich: 1978 besaß die Lufthansa rund hundert Flugzeuge, die sich aus sechs Haupttypen von insgesamt drei Flugzeugherstellern (Boeing, Douglas, Airbus) zusammensetzten.

Es lohnt sich, an dieser Stelle eine kurze Betrachtung zum Thema »Fortschritt« einzuflechten.

Eine Firma wie VFW-Fokker mußte Ende 1977 die Produktion des ersten zweidüsigen Nachkriegs-Verkehrsjets einstellen, weil nur ein paar Dutzend davon bestellt worden waren. Der »Break-Even-Point« – der Zeitpunkt, von dem an eine Firma die Unkosten ausgeglichen hat – liegt bei modernen Flugzeugwerken zwischen zweihundert und vierhundert Exemplaren! Und selbst der geradezu traumhafte Erfolg der Airbus Industries führt nicht in die Gewinnzone.

In den dreißiger Jahren gab es in der ganzen Welt Flugzeugwerke, die von einem bestimmten Typ weniger als ein Dutzend herstellten und gut davon lebten. Freilich erhielten sie Subventionen, aber das trifft auch heute oft noch zu; und offenbar konnten sich die Regierungen derartige Subventionen leisten.

Ein typisches Beispiel ist Fokker. Von seinem viermotorigen Schulterdecker F 22 wurden ganze vier Exemplare gebaut. Diese wurden von der KLM noch dazu auf der völlig unrentablen Inlandstrecke Amsterdam–Twente (170 Kilometer!) eingesetzt. Wenig später folgte die noch größere F 36 *Arend*. Von ihr wurde ein einziges Exemplar gebaut. Genauso von der F 20 *Zilvermeeuw*, die als Schnellpostflugzeug auf der Indienroute verwendet wurde.

Auch die Lufthansa hat von viermotorigen Großflugzeugen wie der Junkers G 38 oder Heinkel He 116 nur ganz wenige Exemplare abgenommen.

Weder Junkers noch Heinkel, noch Fokker sind deshalb pleite gegangen.

Die unrentablen Riesen

Auf 52 Nord, 20 West, dreihundert Meter über dem Nordatlantik, erklingt Klaviermusik: das Allegro con brio aus Beethovens Klavierkonzert Nr. 2 in B-Dur. Am Flügel Wilhelm Kempff. Nicht im Achtkanalsuperstereo, sondern live. Zeit und Ort des Konzertes: die dreißiger Jahre, an Bord der *Hindenburg*.

Fragt man heute alte Menschen, welche Erlebnisse aus den dreißiger Jahren sie am nachhaltigsten in Erinnerung behalten haben, so werden auf jeden Fall drei Ereignisse aufgezählt: 1) die Olympischen Spiele 1936 in Berlin; 2) Max Schmelings Boxkampf gegen Joe Louis; 3) der Vorbeiflug des Zeppelins.

Das sensationellste Flugzeug hat es nicht an Popularität, Bewunderung und Euphorie mit den deutschen Zeppelinen aufnehmen können! Das Anschwellen eines geheimnisvollen Dröhnens, das mystische Schwirren von Luftschrauben, das Heranschweben eines riesigen Schattens ... Und vorbei zieht majestätisch das Luftschiff.

Jene Art des Reisens, so schwärmen noch heute die Nostalgiker, sei die einzig menschenwürdige außerhalb der Weltmeere gewesen. Keine Fluggastbeförderung von A nach B, sondern Reisekultur! Da gab es Salons und Promenadendecks, Rauch- und Speisezimmer, Lesesaal und Clubsessel, die man sich an die riesigen Panoramascheiben der Gondel rücken konnte.

Die Entwicklungsgeschichte des »modernen« Zeppelins begann im August 1924. Damals brachte Dr. Eckener die LZ 126 im Nonstopflug vom Bodensee nach New York. Sie war als Reparationsleistung für die USA gebaut worden. Dieser Reparationsauftrag hatte den Luftschiffbau Zeppelin vor dem Zusammenbruch bewahrt. Die LZ 126 *Los Angeles* begeisterte die Amerikaner derart, daß die US-Regierung das in Versailles festgelegte Bauverbot für Großluftschiffe aufhob.

Am 8. Juli 1928 – und somit sind wir wieder im chronologischen Ablauf der Luft-Hansa-Geschichte – war die LZ 127 fertig. Die Tochter des verstorbenen Grafen Zeppelin, Gräfin von Brandenstein, taufte das Luftschiff in Friedrichshafen.

Es war ein Gigant, gegen den jeder Jumbo wie ein läppisches Stück Spielzeug erscheint. Seine Länge betrug 236,6, sein Durchmesser 30,5 Meter. Als Antrieb dienten fünf Maybach-Motoren von je 550 PS. Die Reisegeschwindigkeit lag bei 115 km/h. Nach der Jungfernfahrt am 18. September und einer Deutschlandtour Anfang Oktober startete die *Graf Zeppelin* am 11. Oktober zu einer triumphalen Reise nach Lakehurst, New Jersey. Hin- und Rückfahrt wurden ein sensationeller Erfolg.

Trotz dieses Erfolges gaben die zahlreichen Wetterprobleme Dr. Eckener, dem Kommandanten, so manche harte Nuß zu knacken. So verzichtete man von vornherein auf die geplante nördliche Route über die Orkney-Inseln, Island und Grönland aus Furcht vor den dort vorherrschenden Tiefs mit ihren Schlechtwetter-Südostquadranten. Man flog über Basel, Lyon und das Mittelmeer. Über Barcelona wurde die erste Post abgeworfen, die zweite über Madeira.
Dann geschah das, was Dr. Eckener hatte vermeiden wollen: Über den Azoren geriet das Luftschiff in eine Schlechtwetterzone. In den Tropengewittern wurde der Bug hochgerissen, das Schiff mit einer Schräglage von fünfzehn Grad in den Turbulenzen einhundertfünfzig Meter emporgeschleudert. Die Stoffbekleidung des Höhenruders riß. Knut, der Sohn Dr. Eckeners, kletterte auf den Gerüsten ins Freie und reparierte mit seinem Team den Schaden. Unter ihnen tobte der aufgerührte Atlantik. Nach fünf Stunden war die Reparatur beendet. Dr. Eckener hoffte, von weiteren turbulenten Wetterzonen verschont zu bleiben. Das Gegenteil war der Fall.
Um den neu auftauchenden Gewitterfronten zu entgehen, wich der Kommandant auf die Bermudas aus, wo über Hamilton weitere Post abgeworfen wurde.
Unterdessen setzte im wartenden Amerika das Rätselraten über den Verbleib des Luftschiffs ein. Hinter den Bermudas geriet der Zeppelin erneut in Kaltfrontgewitter. Wieder mußte ein krasser Kurswechsel vorgenommen werden – dieses Mal nach Norden. Bei Machipengo wurde gegen Morgen die amerikanische Küste erreicht. Etwa zwei Stunden später war man über Washington. Von dort wurde der Flug nach Lakehurst fortgesetzt, wo man erst gegen Abend eintraf. In hundert Stunden waren rund 10 000 Kilometer bewältigt worden.
New York bereitete den Pionieren einen rauschenden Empfang mit Konfetti und Ehrenparade. Der New Yorker Bürgermeister lud die Besatzung in die City Hall ein.

Dieser Flug und die nachfolgenden Luftschiffahrten stehen nicht in unmittelbarem Zusammenhang mit der Luft Hansa. Sie wurden von der Deutschen Luftschiffahrts AG (DELAG) durchgeführt, doch die Hansa verfolgte die Fahrten mit Interesse und arbeitete seit 1930 eng mit der DELAG zusammen.
Mochte auch die Junkers G 31 als »Fliegender Speisewagen« populär werden und den ersten Luftstewards der Welt ein beschränktes Tätigkeitsfeld bieten – mit dem Luxus einer Luftschiffreise konnte es kein sonstiges fliegendes Gefährt aufnehmen.

Die *Graf Zeppelin* hatte eine vollausgebaute Bordküche, den Strom dafür erzeugte ein vom Fahrtwind angetriebener Generator. Ein simples Verfahren übrigens, das auch bei den DC-10- und Boeing-747-Jumbos noch als Notverfahren anwendbar ist. Allerdings nicht für den Küchenbetrieb, sondern um beim Ausfall der Bordelektrik wenigstens die wichtigsten Fluginstrumente noch mit Strom versorgen zu können.
Am 23. April 1929 beispielsweise wies die Speisekarte für das Mittagessen folgende Gänge auf:

Schwedische Vorspeisen
Kraftbrühe Celestine
Gulaschtopf
Nudeln in Butter
Ananas mit Schlagsahne
Gebäck, Früchte

An der Fahrgasttreppe zum Einstieg hatte man folgendes Hinweisschild in den Boden gerammt:

LUFTSCHIFF GRAF ZEPPELIN
NÄCHSTE FAHRT 8. DEZEMBER
AM SAMSTAG, 20H
NACH SÜDAMERIKA
PREIS RM 1400,–
FAHRSCHEINE HIER BEIM PFÖRTNER
ODER BEI HAMBURG-AMERIKA-LINIE
FRIEDRICHSHAFEN, GOLDSCHMIEDSTRASSE

Aber es gab noch ein zweites riesiges Fluggerät!
Das größte Flugzeug, das für die Luft Hansa Testflüge unternahm, war die legendäre Dornier Do X. Sie war für siebzig Fluggäste eingerichtet; bei einem Flug über den Bodensee waren einmal hundertsiebzig Personen an Bord. Das Flugboot verfügte über drei Decks; das obere war Piloten-, Navigations-, Funk- und Motorüberwachungsraum, im unteren befanden sich die Kraftstofftanks. Im Mitteldeck gab es Aufenthalts- und Schlafräume, Bar, Rauchsalon und Küche.
Die Innenräume der Do X sprengten jedes Maß. Der Führerraum mit den riesigen Doppelsteuerrädern und der verglasten Panoramafront glich dem Befehlsstand auf einem Ozeanschiff. Es gab eine Maschinenzentrale, einen Kommando- und Navigationsraum. Der Gesellschaftsraum glich einem eleganten Salon. 1929 wurden zweiunddreißig Testflüge unternommen.
Als Kommandant auf der Do X wird stets Friedrich Christian Christiansen genannt. Er war im strengen Sinn kein Luft-Hansa-Kapitän, wie auch

die Do X nicht zum Luft-Hansa-Flugzeugpark gehörte, trotz ihrer Aufschrift *Luft Hansa*. 1935 bereits ging er zur neu entstandenen Luftwaffe und wurde u. a. Kommandeur der Fliegerschule und zum Schluß Militärbefehlshaber der Niederlande. Er wurde nach dem Krieg zu langjähriger Zuchthausstrafe verurteilt, durch Intervention der niederländischen Königin aber vorzeitig entlassen und lebte bis zu seinem Tod in Schleswig-Holstein.

In Wirklichkeit besaß Christiansen nicht einmal eine Lizenz für die Do X und saß nie am Steuer. Dort saß Flugkapitän Horst Merz, der schon seit 1925 bei der Luft Hansa war. Er kam von der Danziger Aero-Lloyd und war seit 1930 der allein verantwortliche Führer der Do X. Er hat als Pilot das Flugboot vom Bodensee über Holland, England, Spanien, Portugal, Las Palmas, West-Afrika und den Südatlantik nach Brasilien und von dort über New York und den Nordatlantik zurück nach Deutschland geflogen. Das geschah 1932; und es zeigte wieder einmal, wie eine einmal gedruckte Falschmeldung – die über Christiansen als verantwortlichen Kommandanten – bis heute nicht auszurotten ist!

Auch die Lufthansa muß das, 1932, schon geahnt haben. In einem Schreiben vom 21. Juni, das von Milch und von Gablenz unterzeichnet ist, gratuliert sie nach beendetem Demonstrationsflug dem Flugzeugführer und begrüßt seine Rückkehr in ihre Dienste. Dann heißt es:

»Wenn auch in der Öffentlichkeit Ihr Name und Ihre Leistungen nicht so hervorgehoben worden sind, wie es unseres Erachtens berechtigt wäre, so bitten wir Sie, überzeugt zu sein, daß wir trotzdem wissen, wie eng Ihre Person mit der glücklichen Durchführung dieses Unternehmens verbunden ist...«

Es gab offensichtlich schon damals in der Fliegerei jene beiden Gruppen, von denen die eine publicityträchtig nach außen hin wirkte, die andere still ihren Beruf ausübte – daran hat sich bis heute nichts geändert.

Als Horst Merz am 2. Dezember 1971 seinen 80. Geburtstag feierte, gratulierte ihm die Dornier AG nachdrücklich und zählte in einer Presseverlautbarung seine zahllosen Verdienste auf. Darunter die Erprobung des zweimotorigen, später des viermotorigen Dornier-Superwals und die mehr als dreißig Wasserungen mit der Do X auf deutschen Seen und Flüssen. Er erhielt die »Goldene Nadel der Lufthansa für Atlantikflüge.«

Er starb am 24. August 1979. Ein Jahr vorher hatte der Verfasser noch einmal einen langen handgeschriebenen Brief von ihm erhalten, in dem er leidenschaftlich seine eigene Position gegen die Christiansens abgrenzte:

»Kpt. Christiansen war der Vertreter der Fa. Dornier nach außen und verantwortlich für die Planung und Vorbereitung der Flüge, Bereitstellung des Betreibstoffes, Wetterberatung, die Sicherheit des Schiffes in Ruhe und den Wachdienst und Schiffsbetrieb. Mit dem Fliegen hatte er überhaupt nichts zu tun. Er hat nie am 1. oder 2. Steuer gesessen, also Do X nie gestartet, geflogen und gelandet, hatte auch nicht den erforderlichen Führerschein und war nicht Flugkapitän. Er konnte also nie die Verantwortung für die fliegende Do X haben.«

Bei der Erprobung der Do X auf dem Bodensee trat ein Problem zutage, das die deutsche Flugzeugindustrie bis zum Kriegsende begleiten sollte. Die deutschen Siemens-Jupiter-Motoren erwiesen sich als zu schwach. Da in Deutschland nach dem Krieg lange Jahre der Bau starker Motoren verboten war, standen Motoren von mehr als 500 PS nicht zur Verfügung. Man mußte auf den amerikanischen wassergekühlten Curtiss Conqueror zurückgreifen.
Der Einbau erforderte neue Motorgondeln, Wasserkühler und Ölkühler. Mit diesen neuen Motoren verliefen die Probeflüge so erfolgreich, daß das Flugboot ab 5. November 1930 in Europa vorgeführt wurde. Erste Station war Lissabon. Von dort sollte es zur Flugzeugwerft in Cadiz überführt werden, um dort auf den Flug Cadiz–Azoren–Bermudas–New York vorbereitet zu werden.
Einen halben Tag vor dem Start brach auf dem Flugboot Feuer aus, das die gesamte Bespannung der Backbordtragfläche zerstörte. Die Reparatur dauerte acht Wochen. Das heißt: Die eigentlichen Arbeiten nahmen knapp zwei Wochen in Anspruch, aber man mußte sechs Wochen auf die Ersatzmaterialien aus der Heimat warten.
Da die Wetterbedingungen auf der vorgesehenen Route wegen der späten Jahreszeit zu schlecht waren, entschied man sich für die Südroute über Lissabon–Las Palmas–Cap Verden–Brasilien–Nordamerika. Am 31. Januar 1931 kam die Do X nach einer Flugzeit von unter sieben Stunden in Las Palmas an. Aber schon beim Start zur dreißig Kilometer entfernten Gandobucht wurde das Boot durch Seitendünungswellen so beschädigt, daß eine neue Reparatur notwendig wurde. Das bedeutete wiederum sechs Wochen auf Material warten. Erst am 27. April war das Flugboot wieder klar zum Start.
Inzwischen hatte man sich zu einer Tropenerprobung in afrikanischen Gewässern entschlossen (ausschlaggebend war die Besichtigung durch den italienischen Luftfahrtminister Balbo). Die Haupterprobung wurde dann auf Bubaque, im Bissago-Archipel, durchgeführt. Man wollte feststellen, ob und mit welchem Abfluggewicht man von hier aus nach Natal oder zur Insel Fernando de Noronha fliegen konnte.
Man hätte kaum einen weniger günstigen Erprobungsort für ein Flugzeug wählen können, dessen Fähigkeiten und Möglichkeiten erst noch demonstriert werden mußten! Wegen Unruhen in den Kolonien drangen

Nachrichten und damit Wettermeldungen nur unregelmäßig durch. Die tropische Regenzeit machte ein Abheben der schweren Maschine fast unmöglich.
Da die Do X nie offiziell für die Luft Hansa flog, sei dieses Kapitel mit dem Aufzeigen der Erprobungsschwierigkeiten beendet. Die weiteren Flüge – nach Rio, von dort über Westindien, Haiti, Kuba nach New York – trugen wesentlich zum positiven Image der deutschen Flugzeugindustrie bei. Zwar gab es noch weitere Pannen (in Para brach am 9. August 1931 eine Kurbelwelle), zwar herrschte in Brasilien gerade eine Wirtschaftskrise, zwar legte die amerikanische Luftverkehrsgesellschaft im eigenen Interesse keinen allzu großen Wert auf Werbung für das deutsche Produkt – trotzdem war der Prestigegewinn der neu entstehenden deutschen Luftfahrtindustrie enorm. Die Fotos vom Vorbeiflug der D-1929 an der Freiheitsstatue ließen so manches Herz höher schlagen. Zwei Flugboote wurden für Italien gebaut und mit Fiat-Triebwerken ausgerüstet. Trotz aller imposanten Einzelergebnisse aber wurde die Do X kein Erfolg. Ihre Konstruktion war nicht die modernste, und sie war absolut unwirtschaftlich. Dafür sorgten die zwölf Motoren. Geht man von rund achtzig Personen an Bord aus, so kommt auf etwa sieben Gäste ein Motor! Die DC 10 der siebziger Jahre zeigt ein Verhältnis von achtzig Gästen pro Motor!
Schließlich wurde das Flugschiff demontiert und ins Luftfahrtmuseum in Berlin gebracht. Ein interessantes, aber unwirtschaftliches Kapitel deutscher Luftfahrtgeschichte ging damit zu Ende. Die Do X wurde während des Krieges durch Bombenangriffe zerstört.
Als Dornier die Do X baute, hatte er bereits Erfahrungen mit achtundzwanzig Baumustern gesammelt. Für die Luft Hansa sollten dann andere Typen wichtig werden, wie die Do 18 und Do 26. Vorher waren bereits gute Ergebnisse mit dem Wal und Superwal erzielt worden.
Als die britische Imperial Airways später ihre Fernost-Dienste über Lissabon mit den viermotorigen Short-Sunderland-Flugbooten betrieb, kam es bei den Wasserungen in den Buchten der Flughäfen zu ähnlichen Zwischenfällen wie mit der Do X. Die Bootsrümpfe der Flugboote erwiesen sich als äußerst anfällig gegen im Wasser treibende Gegenstände wie zum Beispiel Baumstämme. So mancher Start mußte wegen Beschädigung des Flugzeuges beim Wassern verschoben werden. Schon von dieser Überlegung her erwies sich der Katapultstart als zuverlässiger.

Bezeichnungen wie K2 oder *Bremen* mögen damals eine ähnliche Euphorie ausgelöst haben wie heute höchstens noch Zukunftsvisionen à la *Mach-3*-Überschall oder »totale« Blindlandung.

K2 bezeichnete das Heinkel-Katapult, das, mit Preßluft betrieben, 3 500 Kilogramm Flugmasse auf einem Beschleunigungsschlitten über eine zwanzig Meter lange Gleitbahn auf 177 km/h beschleunigen konnte.
Das Sonnendeck der *Bremen* diente als Startbahn. Zunächst wurde das Postflugzeug Heinkel He 12 als Katapultflugzeug eingesetzt, ein einmotoriges Schwimmerflugzeug mit zwei Sitzen hintereinander. Nach befriedigenden Versuchen an der Nordsee erfolgte am 22. Juli 1929 der erste Hochseestart. Flugkapitän von Studnitz startete mit einer Postlandung vierhundert Kilometer vor New York und landete nach zweieinhalb Stunden im dortigen Hafen. Ein eindruckerweckender Erfolg! Auf der Rückfahrt der *Bremen* der gleiche Vorgang acht Kilometer vor Cherbourg mit Zielhafen Bremerhaven. Dort stand die Anschlußmaschine nach Berlin schon bereit.
Am 15. August wurde der *Bremen*, die bereits in Cherbourg war, ein Postflugzeug mit der letzten Post nachgeschickt; auch hier ergab sich ein Zeitgewinn von vierundzwanzig Stunden.
Ein weiterer Erfolgsname aus jenen Tagen war die Arado V1 mit dem Kennzeichen D-1594, ein einmotoriges Schnellpostflugzeug mit einer Reichweite von 1 500 Kilometern und einer Geschwindigkeit von 215 km/h. Mit diesem Schulterdecker wurden Schnellpoststrecken nach Istanbul, Sevilla und Teneriffa erprobt. Joachim von Schröder mit seiner Besatzung Albrecht und Eichentopf bewältigte die 2 591 Kilometer lange Strecke von Berlin über Marseille in fünfzehn Stunden.
Leider fanden die erfolgreichen Testflüge einen traurigen Abschluß. Am 19. Dezember 1929 wurde die Crew von den Kanarischen Inseln zurückerwartet. Der Rückflug fand über Kap Juby an der afrikanischen Westküste statt. Über Berlin und auf dem Flughafen Tempelhof herrschte zur Ankunftszeit Nebel. Die Arado war nicht mit einer Funkanlage ausgerüstet. Sie verfehlte ihr Ziel und stürzte bei Neuruppin ab. Nur der Bordmechaniker Eichentopf überlebte.

Wie sah es überhaupt mit der Flugsicherung aus?
Die eindruckerweckendsten Zahlen kommen aus Amerika. Zwischen 1929 und 1933 war die Unfallrate der Fluggesellschaften 1500mal größer als die der Eisenbahn und 900mal höher als die im Autobusverkehr. Noch 1932 gab es einhundertacht Unfälle, davon sechzehn mit tödlichem Ausgang.
Tatsächlich gab es zwischen der damaligen Art zu fliegen und der heutigen kaum mehr Übereinstimmung als zwischen einem Elefantenrüssel und einem Gartenschlauch. Es lassen sich nur schlecht Vergleiche ziehen.

Die faszinierende Pünktlichkeit und Sicherheit, mit der sich moderner Luftverkehr vollzieht, provozieren jedoch die Frage, ob wir heute nicht jegliches Maß verloren haben. Wenn wir in weniger als vier Stunden einen ganzen Ozean überqueren und anschließend länger als zehn Minuten am Schalter der Einreisebehörde Schlange stehen, drehen wir durch. Ein Kommandant, der gegenüber dem ausgedruckten Flugplan seiner Gesellschaft auf einen Achtstundenflug mehr als eine Viertelstunde zurückliegt, fühlt sich bemüßigt, sich bei den Passagieren dafür zu entschuldigen und einen schnellen Anflug zu versprechen – obwohl er gar nichts dafür kann. Spätestens hier wird der moderne Pünktlichkeitsfanatismus absurd und völlig wirklichkeitsfremd. (Abgesehen davon, daß der »Zeitgewinn« durch die schleppende Bodenabfertigung oft völlig zunichte gemacht wird.) Heute ist ein Pilot, der eine harte Landung macht, in den Augen vieler sachlich nicht besser informierter Beobachter ein schlechter Pilot. Früher konnte der Pilot seine Passagiere drei Stunden lang in den Turbulenzen durchschütteln lassen und dann auf einer Wiese mit anschließendem Kopfstand notlanden: Er war und blieb ein Held.

Auch hatte der Pilot damals das volle Vertrauen des Passagiers, der hinter seinen markanten Schultern saß. Er war es, der bewundert wurde. Heute wird die Technik bewundert.

»Wenn Sie rausgeschleudert werden, so vergessen Sie bitte nicht, die Fallschirmreißleine zu ziehen!«

Mit solchen und ähnlichen süffisanten Empfehlungen gaben die mutigen Männer in ihren fliegenden Kisten ihrem einzigen Passagier Verhaltensmaßnahmen mit auf den Flugweg. Heute heißt es statt dessen:

»Ziehen Sie im Falle eines Druckverlustes die herausfallende Sauerstoffmaske fest über Mund und Nase!«

Als die Passagiere in richtigen Kabinen saßen statt im offenen Cockpit vor oder hinter dem lederhaubenbewehrten Aviator, konnte man an der Tür etwa folgendes lesen:

Der Pilot dieses Flugzeugs ist nach langem Training ausgesucht worden. Er kennt seinen Beruf. Vertrauen Sie ihm und machen Sie sich keine Sorgen.

Die Passagiere, für die dieser Tranquilizer bestimmt war, saßen in breiten bequemen Klubsesseln. Um sie herum allerdings brandete eine Orgie von Lärm: Die Stoffbespannung knatterte, der Fahrtwind pfiff, die Luftschrauben schwirrten und heulten, die Motoren donnerten und ließen den Rumpf zittern.

Ein amerikanischer Pilot der Roaring Twenties berichtet:

»Wir transportierten damals Post in einem Douglas-M-2-Doppeldecker. Es war vom Start bis zur Landung aufregend. Wenn ein Passagier kam, stellten wir ihn zusammen mit den Postsäcken auf die Waage. Sie dienten ihm während des Fluges als Sitz.«

Der amerikanische Schriftsteller Ernest K. Gann (*Es wird immer wieder Tag*), einst Flugkapitän bei American Airlines, berichtet aus der Frühzeit:

»Wenn die Passagiere fragten, wo wir sind, sollte die Stewardeß antworten: ›Wir sind über White Pigeon.‹ Wenn ich wirklich wußte, wo wir waren, schrieb ich's auf einen Zettel und ließ den durch die Kabine reichen.«

Das, freilich, geschah wesentlich später, in den dreißiger Jahren!

Zweites Kapitel
Die glorreichen dreißiger Jahre

Der Kranich fliegt um die Welt

»Das überhandnehmende Maschinenwesen quält und ängstigt mich; es wälzt sich heran wie ein Gewitter, langsam, langsam; aber es hat seine Richtung genommen, es wird kommen und treffen.«

Dieses Zitat aus *Wilhelm Meiters Wanderjahre* entsprach am Beginn der *roaring thirties* keinesfalls der triumphalen Stimmung, in der Luftverkehr betrieben wurde. Es gewann beklemmende Aktualität an ihrem Ausgang, als der Krieg ausbrach. Zwischen diesen beiden Polen vollzog sich die Entwicklung der Luft Hansa. Ein ungeheurer Idealismus beseelte die Piloten, die ihre Langstreckenversuchsflüge machten, ein Idealismus, wie er dann noch einmal in den fünfziger Jahren beim Aufbau der neuen Lufthansa auftauchen sollte.

Nicht alle Besatzungsmitglieder haben ihre Erlebnisse oder Erfahrungen schriftlich festgehalten. Einzelne haben versucht wiederzugeben, was sie empfanden. Wenn immer wieder auf ihre Berichte zurückgegriffen wird, darf dadurch nicht der Eindruck entstehen, die übrigen, nicht Genannten, hätten weniger geleistet. Es gab auch bei der ersten Luft Hansa das, was später bei der neuen ohnehin das Selbstverständliche werden sollte: das große Heer der »Namenlosen«, die einfach ihren Berufseinsatz leisteten, den täglichen Routinedienst, sicher und zuverlässig.

Wie sah es Anfang der dreißiger Jahre, kurz vor Hitlers Machtübernahme, in der Luftfahrt aus?

Noch immer gab es solche Männer, die trotz (oder gerade wegen) ihrer Flugleidenschaft nicht dazu bereit waren, sich einer Fluggesellschaft unterzuordnen. Sie blieben Einzelgänger und vollbrachten so Leistungen, die ihnen als schlichten Angestellten eines Transportunternehmens gar nicht möglich gewesen wären.

Hermann Köhl war ein solcher Mann; von anderen wird die Rede sein. Auch Saint-Exupéry ist bezeichnenderweise nur kurz im Dienst einer regulären Fluggesellschaft geflogen und zum Beispiel niemals von der Air France zum Eintritt aufgefordert worden. Das heißt nicht, daß es nicht auch innerhalb der Luft Hansa der dreißiger Jahre genügend Gelegenheit zu Einzelleistungen gegeben hätte – die folgenden Berichte über Versuchs- und Rekordflüge sind der Gegenbeweis.

Aber genausowenig wie später bei der Nachkriegs-Lufthansa war es allen gegeben, sich für einen publicityträchtigen Flug stark zu machen und einteilen zu lassen. Nicht, weil sie kriegerisch weniger fähig waren, sondern weil sie nicht die nötige Ellbogenkraft aufbrachten. Das einmal zu erwähnen schmälert keinesfalls die rein fliegerische Leistung jener, die dann das große Rennen machten. Nur: Es hätte auch von anderen gemacht werden können.
So, wie die Flüge der Zeppeline und des Flugboots Do X niemals offizielle Luft-Hansa-Flüge waren, so gab es Pionierflüge, die durchaus für die Luft Hansa lehrreich waren, ohne daß sie dazu einen Auftrag erteilt hatte. Sieht man einmal von den sportfliegerisch großartigen (aber verkehrstechnisch nicht verwertbaren) Leistungen einer Elly Beinhorn oder eines Hans Bertram ab, so war es in erster Linie Wolfgang von Gronau, der von sich reden machte. Er flog noch dazu mit einem Flugboot, das auch die Hansa benutzte – mit dem Dornier-Wal. Er war ein Mann, der wie Köhl ohne Genehmigung die Pionierflüge machte, die er sich in den Kopf gesetzt hatte.

Im August 1930 flog von Gronau mit einem Dornier-Wal-Flugboot über den Nordatlantik nach New York. Schon ein Jahr später überquerte er als erster die Gletscher Grönlands. Wieder ein gutes Jahr darauf rüstete er zu einem Wettflug. Am 22. Juli 1932 startete er in List auf Sylt mit seinem Flugboot D 2053 und landete zehn Stunden später im isländischen Seydis-Fjord.
Trotz schweren Seegangs im Sturm vor der Südspitze Grönlands landete er nach dem zweiten Streckenabschnitt am Fjord von Ivigtut. Über Cartwright ging es weiter nach Montreal.
Cartwright sollte fünfundzwanzig Jahre später für die Super-Constellation-Piloten der neuen Lufthansa zu einem besonderen Checkpunkt werden. Hier, an der Ostküste Labradors, war inzwischen eine Radarstation eingerichtet worden, die alle von Osten her einfliegenden Maschinen zu identifizieren hatte. Bestanden Zweifel über die Herkunft der Eindringlinge, so wurde der Kapitän über Funk aufgefordert, zur Identifizierung bestimmte Kurse und Kurven nach einem Verfahren zu fliegen, das in einem besonderen, versiegelten Umschlag im Navigations-Kit mitgeführt wurde. In einem solchen Fall sprang dann stets der Funker oder Navigator auf, um eilig die Unterlagen herauszusuchen. Dann wurden die Identifizierungskurse abgeflogen – Cartwright-Radar war zufrieden, und im tiefsten Frieden durfte das Zivilflugzeug mit ausdrücklicher Genehmigung der Herren Militärs seinen Flug fortsetzen.
Wohl kaum einer der Piloten dachte beim Namen Cartwright an die ein-

stige Zwischenlandung von Gronaus, der zwar durch Wind und Wetter flog, aber dafür unbehelligt von den neckischen Kriegsspielen des neuen Amerika blieb.
Gronaus Flugzeit von Sylt bis Montreal betrug (ohne Bodenzeit) zweiundvierzig Stunden. Zum drittenmal hatte er den Nordatlantik überquert. Detroit, Chicago, Milwaukee und Minneapolis hießen die nächsten Orte, die er auf dem Weiterflug nach Prince Rupert an der Westküste ansteuerte.
22. August 1932: Start nach Japan. Sturm, Regen, Nebel über Alaska und den Aleuten! Erst am 4. September dümpelte der Wal vor der Marinestation Kasumigaura bei Tokio.
Es folgten Schanghai, Hongkong, Manila. Über die Straße von Malakka ging es nach Burma. Dann trat der erste große Schaden auf: Motorstörung über dem Indischen Ozean! Von Gronau landete auf hoher See und funkte SOS. Der britische Dampfer *Carragola* nahm die D 2053 in Schlepp und brachte sie nach Rangun – eine einmalige Leistung, die nur Spezialisten zu würdigen wissen. Denn entgegen der landläufigen Meinung ist ein Flugboot keinesfalls hochseetüchtig und absolut ungeeignet für die Landung auf rauher See.
Grund der Motorstörung: eine defekte Kühlwasserpumpe. Am 17. Oktober startet der Wal wieder. Colombo, Bombay, Karatschi waren die weiteren Etappen. Von Italien aus wurden die Alpen bei schlechtem Wetter überquert. Vor Altenrhein am Bodensee landete von Gronau am 9. November 1932, um am nächsten Tag höchst »offiziell« bei Friedrichshafen zu landen und empfangen zu werden. Wolfgang von Gronau starb Mitte der siebziger Jahre.
Von seinen Leistungen kann sich nur ein gerechtes Bild machen, wer die Wirbelstürme, Taifune und Monsune, die Seenebel und Hagelschauer auf einer solchen Weltstrecke aus eigenem Erleben kennt.

1977 jährte sich zum fünfzigstenmal der Tag der Atlantiküberquerung Lindberghs.
Der bekannte deutsche Sportflieger Dieter Schmidt flog diesen Flug mit einer einmotorigen Cessna nach. Über dem Nordatlantik geriet er in den Südost-Schlechtwetterquadranten eines isländischen Tiefs und damit in die Turbulenzen einer Gewitterfront. Seine schlichte Schilderung in der *Flugrevue* vermag einen guten Eindruck zu erwecken von den Widerwärtigkeiten, wie sie damalige Pioniere wie von Gronau und andere zu bestehen hatten.

»Ich hatte alle Hände voll zu tun, um die Maschine zu halten. Der Scheinwerfer zeigte dichte Schauer, aber das konnte ich auch schon hören, denn die Heftigkeit übertönte

zeitweise das Motorengeräusch. Kurz darauf fing es an zu blitzen – es war ein gespenstisches Flimmern, gedämpft durch die dichten Wolken, in denen ich flog. Die Turbulenz nahm so zu, daß ich vorsichtshalber auf den rechten Flügeltank umschaltete und meine offenliegenden Karten, Kniebrett und Rechenschieber in die Tasche packte. Bei dem Wirbel war das fast schon ein trickreiches Unterfangen, aber würde mir zwischen den Tanks etwas verschwinden, so könnte ich es vor der Landung nie wieder erreichen. Aus diesem Grunde habe ich immer alle Teile meines Survival Kit mit langen Nylonseilen und Karabinerhaken gekoppelt, Schwimmweste mit Schlauchboot, Notsender und beide Taschenlampen.
Cpt. Ettel (der mit der LH-DC 10 in der Nähe war) hatte meine geschätzte Position und konnte mir nur sagen, daß auf seinem Wetterradar der Kern mehrerer schwerer Gewitterzonen zu sehen war. Seine Position war in dieser Zeit nicht fern, nur daß ich weit unter ihm flog, mittendrin. Er riet mir, so weit wie möglich nach Norden zu halten. Nun, umfliegen konnte ich das Gebiet keinesfalls wegen seiner Weiträumigkeit und meiner geringen Geschwindigkeit. Zudem hätte ich erhebliche Reserven für eine vage Unternehmung verbraten müssen. Ich war aber dankbar für die Information, die mir die Tendenzen anzeigte. Nach der uralten Regel wollte ich senkrecht zur Frontlinie so schnell wie möglich durch.
Für eine Weile meldete ich mich ab, denn der Affentanz fing nun erst richtig an. Glücklicherweise hatte ich die Gurte rechtzeitig sehr fest angezogen, sonst wäre ich fortlaufend an das Kabinendach geflogen, so hart waren die Schläge. Das Thermometer war schnell auf –4° C gefallen, und es prasselte so stark gegen Zelle und Scheiben, daß ich den Motor nicht mehr hören konnte. Mit meiner Taschenlampe leuchtete ich den linken Flügel ab. Noch kein Eis, aber die Maschine war in der Turbulenz kaum noch zu halten. Verschiedentlich ging sie trotz voller Ausschläge in die Messerlage, oder ich hing in den Gurten. Draußen flimmerte es in der Folge von mehreren Blitzen pro Sekunde, indessen ließ sich die Position der Gewitter nicht feststellen.
Mit Mühe hatte ich die Leistungshebel greifen können, um Steigleistung zu setzen, denn in den starken Abwinden konnte ich die Höhe nicht mehr halten. Einmal erwischte ich die Fahrtmessernadel bei 70 KIAS. Dann wurde ich wieder in den Sitz gepreßt und stieg wie ein Ballon. Wenn nur alle Systeme intakt blieben und der Motor mitmachte! Im Funk hörte ich nur noch Knattergeräusche, und das Drücken des Mikrofonknopfes brachte keine Reaktion mehr. Die Turbulenz war kaum noch zu überbieten. Ich war froh, daß die starke Bonanza inzwischen um etwa 600 Liter = 430 kg leichter geworden war. Dennoch hielt ich mich streng an das Geschwindigkeitslimit für den Überladezustand, damit kein Schaden entstehen konnte.
Plötzlich spürte ich an beiden Beinen, daß mir eine kalte Brühe in die Schuhe lief. Was der Teufel war das? In einer ruhigeren Phase griff ich nach unten: Der Deckel meiner Milchflasche hatte sich gelöst, und der Inhalt war bei der Turbulenz an meine Beine gespritzt. Wieder eine Aufregung umsonst! Alle Triebwerkinstrumente boten mir normale Anzeigen, aber auf der Frontscheibe hatte sich eine Eiskruste gebildet. Wie dicht sie sein konnte, sah ich im Licht der Handlampe an der linken Flügelnase. Bei dieser typischen Lage hatte ich Glatteis erwartet, aber nach der rauhen Oberfläche zu urteilen mußte Graupel und Hagel in den Wassermassen der Schauer enthalten sein.

Die etwa drei Zentimeter dicke Eisschicht setzte in wenigen Minuten meine Geschwindigkeit erheblich herab, und der Motor schüttelte. Wenn ich nicht in eine kritische

Lage kommen wollte, mußte ich schnell handeln. Also runter in wärmere Gefilde – die 80 KIAS waren schon ein böses Zeichen. Als ich die Leistung etwas zurücknahm, flogen von der Luftschraube einige Eisbrocken ab, und es klapperte ganz schön laut in der Kiste. In einem Notabstieg wollte ich zunächst auf 600 ft gehen, aber der schwere Vogel wollte auf einmal gar nicht runter, obwohl ich schon eine Gleitfluglage mit 120 KIAS hielt. Also mußte ich wohl gerade durch eine Zone hefigen Auftriebs geflogen sein, die mir auch zu höherer Fahrt mitverholfen hatte.
Der Motor lief wegen der wohl unwuchtig gewordenen Luftschraube schüttelnd unruhig. Mit dem wechselnden Hintergrundgeräusch durch die Schauer kam mir seine rauhe Stimme nicht ganz geheuer vor, aber die gesunden Instrumentenanzeigen behaupteten, es sei alles in Ordnung. ›Alles nur äußerlich‹, hatten wir oft im Kriege gesagt, wenn eine Lage kritisch wurde. Man wollte die Situation durch Schnoddrigkeit überspielen. Selbstschutz für die Nerven. Aber diese Äußerlichkeit in Form von Eis war mir zu handfest.
Nachdem sich die ›Heidelberg‹ eine Weile in 5 000 ft hatte aufwärmen können, flogen die Eisbrocken Stück für Stück davon. Vor allem lief der Motor wieder ruhig, nachdem die Luftschraube die letzten Brocken abgeschüttelt hatte. Draußen war +3° C, auch mir war ordentlich warm geworden, denn ich hatte die Defrosterdüsen für die Scheibe voll auf warm gestellt. Noch immer flog ich durch heftige Schauer und Turbulenz, aber offenbar war ich nun außerhalb des harten Kerns.
Ein Blick auf die Uhr zeigte mir, daß ich eine volle Stunde in dem Hexenkessel zugebracht hatte.«

Doch solche Individualisten, die sich einer routinemäßigen Fliegerei nicht unterordnen wollten, waren in jenen Jahren eher die Ausnahme. Der Ausbau des Unternehmens Luft Hansa machte rasche Fortschritte.
Die Wende vom zweiten zum dritten Jahrzehnt brachte eine Fülle neuer Strecken, Verhandlungen, Beschlüsse.
Auf Vorschlag der Luft Hansa regelten alle in der IATA zusammengeschlossenen Luftverkehrsgesellschaften die Gültigkeitsdauer ihrer Flugpläne in einer gemeinsamen Flugplankonferenz, die jährlich, zum erstenmal am 18. Dezember 1929, in Berlin abgehalten werden sollte. In Stockholm beschloß die IATA einheitliche Luftbeförderungsbedingungen. In Antwerpen wurde ein internationaler Luftverkehrscode verabschiedet. Am 25. April 1930 landete das erste deutsche Postflugzeug in Istanbul; knapp ein Jahr später konnten auf der Strecke Berlin–Dresden–Prag–Wien Fluggäste zum erstenmal Privattelegramme im Flugfunkdienst aufgeben. Im April 1931 begann der regelmäßige Personenverkehr über die Alpen. Bis Ende 1940 sollten 4 200 Alpenüberquerungen durchgeführt werden.

Der Dornier-Wal *Jangadeiro* des Syndicato Condor brachte am 22. März 1930 dem Passagierschiff *Cap Arcona* Post bis hinter die Insel Fernando de Noronha nach. Die Postlaufzeit verkürzte sich über den Südatlantik von einundzwanzig auf neunzehn Tage. Im März unternahm die Luft Hansa Erkundungsflüge zwischen Travemünde–Southampton–La Coruna–Cadiz und Las Palmas, die später bis Villa Cisneros ausgedehnt wurden. Eine intensivere Zusammenarbeit mit dem Syndicato Condor

und der DELAG begann. Das Luftschiff *Graf Zeppelin* startete zur ersten Südamerikafahrt.
Auf dem Nordatlantik nahmen die 1929 begonnenen Katapultflüge ihren Fortgang: 1930 wurden vierundzwanzig ausgeführt, 1931 einunddreißig, 1932 sechsunddreißig.
Als einer der wichtigsten Erfolge am Beginn der dreißiger Jahre galt die Eröffnung des regelmäßigen Postverkehrs nach Istanbul über Wien, Budapest und Sofia. Schon damals war diese Strecke als Etappe auf dem Weg nach Fernost gedacht. Wenn auch das Fernziel Tokio war, so mußte man sich zunächst mit einem Nahziel begnügen, der Verlängerung nach Bagdad.
Erstes Flugzeug für die Versuchsflüge nach Bagdad war ein Junkers-W-33-Frachter: die einmotorige *Balkan*. Ihr Motor: ein Junkers L5 mit 310 PS. Reisegeschwindigkeit: 170 km/h. Die Crew Flugkapitän Klaus, Flugmaschinist Fehmi. Als Besatzungsfluggast: Verkehrsleiter Knauss.
Flugkapitän Heinz Buntrock, einer der wenigen alten Lufthanseaten, der auch bei der neuen Hansa noch bis zur Viscount-Epoche als Kapitän tätig war, hat diesen Flug festgehalten.

»Am 14. November 1930 wurde bei Sonnenaufgang in Wien mit der Post für Istanbul, Aleppo und Bagdad gestartet. Erstes Zwischenlandeziel war Sofia. Nach fünf Stunden Flugzeit landete die W 33 in Sofia-Bojurischte. Die Besatzung wurde vom Chef des bulgarischen Flugwesens empfangen. Die Fortsetzung des Fluges am gleichen Tage wäre möglich gewesen. Die Besatzung hatte aber den Auftrag, dem jungvermählten bulgarischen Königspaar die Hochzeitsgeschenke der deutschen Reichsregierung persönlich zu überbringen. Am nächsten Morgen wurde der Flug nach Istanbul fortgesetzt. Wegen der Sperrgebiete führte der Flug zuerst in südlicher Richtung des Mariza-Flusses, nach Überflug der bulgarisch-griechischen Grenze über Alexandroupolis zur türkischen Grenze. Das Marmara-Meer wurde überflogen in Richtung Istanbul. Die Landung fand auf dem Flughafen Yesilköy statt.
Sonntag, am 16. November, wurde um 5.50 Uhr bei Dunkelheit gestartet. Die türkische Postverwaltung hatte noch Post für Aleppo in Syrien und Bagdad an Bord gegeben. Der Flug führte über das Hochland von Kleinasien. Salzseen lagen in weiten Ebenen, und über der Flughöhe der W 33 erhoben sich bis zu 3 800 Meter hohe erloschene Vulkane und schneebedeckte Berge; am Taurus vorbei über die Ebene von Adena. Nach sechs Stunden Flugzeit wurde in Muslimije, zwanzig Kilometer nördlich Aleppo, gelandet, das Flugzeug versorgt, und die Besatzung hatte Gelegenheit zu einer Stadtbesichtigung.
Am 17. November wehte ein starker Südostwind. Der Flug wurde bei klarem Wetter in 2 800 Meter Höhe durchgeführt. Die Grundgeschwindigkeit betrug nur noch 135 km/h. Der Zickzacklauf des Euphrat wurde mehrmals überflogen, bis der Tigris, fünfzig Kilometer nordwestlich Bagdads, in Sicht kam. Dunst breitete sich aus. Das letzte markante Merkmal war die Spindelpyramide von Samarah. In dem starken Dunst konnte der Flugplatz von Bagdad nicht gefunden werden. Nur Palmenhaine und Gärten erstreckten sich unter den Fliegern. Nach fünfeinhalb Stunden Flugzeit landeten

sie östlich der Stadt auf einem unbekannten Flugplatz. Hier waren die Engländer zu Hause. Ein Offizier der Royal Air Force zeigte auf der Karte die Lage des richtigen Platzes. Bei dem Dunst gelang es trotzdem nur sehr schwer, den Zivilflughafen zu finden.
Die diplomatische Vertretung der deutschen Reichsregierung empfing die Besatzung. Der Aufenthalt wurde auf zwei Tage bemessen. Genug, um die Stadt zu besichtigen mit dem in der damaligen Zeit noch echt orientalischen Leben.
Am 20. November wurde in Bagdad um 04.50 Uhr Ortszeit entlang der aufgestellten Ölfackeln gestartet. Der Flug führte bei Tageslicht über die Wüste zum Teil in niedriger Höhe. Nach fünf Stunden erfolgte die Landung in Muslimije-Aleppo. Das Ziel war, noch am gleichen Tag Istanbul zu erreichen. Leider war es nicht möglich. In der letzten Flugstunde traten Störungen an der Brennstoffversorgung des Motors auf. Bei den mitgeführten Ersatzteilen fand sich glücklicherweise eine Benzinpumpe. Durch den Wechsel konnte erst am 21. November gestartet werden. Nach sechseinhalb Stunden Flugzeit erreichten die Lufthanseaten Istanbul.
Am 22. November wurde nach neun Stunden zwanzig Minuten in Wien-Aspern gelandet.
In der Nacht vom 22. auf den 23. November wütete in Wien ein schwerer Sturm, der auch das Flugzeug beschädigte. Die Reparatur der W 33 war am 25. November beendet. Nach zwei Stunden und zwanzig Minuten Flugzeit fand eine Zwischenlandung in Breslau-Gandau statt und nach zwei weiteren Flugstunden wurde in Berlin-Tempelhof gelandet.
Der erste deutsche Postflug ins Land von ›Tausendundeiner Nacht‹ war erfolgreich beendet. Dieser Pionierflug bildete die Grundlage des späteren planmäßigen Passagierdienstes der damaligen Deutschen Lufthansa ab 1938 über Beirut, Damaskus, Bagdad, Teheran bis Kabul. 1930 Wien–Bagdad–Berlin Flugzeit 44 Stunden 10 Minuten in 12 Tagen. Und zum Vergleich die heutigen Zeiten: Boeing 727, LH 610/611, Frankfurt–Bagdad–Frankfurt 11 Stunden 40 Minuten in 23 Stunden.«

Bevor eines der gleichzeitig unbekanntesten und faszinierendsten Kapitel der Hansa beschrieben werden soll – die Einführung des Instrumentenfluges –, muß auf die Vorschriften eingegangen werden, die damals schon die Aufgabe und Stellung eines Flugzeugführers exakt festlegten. Sie wurden, genau wie heute, in der sogenannten dickleibigen Akte DV FLI aufgeführt.
Ihre Formulierung vermittelt den bildhaftesten Eindruck von der damaligen Zeit. Unter anderem heißt es dort:

»Der Luftverkehr steht erst am Anfang seiner Entwicklung. Nur durch höchstmögliche Steigerung der Sicherheit, Regelmäßigkeit und Pünktlichkeit wird er sich die ihm gebührende Stellung im Weltverkehr erobern und den Vorteil der Schnelligkeit gegenüber anderen Verkehrsmitteln voll zur Geltung bringen können. Dies ist die unerläßliche Vorbedingung für seine Wirtschaftlichkeit.
Der Flugzeugführer ist an erster Stelle dazu berufen, an der Verwirklichung dieses Zieles mitzuarbeiten. Die Sicherheit des Luftverkehrs als erste und wichtigste Forderung anzuerkennen und sich der hohen Verantwortung für das ihm anvertraute Flugzeug

und seine Ladung stets bewußt zu sein, ist selbstverständliche Pflicht für ihn. Diese Pflicht bestimmt seine dienstliche Führung, wie seine außerdienstliche Lebenshaltung. Das Auftreten gesundheitlicher Störungen, die seine berufliche Fähigkeit beeinträchtigen, erkennt der Flugzeugführer selbst zuerst. Von seinem Verantwortungsgefühl muß erwartet werden, daß er in einem solchen Falle sofort um Enthebung vom Flugdienst nachsucht, bis er seine völlige Gesundheit wiedererlangt hat.
Der Vorwurf, gegen das Gebot der Sicherheit verstoßen zu haben, belastet den Flugzeugführer aufs schwerste. Durch unangebrachten Ehrgeiz schädigt er sich selbst und den ganzen Luftverkehr. Fliegerische Kunststücke zeigen zu wollen, ohne durch ganz besondere Umstände dazu gezwungen zu sein, ist ein Beweis von mangelndem Verantwortungsgefühl. An sich geringfügige Fahrlässigkeit kann gerade im Luftverkehr schwerwiegende Folgen und damit auch gerichtliche Strafen nach sich ziehen.

Die Hauptaufgabe des Flugzeugführers ist die regelmäßige und pünktliche Durchführung der ihm übertragenen Flüge. Dazu gehört nicht nur die Ausführung des Fluges an sich, sondern auch die ordnungsgemäße Vorbereitung, soweit sie in das Arbeitsgebiet des Führers fällt. Er wird, schon im eigensten Interesse, selbst für die peinliche Pflege seines Flugzeuges besorgt sein und wird sich in jedem Flughafen darum kümmern, daß alles geschieht, was zu einem rechtzeitigen Abflug erforderlich ist. Er wird stets bemüht sein, das ihm von seinen Fluggästen entgegengebrachte Vertrauen in vollem Umfange zu rechtfertigen.
Die gewissenhafte Beachtung aller dienstlichen Anweisungen muß von jedem Flugzeugführer ebenso gefordert werden, wie die Befolgung der für den Luftverkehr erlassenen gesetzlichen und behördlichen Vorschriften.
Mit zunehmender Größe der Flugzeuge und der zu befliegenden Strecken wächst auch die Verantwortlichkeit des Flugzeugführers. Zu der Sorge um Flugzeug und Ladung tritt bei Großflugzeugen noch die Verantwortung für die dem Führer unterstellte Besatzung (Bordwart, Funker, 2. Führer usw). Der wachsende Umfang der Dienstobliegenheiten des Flugzeugführers macht es ihm zur Pflicht, ständig an seiner eigenen Weiterbildung zu arbeiten. Hierzu gibt ihm einmal die Firma durch Einrichtung besonderer Lehrgänge Gelegenheit, andererseits muß er auf dem Wege des Selbststudiums seine Kenntnisse zu erweitern suchen. Sprachkenntnisse sind besonders anzustreben.
Nähern sich mehrere Flugzeuge zu ungefähr gleicher Zeit einem Hafen, so kann die Reihenfolge des Hereinholens zum Hafen ausschließlich vom Flugleiter bestimmt werden, der eine Übersicht über den Standort und das voraussichtliche Eintreffen der einzelnen Flugzeuge besitzt. Der Flugzeugführer hat sich in solchen Fällen, ausgenommen im Falle der Luftnot, nach den ihm durch F. T. übermittelten Anordnungen der Flugleitung zu richten. Besonders wichtig ist, daß er sich bis zum Augenblick des Durchstoßens in der gleichen Höhe hält und daß er diese Höhe der Flugleitung mitteilt.
Bei gleichzeitiger Annäherung an den Zielhafen haben einmotorige Flugzeuge in der Landung den Vorrang vor mehrmotorigen.
Flugzeuge, die sich bei schlechter Sicht begegnen oder gleichzeitig einem Hafen nähern, müssen sich gegenseitig über ihre Flughöhe unterrichten. Im Nachtflug ist besondere Vorsicht geboten, wenn der Zielhafen weniger als 200 m Wolkenhöhe meldet. Nach Möglichkeit wird jedem Flugzeugführer ein bestimmtes Flugzeug zugeteilt.

Wird ein Führer auf ein anderes Flugzeug eingeteilt, das er noch nicht kennt oder dessen Muster er in den letzten neun Monaten nicht geflogen hat, so hat er sich durch einen Probeflug genügend mit dessen Flugeigenschaften vertraut zu machen. Unter Umständen muß eine dadurch entstehende Verspätung oder ein Flugausfall in Kauf genommen werden.
Der Flugzeugführer muß im Besitz einer ordnungsgemäßen Karte (1:300 000) der zu befliegenden Strecke sein. Außerdem muß er im Besitz einer Bordnotkarte (1:800 000) sein. Die Karten, die bei den Flug- und Bezirksleitungen und beim Kartenhauptlager Tempelhof gegen Quittung ausgegeben werden, sind sorgfältig zu behandeln (Kartenroller). Der Flugzeugführer ist für die von ihm oder seinem Bordwart empfangenen Karten verantwortlich. Der Bordfunker haftet für die von ihm entnommenen Karten selbst. Über verlorene oder unbrauchbar gewordene Karten ist Verlustmeldung abzugeben. Alle Streckenkarten sind auf der Rückseite mit einem Datumstempel versehen; es ist darauf zu achten, daß die Karten möglichst nicht älter als vier Monate sind, da sonst keine Gewähr dafür gegeben ist, daß die Karte alle Neueintragungen von Sperrgebieten, Gefahrenzonen usw. enthalten.
Der Genuß berauschender Getränke oder irgendwelcher Rauschgifte vor dem Fluge und während des Fluges sowie das Rauchen im Führersitz ist streng verboten.
Es ist wichtig, vor dem Start die Lufttemperaturen in den verschiedenen Höhen kennenzulernen, um auf etwaige Vereisungsgefahr vorbereitet zu sein, und die Uhrzeiten genau zu vergleichen, damit bei Peilungen und Standortmeldungen keine Differenzen entstehen.«

»Bei solchem Wetter fliegen nur Verrückte... oder die Luft Hansa«

»Jetzt sind wir Spandau-West. Da war unter uns die Kaffeerösterei von Kaiser!« sagte Flugzeugführer Robert Lissau zu seinem Fluglehrer Polte. Er schulte 1930 auf einer Junkers W 33. Man konnte die Düfte, die von Kaiser's Kaffeegeschäft ausgingen, bis ins Cockpit riechen. Aber derartige Ortsbestimmungen sollten um die Wende ins dritte Jahrzehnt nicht mehr als ausreichend betrachtet werden. Ein Abglanz davon tauchte noch einmal in den sechziger Jahren auf, als es um interne Anfluginformationen für Hongkong ging: »Da hältst du dann erst mal auf die Wäscheleinen in den Hafenslums zu. Das Blau und Rot der Chinesenwäsche leuchtet dir selbst bei miesester Sicht noch durch den Nebel. Aber nur montags und freitags. An den anderen Tagen waschen sie im Bezirk dreihundert Meter daneben. Da mußt du dich links von der Wäsche halten.«
Nette Fliegerdöntjes, nach einem anstregendem ILS-Anflug beim Bier erzählt.
Einer, der schon 1930 nichts davon hielt und für exaktere Verfahren plädierte, war von Gablenz. Und so kam es zu einer Umwälzung innerhalb der kaum fünf Jahre alten Hansa.

Bisher waren die Flüge *bei Bodensicht* und damit verbundenem *gutem Wetter* durchgeführt worden. Jetzt sollte das Fliegen *ohne Bodensicht* praktiziert werden, dazu der sogenannte *Blindflug*.
Die obenstehenden Bezeichnungen wurden bewußt kursiv gesetzt. Auf keinem Gebiet ist die sprachliche Verwirrung so groß wie in der Berichterstattung über Verkehrsluftfahrt. Noch in den siebziger Jahren wurden schlichte Schlechtwetteranflüge mit dem falschen Ausdruck *Blindlandungen* bezeichnet. Statt der einzig richtigen Geschwindigkeitsbezeichnung km/h hieß es auch im sogenannten technischen Zeitalter noch: »Stundenkilometer«. So, als ob es auch Trinker gäbe, die statt zwei Litern Bier pro Stunde zwei Stundenliter trinken würden. Und jede verfahrensmäßig völlig normale Landung nach einem Triebwerkausfall wird auch von der heutigen Presse noch immer als »Notlandung« deklariert.
Nicht exakt ist auch der Ausdruck *Schönwetterfliegerei*. Denn Schönwetterfliegerei war auch vor 1930 nicht der treffende Ausdruck für das gewesen, was die erste Generation der Verkehrspiloten absolviert hatte. Genausowenig wie es nach der Einführung der Jets ein *Fliegen über dem Wetter* geben sollte. Mochten das auch die Public-Relations-Abteilungen diverser Fluggesellschaften für einen besonders gelungenen Werbegag halten. Wetter ist schließlich überall, auch ohne Wolken. Gerade in den Jethöhen ist es besonders intensiv: Dort treten Stürme mit Geschwindigkeiten bis zu 300 km/h auf. Und in den Tropen lernte man hier erst recht Wolken kennen: Die Gewitter reichen bis weit über 45 000 Fuß hinauf. Die Turbulenzen ebenfalls.
Auch der Flug *ohne Bodensicht* ist nicht unbedingt dem *Blindflug* gleichzusetzen. Er kann über den Wolken, bei richtigem *Schönwetter* stattfinden. Die Charakterisierung der Sprachkonfusion Anfang der dreißiger Jahre ist notwendig, um die Fronten zu klären. Jedenfalls hatten die Piloten schon vor 1930 keinesfalls nur bei *Schönwetter* geflogen. Sie hatten zwar nach Bodensicht navigiert, aber die Turbulenzen, Windscherungen, Hagelböen und niedrigen Wolkendecken hatten es in sich gehabt! Der Laie wird kaum die Revolution begreifen können, die damals stattfand. Ohne Sicht, in den Wolken, geht jegliches Gefühl für die Lage im Raum verloren. Immer wieder passiert es jungen Piloten auch in den siebziger Jahren noch, daß sie unversehens in Wolken geraten und glauben, in ihrem Sportflugzeug völlig horizontal und gerade zu fliegen. Kommen sie aus den Wolken heraus, so befindet sich die Erde oft über, der Himmel unter ihnen: Sie fliegen auf dem Kopf.
Das Gefühl für die richtige Lage im Raum kann bei Verlust der Sicht auf den natürlichen Horizont daher nur durch Instrumente wiedergewonnen werden. Ohne einen künstlichen Horizont ist moderner Blindflug

nicht möglich. Damals, freilich, war er doch möglich – oder sollte ermöglicht werden. Es gab den künstlichen Horizont noch nicht. Statt dessen hatte man den Wendezeiger, das Variometer und die Kompaßrose, die Aufschlüsse über die wirkliche Bewegung und Lage im Raum zuließen, auch wenn Wolken die Sicht versperrten und man »blind« flog. Wer glaubt, ein simpler Kompaß würde doch genügen, um das Geradeausfliegen oder eben die Abweichung davon anzuzeigen, der irrt. Ein Magnetkompaß ist viel zu träge, um sofort geringfügige Kursabweichungen anzuzeigen. In Kurven »überkurvt« er sogar (und pendelt dann zurück) oder zeigt den neuen Kurs erst viel zu spät an. 1928 wurde jedoch der Wendezeiger erfunden – ein Kreiselgerät, das sich durch keine Eigenbewegung des Flugzeuges ablenken läßt. Mit ihm wurden die technischen Voraussetzungen für den Blindflug geschaffen – er zeigt das Kurven eines Flugzeuges sofort und unabgelenkt an.

Die Diskussion, ob ein solches Instrument ausreiche, um zum Blindflug überzugehen, entfachte leidenschaftliches Engagement. Der Mann, der nicht redete, sondern handelte, war von Gablenz. Er beauftragte Flugkapitän Polte mit Erfahrungsflügen. Der Bericht fiel so günstig aus, daß von Gablenz nicht zögerte, er ließ Blindflugkurse einrichten. Wer sich nicht umstellen konnte und das Pensum nicht schaffte, wurde unerbittlich abgelöst. Bis 1930 ließ er alle Maschinen mit Wendezeiger ausrüsten und verlangte von seinen Piloten ab sofort, daß sie blind flogen, sofern die Wetterlage das erforderte.

Heute steht fest, daß von Gablenz eindeutig zu voreilig und optimistisch handelte. Die Parallele zur Einführung des Düsenluftverkehrs bietet sich an, denn auch hier ahnte man nichts von der Fülle der Probleme, die auf die erste Generation der Jetflieger zukamen: die unerforschte Clear-Air-Turbulenz, die Gesetzmäßigkeiten der Jetstreams, die Instabilität infolge des Pfeilflügels, die Gewalt der unübersteigbaren Tropengewitter. Erst als über dem Lake Portrechain in Louisiana eine Boeing in den Turbulenzen eines Gewittersturmes zerfetzt wurde, schrak man auf und forderte den Einbau von Wetterradargeräten.

Die Pessimisten, die von Gablenz' Alleingang in Sachen Blindflug für verfrüht hielten, sollten mehr Recht erhalten, als sie in ihren finstersten Träumen befürchtet hatten. Wenn schon die Meteorologen der Nachkriegszeit nicht annähernd wußten, wie es für einen Super-Constellation- oder 707-Piloten im Innern einer Gewitterwolke aussah, wieviel weniger erst die Wetterkundler Anfang der dreißiger Jahre! Am Unfall der Teneriffa-Arado Mitte Dezember 1929 entbrannte eine heftige Kontroverse um den Blindflug.

Für seine Befürworter war das Unglück eine fordernde Mahnung, denn die Maschine hatte weder Funk noch Blindfluginstrumente besessen.

Die Gegner hingegen führten an, hätte sich der Kommandant rechtzeitig für eine Landung entschieden, hätte alles gutgehen können. Sie gingen an die Öffentlichkeit. Richard Esswein, Redakteur des *Berliner Tageblatts*, machte sich zu ihrem Sprecher. Die Blindfluggegner gingen »auf die Barrikaden« und bliesen zum Sturmangriff gegen von Gablenz. Und so waren in der Ausgabe vom 13. April folgende Schlagzeilen zu lesen: »Piloten klagen an. Flucht der Verkehrsflieger in die Öffentlichkeit. Nicht hundertprozentige Sicherheit, sondern hundertprozentige Regelmäßigkeit.«

Bongers, der neben Graf Schack die damalige Problematik samt der sich daran entzündeten Diskussion für die aviatisch interessierte Nachwelt festgehalten hat, kommentierte in einem Entwurf für sein späteres Buch *Es lag in der Luft* die Auseinandersetzung folgendermaßen:

»Im April 1930 kam es zur öffentlichen Auseinandersetzung zwischen dem kleinen Teil konservativer Flugzeugführer, die unbedingt an der überlieferten Schönwetterfliegerei festhalten wollten, und dem von der Flugbetriebsleitung geführten Hauptteil des Pilotenkorps, welche den Fortschritt auf ihre Fahnen geschrieben hatten. Die mißvergnügten älteren Piloten hatten Richard Esswein... überzeugt, daß die Flugsicherung gefährdet sei und die Angelegenheit deshalb die Öffentlichkeit angehe.«

Graf Schack, von Bongers um Korrektur gebeten, kreidete nicht nur den schon erwähnten Ausdruck »Schönwetterfliegerei« an. Er schrieb auch bei der Zeile »... daß die Flugsicherheit gefährdet sei« mit roter Tinte an den Rand: »Sie war gefährdet.«

Obwohl dieser Abschnitt in der Endfassung fehlt, läßt Bongers keinen Zweifel daran, auf welcher Seite er stand. »Gablenz hatte den Mut gehabt, mit der üblichen Routinefliegerei zu brechen und Maßnahmen einzuleiten, die jeder fliegerischen Tradition zunächst widersprachen... Bei der Konzeption des von Bodensicht und Wetter unabhängigen Fluges war er zunächst allein auf sich gestellt.«

Ebenfalls auf seiten von Gablenz stand Robert Lissau: »Natürlich mußten wir alle was riskieren, Kopf und Kragen. Einmal auf *Merkur* verreckte mir zwischen Fürth und Schkeuditz der Wendezeiger. Erst dachte ich, ich könnte es schaffen, dann in den Wolken machte ich eine komische Fluglage, ungewollt natürlich, kam auf hohe Geschwindigkeit, zum Glück auf Südkurs, tastete mich nach unten durch, landete wieder in Fürth.«

Heute ist kaum anzunehmen, daß ein solcher Bericht bei der Einführung eines neuen Flugverfahrens viel Vertrauen erwecken könnte. Lissau

dagegen nach der Rückkehr auf Tempelhof: »In Berlin eilte ich gleich zu Herrn von Gablenz, sagte ihm, heute wäre ich beinahe auf die Schnauze gefallen. Er rief in meinem Beisein... an, dann wurden sofort zwei Instrumente zusätzlich eingebaut.«
Die Gefahr des Ausfalls des Wendezeigers (der das einzige technische Hilfsmittel zum Blindflug war) verunsicherte so manchen hartgesottenen Piloten. Flugkapitän Anton Schulz verunglückte tödlich im Spessart. Lissau: »Vielleicht ist dem auch der Wendezeiger ausgefallen.«
Flugkapitän Betz machte bei Cottbus eine Notlandung wegen Wendezeigerausfalls. Lissau: »Oft sagte ich, ich fliege mit Gottvertrauen.« Robert Lissau hatte die ersten Versuche mit einem Blindfluginstrument als Flugschüler schon 1925 auf der Fokker FII erlebt. Bis 1932 führte er sämtliche Blindflüge auf einmotorigen Maschinen durch. Auf seine Frage, was eigentlich bei Motorausfall, inmitten der Wolken, ohne Erdsicht, bei aufliegendem Nebel zu geschehen habe, wußte auch von Gablenz keine Antwort.
Doch zurück zur Kontroverse um den Blindflug. Im Verlauf der Auseinandersetzung geriet besonders von Gablenz ins Kreuzfeuer der Kritik. Die Härte, die er an den Tag legte, bot seinen Gegnern ausreichende Angriffspunkte, so auch seine umstrittene Äußerung vor der Eröffnung der schwierigen Nachtstrecke Berlin–Stockholm im Juni 1929: »Sie geben doch zu, daß es ein großer Unterschied ist, ob man schon einen Kurbelwellenbruch gehabt hat oder nicht. Die jungen Piloten gehen aus diesem Grunde ganz anders ran.«
Wegen dieses Ausspruchs zur Rede gestellt, präzisierte er später: Es müsse unbedingt geflogen werden, wenn ein Pilot dabei draufgehe, solle es schon besser ein Jungflieger sein.
Im *Berliner Tageblatt* hieß es dazu:

»Es ist kein Wort darüber zu verlieren, daß ein solcher Mann, der Kriegsflieger und aktiver Offizier war, aber niemals Verkehrsflieger, nicht in den Luftverkehr hineingehört. Mit der Beseitigung dieser Persönlichkeit... ist jedoch bei weitem nicht alles getan. Der Krebsschaden im heutigen Luftverkehr ist vielmehr das System... Ein besonderes Licht auf alle diese Zustände wirft die Tatsache, daß die Luft-Hansa-Piloten bereits im vergangenen Jahr mit Stimmenmehrheit ein Mißtrauensvotum gegen Herrn von Gablenz gefaßt und schriftlich formuliert haben.«

Es kam zu einer Pressekonferenz zwischen dem Luft-Hansa-Vorstand und dem *Berliner Tageblatt*, die wenig Befriedigendes brachte, höchstens den Vorwurf falscher Darstellung auf beiden Seiten. So bezeichnete die Luft Hansa die Darstellung über die Entlassung von Piloten nur deshalb als falsch, weil nicht, wie behauptet, fünfzig, sondern »nur« vierzig Prozent entlassen worden seien.

Der Vorwurf, von Gablenz sei ohne Absicherung zu sehr auf Pünktlichkeit und Regelmäßigkeit bedacht gewesen, läßt sich kaum entkräften. Viele Piloten sahen oder erfuhren bald die Probleme und wählten den Weg in die Öffentlichkeit zum Protest. Den Mut zur Kündigung aus Überzeugung brachte nicht jeder auf.
Einer, der bei der Fliegerei Anfang der dreißiger Jahre nicht glücklich wurde, war der Pilot Hans Schäfer. Mehr als vierzig Jahre später berichtete er:

»Im Januar 1931 wurde ich auf der Strecke Bremen–Hannover–Chemnitz–Prag eingesetzt. Vor mir flog R. die Strecke, und er hat mich einmal mitgenommen. Er sagte mir damals: ›Über dem Erzgebirge mußt du mindestens 300 m höher fliegen, als der Kamm ist. Und wenn es am meisten wackelt, dann bist du über dem Kamm und mußt durchstoßen. Aber nicht zu lange warten, sonst bist du im böhmischen Mittelgebirge drin.‹ – Das waren schon erfreuliche Aussichten. Dazu kam die ständige Vereisung. Der Staudruck ging ganz schnell auf Null zurück, so daß mir nur noch der Tourenzähler blieb, um festzustellen, ob ich die Maschine überzog oder drückte. Die Strecke habe ich wohl eine Woche geflogen, und dann habe ich eben gesagt: Ich spiele nicht mehr mit!«

Schäfer brachte den Mut auf und kündigte. Er wurde Flugleiter in Stockholm.

Dem Management kam zugute, daß die Piloten uneinig waren. Die alten Piloten kannten sowohl Konkurrenzneid untereinander wie auch gegen die immer mehr vordringende Jugend. Neben von Gablenz geriet auch Milch in die Schußlinie, weil er die Untersuchung im Stil mittelalterlicher Inquisition führte, was ihm, wie Graf Schack ausdrücklich vermerkt, zuzutrauen war.
Auch Hermann Köhl, der, wie schon erwähnt, nicht gut auf die Luft Hansa zu sprechen war, blies ins Horn. Er schrieb einen offenen Brief ans *Berliner Tageblatt*‹, in dem es u. a. hieß: »Wenn ich heute bei der Luft Hansa nicht mehr mitarbeiten kann, so liegt der Hauptgrund in der Unaufrichtigkeit, die dort im Vorstand herrscht. Wenn Sie heute dagegen einen offenen Kampf führen, so tun Sie ein gutes Werk für die deutsche Luftfahrt.« Unter dem Schlagwort OFFENER KRIEG BEI DER LUFT HANSA ging der Schußwechsel einige Zeit hin und her. Allmählich trat Ruhe ein. Die neue Art zu fliegen – nach Instrumenten, ohne Bodennavigation – setzte sich durch.
Erst als Bongers 1969 diese Vorgänge in seinem Buch darstellen und den Archiven entreißen wollte und Graf Schack deswegen anschrieb, kam es zu einer neuen Diskussion.

Denn Graf Schack fand zwar Bongers' Ausführungen »hochinteressant«, doch sie gefielen ihm nicht so recht: Es sei anders gewesen. Graf Schack in seinem Brief vom 13. Mai 1969:

»... Sie stellen die Ereignisse so dar, als ob das *Berliner Tageblatt* im Unrecht und Gablenz, Milch und die Luft Hansa im Recht gewesen wären, es war genau umgekehrt. Gablenz beschritt einen gefährlichen Weg, vor dem das *Berliner Tageblatt* nicht zu Unrecht glaubte, warnen zu müssen. Daß sich dieser Weg später als der bessere erwies, daß der Erfolg entgegen jeder vernünftigen Überlegung Gablenz recht gab ... das eben war doch das Besondere, das Bemerkenswerte und Erstaunliche, das die Größe dieses Mannes ausgemacht hat und ihn zum bedeutendsten Luftverkehrsdirektor der Vorkriegszeit aufsteigen ließ ...«

Graf Schack führte weiter aus, daß Milchs These, Sicherheit, Regelmäßigkeit und Pünktlichkeit seien keine Widersprüche, nicht zutraf. Man mache sich klar, daß das Standardflugzeug jener Zeit noch immer die einmotorige Junkers F 13 war. Fiel ihr Motor aus, so mußte sie notlanden. Bei guter Sicht kein Problem, jetzt, bei Instrumentenflug und aufliegendem Nebel, Selbstmord. Fiel im Wolkenflug der neue, störanfällige Wendezeiger aus, so geriet das Flugzeug in unkontrollierbare Flugzustände. Die neuartige Vereisung beim Wolkendurchflug führte nicht nur zu schwerem Eisansatz an Rudern und Tragflächen, sie konnte auch den Staudruckmesser für den Fahrtmesser vereisen lassen, so daß die Geschwindigkeitsanzeige ausfiel.
All diese Probleme waren auch den Propellerfliegern der Nachkriegslufthansa geläufig. Nur flogen sie inzwischen Flugzeuge, die Tragflächenenteisungsanlagen, Luftschraubenenteisung, Staurohrheizung und doppelte Instrumentierung besaßen!
Trotz aller Schwierigkeiten und Querelen aber brachte der Instrumentenflug eine Revolutionierung des Zivilflugverkehrs, vergleichbar nur mit der Ablösung des Kolbenflugzeugs durch das Düsenflugzeug. Der deutschen Luftfahrt bescherte er zusätzlich einen unaufholbaren Vorsprung vor der Konkurrenz und deren neidlose oder auch neidvolle Anerkennung.
Ein englischer Pilot, Teilnehmer eines Blindfluglehrgangs in Tempelhof, sagte schon Anfang der dreißiger Jahre bewundernd: »Die Flugzeugführer der Deutschen Lufthansa haben die Nacht zum Tag verwandelt.«
Weniger begeistert waren die Franzosen, sie hatten selbst entsprechende Versuche unternommen. Heinz Wronsky, der damalige DLH-Flugleiter in Paris, nicht zu verwechseln mit Martin Wronsky, erinnert sich:

»Ich denke noch daran, wir hatten im Oktober 1929 oder 1930 dichten Bodennebel auf dem Flugplatz Le Bourget – und fünfzehn Passagiere, damals eine volle

Junkers G 31. Mit Taschenlampen haben wir Kapt. Polte beim Rollen zum Start geholfen. Mit bangem Herzen lauschten wir von der Luft-Hansa-Bodencrew dem Start in die dicke Brühe. Nach zehn Minuten kam ein Funkspruch von unserer Maschine: Fliege in 700 Meter im Sonnenschein, voraussichtliche Landung Köln zirka... Viele der Ausländer auf dem Platz gratulierten uns Deutschen zu dem Abflug, wohl dem ersten Blindstart mit Passagieren.«

Soviel zur Überlegung der deutschen Fluggesellschaft. Die Konkurrenz mußte bei Schlechtwetterlagen resignieren: »Bei solchem Wetter fliegen nur Verrückte... oder die Luft Hansa.«

Blind fliegen – eine Revolution im Luftverkehr

Niemand, auch die jungen Piloten der neuen Lufthansa nicht, kann sich heute noch ein Bild machen von der damaligen Sensation, »blind« zu fliegen. Man muß diese alten Berichte immer und immer wieder lesen, um die Aufregung, ja die Furcht zu begreifen, die die einstigen »Nach-Sicht-Flieger« befiel.
Zunächst wurde der theoretische Lehrgang absolviert. Einer der Lehrer im Hörsaal auf Tempelhof war der Pilot Hucke, der »dem Wendezeiger die letzten Geheimnisse abgelistet« hatte und ihm »auf die Schliche gekommen« gekommen war. Schon damals wurden Piloten, die sich bereits Lorbeeren erworben hatten, mit Theorie vollgestopft, bis ihnen der Kopf rauchte. Sie kannten, obwohl erfahrene Kapitäne, Prüfungsangst.
1978 ist das Bild noch immer das gleiche. Uralte Hasen hocken im Lehrsaal und büffeln bei der Umschulung auf einen neuen Flugzeugtyp. Auch ihnen rinnt der Schweiß von der Stirn; und nachts können viele nicht schlafen aus Furcht vor der nächsten Prüfung, dem nächsten Check.
Nach dem theoretischen Lehrgang versammelte sich damals die Blindfluggruppe auf dem Werftflugplatz Staaken und wartete auf die Trainingsmaschine. Es war eine Junkers W 33, der Typ, mit dem Köhl, Fitzmaurice und von Hünefeld den Rekordflug über den Nordatlantik gemacht hatten. Sie hatte Doppelsteuerung und doppelte Instrumentierung. Die Gruppe erhielt sofort eine praktische Anschauung von der Leistungsfähigkeit des neuen Systems: In dreihundert Metern lag eine geschlossene Wolkendecke über Staaken, irgendwo, mittendrin, hing die zur Landung ansetzende W 33.
Konnte ein seelenloses Instrument das fliegerische Gefühl ersetzen, das sich auf zahllosen erfolgreichen Flügen bestens bewährt hatte? In wel-

cher Fluglage würde die blindfliegende Maschine aus den Wolken getaumelt kommen? Seitlich abschmierend? In Rückenlage?
Sie lag wunderbar auf Kurs. Sie setzte sanft wie nach einem Flug bei strahlendstem Sonnenschein auf. Unfaßbar!
Nur der Blindflugschüler neben Hucke sah nicht normal aus. Mit hochrotem Kopf und völlig durcheinander kletterte er aus dem Cockpit. Der letzte Rest von Selbstbewußtsein schien ihm abhanden gekommen zu sein.
Heute akzeptiert selbst der jüngste Pilot ohne Blindflugerfahrung den Blindflug in Wolken als etwas völlig Selbstverständliches, obwohl er ihm genauso fremd gegenüberstehen müßte wie die damaligen Piloten.
Aber für sie war schon das Cockpit der W 33 eine völlig neue Erfahrung. Zum erstenmal saßen sie in einem geschlossenen Führerraum, ohne Fahrtwind um die Kopfhaube. Vom Frachtraum der Kabine war man durch eine Tür getrennt. Die Scheiben waren durch Vorhänge verdunkelt, nur durch das Glasdach fiel Tageslicht. (Man sollte ja von vornherein an den Blindflug gewöhnt werden. Der Lehrer, dessen Scheiben natürlich nicht zugezogen waren, konnte sich durch einen Zwischenvorhang von seinem Schüler trennen.) In den ersten fünfzehn Jahren der neuen Lufthansa pflegten die Kapitäne sich selber und ihre Copiloten auch bei Anflügen bei bester Sicht dadurch blindflugfit zu halten, indem sie sich selber oder dem Copiloten ein Kissen vor die Sichtscheibe legten, um dann nach dem ILS anzufliegen.
Einer der damaligen Piloten beschreibt seinen Einweisungsflug mit Hucke so:

»In zweihundert Meter Höhe überließ Hucke mir das Steuer, und sofort begannen die Instrumente einen wilden Tanz aufzuführen. Von jenseits des Vorhangs, wie aus einer anderen Welt, kam eine beruhigende Stimme: ›Zeiger in Mittelstellung, Kugel nicht weglaufen lassen, auf Geschwindigkeit achten, Höhe halten.‹ Es war verteufelt schwer, mit nur zwei Augen allen Instrumenten nahezu gleichzeitig die ihnen gebührende Aufmerksamkeit zu schenken und ihre Anzeigen aufeinander abzustimmen. Es war ein aufregender Kampf mit dem wankelmütigen Zeiger und der unbeständigen Kugel, die keine Sekunde dran dachten, dem Zauberlehrling zu gehorchen.«

Wenn dann der Instrumentenfluglehrer den Vorhang vorübergehend öffnete, sah der Zögling nichts als grau in grau. Es gab kein Oben und kein Unten. Er flog wirklich blind: Zeiger und Kugel in der Mitte, Fahrtmesser beachten, Höhe und Kurs halten.
Der erste Schritt zur Überwindung des Nebels war getan. Weitere Instrumente, wie das Variometer, das die Steig- und Sinkrate anzeigt, kamen hinzu. Zum »inneren« Instrumentenflug mußte der »äußere« kommen:

Funknavigationssender, die das in den Wolken fliegende Flugzeug durch Peilungen in die Lage versetzten, die Strecke exakt abzufliegen. Der Funkersitz wurde zur festen Einrichtung auf allen Flugzeugen, das ZZ-Verfahren als Instrumenten-Anflugverfahren entwickelt.
Das Flugzeug wurde dabei mit Hilfe von Funkpeilungen an den Platz gelotst. Nach dem Überflug flog es nach einem festgelegten Verfahren ab und neu an, wobei dann Höhe aufgegeben wurde. Bis in Platznähe wurden zweihundert Meter gehalten, dann der »Durchstoß« eingeleitet. Einhundert Meter vor dem Platzrand wurde, immer noch ohne Sicht, das Gas zurückgenommen. Alles aufgrund der Angaben des Flugpeilers, der in einem kleinen Peilhäuschen saß. Da keine Behörde die Verantwortung für einen solchen Anflug übernehmen wollte, waren alle Flugpeiler Luft-Hansa-Angestellte, im Gegensatz zu heute, wo die Fluglotsen Angestellte der Bundesanstalt für Flugsicherung und völlig unabhängig von den Intentionen der Fluggesellschaften sind.
Durch die Anwendung des erwähnten ZZ-Verfahrens (beim Platzüberflug wurde der Buchstabe Z gemorst), stieg die Regelmäßigkeit der Flüge von 90 Prozent im Jahre 1930 auf 97,2 Prozent im Jahre 1935.
Als nächste Verbesserung wurde 1936 die UKW-Bake eingeführt. Bis zum Jahresende waren alle Ju 52 mit einem Empfangsgerät ausgerüstet. Dreizehn deutsche und die wichtigsten ausländischen Häfen wurden mit Bakensendern ausgerüstet. Das Gerät kann als Vorläufer des heutigen ILS-Landesystems betrachtet werden. Der Bakensender sandte einen Leitstrahl aus, der im Kopfhörer als Dauerton gehört werden konnte. Befand sich das anfliegende Flugzeug rechts oder links davon, so löste sich der Dauerton in Morsepunkte oder -striche auf. Es gab auch eine zusätzliche optische Anzeige. Drei Kilometer vor dem Flugplatz leuchtete ein Lämpchen auf, dreihundert Meter vorher noch ein zweites – beide waren mit einem akustischen Signal gekoppelt.

Dr.-Ing. Edgar Rößger, damals Leiter der Flugsicherung und maßgeblich an der Entwicklung des Instrumentenfluges beteiligt, sollte etwa dreißig Jahre später noch einmal in die neu auflebende Debatte um die Einführung des Blindflugs hineingezogen werden und sich den Zorn vieler »Ehemaliger« zuziehen.
Bei der Vorbereitung seines Buches schrieb Bongers 1969 auch Rößger an, um Auskunft über Entwicklung und Stand der Verkehrsflugsicherung zu erhalten. In diesem Zusammenhang äußerte Rößger sich kritisch über die Kompetenz des Bundesverkehrsministeriums, um so positiver aber über einen gewissen Professor Dr. phil. Heinrich Koppe, auf den er 1964 einen Nachruf verfaßt hatte. Damit nun machte sich Rößger unbe-

liebt, denn Heinrich Koppe, früherer Leiter der physikalischen Abteilung der DLV, hatte sich zwar auf seinem Gebiet viele Verdienste erworben, die Alltagsprobleme der Piloten jedoch waren ihm weitgehend unbekannt.
So hatte er noch in den sechziger Jahren über den Widerstand der ersten Piloten gewettert, die Anfang der dreißiger Jahre vor einer verfrühten Einführung des Instrumentenfluges gewarnt hatten – und das, obwohl ihm, im Gegensatz zu den früheren Kritikern, ausreichend Material zur Verfügung stand, das die ganze Problematik in einem anderen Licht erscheinen ließ. Rößger aber tat ihre Warnungen nach wie vor als »überhebliche Vorurteile« ab. Er behauptete, jeder von ihnen hätte vorgegeben, »im Nebel fliegen zu können nur nach Propellerwind, Ohrendruck und fühlbarem Anprall der Böen«. (Keiner von ihnen hatte das je behauptet.)
Hatte die alte Garde – 1930 – schon einmal protestiert, so mußte sie jetzt – 1964 – noch einmal protestieren: gegen Rößgers lobenden Abgesang auf Koppe.
Alfried Gymnich, Flugkapitän a. D., damals: »Weder die Techniker der Lufthansa noch die Piloten respektierten Grenzen als etwas Unabänderliches. Sie wußten zu genau, daß die Zukunft des Luftverkehrs davon abhing, die Grenzpfähle der Erkenntnis Schritt für Schritt neu abzustecken, immer weiter hinauszuschieben ... Hätte Professor Rößger, der doch selbst einmal kürzere Zeit der Lufthansa angehört hat, diese Tatsache auch nur flüchtig erwähnt, dann wäre unsere Stellungnahme (im *Mitteilungsblatt*, Anm. d. Verf.) vermeidbar gewesen.«

Ein Boot geht in die Luft

Von allen Kontinenten wurde keiner von der Luft Hansa so oft angeflogen wie der südamerikanische. Die Engländer konzentrierten ihren interkontinentalen Luftverkehr auf Afrika und Indien, da sie dort die meisten Kolonien hatten. Aus dem gleichen Grund war in Afrika auch das belgische Luftnetz schon früh gut ausgebaut und machten die Holländer mit ihren Post- und späteren Passagierflügen nach Ostindien von sich reden.
Man darf annehmen, daß der größte Teil der Passagiere, die sich damals in britischen Hannibals, französischen Breguets oder holländischen Fokker-F-12- und F-18-Schulterdeckern über Wüsten und Gebirge fliegen ließen, Staatsbeamte und ihre Angehörigen waren, die zum Dienst in den Kolonien verpflichtet worden waren.

Warum aber flog sowohl die alte wie auch die neue Hansa bevorzugt nach Südamerika und baute innerhalb des Kontinents einen Dienst auf, um den sie heute alle übrigen Europäer beneiden?
Der Grund waren die zahlreichen Auswanderer, die in Südamerika eine neue Heimat gefunden und dort starke deutsche Kolonien gegründet hatten. (Nach dem Zweiten Weltkrieg setzte erneut ein Auszug nach Südamerika ein, wenn auch aus anderen Gründen.)
Südamerika bot sich also nach dem Ersten Weltkrieg für die Deutschen, die im eigenen Land in den ersten Jahren nicht fliegen durften, geradezu an.
Schon 1919 entstand in Kolumbien die »Sociedad Colombo-Alemana de Transportes Aéros« (Scadta), eine der ältesten Fluggesellschaften der Welt – seit 1940 heißt sie Avianca.
1924 wurde die Condor-Syndikat-Studiengemeinschaft gegründet, aus der drei Jahre später – rund sieben Monate nach der brasilianischen VARIG – das brasilianische Condor-Syndikat entstand. Keinen geringen Anteil am Zustandekommen des Vertrages hatte der ehemalige deutsche Reichskanzler Luther, der mit einem ausgedehnten Südamerikaflug für die nötige Popularität sorgte. Näheres über Geschichte und Vorgeschichte des südamerikanischen Luftverkehrs wird an späterer Stelle nachzulesen sein.
Diese Fluggesellschaften versahen nicht nur den Luftverkehr innerhalb des Kontinents, sie waren auch dazu gedacht, die Verbindung mit Deutschland enger zu gestalten. So liefen Dampfer der Hamburg-Süd Fernando de Noronha an, von wo aus es Anschlußflüge nach Chile, Peru, Bolivien und zum Amazonas gab.
Auch die Postverbindung zwischen beiden Kontinenten wurde dadurch erleichtert. 1931 war man soweit, daß Postflüge selbst im Herbst und Winter mit großer Regelmäßigkeit stattfanden. Die Schädigungen am Fluggerät gingen um mehr als vierzehn Prozent zurück.
Namhaftester Konkurrent auf dem Südatlantik war die französische Aéropostale, die auf der Strecke Dakar–Natal Schnellboote einsetzte. Ihr berühmtester Pilot war Saint-Exupéry. Mochte die deutsche Gesellschaft auch so manchen Rekord im internationalen Luftverkehr errungen haben, sie hatte keinen Piloten, der auch nur annähernd die Atmosphäre jener Flüge so hätte schildern können wie er. Wie sah der Postweg Deutschland–Südamerika aus?
Zunächst konnte der Atlantik nicht per Flugzeug überquert werden – die Luft Hansa flog Las Palmas an, das Condor-Syndikat Fernando de Noronha, dazwischen wurde die Post von Schiffen oder im günstigeren Fall von einem Luftschiff befördert.

Erst 1933 wurde der große Durchbruch erzielt. Zwei Jahre zuvor, 1931, hatte die Luft Hansa Gambia in Westafrika erreicht, und vom dortigen Stützpunkt Bathurst aus gelang nun mit Hilfe eines Katapultschiffes die erste Überquerung des Südatlantiks.
Die Atmosphäre jener Tage in Westafrika hatte wiederum Saint-Exupéry mit seinen Romanen festgehalten. Mußte ein Zubringerflugzeug notlanden, so wurde es von den Eingeborenen angegriffen. Viele Besatzungen kamen dabei um. Wurden sie gefangengenommen, so konnten sie gegen hohe Lösegelder ausgetauscht werden.
Dabei war es keinesfalls Haß, der die Wüstenstämme so handeln ließ, sondern nackte Armut. In den Anfangsjahren fielen ihnen mehr als fünfzig französische Flieger, Funker und Bordwarte zum Opfer. Die Luft Hansa hatte in Afrika keine Verluste zu beklagen. Sie erlebte aber ähnliches Ende der dreißiger Jahre in China.

Zu den Männern, die im Juni 1933 den ersten Versucht starteten, gehörte der Funker Wilhelm Küppers. Der Dornier-Wal *Monsun* startete zum erstenmal in Bathurst mit Kurs auf das in der Mitte des Südatlantiks liegende Katapultschiff *Westfalen.* Dort sollte er für den Weiterflug nach Natal aufgetankt werden.
Küppers, der sich besonders mit den Wind- und Wasserverhältnissen auf dem Südatlantik beschäftigt hat, die wesentlich für das Gelingen oder Mißlingen eines Fluges waren, berichtet:

»Oberflächlich gesehen, schienen die Bedingungen im Südatlantik eher günstiger als in der Nordsee zu sein, denn heftige Stürme und hoher Seegang treten dort verhältnismäßig selten auf. Aber in der Mitte des Südatlantiks gibt es eine lange, mitunter auch hohe und kreuzlaufende Dünung, die man in der Nordsee nicht kennt. Obgleich die *Westfalen* mit ihrem beachtlichen Tiefgang gut in See lag, würde sie doch selbst bei günstigen Wetterbedingungen nie zur Ruhe kommen, und man wußte noch nicht, ob ein Katapultabschuß, eine Landung auf See und ein anschließendes Aufnehmen des Flugbootes unter solchen Bedingungen glatt verlaufen würde.«

Eine wichtige Rolle spielte auch die Position der sogenannten Kalmenzone – in ihr sind die Winde schwach, der Seegang ist niedrig, der Luftdruck gering; allerdings ist die Atmosphäre hoch mit Luftfeuchtigkeit angereichert. Die *Westfalen* mußte den Verschiebungen der Kalmenzone, die nie voraussagbar waren, folgen.

»Zunächst war die augenblickliche Lage der Kalmenzone festzustellen. In den ersten Tagen nach dem Verlassen von Bathurst sah es nicht so aus, als ob man sie finden und die gewünschten Verhältnisse antreffen würde. Das Schiff stampfte durch frischbewegte

See. Später lösten sich weiße Schaumköpfe auf langen Wellenzügen mit niedriger Dünung ab, und bei der Besatzung wechselte entsprechend Besorgnis mit Beruhigung.«

Funksprüche aus Berlin mit der Anfrage, wann es denn endlich mit der Fliegerei losgehen sollte, erhöhten nicht gerade die Stimmung. Von Buddenbrock jedoch, verantwortlich für die Südatlantik-Operation und in Bathurst anwesend, ließ sich nicht drängen.
Die *Monsun* landete glatt auf der Leeseite der *Westfalen* und wurde bei ruhiger See an Bord gehievt. Sie wurde aufgetankt und am 6. Juni per Katapult nach Natal abgeschossen, wo sie nach einem Flug ohne Zwischenfälle wasserte. Der erste Versuchsflug der Deutschen Luft Hansa über den Südatlantik war gelungen.
Von Studnitz und Blankenburg gehörten zu den »Männern der ersten Stunde«, die sich um diese Flüge bemüht hatten. Ein weiterer war Freiherr Cramer von Clausbruch, bekannt als Tiefflieger. Er konnte als »Parterre-Akrobat« stundenlang in zehn Meter Höhe über dem Wasser fliegen, ohne einen einzigen Meter aufzugeben. 1931 hatte er als zweiter Pilot den Flug der Do X nach Südamerika mitgemacht. Die zweite Serie der Versuchsflüge wurde am 7. November 1933 in Bathurst gestartet. Dieses Mal war von Gablenz dabei. Aber der Start mißlang. Das Wetter war denkbar ungünstig: Windstille, feuchtschwüle Tropenluft, ölig-glattes Wasser. Das Boot kam nicht frei, nicht »auf Stufe«, es klebte an der Oberfläche. Funker Küpper:

»Von Gablenz und von Clausbruch zogen an der Steuersäule bis zur Erschöpfung. Schneider (der Bordmechaniker) erfaßte sie in der Mitte, und ich umarmte Schneider von hinten und zog auch noch mit, während Kapitän Ernst (für die Navigation verantwortlich) sich achtern aufhielt, um durch sein nicht unbeträchtliches Gewicht das Boot schräg gegen das Wasser zu stellen und so das Auf-Stufe-Kommen zu erleichtern – vergeblich.«

Das Flugboot wurde um mehrere hundert Liter Brennstoff erleichtert; dann gelang der Start. Nach dem Abheben äußerte von Gablenz: »Wir brauchen ein zweites Katapultschiff. Mit Wasserstarts können wir keinen regelmäßigen Postflugdienst durchführen.«

Wie ging so ein Katapultstart überhaupt vor sich?
Der Katapultführer war schon in der Nacht vorher aufgestanden und hatte das Öl vorgewärmt. Gegen Morgen versammelten sich die Zuschauer. Viele Pärchen hatten einfach die Nacht durchgetanzt.
»Jetzt stehen sie zitternd und frierend und warten. Andere kommen im

Schlafanzug, einen Mantel darüber geknöpft... Alles hat den Fotoapparat zur Hand und knipst wild drauflos.«
Der so berichtet, ist ein Bordmechaniker, Paul Dierberg. Er startet den Motor, bremst ihn ab. Bald sind alle Teile gut durchgewärmt. »Zehn Minuten vor dem Start. Der erste Offizier erscheint und mit ihm die ganze Meute. Mein Motor ist warm... Alles ist da, nur mein Käpt'n fehlt.«
Aha! Endlich erscheint der Kommandant, seelenruhig und eine halbe Zigarre zwischen den Zähnen: »That's the pilot!« Ehrfürchtiges Raunen um den Mann, der noch zwei Minuten vor dem Start so tut, als ginge ihn das Ganze nichts an. Anderthalb Minuten vor dem Start: Er wirft die Zigarre über Bord und klettert ins Cockpit: »Dann wollen wir mal!«
Der so nonchalant seinen Sitz einnimmt, ist Graf Schack. Dierberg: »Graf Schack hat leider zwei linke Daumen. Wenn man ihm einen Hammer in die Hand gibt, haut er sich bestimmt auf beide. Also für praktische Arbeiten nicht zu gebrauchen.«
Letzte Sekunden vor dem Start! Der Motor heult auf. Den Kopf an die Rückenpolster gepreßt! Graf Schack legte mit dem Daumen den Schalter für das Signallicht um. In einer Dreiviertelsekunde wird aus dem Stand auf über 100 km/h beschleunigt! Tief Luft holen, wenn man frei ist vom Schiff. Ehrenrunde. Gewinke. Antenne raus und Funkkontakt hergestellt.
Wer glaubt da noch, die moderne Fliegerei von 1978 sei simple Routine, alles andere vorher Pionierarbeit? Graf Schack:
»Die Flüge selbst brachten nichts Besonderes und wurden bald Routine. Das Leben an Bord dagegen wurde es nie.«

Ab die Post per Katapult

siebzehn uhr sieben taifun gelandet stop
Telegramme dieser Art erinnern an Saint-Exupéry, an *Nachtflug* oder *Südkurier*. Tatsächlich war die Atmosphäre, die Stimmung auf der deutschen Seite die gleiche wie bei der französischen Konkurrenz.
Das Telegramm stand am Ende eines langen Fluges, der so begann: Am 2. Februar 1934 startet unter Flugkapitän Untucht und Oberfunkmaschinist Kirchhoff eine Heinkel Blitz auf Tempelhof. Als Fracht an Bord: 100 Kilogramm Post. Der erste planmäßige Postflug nach Südamerika beginnt. Der Flug der Blitz endet in Sevilla. Dort übernimmt eine Ju 52 die Ladung und bringt sie nach einer Zwischenlandung in Las Palmas nach Bathurst.

Auf dem Katapult der hier liegenden *Westfalen* steht schon der modernste Flugzeugtyp der Dornier-Werke: eine verbesserte Zehn-Tonnen-Ausführung des Wals. Er hat eine größere Reichweite. Deshalb liegt die *Westfalen* nicht mehr auf der Mitte des Südatlantiks – auf die Zwischenlandung kann jetzt verzichtet werden.
Am 7. Februar, morgens um 4.05 Uhr, wird der Zehn-Tonnen-Wal *Taifun* abgeschossen. Als Flugkapitäne fungieren Blankenburg und Blume, Bordfunker: Fechner, Obermaschinist: Gruschwitz. Die *Taifun* fliegt mit leichtem Rückenwind über den Südatlantik. Die Sträflingsinsel Fernando de Noronha wird überflogen. Als Wahrzeichen ragt ihr »Finger Gottes« – ein steiler Felsen – vor dem Bug auf.
In Natal wird die *Taifun* schon von einer Ju 52 auf Schwimmern erwartet. Sie gehört dem Condor-Syndikat. Das eingangs zitierte Telegramm wird nach Berlin geschickt. Die Ju 52 fliegt an der Küste entlang nach Süden – über Rio nach Buenos Aires. Sechseinhalb Tage hatte die Post von Berlin bis dort gebraucht!

Das zweite Katapultschiff, das von Gablenz schon per Stoßseufzer nach seinem mißlungenen Start in Bathurst anvisiert hatte, war die *Schwabenland*. Sie war 8188 BRT groß und traf im August 1934 in Bathurst ein. Ende Oktober war man soweit, daß ein regelmäßiger Tag- und Nachtdienst auf den einzelnen Etappen Berlin–Buenos Aires aufgenommen werden konnte. Der Postabgang in Deutschland war so, daß die Maschine (über Sevilla) in Bathurst erst nach Einbruch der Dunkelheit eintraf. Die Post wurde zwar sofort umgeladen, aber der Dornier-Wal startete erst in früher Morgenstunde. Dadurch gingen mindestens sieben Stunden verloren.
Daher wurde der Katapultstart auf die Nachtstunden vorverlegt. Hinein in die schwarze Tropennacht, mit dem Risiko einer Hochsee-Notlandung bei Nacht.
Der erste Nachtflugstart über den Südatlantik fand am 24. Oktober 1934 statt.
Die neuen Zehn-Tonnen-Wale hatten alle Windnamen: *Samum*, *Tornado*, *Mistral*, *Boreas* – auch ein neuer *Passat* und *Monsun* waren darunter.
Die Propellerflugzeuge der neuen Lufthansa erhielten überhaupt keine Namen. Erst die Jets wurden auf Städtenamen getauft. Aber Städtenamen wie *Berlin*, *Wuppertal*, *Hildesheim*, *Lübeck* besitzen keine übermäßige Attraktivität. Schon ein Flußname hätte hier Wunder gewirkt.
Den Vogel hatte die KLM der dreißiger Jahre abgeschossen. Sie hatte ihren Douglas-DC-2- und DC-3-Flugzeugen Vogelnamen gegeben: *Toekan* (Tukan), *Zilvermeeuw* (Silbermöwe). *Buizerd* (Bussard), *Spreeuw*

(Star). Dabei galt stets der letzte Buchstabe der Registration als Anfangsbuchsabe des Namens, z. B. PH-ALI *Ibis*. Es gab im Holland der dreißiger Jahre keine größere Spannung als bei der Namengebung neu eingetroffener DC-3-Maschinen. Da man bei der Registration alphabetisch vorging, war vorauszusehen, daß bei Anfangsbuchstaben wie dem U oder Y Schwierigkeiten beim Entdecken von Vogelnamen auftauchen mußten. Derartige Fragen hielten halb Holland in Atem – eine bessere (und billigere!) Public Relations für die KLM war kaum denkbar.
Beim U mußte dann auf einen irischen Dialektnamen für Oievaar (Storch) zurückgegriffen werden: *Uliver*. Das Y stand für *Ysvogel*: Eisvogel. Es gab Preisausschreiben und Wetten – die KLM war im Gespräch!
Bei den Super-Constellations der Nachkriegs-KLM wurden die Namen von Entdeckern genommen, z. B. *Abel Tasman*, oder Sternennamen. Auch sie hatten noch ein bestimmtes romantisches Image, ganz im Gegensatz zu den Städtenamen der neuen Lufthansa. Oft wußten nicht einmal die Stewardessen den Städtenamen der Boeing, auf der sie gerade Dienst taten.
Als die DC 10 in Dienst gestellt wurde, hofften viele auf eine Erneuerung und Verbesserung. Statt dessen wurde die einmalige Chance einer werbewirksamen Namengebung verpaßt: Sie erhielten keinen. Sie dienten als Lückenbüßer für ausrangierte Flugzeuge, deren Namen »frei« waren. So wurde die DC 10 D-ADAO *Berlin* getauft, obwohl bereits die erste Rolls-Royce-707, die inzwischen ausrangiert worden war, so geheißen hatte. Am treffendsten war da noch die Eigeninitiative der Piloten, die auf die DC 10, mit der sie in Tucson umschulten, den Namen *Brave Bull* aufmalen ließen.

Eines der neuen Wal-Flugboote, die den Postverkehr nach Südamerika versahen, war die *Boreas*. Wilhelm Küppers, schon beim ersten Flug von 1933 dabei, beschreibt den Katapultstart:

»Unser Flugboot... steht auf dem Katapultschlitten der *Schwabenland* im Gambiafluß. Dreitausendsechshundert Liter Benzin und an die fünfzigtausend Briefe sind an Bord; zehn Tonnen beträgt unser Startgewicht. Die Flugkapitäne Alisch und von Engel sowie Bordmechnaiker Hein haben alle Hände voll zu tun, um den Abschuß vorzubereiten, während ich als Bordfunker erst nach dem Start in Aktion zu treten brauche. Draußen ist es stockdunkel. Aus meinem Bullauge heraus kann ich ich, geblendet durch die Kabinenbeleuchtung, keine Einzelheiten erkennen... Mal pendelt die schwarze Wasserfläche, mal der tiefblaue Himmel vor die Scheiben. Es sieht aus, als kämpften beide Elemente miteinander um unser Boot... Wenn sie uns nicht in den Himmel, sondern in das Wasser schleudern! – Das ist leicht möglich. Schon eine geringe Abwärtsneigung der Katapultbahn... kann das vorzeitige Ende des Fluges und des Flugbootes bedeuten.

... Die Motoren laufen. Flugkapitän Alisch gibt vorsichtig Gas. Immer lauter wird das Brausen, immer stärker das Vibrieren des Bootes. Lichtzeichen fliegen zwischen dem Flugkapitän und dem Katapultführer ... Wir pressen unsere Köpfe an die Lehnenpolster, um dem plötzlichen Ruck vom Abschuß zu begegnen.
Vollgas! Dann der harte Ruck. Das schwere Boot fegt über die Schleuderbahn. Wasser oder Himmel?
... Repräsentieren wir einen Fortschritt oder einen Irrweg der Menschheit?«

Bathurst, im tropisch-feuchten Gambia gelegen, wurde zum Aufenthaltsort oder zur Zwischenstation für alle Lufthanseaten, die mit dem Südatlantikverkehr zu tun hatten. Die Luft Hansa hatte ihnen bei Cap Merry ein Heim bauen lassen. Auch die Besatzungen der Katapultschiffe, die im Hafen lagen – meist war es die *Ostmark* –, waren dort zu Gast. Pro Woche gab es eine Atlantiküberquerung in beiden Richtungen. Dazu kam die Zubringer-Postmaschine von und nach Deutschland.
Preuschoff, Bordingenieur: »Die Männer des Bodenpersonals waren oft drei Tage hintereinander auf den Beinen. Die übrige Zeit wurde dann weidlich zur Erholung genutzt ... Oft ging es ziemlich hoch her, wenn schon diverse Whisky-Soda die tagsüber von der Tropensonne ausgedörrten Kehlen geschmiert hatten.«
1977 besuchte Helmut Fleischer, RIAS-Reporter aus Berlin, Gambia und damit auch Bathurst, das inzwischen Banjul heißt.
Aus Beschreibungen, alten Fotos und Lageskizzen, die ihm das Lufthansa-Archiv und Franz Preuschoff zur Verfügung stellten, kannte er die ungefähre Lage des ehemaligen Lufthansaheimes. Obwohl er aus ganz anderen Gründen dorthin geflogen war, versuchte er, den Standort des ehemaligen *German House* zu entdecken. Tatsächlich fand er nach anfänglichen Schwierigkeiten den Bau. Er befand sich auf dem Gelände eines Forschungszentrums für Tropenkrankheiten und diente dem Personal als Wohngebäude.
Schwieriger war es für Fleischer, den alten Landeplatz auszumachen: »Erst am Abend vor dem Abflug wurde ich auf einen etwa sechzig Jahre alten Barkeeper des Golfklubs aufmerksam gemacht, der angeblich wissen müsse, wo der Landeplatz war.« Damit hatte er Erfolg. Der Polizeichef von Banjul, den er zufällig an der Bar traf, bestätigte, daß das ehemalige Flugplatzgelände teilweise Golfplatz, teilweise Polizeigefängnis sei.
Fleischer: »Er entsann sich noch genau an die Flüge der Lufthansa-Maschinen sowie an die Katapultschiffe.«
Die *Westfalen* des Norddeutschen Lloyd war das erste Stützpunktschiff der Luft Hansa im Südatlantik. 1905/06 gebaut, war sie später von der A. G. Weser umkonstruiert worden. Der Kran zum Hochhieven der Flugboote erwies sich als ein Monstrum, zu dem niemand so recht Ver-

trauen hatte. Nur der Fachmann kann sich heute noch die Probleme vorstellen, die auftauchen, wenn man zum erstenmal ein Flugboot, das in der Nähe des Schiffes gelandet ist, an Bord hieven und später über einen Katapult neu starten will.
Am Heck wurde das Flugboot geborgen, am Bug befand sich der Katapult. Schon das Umgehen des sperrigen Schornsteins erforderte ein technisch kompliziertes Drehmanöver. Die Kommandobrücke mußte verkleinert werden, weil die Katapultbahn – aus Stabilitätsgründen – möglichst tief über Deck verlaufen mußte.
Das erste Flugzeug, das den speziellen Erfordernissen des Katapultstartes voll entsprach, war die Dornier JII, der sogenannte Acht-Tonnen-Wal. Trotz aller beachtlichen Erfolge krankten die endgültigen Ergebnisse an der mangelnden Reichweite bei voller Zuladung. (Vierzig Jahre später sollte ein Überschallflugzeug namens Concorde auftauchen, das aus den gleichen Gründen von der Lufthansa abgelehnt wurde.)

Im Zeichen des Kondors: deutsche Luftfahrt in Südamerika

Ein ganz gewöhnlicher Start der Douglas DC 10 *Frankfurt* in Lima/Peru – ein ganz gewöhnlicher Steigflug nach Norden, ein ganz gewöhnlicher Andenflug über Quito nach New York. Nach dem Start auf der Bahn 33 in Lima taucht die dreistrahlige D-ADCO in leichen Stratus ein. Schon in zehntausend Fuß lichtet sich das Dunkel, die letzten Fetzen Grau zucken vorbei ... makelloser Himmel. Noch mehr als zwanzigtausend Fuß steigt das Flugzeug in dieses fleckenlose, stählerne Blau hinein. Der Steigflug findet wegen der bis über siebentausend Meter hohen Andenberge über See oder entlang des Küstenstreifens statt. Über der Hafenstadt Salinas ist die Minimumhöhe für Bodenfreiheit erreicht; man nimmt Kurs auf die Zentral-Kordilleren und fliegt über dem Hauptkamm nach Norden in Richtung Quito.
Ein faszinierendes Panorama breitet sich aus: fast senkrechte Hänge, ab viertausend Meter mit reinem Schneeweiß überzogen. Zur Westküste hin das diesige Ocker der Wüste, das sich im Taubenblau des Südatlantiks verliert. Nach Osten hin, landeinwärts, das glasige Grün der Regenwälder und des Amazonasdschungels, durchbrochen von den blaßgrauen Mäandern der Flüsse. Oben aber, in der Reiseflughöhe von 37 000 Fuß: endlose Sicht bis zum Horizont. Der Kapitän macht eine Ansage:
»Guten Morgen, meine Damen und Herren! Nach unserem Start in Lima heiße ich Sie auf unserem Nonstopflug nach New York recht herz-

lich willkommen. Wir haben in weniger als zwanzig Minuten unsere Reiseflughöhe von 10 700 Metern erreicht. Die Gesamtflugzeit bis New York beträgt sechs Stunden und fünfzig Minuten. Vor wenigen Minuten waren wie querab und östlich von Guayaquil. In Kürze werden wir Quito überfliegen. Links voraus können Sie jetzt den schneebedeckten Gipfel des Chimborazo in Ecuador sehen. In New York herrscht zur Zeit schwacher Südwind mit einer Temperatur von 32 Grad Celsius. Ich wünsche Ihnen einen angenehmen Flug!«

Keiner der Piloten, die hier regelmäßig oder auch unregelmäßig über Panama, dem Golf von Mexiko, Kuba und dem Bermudadreieck zwischen Peru und Nordamerika pendeln, wird jemals bei der Erwähnung des Chimborazo als höchstem Berg der nördlichen Anden den Namen Fritz W. Hammer nennen. Es wäre zuviel verlangt, an allen möglichen geographischen Punkten geschichtsträchtige Lufthansa-Historie zu verbreiten. Nur die uralten Kapitäne und Bordingenieure hätten 1977 überhaupt noch eine Beziehung dazu gehabt. Aber hier, am Nordhang des Chimborazo, endete am 4. März 1938 das Leben des Mannes, der an der Wiege des südamerikanischen Luftverkehrs stand.

Fritz Hammer blieb immer im Schatten der Großen, die sich in den Vordergrund zu stellen wußten. Vor allem in den dreißiger Jahren wurde er als entschiedener Gegner des Hitlerregimes von anderen an die Wand gespielt. Von ihm, als einem der Stillen im Lande, über den die Luftfahrtgeschichte schweigt, sei hier ausführlich aus einem Artikel zitiert, den er zum Thema Condor-Syndikat und Scadta verfaßt hat. Er erschien im November 1932 in der Zeitschrift *Der Flugkapitän.*

»Als mich ein günstiges Schicksal im Laufe des Jahres 1919 mit den Leuten zusammenführte, die ebenfalls dem Gedanken überseeischen Luftverkehrs nachhingen, waren wir auf der Suche nach einem Lande, das sich hierfür am besten eignete. China, durch seine weiten, eisenbahnlosen Strecken und großen Bevölkerungszentren so besonders gut für den Luftverkehr geeignet, kam nach dem Kriege ebensowenig in Frage wie all die übrigen Länder, die gegen uns in der Entente zusammengeschlossen waren. Es blieben nur wenige Plätze auf der Erde übrig, wo wir uns als Deutsche ungehindert bewegen konnten. Auch sollten in dem Lande unserer Wahl wenig Eisenbahnen, schlechte Wege, dagegen möglichst viele Flüsse vorhanden sein, auf denen sich der Verkehr abspielte, denn diese ermöglichten die Verwendung von Seeflugzeugen.

Ein sehr günstiges Land schien mir Kolumbien zu sein, das ich aus Humboldts Schriften gut kannte. Die Landeshauptstadt Bogotá liegt im Innern ca. 1 000 km, ohne Verbindung durch Wege oder Eisenbahnen, von der Küste getrennt. Der berühmte Smaragdkenner Fritz Klein sowie der in Kolumbien sehr bekannte Don Luis Giesecken bestätigten meine Ansicht; gerade Kolumbien sei ein Land, wo der Luftverkehr einem dringenden Bedürfnis entgegenkäme, sie versprachen mir ihre volle Unterstützung. Durch ihre Freunde kam es zur Gründung der Scadta. Jedoch waren von einem Ingenieur Kammerer, der auf fliegerischem Gebiet Laie war, viel zu optimistische Zahlen

für die Beschaffung des Materials angesetzt. Dies erschwerte mir die Einrichtung des Dienstes, lehrte uns aber Sparsamkeit.
Zu Beginn des Jahres 1920 konnten die beiden ersten Junkers F 13 mit BMW-IIIa-Motoren als Schwimmermaschinen bestellt werden. Im Juli kamen sie zur Verladung, und am 4. August 1920 betrat die Expedition mit Herrn von Krohn und mir als Piloten und Herrn W. Schnurbusch als Techniker zum ersten Male kolumbianischen Boden.
Die folgende Zeit war eine stets wechselnde Kette großer Erfolge und ebenso großer Enttäuschungen und Schwierigkeiten. Die riesige Begeisterung und liebevolle Sympathie aller Kreise des Landes, vom Präsidenten bis zum Ureinwohner, gab uns jedoch einen Schwung, der alle Hindernisse überwand. Aus den bescheidensten, primitivsten Anfängen entstand ein Luftverkehr, der sich schon im dritten Jahre seines Bestehens die Bewunderung sämtlicher Länder Südamerikas erringen konnte.
Ganz besondere Verdienste erwarb sich Herr von Krohn, dessen sympathisches Wesen alle Herzen eroberte. Besondere Popularität gab ihm und dadurch auch der Scadta ein Flug vom Magdalena- ins Caucatal. Dieser Flug wurde zum historischen Ereignis. In zwei Flugstunden überwand er die Zentralkordilleren. Für diese Strecke hatte man bisher per Schiff, Eisenbahn und Maultier ca. 4 Wochen gebraucht. Es fehlt fast die Vergleichsmöglichkeit für die Begeisterung und tiefere innere Anteilnahme der gesamten Bevölkerung an diesem Erlebnis. Wie im deutschen Volke während der ersten Kriegstage plötzlich alle hemmenden Schranken der Gesellschaftsklassen fielen und sich jeder nur voll Stolz als Mitglied der gleichen Nation fühlte, hielt auch hier eine tagelange Freude alle Gemüter verbunden. Ähnliche Begeisterungswogen wiederholten sich bei der Eröffnung jeder neuen Linie. Diese Flüge gehören zu den schönsten Erinnerungen meines Lebens. Der Kontrast zwischen der Feindschaft und dem Haß der übrigen Welt hob die Herzlichkeit der uns entgegengebrachten Gefühle besonders leuchtend hervor.

Unsere Erfolge wirkten sich auch wirtschaftlich in erhofftem Sinne aus. Nach schweren, durch Wirtschaftskrisen gehemmten Anfängen errang die Scadta größere Bewegungsfreiheit. Dies gab mir die Möglichkeit, das vorgenommene Programm fortzusetzen: durch einen groß angelegten Propagandaflug sollte eine Gesellschaft ins Leben gerufen werden, die alle Länder Nord- und Südamerikas durch Luftverkehr verbinden sollte. Unterstützt wurde ich dabei besonders durch die Brüder von Bauer. Dr. P. P. von Bauer hatte schon, kurz nachdem ich ihn kennen lernte, im zweiten Jahr des Bestehens der Scadta in einer sehr schwierigen Situation den anerkennenswerten Mut aufgebracht, einen großen Teil seines Vermögens in das junge Unternehmen zu stecken, zu einem Zeitpunkt, als noch niemand außer uns an den Erfolg glaubte. Sein Beispiel half mir auch, von der Deutschen Bank weitere Mittel zu erhalten, wodurch erst der Ausbau der Gesellschaft abgeschlossen werden konnte.
Die Verwirklichung der interamerikanischen Luftverkehrspläne dachte ich mit einer Linie zu beginnen, die, von Kolumbien ausgehend, über die mittelamerikanischen Staaten nach Florida führen und dort an die schnellen nordamerikanischen Zugverbindungen Anschluß nehmen sollte. Landflugplätze waren nirgends vorhanben, dagegen konnte der Flugweg an Küsten entlang und zum Teil über offene Meere gelegt werden. Für diese Zwecke schien mir der Dornier Wal, den ich im letzten Kriegsjahr eingeflogen und erprobt hatte, das geeignetste Instrument zu sein.
Am 5. Mai 1921 wurde das Condor Syndikat gegründet, an dem sich außer dem deut-

schen Aero Lloyd auch Schlubach, Thiemer & Co., Hamburg, und die Gruppen von Bauer und Hammer beteiligten. Die beiden ersten Dornier-Kabinenwale waren in Marina di Pisa bestellt. Sie wurden 1925 vom Condor Syndikat übernommen und mit ihnen im gleichen Jahre der erste Postflug von Kolumbien über Panama, Costarica, Nicaragua, San Salvador, Guatemala, Mexiko und Kuba ausgeführt. Wieder erlebten wir überall begeisterte Anteilnahme von Regierung und Bevölkerungen. Trotz mannigfacher Schwierigkeiten, die besonders in den ungeschützten Häfen des Atlantischen und Pazifischen Ozeans oder der hochgelegenen Kraterseen der Cordilleren bestanden, brachten wir den Flug erfolgreich zu Ende. Leider nicht so unsere weiteren Pläne, denn in den Staaten trafen wir noch die vor Lindbergh'sche Ära, in der die öffentliche Meinung allen Luftunternehmungen äußerst abgeneigt war, dank der vielen Fehlschläge privater Flugunternehmungen nach dem Kriege.
Zwecks Cooperation mit U. S. A. wurde von mir ein sehr detailliert ausgearbeiteter Plan über einen panamerikanischen Luftverkehr aufgemacht. Man benützte aber das bis dahin fehlende und durch unseren Flug erst veranlaßte neue Luftgesetz der Staaten eifrig als Vorwand, um uns praktisch von der Beteiligung auszuschließen. Dagegen hat die Panamerican Airways meine Pläne als Muster für die Einrichtung ihrer Linien später nur zu gern verwandt, wie sie auch heute noch in aller Offenheit zugibt.
Im Jahre 1926 trat Dr. Luther, nachdem er seine Kanzlerschaft niedergelegt hatte, eine Reise um Südamerika an und erklärte sich in großartiger Weise bereit, alle nur denkbaren Strecken in Südamerika mit dem Flugzeug zurückzulegen. Trotz der sehr knappen Zeit war es durch sein tatkräftiges Eintreten für diesen Gedanken möglich, Flüge zu organisieren sowohl bei der Scadta als auch beim Aero Lloyd Boliviano – dem LAB. Diese letztere Luftverkehrsgesellschaft Boliviens war durch unsere und die Initiative der dortigen deutschen Kolonie gegründet worden und stand in den Anfängen ihrer erfolgreichen Tätigkeit.
Außerdem schien mir die Gelegenheit günstig, das in Havanna festliegende Condor Syndikat für diesen Zweck heranzuziehen. Mit der D. L. H. wurde ein Chartervertrag geschlossen, damit Reichsmittel für die fliegerische Erschließung der Ostküste Südamerikas bereitgestellt werden konnten. Dieser Flug bedeutete wiederum einen neuen Schritt meinem eigentlichsten Ziele – dem transatlantischen Luftverkehr – entgegen. Wir hatten auf unseren Flügen im Atlantischen und Pazifischen Ozean festgestellt, daß sich der Wal bei Start und Landungen in offener See durchaus bewährte. Der kühne Flug Francos über den Südatlantik hatte inzwischen der Welt gezeigt, daß dies Flugzeug auch große Strecken überbrücken konnte.
Die Reise Dr. Luthers wurde ein voller Erfolg. Sämtliche zeitlich vorher festgelegten Flüge nach Norden, Westen und Osten Südamerikas wurden mit der Pünktlichkeit regelmäßigen Luftverkehrs zurückgelegt. Was das bedeutete, kann man sich heute, nur ein halbes Dutzend Jahre später, kaum noch vorstellen. Damals war der Eindruck überall überwältigend, so daß auch die Länder, die im Krieg gegen uns gestanden hatten, sich von der allgemeinen Begeisterung nicht ausschlossen. Die brasilianische Regierung, die gerade im November, als wir ankamen, die Geschäfte übernahm, forderte uns sofort auf, diesem Propagandaflug doch einen regelmäßigen Luftverkehr folgen zu lassen. Daher blieben Herr von Buddenbrock mit einem Wal und der bewährten Besatzung, mit der er schon den ganzen Zentral-Amerikaflug gemacht hatte, in Brasilien und propagierte mit Herrn Sauer zusammen den Gedanken eines flugplanmäßigen Dienstes durch erfolgreiche Flüge, an denen sich auch der neue Verkehrsmini-

ster, Dr. Victor Kondor, beteiligte, der sich für die deutsche Fliegerei wärmstens interessierte.
In der Zwischenzeit kehrte ich mit Dr. Luther nach Deutschland zurück, um die nötigen Gelder für einen solchen Luftverkehr aufzutreiben, der sozusagen den südamerikanischen Brückenpfeiler eines den Atlantik überspannenden Luftverkehrs bilden sollte. Schon damals – vor Beginn des Lutherfluges – hatte ich mit der Nachfolgerin des Deutschen Aero Lloyds, der neu gegründeten Deutschen Lufthansa, einen Vertrag gezeichnet, wonach wir uns gemeinsam bemühen wollten, alle im transozeanischen Luftdienst interessierten Kreise der Schiffahrt und Luftfahrt in einer großen Gesellschaft zu vereinigen, um durch Einigkeit möglichst stark an diese große, interessante und wirtschaftlich viel versprechende Aufgabe herangehen zu können. In diesem Geiste wurden auch Anfang 1927 die Besprechungen in Berlin geführt und der Beschluß gefaßt, mit der Aufgabe in Brasilien zu beginnen, damit der Transozeanverkehr eine fertig vorbereitete Organisation drüben anträfe, sobald die wichtigste Aufgabe: die Überbrückung des Ozeans, mit Luftfahrzeugen in regelmäßigem Dienst, erreicht werden sollte.
Unter dieser Devise gelang es dem Condor Syndikat, gemeinsam mit D. L. H., trotz Sparkommissars die Mittel für den Transozeandienst bereitzustellen. Analog dem Vorgehen in Kolumbien gründete ich mit einflußreichen Brasilianern und deutsch-brasilianischen Firmen eine nationale Luftverkehrsgesellschaft in Rio de Janeiro unter dem Namen ›Syndicato Condor Limitada‹. Diese erhielt von der brasilianischen Regierung nach kurzer Zeit eine Konzession für die Beförderung von Post, Fracht und Passagieren im In- und nach dem Auslande. Die Vorbedingungen für einen lukrativen Dienst in Brasilien waren günstig, wenn auch nicht so günstig wie in Kolumbien. Der Zeitgewinn auf der ca. 1 000 km langen Strecke Barranquilla–Bogotá betrug ca. 7½ Tage in nordsüdlicher und 3½ Tage in der umgekehrten Richtung. Der Zeitgewinn auf der ca. 1 400 km langen Strecke Rio de Janeiro–Porto Alegre betrug in beiden Richtungen ca. 5½ Tage. In beiden Ländern gab es anfangs nur einen schnellen Dampfer als Konkurrenz, in jeder Richtung einmal pro Woche. In beiden Ländern vergrößerte sich der Zeitgewinn bei ungünstiger, trockener Jahreszeit durch Festfahren der Schiffe auf den Sandbänken des Magdalena in Kolumbien, in der Lagoa dos Patos in Brasilien um mehrere Tage. Die Tarife in Kolumbien lagen sehr günstig. Post brachte anfangs pro Kilogramm ca. 80,– RM. auf allen Strecken. Passagiere, Gepäck und Fracht pro Kilo ca. 11,– bis 18,– RM. auf eine Entfernung von 1 000 km. Die Tarife in Brasilien waren weniger günstig, weil die Schiffahrt, vom Staate subventioniert, sehr billige Passagen anbot. Post brachte anfangs pro Kilogramm auf je 500 km ca. 45,– RM., für 3 000 – 1 500 km ca. 125,– RM., im Mittel jedoch nur 70,– RM. pro Kilo, Passagiere, Gepäck und Fracht nur 7,– RM. pro Kilo und 1 000 km. Der technische Aufwand war ebenfalls in Kolumbien, besonders in der ersten Zeit, billiger als in Brasilien, weil für die offenen Küstenlinien Brasiliens hochseefähige, große Flugzeuge aus Sicherheitsgründen eingesetzt werden mußten, die pro Passagiersitz umgerechnet bei voller Besetzung mindestens 125 PS/Sitz benötigten. In Kolumbien dagegen nur 50 PS/Sitz, weil leichtere Wasserflugzeuge für den Fluß verwandt werden konnten.
Eine Eigenwirtschaftlichkeit wäre analog der Scadta in 2–3 Jahren zu erreichen gewesen, selbst unter Berücksichtigung der oben skizzierten abweichenden Verhältnisse in Brasilien. Es kamen aber neue Faktoren hinzu, die die normale Entwicklung beeinträchtigten. – Gleich nach dem ersten Auftreten des Syndicato Condor hatten wir die

Gefahr abzubiegen, daß 2 von Deutschen gegründete Unternehmungen sich zum Vorteil Dritter ernste Konkurrenz machten. Kurz nach dem Luther-Fluge gründete Herr Gamilscheck im Auftrage von Junkers in Sao Paulo eine große Luftverkehrsgesellschaft. Ausgezeichnete Namen brasilianischer Bank- und Wirtschaftskreise standen auf der Aktionärsliste. Aber die Zahlungen des vollgezeichneten Kapitals gingen nur langsam ein. Inzwischen konnten wir durch mancherlei Flüge die Öffentlichkeit immer stärker für Condor gewinnen. Ein von uns angebotenes Zusammengehen wurde abgelehnt. Daraufhin kauften wir die in Argentinien für Propagandazwecke befindliche Junkers G 24 mit Schwimmern, mit der Dr. Luther seinen erfolgreichen Flug von Buenos Aires nach Asuncion gemacht hatte. So waren durch diesen Ankauf die beiden größten deutschen Flugzeugfabriken, Dornier und Junkers, in unserem Unternehmen vertreten, was mit dazu beitrug, daß die andere Gesellschaft in Sao Paulo nicht weiterkam. Das Vertrauen schwand und wurde endgültig vernichtet, als der brasilianische Schatzmeister die eingegangenen Gelder zum größten Teil veruntreute und sich dann das Leben nahm.
Aber schon tauchten andere Konkurrenzunternehmungen auf. Die französische Luftverkehrsgesellschaft Latécoère hatte gleichzeitig mit der Scadta einen Luftverkehr in Übersee von Frankreich nach Afrika aufgenommen und war jetzt entschlossen, den Dienst nach Südamerika auszudehnen. So entstand zwischen Latécoère und uns ein Wettkampf, der an Reiz gewann, als die Franzosen anstrebten, durch Monopolverträge uns aus diesem internationalen Dienst mindestens bis zu einem hohen Grade auszuschalten. Während ›Condor‹ grundsätzlich Seeflugzeuge verwandte, stellte ›Laté‹ sich nur auf Landflugzeuge ein. Es wurden überall von den Franzosen mit Feuereifer Landflugplätze eingerichtet und Propaganda- und Versuchsflüge mit einmotorigen Maschinen unternommen. Sehr häufige Notlandungen machten unserer Konkurrenz viel Kosten und Sorge, während bei uns Notlandungen – und an denen mangelte es zu Anfang wirklich nicht – sich eher zu einer Propaganda auswuchsen, da glücklicherweise weder Schaden für Maschinen noch Insassen entstand, hingegen die Begeisterung der Einwohner abgelegener Küstenorte erweckt wurde. Durch das geringe Risiko der Notlandung mit Seeflugzeugen waren wir auch in der Lage, ohne große Vorbereitungen rasch mit den ersten Flügen zu beginnen, so daß wir fast überall auch die ersten Bewerber um Konzessionen waren.
Nachdem der französische Dienst durch Einschaltung von Depeschenbooten (sogenannten Avisos) für die Seestrecke sich zu einem regelmäßigen Überseeschnellpostverkehr ausgewachsen hatte, trat als zweiter Konkurrent Amerika auf. Die New-York-Rio-Buenos Aires-Airline, kurz ›Nyrba‹ genannt, ging mit ungeheuren Mitteln und sehr aktiven Persönlichkeiten an die Einrichtung dieser Verkehrsstrecke – und zwar auch mit Wasserflugzeugen für Post, Fracht und Passagiere. Sie stellte ganz neue Flugzeugtypen, Commodore und Sikorsky, die damals noch unerprobt waren, in diesen Dienst. Dies war unser Glück, denn wir hatten unsere Maschinen inzwischen an die Verhältnisse angepaßt, während die Nyrba noch mit den bekannten Schwierigkeiten zu kämpfen hatte, bei der Neueinrichtungen unvermeidlich sind, besonders in fremden Ländern, wo zu der Tücke des technischen Objekts auch noch der Kampf mit Klima, Sprache und fremder Volkspsyche dazukommt. In diesem Kampf waren die beiden letzten Faktoren unsere beiden stärksten Verbündeten, denn gerade an ihnen ist die Nyrba trotz ihrer großartigen Leistungen gescheitert. Sie wurde abgelöst und übernommen durch die Pan-American-Airways (kurz Panair), die wir ja schon aus der New Yorker Zeit her in ihren ersten Anfängen gut kannten.

Natürlich gehen, wenn 3 Gesellschaften auf der gleichen Strecke parallel fliegen, die Einnahmen des einzelnen nicht so schnell in die Höhe wie ohne Konkurrenz. Deshalb schien es mir immer dinglicher, eine baldige Wirtschaftlichkeit durch den Überseeluftverkehr anzustreben. Möglichkeiten der Durchführung gab es hierfür durch Flugzeuge oder Luftschiffe. Für jede dieser beiden Gruppen bestanden schon damals verschiedene Lösungen, einen regelmäßigen Verkehr durchzuführen, von denen 2 sofort verwirklicht werden konnten, während die 3. noch Probleme zu lösen aufgab. Aber ausgerechnet diese 3. wurde damals (1927) fast in der ganzen internationalen Presse erörtert, als ›die‹ Lösung eines transozeanischen Luftverkehrs: das Prinzip der sogenannten schwimmenden Insel. Ohne Kritik an diesem Prinzip üben zu wollen, hielt ich den Gedanken nicht für besonders glücklich der hohen Unkosten und der Notwendigkeit eingehender Vorversuche wegen. Dagegen war es leicht, sofort sogenannte Flugzeugmutterschiffe auf der Strecke einzusetzen, wie sie England, Amerika, Frankreich und Japan nach dem Kriege verwandten. Diese konnten im Atlantik auf fester Position unter kleinen Feuern liegen und mit ihrer großen Landedeck-Konstruktion Landflugzeugen die Möglichkeit zu Zwischenlandungen geben. Selbst wenn diese Schiffe viel weniger kosteten als in England oder Amerika, weil für diesen Spezialdienst eine überzüchtete Geschwindigkeit, wie sie die Marinen brauchten, nicht benötigt wurde, hätte jedes der 2 erforderlichen Schiffe mindestens 10 Millionen verschlungen. Schon aus diesem Grunde konnte ich diese Lösung nicht vorschlagen, aber auch wegen der allgemeinen Meinung nicht, die gegen Verwendung von Landflugzeugen über See eingestellt war, obwohl die Amerikaner zwischen Florida und Kuba in regelmäßigem Dienst die besten Erfahrungen gesammelt hatten, sogar mit Passagierflugzeugen, während wir zunächst doch nur Postverkehr anstreben wollten.
Als 3. Lösung blieb daher das Hilfsschiff, das zwischen der Küste Afrikas und Südamerikas stationiert werden konnte und ebenso ausgerüstet sein mußte wie während des Krieges das deutsche Hilfsschiff Santa Elena, das man mit bestem Erfolge aus einem Frachtdampfer in ein Flugzeugmutterschiff verwandelt hatte.
Unsere guten Erfahrungen bei Start und Landung mit den Walen im Atlantik und Pazifik berechtigten mich zu der optimistischen Auffassung, daß Start und Landung auf offener See bei Verwendung starker amerikanischer Motoren (wir hatten damals keine starken zuverlässigen deutschen Motore) mit dem vorhandenen Waltyp möglich sein müßte. Mit diesem Vorschlag konnte ich aber zu jener Zeit in Deutschland keine Gegenliebe finden. Auch wäre das notwendige Geld für die Hilfsschiffe, die immerhin pro Stück 1½–2 Millionen gekostet hätten, nur in Zusammenarbeit mit der Schiffahrt aufzutreiben gewesen. Die gemeinsame Transozeanluftverkehrsgesellschaft war aber leider trotz aller Bemühungen nicht zustande gekommen. Auch ein einfacher Ausweg konnte sich nicht durchsetzen, weil keine der Gruppen sich mit 45 % des Aktienkapitals begnügen wollte, so daß die Spitze von zusammen 10 % den Postbehörden hätte überlassen werden können, damit diese das Zünglein an der Waage bildeten. Dafür hätten wir aber wahrscheinlich langfristige Postverträge abschließen können, ähnlich wie es in Amerika der postmaster general mit der Panair in großzügiger Weise getan hatte.
Da es damals wie heute keine Seeflugzeuge gab, die die Gesamtstrecke zwischen Afrika und Europa auch gegen den Wind ohne Zwischenlandung zurücklegen konnten, blieb also die einzige Lösung, um bald zu dem notwendigen Überseeluftdienst zu kommen, das Luftschiff.
Der Luftschiffbau verfolgte zu jener Zeit die Idee, durch einen großangelegten Weltflug

alle Zweifler und Feinde des ›leichter als die Luft‹-Gedankens durch eine solche Leistung umzustimmen. Ich hatte große Sorge, daß das Luftschiff auf dieser Reise durch irgendeinen unglücklichen Umstand – der mit der Qualität des Schiffes nichts zu tun zu haben brauchte – beschädigt werden oder gar verlorengehen könnte. Ich bemühte mich daher lebhaft, Dr. Eckener erst zu einem Besuch Südamerikas zu bewegen. Man trug sich aber in Friedrichshafen mit dem Plan eines Luftschiffverkehrs direkt nach Buenos Aires und bemühte sich infolgedessen dort um eine Halle. Es war nicht leicht, meine bescheidenere Idee anzubringen, sich zunächst mit einem Besuch Nord-Brasiliens zu begnügen, weil das Schiff dann ohne Halle, nur mit Hilfe eines Landemastes, die Reise hin und zurück schaffen konnte. Die Vorbereitungen für den Weltflug waren aber schon so weit vorgetrieben, daß es mir nur gelang, die Zusicherung zu bekommen, daß nach glücklicher Absolvierung der Weltreise Südamerika das nächste Ziel sein sollte.

Für den regelmäßigen Dienst gab es auch für das Luftschiff 3 Möglichkeiten: entweder von Südspanien nach Brasilien mit mindestens einer Halle auf einer Seite des Ozeans. Diese Strecke war in der einen Richtung in 2, von Südamerika nach Europa in 3 Tagen zurückzulegen. Für einen wöchentlichen Dienst hätten aber 2 Tage Ruhe, schon wegen des Gasauffüllens, nicht ausgereicht. Man hätte also höchstens alle 10 Tage fahren können, was in Anbetracht eines regelmäßigen Postschlußtages nicht zu empfehlen war. Aber auch ein wöchentlicher Dienst wäre durchführbar gewesen, wenn man, statt von Südspanien, von Westafrika startete und gewissermaßen nur die Ozeanstrecke im Pendelverkehr mit Luftschiffen überquerte, während auf beiden Seiten Flugzeugdienst anschließen mußte. Auch diese Lösung erforderte mindestens eine Halle, am praktischsten in Pernambuco oder Natal.

Die 3. Möglichkeit war eine direkte Verbindung von Deutschland nach Brasilien, doch war diese damals noch nicht garantiert durchführbar, weil die Geschwindigkeit des Zeppelin für stärkere Gegenwinde noch nicht ausreichte. Inzwischen ist sie bekanntlich durch Einbau der Getriebe genügend gesteigert worden. Zu jenem Zeitpunkt wäre es ein leichtes gewesen, eine Halle in Nord-Brasilien mit deutschem Kapital zu bauen, nur war damals die Einstellung fast sämtlicher Luftfahrtkreise noch gegen das Luftschiff gerichtet. Infolgedessen sah ich keine Möglichkeit, den Gedanken zu verwirklichen, weil das Geld für eine Halle fehlte.

Es blieb also nichts anderes übrig, als Schritt für Schritt meine Behauptung, daß der Überseeluftverkehr sowohl mit Flugzeugen wie mit Luftschiffen möglich sei, durch praktische Vorführungen zu beweisen.

Schon immer hatte ich die Notwendigkeit enger Zusammenarbeit zwischen Luftschiff und Flugzeug betont, weil sich beide Luftfahrzeuge in idealer Weise ergänzen. War uns Deutschen doch durch das Luftschiff der weitreichende Verkehrsarm gegeben, der Passagiere und Güter Tausende von Kilometern, unabhängig von irgendwelchen politischen Konstellationen, in die Welt tragen konnte, von wo aus wir Flugzeugzubringerdienst in weitverzweigte Netze anschließen konnten. Der deutsche Außenhandel mußte dadurch Impulse erhalten, deren er nach dem verlorenen Krieg und bei der außerordentlich stark anwachsenden internationalen Konkurrenz dringend bedurfte. Daß man neben dem Luftschiff auch das Flugzeug für lange Strecken einsetzen mußte, war mir ebenfalls klar, denn die Luftpost gewinnt um so mehr an werbender Kraft, je häufiger und schneller sie befördert wird. Auch der Einsatz von beiden Verkehrsmit-

teln abwechselnd war zu begründen, weil Passagiere und Fracht für das große Luftschiff in der ersten Zeit wahrscheinlich nur von 11 Tagen zu 11 Tagen in genügender Menge anzuschaffen waren, so daß bei einem wöchentlichen Luftpostdienst Luftschiff und Flugzeug sich abwechseln konnten.
Als nächsten Schritt in der Beweisführung, daß die Wale auch im offenen Atlantik starten und landen könnten, begannen wir einen Postdienst in Kombination mit deutschen Schnelldampfern. Wir brachten die Post von den Ländern der Ostküste Südamerikas, ja sogar von Westen, von Bolivien, nach Natal und von dort über das offene Meer nach der 200 Seemeilen entfernten Insel Fernando Noronha, auf deren Höhe wir das Schiff erreichten. Dort wurde dann die Post abgegeben resp. übernommen.
Praktische Versuche mit einem ca. 70 m langen Schleppseil, das vom Heck des Dampfers ausgebracht wurde, hatten einwandfrei bewiesen, daß es sogar möglich war, die Post in einer wasserdichten Boje vom Flugzeug direkt an das Schiff abzugeben oder von ihm zu übernehmen, ohne daß dieses seine Fahrt verlangsamen oder gar stoppen mußte. Da dieses Manöver aber für die Besatzung nicht ganz ungefährlich war, wurde später davon abgesehen. Der Dampfer stoppte einen Augenblick, brachte ein Boot aus und übernahm oder übergab die Post.
Der erste Versuchsflug, den ich selber durchführte, zwang uns, der ›Cap Arcona‹ über die Insel hinaus nachzufliegen, weil die Standortmeldungen nicht richtig durchgegeben waren. Wir mußten daher die erste Landung bei schwerem Seegang und grober Dünung durchführen, was einwandfrei gelang. Teils um die Manövrierfähigkeit unter solchen Umständen zu erproben, teils um das Flugzeug auf keinen Fall bei dem groben Wetter zu riskieren, rollten wir die 40 sm nach Lee der Insel zurück und starteten erst dort. Der Wal bewährte sich wieder großartig. – Eine Anzahl solcher Flüge, die auch auf der europäisch-afrikanischen Seite von der Lufthansa durch Zubringerdienst entsprechend ergänzt wurden, konnte die Laufzeit der Briefe auf 8 Tage herunterdrücken, so daß sogar die Resultate der Aeropostale unterboten wurden.
Die guten Ergebnisse dieser Versuche und die erfolgreichen Katapultflüge der Lufthansa im Nordatlantik brachten uns auf den naheliegenden Gedanken, beide Verfahren miteinander zu verbinden. Gleichzeitig wurden erfolgreiche Versuche mit dem Kiwullschen Stausegel gemacht, aus dem sich später das Heinsche Schleppsegel entwickelte. Diese Vorrichtung erleichterte die Aufnahme von Seeflugzeugen an Bord von Dampfern. Durch die Kombination der drei technischen Einrichtungen: Hilfsschiff, Katapult und Schleppsegel mußte eine brauchbare Station geschaffen werden können, die ein Zwischenlanden und Starten der Postflugzeuge im Südatlantik ermöglichte. Inzwischen hatte sich die Einstellung zur Luftschiffahrt durch die erfolgreiche Weltfahrt der Graf Zeppelin in Luftfahrtkreisen Deutschlands gebessert. Die glatte Erledigung der ersten Luftschiffreise nach Südamerika, die im Jahre 1930 vorbereitet wurde, überwand auch für die Luftschiffe viele hemmende Einflüsse, so daß 1931 eine Anzahl weiterer Luftschiffreisen erfolgen konnten. Diese führten von Friedrichshafen nach Pernambuco. Von dort übernahm Condor den Zubringerdienst bis Buenos Aires und Bolivien für Post und Passagiere.
Alle diese Fahrten verliefen erfolgreich, und damit schloß sich der Ring der praktischen Beweisführung.
Jetzt fand auch der von uns immer wieder vorgetragene Gedanke, den Versuch eines regelmäßigen Übersee-Luftpostverkehrs unter Hinzuziehung des Hilfsschiffes zu machen, größeres Verständnis. Zu diesem Zeitpunkt wurde nämlich auch der Beschluß

gefaßt, ein katapultfähiges Langstrecken-Flugboot in Auftrag zu geben, das den Südatlantik im direkten Flug auch gegen den Wind überqueren sollte. Für ein solches Flugzeug benötigte man in jedem Fall auf der afrikanischen und südamerikanischen Seite ein Katapult, das auf einem großen schwimmenden Untersatz aufgebaut werden mußte, damit das Flugzeug, je nach Windrichtung, katapultiert werden kann. Durch die katastrophale Lage der Schiffahrt ergab es sich nun, daß man einen älteren Frachtdampfer billiger erwerben konnte als einen neuerbauten Katapultträger. Diesen Frachtdampfer konnte man also bis zur endgültigen Erprobung des Langstrecken-Seeflugzeuges ausgezeichnet als Hilfsschiff verwenden. Es wurde daher der Umbau eines Frachtdampfer beschlossen. Dieser Dampfer Westphalen gab bei seinem Umbau manches Problem auf und erweckte bei allen Werften und Schiffsbauern ein ganz erstaunliches, weit über das Pekuniäre hinausgehendes Interesse, so daß die Auswahl der Lösungen groß war. Sollte doch, neben dem Katapult, das Heinsche Schleppsegel, ein Kran oder eine sonstige Hebevorrichtung für Flugzeuge, und die Möglichkeit, diese Flugzeuge an Deck zu transportieren, gewährleistet sein, trotz der vielen störenden Decksaufbauten. Außerdem war eine geschickte Unterbringung der Großfunkanlage, der Wetterwarte, des Scheinwerfers, des Rauchentwicklers und vieler sonstiger Hilfseinrichtungen notwendig. Alle diese Umbauten hatten mit einem denkbar geringen Aufwand an Geld zu erfolgen, obgleich es sich bei diesen Fragen um ganz neue technische Aufgaben handelte.
Ozeanflüge, die dieses Schiff als Stützpunkt benutzen, erfordern ausgezeichnet geschulte Flugkapitäne, die neben erstklassiger fliegerischer Ausbildung (Blindfliegen bei jedem Wetter) auch über tadellose nautische und seemännische Kenntnisse verfügen. Das Finden eines solchen Schiffes im Atlantik soll unterstützt werden durch eine ganz moderne Funkanlage für lange und kurze Wellen, verbunden mit der neuesten Funkpeilanlage. Das Flugzeug, das mit ebensolchen Kurz- und Langwellenstationen ausgerüstet ist, soll dauernd mit dem Schiff in Verbindung stehen können. Die Peilanlagen an Bord des Schiffes und Flugzeuges und die modernsten Navigationsinstrumente und Methoden geben die größtmögliche Sicherheit für das Auffinden des Schiffes. Dies wird außerdem noch unterstützt durch Rauchentwickler für Tag- und Scheinwerfer für Nachtflüge.
Die Wetterverhältnisse auf der Strecke zwischen Afrika und Amerika sind im allgemeinen als günstig zu bezeichnen. Hindernd wirkt – besonders in den Monaten von Dezember bis März – der starke Passat auf der Strecke Südamerika–Europa, der fast genau gegen die Flugrichtung weht. Durchschnittlich hat er 35–60 km/Std. Bekannt ist schon heute, daß die Windstärke in verschiedenen Höhen in Richtungen und Stärke variiert. Die Wetterstation des Hilfsschiffes macht Höhenwindmessungen, deren Kenntnis den Flugzeugen in den meisten Fällen ein Vermeiden starker Gegenwinde ermöglicht. Außerdem gestattet die Reichweite der Flugzeuge auch einen Gegenwind von erheblicher Stärke, selbst wenn er auf der ganzen Strecke herrschen sollte, mit der nötigen Sicherheit zu überwinden.
Eine weitere Schwierigkeit bilden die sogenannten Mallungen, d. h. die Grenzen, wo der Passat aufhört und die Calmen anfangen. Hier stehen oft Gewitterfronten, die den Radioempfang beeinträchtigen. Wie überall in den Tropen, treten diese Gewitter zu bestimmten Tageszeiten auf, so daß man sie durch entsprechende Flugplangestaltung umgehen kann. Die Entwicklung der Radiotechnik läßt erkennen, daß in absehbarer Zeit auch diese Schwierigkeit überwunden sein wird, wodurch der Flugplan sich in jeder Beziehung unabhängig gestalten läßt.«

Von Ecuador aus wollte Fritz Hammer mit zwei Junkers W 34 die Zweitageverbindung zwischen Quito und Guayaquil auf schlichte anderthalb Stunden Reisezeit reduzieren. Quito liegt 2 700 Meter hoch, Guayaquil in Meereshöhe. Die Pässe dazwischen freilich sind bis zu 4 200 Meter, die Vulkane bis zu 6 000 Meter hoch. Auf dem Flug von Quito nach Guayaquil ereilte ihn in einer Junkers W 34 das Schicksal: Er zerschellte am Chimborazo. Auf dem deutschen Waldfriedhof von Quito, unter Eukalyptusbäumen, fand er seine letzte Ruhestätte.

Der Ferne Osten rückt näher

In den dreißiger Jahren entwickelte sich neben den Flügen nach Südamerika die Fernostroute zu einem weiteren Schwerpunkt der Lufthansa. Schon 1926 hatten zwei Junkers G 24, die von Berlin-Tempelhof über Rußland nach China geflogen waren, den ersten Meilenstein gesetzt. Zwei Jahre später flog die Junkers W 33 *Ural* der Luft Hansa zweimal nach Irkutsk, Sibirien. Sie folgte im wesentlichen der Transsibirischen Eisenbahn. Die Flüge auf der Sibirienroute wurden durch Flüge auf der Südroute ergänzt. Im Herbst 1928 flog eine W 33 nach Tokio, im Jahr darauf besuchte auch die *Graf Zeppelin* Tokio.

1931 trugen die Versuchsflüge erste Früchte: Zwischen Berlin und Schanghai wurde ein Luftpostdienst eingerichtet. Die Beförderungsdauer der Post betrug sieben bis acht Tage, der Zeitgewinn gegenüber der Eisenbahn fünf bis sechs. Für Anschlußverbindungen innerhalb Chinas sorgte eine im Februar 1930 gegründete deutsch-chinesische Fluggesellschaft: die Eurasia. Das chinesische Verkehrsministerium war daran mit zwei Dritteln, die Luft Hansa mit einem Drittel beteiligt. Der Chinese Li Dsin Dsung wurde Generaldirektor, der Lufthansaprokurist Schmidt technischer Direktor. Die Verpflichtung, für Flugzeuge, Besatzungen und Ausbildung zu sorgen, oblag der Luft Hansa. Sie stellte der Eurasia Junkers-Maschinen zur Verfügung, die wegen der katastrophalen Flugplatzverhältnisse mit Ballonreifen ausgerüstet wurden.

Wie schon auf der ganzen Strecke nach Fernost, so mußten auch in China erst einmal Bodeneinrichtungen geschaffen werden, die einen einigermaßen regulären Flugbetrieb gewährleisteten. Das Auffinden von geeigneten Landeplätzen und das Errichten primitiver Flugplatzgebäude bereitete Schwierigkeiten, von denen sich in Deutschland kaum jemand etwas träumen ließ. Hauptverkehrsmittel war noch immer das Kamel, waren Karren und Karawanen. Es gab weder brauchbare Karten noch Wetterstationen oder Funkstellen.

Die Fliegerei dort brachte unvorstellbare Schwierigkeiten mit sich. Man ging ohne Wetterberatung auf Strecke, in einem unbekannten Klima, dessen Tücken man erst durch schmerzliche Erfahrungen kennenlernen sollte.
Noch heute blicken die Piloten mit ehrfurchtsvollem Schauern auf das Schlechtwetter Chinas. Die Strecke Hongkong–Tokio führt über die Straße von Taiwan dicht an der rotchinesischen Grenze vorbei. Es gibt kaum eine Jahreszeit, in der sich über Rotchina nicht dichte Gewitterwolken ballen. Schuld daran ist der starke Nordjet, der über Nordchina, Japan, Alaska, Nordeuropa und Sibirien weht. An seinem Rand kommt es zu starker Gewitterbildung.
Damals waren die Flugzeuge selbst am Boden nicht sicher: Der Monsunregen setzte ihnen arg zu. Hallen gab es zunächst nicht; man behalf sich mit offenen Schuppen, in die man das Flugzeug mit dem Bug schob, so daß am Motor gearbeitet werden konnte.
Einer der ersten Piloten bei der Eurasia war Graf zu Castell. Anfangs flog er mit der Junkers W 34. Dieser einmotorige Ganzmetall-Tiefdecker nach bewährter Junkersbauart war so robust, daß die Luftwaffe ihn während des ganzen Zweiten Weltkrieges noch zur Blindflugschulung benutzte. Der Verfasser selbst ist damit noch 1944 zwischen Warschau, Radom und der Festung Modlin gekreuzt. Sie war inzwischen ein fliegender Lehrsaal geworden. Als Kuriosität sei vermerkt: Es gab eine W 34 hi und eine W 34 hau: i stand für *innen*, au für *außen*. Gemeint war der (Schwungkraft-)Anlasser: Die *hau* mußte von außen, die *hi* konnte von innen angelassen werden. Das Flugzeug hieß daher nur noch: die *Hi* oder die *Hau*.
Wenn Castell sich im Sichtflug und dicht über die Bergkuppen fliegend seinem nächsten Flugplatz näherte, konnte er dort schon von weitem dunkle Fleckchen ausmachen, die sich in der Umgebung verteilt hatten: Fluggäste, die tagelange abenteuerliche Reisen hinter sich hatten und dort lagerten, um befördert zu werden.
Graf Castell erinnert sich, daß er in der W 34, die eigentlich nur für vier bis sechs Fluggäste Raum bot, manchmal siebzehn Personen beförderte. Wulf-Dieter Graf zu Castell-Rüdenhausen blieb auch nach dem Zweiten Weltkrieg der Fliegerei verbunden: Er wurde Geschäftsführer des Flughafens München-Riem. Silvester 1973 ging er, siebenundsechzigjährig, in den Ruhestand. 1946 war er mit dem Fahrrad zum zerbombten Flughafen Riem hinausgefahren und hatte Verbindung zu den Amerikanern aufgenommen. Er war einer der wenigen »neuen Bürokraten«, die die Fliegerei selbst noch aktiv betrieben hatten. Daran sollte es immer mehr mangeln; immer größer sollte die Kluft zwischen einem rein bürokrati-

schen Management und der relativ kleinen Gruppe der aktiv Fliegenden werden.

Eine der Junkers W 34, die von Berlin nach Schanghai geflogen wurde, war die *Orion*. Die Crew: Flugkapitän Albert Gerstenkorn (seit seinem letzten Start im April 1945 in Berlin verschollen), Funkermaschinist Walther Wagner. Benötigte Zeit: hundert Stunden, davon reine Flugzeit 46 Stunden, 49 Minuten (damals eine Rekordzeit). Gerstenkorn erhielt für diese Leistung von der Piloten-Liga in den USA die Harmon-Trophy für die beste verkehrsfliegerische Leistung des Jahres 1933. Hier ist ein Auszug aus dem Streckenbericht:

4. September 1933, Berlin–Königsberg–Moskau
1 700 km – 9 Stunden 16 Minuten

Der Start erfolgte um 4.50 Uhr. Nordöstlich der Stadt zunächst über eine Nebeldecke fliegend, erreichten wir an der Oder das vorausgesagte Tiefdruckgebiet. Königsberg meldete kurz vor unserer Landung Wolken 100 Meter, Sicht 1–2 km, Wind Nordost 20 km. Tanken und Abfertigen ging schnell vor sich. Ab Königsberg war die Strecke für mich unbekannt. Die spärlichen Wettermeldungen reichten bis Kowno und waren wenig erfreulich: Kowno 100 Meter Wolkenhöhe, Sicht 1 000 Meter, Regen. Vor dem Start sagte man mir noch, daß ich die litauische Einflugzone benutzen müsse. Dieser Kurs war auf meiner Karte nicht eingezeichnet. Wegen der schlechten Sicht war ich mir vor der Grenze meines Standortes nicht ganz sicher; wir machten uns daher 15 Minuten unsichtbar: dann mußten wir drüben sein. Sobald der Standort feststand, wurde direkt Kurs auf Moskau genommen. Während der nächsten drei Stunden Dauerregen und Nieseln aus niedrigen Wolken. Von Kowno, das südlich vom Kurs lag, erhielten wir das Wetter von Moskau. Von Welikie-Luki kam eine qdm-Peilung mit 60 und nach einer halben Stunde mit 12 Grad, danach lagen wir gut am Kurs. Vor Moskau besserte sich das Wetter, und ohne Schwierigkeiten wurde die erste Tagesstrecke beendet.

5. September 1933, Moskau–Kasan–Schwertlowsk–Omsk
2 355 km – 11 Stunden 45 Minuten

Ich hatte gebeten, man möchte uns um 2 Uhr wecken. Man weckte uns um 2 Uhr Moskauer Zeit, also null Uhr MEZ. Wir hatten erst eine Stunde geschlafen. Ich konnte die gewonnene Zeit gut gebrauchen; durch das uns bevorstehende Neue kam ohnehin keine Müdigkeit auf. Die Frage, ob ich russische Karten bei mir hätte, hatte ich am Tag vorher verneint, weil man mir in Berlin gesagt hatte, daß man sie mir vielleicht abnehmen würde, da ich in Moskau Karten erhalten sollte. Aus diesem Grunde hatte ich auch für Moskau-Schwertlowsk nur eine unvorbereitete Notkarte von Tempelhof mitbekommen. Die für den Flug durch China gut hergerichtete Karte 1:4 000 000 reichte bis westlich Schwertlowsk; sie war gut verstaut, vom Führersitz aber erreichbar. Der Flugleiter zeigte mir zwei Streckenkarten, die eine ohne Eisenbahnen, die er aber,

falls ich es wünschte, mit Blei einzeichnen wollte, die andere 1:400 000 war gut, reichte aber nur bis 200 km vor Schwertlowsk. Für den Rest war noch eine dritte Karte 1:100 000 vorhanden. Die beiden letzteren machte ich mir zurecht, trug die Kurse ein und, so gut es ging, auch die Entfernungen. Inzwischen hatte man mir sogar eine Wetterkarte bis Kasan zusammengestellt. Gutes Wetter stand in Aussicht, aber mit der Bildung von Frühnebeln sei zu rechnen.
Es regnete in Strömen; die Wolkenhöhe war bei der Dunkelheit nicht erkennbar; die Platzbeleuchtung brannte. Bei Windstille starte ich nach Westen. Moskau wurde nach Instrumenten in 300 Meter Höhe überflogen. Die FT-Station war nicht besetzt, wie es überhaupt bis Omsk und am nächsten Tag bis Urumtschi keinen FT-Verkehr mehr gab. Bald sahen wir einzelne Lichter, die Wolkendecke hob sich. Vierzig Minuten nach dem Start wurde es langsam hell, und das Wetter besserte sich schnell. Ich konnte feststellen, daß unser Kurs genau stimmte, aber auch, daß wir leider Gegenwind hatten. Damit stand schon fest, daß Kasan angeflogen werden mußte. Als wir uns dem Oka-Fluß näherten, lag vor uns ein ausgedehntes Tiefnebelgebiet, das – sich auf über 400 km erstreckend – während 2 Stunden und 15 Minuten keinerlei Orientierungsmöglichkeit zuließ. Dann riß die Nebeldecke auf. Der Zeit nach mußten wir Kasan schon überflogen haben. Unter uns lag eine kleine Bahn, weit im Norden ein Fluß. Es war die Wolga, die sich hier in ihrem Lauf mit dem Kurs deckt. Unsere geringe Versetzung nach Süden verdankten wir dem genauen Gegenwind. In Kasan – schon fast wolkenlos – hatte man ein Landekreuz ausgelegt. Wir tankten unseren mitgenommenen Reservebestand. Nach 45 Minuten Aufenthalt erfolgte der Start. Auf der Strecke nach Schwertlowsk zeigt die Karte schon große Ungenauigkeiten; nur die großen Flüsse und später einige kleine Seen geben einen Anhalt. Ungeheure Waldgebiete sind in Luftlinie zu überqueren, und wo sie zu Ende sind, zeigt die Karte immer noch Wald. Es kostet einige Überwindung, am Kurs kleben zu bleiben. In Schwertlowsk gab es zu entscheiden: noch weitere 800 km zu fliegen oder für heute Schluß zu machen. Um schnelles Tanken zu erwirken, bedeutete ich, daß ich noch nach Omsk wolle. Die Hand über die Augen haltend, wollte man mir wohl klarmachen, daß in Omsk gute Sicht sei; erraten habe ich das aber erst über Omsk. Ich bat, unseren Start telegraphisch durchzugeben, was zugesagt wurde. Nach zwei Stunden hatten wir das an der Luftlinie gelegene Seengebiet – der hauptsächlichste Anhaltspunkt dieser Strecke – hinter uns und 450 km zurückgelegt. Es wurde langsam dunkel; noch 400 km waren zu fliegen. Es war jetzt lediglich darauf zu achten, daß wir die zunächst noch in großer Entfernung nördlich und südlich von uns nach Omsk laufenden Bahnen nicht überflogen, aber unser Kurs führte uns genau nach Omsk. Bevor die Lichter dieser Stadt in Sicht kamen, sahen wir hart nördlich von uns einen erleuchteten Zug und erlebten einen herrlichen Mondaufgang. Groß war die Freude, als wir dann einen einwandfrei beleuchteten Platz vorfanden. Wir mußten also gemeldet sein. Das Landekreuz, mit kleinen Lämpchen versehen, lag innerhalb der Grenzbeleuchtung; von hier an war eine Landebahn durch Scheinwerfer beleuchtet. Betriebsstoff war schnell zur Stelle, gemischt und getankt. Die Freude über unsere schnelle Maschine, mit der wir heute soviel geschafft hatten, daß nur noch »kurze«, dafür aber um so interessantere Tagesstrecken vor uns lagen, ließ uns nicht müde werden. Aus diesem Grunde, und da ich nicht wußte, wie lange die Grenzabfertigung in Sergiopol dauern würde, sollten zwei Stunden Schlaf genügen.

6. September 1933, Omsk–Sergiopol–Urumtschi
1 763 km – 8 Stunden 15 Minuten

Am Morgen, um 3 Uhr sibirischer Zeit, ließ sich kein Mensch sehen, aber als unser Motor ansprang, flammte auch die Nachtbeleuchtung auf. Der Motor brauchte bei der Kälte sehr lange, um warm zu werden; dann waren wir auf dem Weg nach dem etwa 1 000 km entfernten Sergiopol. Der Irtitsch, dessen Lauf wir folgten, war gut erkennbar. Nach einer Stunde wurde es hell. Während eines herrlichen Sonnenaufganges frühstückten wir und tranken unseren letzten Tee, der – in Tempelhof gekocht – noch warm war. Um den Nordwestwind auszunutzen, flogen wir nicht hoch. Die Beobachtungsmöglichkeit war somit gut. Die Karte gab von dieser Strecke kein richtiges Bild. Die beiden Ufer des Irtitsch zeigten keinerlei Vegetation. Die auf dem Ostufer eingezeichnete Straße war ein schmaler, unregelmäßig eingeschnittener Feldweg. Die Steppe – so weit das Auge reicht – nur an beiden Flußufern durch riesige, von Gräben umgebene Quadrate unterbrochen, scheint ein einziges Landegelände zu sein. Auf Hunderte von Kilometern keine einzige Behausung. Auch bei glatter Landung wäre die Besatzung hier in einer bedauernswerten Lage. Die einzige Ortschaft auf der ganzen Strecke erreichten wir nach 400 km. Pavlodar, aus 30–40 Hütten zu einem Rechteck zusammengestellt, bildete die Endstation einer von Osten kommenden Kleinbahn. Hier befindet sich auch der Übergang über den Fluß, da vom Westufer aus eine Karawanenstraße nach Südwesten verläuft.
Wo der Irtitsch nach Osten biegt, verließen wir ihn, weil wir in Verlängerung des bisher geflogenen Kurses auf die Bahn kurz vor Sergiopol stoßen mußten. Semipatalinsk blieb ca. 100 km östlich von uns. Schon nach knapp drei Stunden hatten wir durch den Nordwestwind ca. 700 km zurückgelegt. Wir flogen jetzt in 200 Meter Höhe. Das Verhältnis der Karte zur Wirklichkeit wurde nun katastrophal. Vom Ashchi-Su-Fluß war nichts zu finden, von den eingezeichneten Tümpeln, die in Wirklichkeit Seen sein mußten, keine Spur. Es stimmte überhaupt nichts mehr in dieser gebirgigen Wüste. Da wir nach weiteren achtzig Minuten trotz späterer Kursänderung um 10 Grad nach Osten die Bahn noch immer nicht erreichten, ist anzunehmen, daß hier auch der Maßstab und die Kurse nicht mehr stimmen. Wenn man Sergiopol vor sich hat und dann vorausschauend die Karte wieder zur Hand nimmt, kann man feststellen, daß es wieder besser wird. Ich muß allerdings hinzufügen, daß ich bis hierher keine Karte 1:400 000 hatte wie die Besatzungen der beiden früheren Maschinen, sondern schon ab Schwertlowsk die Karte 1:4 000 000 benutzen mußte.
Sergiopol machte von oben einen erbärmlichen Eindruck. Auf dem geschützt liegenden Flugplatz herrschten Windstille und eine Gluthitze. Man brachte uns 150 kg Brennstoff. Mehr war nicht zu bekommen. Wir tankten noch unsere mitgebrachte Reserve. Dem Zollbeamten wurden die Papiere ausgehändigt, und dann flogen wir in 100 Meter Höhe, wie es verlangt wurde, über die Grenze. Tschugutschak wurde einmal umflogen, und da keine Eurasia-Maschine zu sehen war, wurde der Flug ohne Landung fortgesetzt. Der halbwegs Urumtschi liegende Telli Nor (Salzsee) ist völlig ausgetrocknet, sein früherer Grund schneeweiß. Östlich davon hat sich ein weit größerer, sehr langer See gebildet. Sonst stimmen – soweit Anhaltspunkte vorhanden – diese gut mit der Karte überein. Im ganzen genommen eine tote Wüstenstrecke ohne erkennbare Landemöglichkeit. In Urumtschi, das wir schon um 14.15 Uhr Ortszeit (9.15 Uhr MEZ) erreichten, landeten wir auf dem kleinen Platz am Osttor. Ein Lande-

kreuz lag nicht aus. Außer einigen toll aussehenden Soldaten jeden Alters war niemand auf dem Platz (eine Paß- und Zollkontrolle haben wir in China nicht erlebt).
Als erster traf ein berittener deutscher Pelzhändler auf einem völlig lahmen Gaul ein, dann der chinesische Flugleiter im Personenwagen und schließlich im Lastwagen unser Stationsmonteur Fasel. Der Flugleiter hatte im Augenblick unserer Landung durch ein Telegramm unsere Startzeit in Berlin erfahren, mit der Anweisung, bei unserer Annäherung (in den nächsten Tagen) eine Landung in Tschugutschak zwecks Tanken zu veranlassen. Wir kamen hier, wie überall, zu früh und unerwartet. Aus diesem Grunde war auch die in Urumtschi und allen Eurasia-Häfen schon eingerichtete FT-Station unbesetzt. Die Mitteilung, daß kein Benzin vorhanden sei, daß je eine Maschine in Lanchow und Sianfu wegen Wetter festsäßen, war keine nette Begrüßung. Ich fand zwischen den vielen umherliegenden Fässern, die dem Gouverneur gehörten und alle leer sein sollten, noch zwei volle. Der Flugleiter war für sofortiges Wegnehmen, da wir sonst nichts bekämen. Der Flugleiter ging, als wir am Abend den Platz verließen, zum Gouverneur und erklärte ihm, es handle sich um einen Rekordflug, weshalb er den Betriebsstoff nicht verweigern dürfe. Das wurde eingesehen, und damit war der Fall erledigt. Uns brachte man inzwischen in ein von der Eurasia gut hergerichtetes Chinesenhaus. Als wir hier gute Betten sahen, kam die große Müdigkeit. Wir leisteten einer Einladung zum Essen bei einem Deutschen noch Folge, aber dann waren wir nicht mehr zu halten.

7. September 1933, Urumtschi–Suchow–Lanchow
1 850 km – 8 Stunden 50 Minuten

Der Start erfolgte bei Tagesanbruch. Die eingetragenen Kurse stimmten, und die Orientierung an den markanten Gebirgszügen entlang war einfach. Für die 150 km bis Suchow reichte unser Betriebsstoff wahrscheinlich nicht aus; es sollte daher in Hami, womit wir bald im FT-Verkehr standen, gelandet werden. Wie erreichten es aber sehr schnell, und nach einer Umrundung der Stadt – wobei ich den Platz nicht sah – setzten wir unseren Flug fort.
Die nächsten 450 km sind wohl die einsamsten der ganzen Chinastrecke. Eine tausend Meter hoch liegende gelbe Sandwüste ohne jede Abwechslung. Aber, wie schon vor Urumtschi: man verläßt ein Gebirge, um nach einigen Stunden das andere als Anhaltspunkt zu erreichen. Ein guter Motor vorausgesetzt, sind Uhr und Kompaß die Hauptinstrumente – man gewöhnt sich schnell daran. Drei verschiedene Angaben über die Lage des Tempelplatzes in Suchow – aber keine richtige – machte mir die Auffindung sehr schwer. Hier traf ich auf die erste Eurasia-Maschine mit Walter Lutz. Eine wahnsinnige Hitze herrschte auf diesem 1 600 Meter hoch liegenden Wüstenplatz.
Auf halbem Wege nach Lanchow hatten wir bereits FT-Verbindung. Ein wenig weiter, wo der Kurs parallel mit der chinesischen Mauer verläuft, sahen wir die erste und einzige Karawane auf der Eurasia-Strecke. Ab Sianchow, wo der Kurs zu wechseln ist, wurde das Wetter schlecht; es regnete stark. Der 3 200 Meter hohe Paß war geschlossen. In einem solchen Fall kann man hier nur den alten Kurs beibehalten und nach Uhrzeit später den Kurs ändern; 2 700 Meter Höhe genügen dabei. Die guten Ratschläge von Lutz waren mir sehr dienlich, so daß ich Lanchow auf Anhieb erreichte. Ungewohnt ist die Landegeschwindigkeit, mit der sich eine beladene Maschine auf einem 1 700 Meter hohen Platz hinsetzt. Die hier am Flugplatz von der Eurasia

geschaffenen Bauten und Unterbringungsmöglichkeiten muteten nach den bisher gesehenen fast heimatlich an, so daß wir uns bei den anwesenden Besatzungen, Baumgart und von Castell, wie zu Hause fühlten.

8. September 1933, Lanchow–Sianfu–Shanghai
1 830 km – 8 Stunden 43 Minuten

Früher Start mit Post für Sianfu und Shanghai. Zunächst noch Regen, dann ging es bei Wetterbesserung schnell und im wörtlichen Sinne bergab. Ab Sianfu wurden die letzten 1 300 km ohne Landung durchgeflogen. Um etwas abzuschneiden, nahmen wir schon vor Loyang Kurs auf Nanking. Etwa 250 km südöstlich Loyang sah ich einige brennende Dörfer. Später hörte ich, daß dort seit Tagen die Ortschaften von Banden geplündert wurden.
Kurz vor 8 Uhr morgens Berliner Zeit wurde Nanking überflogen, und genau 100 Stunden nach unserem Start in Berlin lag Shanghai vor uns. Nach einer Runde über der Stadt erfolgte um 9.30 Uhr (Ortszeit 16.30) die Landung. Zur Begrüßung waren anwesend die Eurasia, der deutsche Konsul und ein wenig Presse und Film. Für den beabsichtigten großen Empfang – wie man uns sagte – sei keine Zeit mehr gewesen. Das minderte unsere Freude nicht – wir waren programmäßig am Ziel.

Ein Überführungsflug besonderer Art, mit unvorstellbaren Zwischenfällen nämlich, fand 1935 statt. Die Eurasia benötigte dringend eine Ju 52. Flugkapitän Joseph Kaspar, der bis dahin überwiegend Nachtpostflüge nach Skandinavien durchgeführt hatte, sollte die Maschine überprüfen. Zur Besatzung gehörten ferner Schneider und Fahrenbruch. Bis Indien lief der Überführungsflug planmäßig, dann machte der Monsun einen Strich durch die Rechnung. Der Platz war durch den Tropenregen aufgeweicht; die schmalen Reifen der Ju schnitten tief in den zähen, weichen Lehmboden. Die feuchte Hitze veringerte die Leistung der Motoren schon damals erheblich – die Düsentriebwerke reagierten noch empfindlicher darauf. So müssen die in Delhi für den Nonstopflug nach Frankfurt startenden Jets oft ihr Startgewicht reduzieren, um im feuchten Monsunregen starten zu können. Dabei wird allerdings alles anhand der Tabellen vorausberechnet; irgendein Risiko ist damit nicht verbunden. Anders bei Kaspar:
Während des Vollaststarts blockierte der feuchte Lehm noch zusätzlich zu allen anderen Hindernisfaktoren die Räder – die Ju 52 hatte ursprünlich Stromlinien-Radverkleidungen. Sie wurden später bei der Luftwaffe von allen Maschinen entfernt, weil sie allzuoft dazu führten, daß sich auf den Feldflugplätzen Sand und Lehm zwischen Rad und Verkleidung festklemmten.
Vollgas! Keine Beschleunigung, vom Abheben ganz zu schweigen! Gas raus, Start abbrechen? Dann würde die schwere Maschine völlig im weichen Untergrund versacken! Weiter!

Voraus ein abfallender Hang, dahinter hoher Urwald. Kaspar reißt hoch; der Platz ist zu Ende. Aber die Speed ist zu gering, die Maschine hält keine Höhe, sackt durch, Strauchwerk hängt im Fahrwerk. Voraus droht der Urwald, also rauf auf den abfallenden Hang! Überschlag? Nein, kein Überschlag.

Personen waren, wie es in schönstem Bürokratendeutsch heißt, nicht zu Schaden gekommen bei Kaspars mißlungenem Start nach China. Aber der Mittelpropeller war hin, der Rumpf schlug Falten. Das Ganze hing im Buschwerk fest, dazu Hitze und unerträgliche Feuchtigkeit.

Mit zahl- und namenlosen indischen Helfern gelang es, das ramponierte Flugzeug zurück auf den Platz zu schleppen. Der angekniockte Rumpf bildete die größten Probleme. Damals gab es noch kein Luftfahrtbundesamt, das die Flugzeuge flugtüchtig oder fluguntauglich schrieb. Die Entscheidung lag beim Kapitän, nur bei ihm!

Auch eine neue Luftschraube mußte herangeschafft werden. Die Linienmaschinen der Holländer und Engländer sahen sich außerstande, ein derartiges Luftfrachtstück zu transportieren. Die Air France erklärte sich bereit und nahm das neue, kostbare Metallstück aus Deutschland mit. Bis Damaskus. Dort blieb es liegen, zugunsten zusteigender Passagiere. So lange, bis Kaspar mit seiner Crew die Geduld im heißen Monsunindien verlor.

Er erklärte das Flugzeug für voll flugtauglich, und dann machte man sich daran, den völlig verbogenen Propeller zu richten. Hinterindische Werkstätten verfügen nicht unbedingt über das richtige Spezialwerkzeug dazu. Ein Inder stellte seine Schmiede zur Verfügung. Mit Hilfe der Bordwerkzeuge wurde das Problem unter vielen Schweißtropfen gelöst.

Auch die Verständigung zwischen Indien und Deutschland war nicht die beste. Während Kaspar bereits in China gelandet war, glaubten die Lufthansa-Männer in Berlin noch immer, er hinge rettungslos in Indien fest.

Als Kaspar wieder in Berlin eintraf, war die Rumpffalte von den Chinesen längst ausgebügelt worden.

In der damaligen Presse spiegelten sich die Verdienste der deutschen Eurasia-Flieger im Stil des Dritten Reiches:

»Die schweren Aufgaben unserer Verkehrsflieger im Fernen Osten erfüllen sich weit leichter, da sie, von einem starken Reich ausgesandt, stolzer und freier arbeiten konnten. Es galt, dem alten chinesischen Kulturvolk die Vorteile und Segnungen der jungen Technik, der neuzeitlichen Zivilisation zu bringen. Als wahrer Vorkämpfer einer neuen Verkehrsentwicklung stand Castell mit seinen Kameraden, den Flugzeugführern, Maschinisten und Funkern im fernen Lande. Gespannt sahen die Chinesen auf das im Werden begriffene Werk, auf die deutschen Männer und ihre Flugzeuge.«

Aber politische Schwierigkeiten bildeten stets ein Handikap der Fernoststrecke. 1931 wurde der regelmäßige Dienst auf der Strecke Schanghai–Tsinanfu–Nanking–Peking–Linsi–Mandschuli eröffnet und im gleichen Jahr wieder eingestellt, nachdem Japan die Mandschurei besetzt hatte.
Von 1937 an befand sich China mit Japan im erklärten Kriegszustand. Drei Maschinen gingen durch japanische Angriffe verloren. Schon vorher hatte es mit der Ersatzteillieferung Schwierigkeiten gegeben. Nachdem der Seeweg abgeschnitten worden war, konnten die Sendungen nur über kombinierte Transportwege herangeschafft werden: Berlin–Moskau: Flug. Moskau–Alma-Ata: Bahn. Alma-Ata–Kunming: Flug.
Die Eurasia konnte also ihr Ziel, den östlichsten Endpunkt der deutschen Fernoststrecke zu bilden, nie verwirklichen. 1940 mußte sie auf Weisung der chinesischen Regierung sämtliche Strecken einstellen.

Die »Tante Ju« und ihre Konkurrenz

Nicht allen Luftfahrtinteressierten ist bekannt, daß die berühmteste Dreimotorige der Welt ursprünglich eine einmotorige war.
Die Ju 52/1m war von Dipl.-Ing. Ernst Zindel als eine stark vergrößerte W 33 konzipiert worden. Das steigende Frachtaufkommen Ende der zwanziger Jahre machte ein Frachtflugzeug erforderlich, das zweitausend Kilogramm Nutzlast über mindestens achthundert Kilometer Entfernung befördern konnte.
Auch hier zeigte sich wieder eine der markantesten Schwächen der deutschen Luftfahrtindustrie, die sich bis Kriegsende wie ein roter Faden durch alle genialen Pläne zog: die Beschaffung geeigneter Triebwerke. Insbesondere während des Krieges scheiterten die fortschrittlichen Entwürfe stets an diesem Problem; fast immer mußten die bahnbrechenden Konstruktionen der letzten Kriegsjahre mit weitaus schwächeren Motoren ausgerüstet werden, als ursprünglich konzipiert.
Auch die Ju 52/1m war schon für ein 1 000-PS-Triebwerk konstruiert worden, mußte dann aber mit dem BMW VII vorliebnehmen, der schlichte 725 PS lieferte. Immerhin: Hiermit wurden die geforderten zwei Tonnen über ganze 1 500 Kilometer befördert. Zunächst zeigte sich Kanada beeindruckt und bestellte die Frachtmaschine. Sie wurde mit dem englischen Armstrong-Siddeley Leopard von 800 PS ausgerüstet.
Als sich Anfang der dreißiger Jahre auch der Personenverkehr immer mehr ausweitete, konstruierte Zindel den einmotorigen Frachter auf drei Motoren um. Drei Motoren boten damals die optimale Verknüpfung

von Sicherheit und Wirtschaftlichkeit. Es wurden zunächst amerikanische »Hornet«-Motoren verwendet.
Die Zelle der Ju 52 blieb fast fünfzehn Jahre lang nahezu unverändert. Verstellbare Einzelsessel boten den Passagieren alle Bequemlichkeit, große Fenster ungehinderten Ausblick. Gegen den Lärm der Motoren schützte eine schalldämpfende Verkleidung der Kabine.
Beim »Internationalen Alpenflug« errang das Flugzeug 1932 in der Sparte Verkehrsflugzeuge den Sieg. Allerdings erwuchs der Ju 52/3m schon zwei Jahre später ein Gegner, dessen größere aerodynamische Fortschrittlichkeit von Jahr zu Jahr mehr seinen Schatten über die Ju 52 werfen sollte: Im traditionellen Luftrennen von London nach Melbourne errang die KLM-Douglas DC 2 *Uiver* den Sieg der Verkehrsflugzeugklasse.
Die sensationellen Erfolge der Ju 52 zogen auch einen Nachteil nach sich, der hier erstmals kraß ausgesprochen werden muß: Die Lufthansa hielt zu lange an diesem Dreimotorigen-Prinzip fest. Selbst in der zweiten Hälfte der dreißiger Jahre, als die Swissair und, allen voran, die KLM als unmittelbar benachbarte Konkurrenten längst die DC 2, später die DC 3 eingeführt hatten, trat die Lufthansa immer noch hauptsächlich mit der Ju 52 in Erscheinung.
Die zweimotorige Heinkel He 111 konnte genausowenig ein unmittelbares Gegenstück zur Douglas bilden wie die Junkers Ju 86. Die Heinkel war zwar schneller, aber wesentlich kleiner und wurde nie ein »Ju-52-Ersatz«. Von der Ju 86 hatte man sich, schon wegen ihrer Dieselmotoren, viel versprochen. Sie bewährte sich zwar und war nach offizieller Version im Liniendienst ausgezeichnet, zuverlässig, sicher und ökonomisch. Trotzdem stellte die Lufthansa nur zwölf davon in Dienst. Einer ihrer Nachteile lag u. a. in der Eigenart der Dieselmotoren, die kaum eine höhere Geschwindigkeit als die der Ju 52 erlaubten.
Und den Kauf der DC 3 verbot die Wirtschaftspolitik des Dritten Reiches schon aus Devisen- und Prestigegründen.
Kurioserweise tauchte dieses Flugzeug später dann doch noch in der Lufthansaflotte auf: Nach der Besetzung Hollands am 10. Mai 1940 fielen die nicht rechtzeitig nach England ausgeflogenen Maschinen der KLM auf Schiphol in deutsche Hand. So kam es zu folgender skurriler Situation: Die nach England geflüchteten holländischen KLM-Piloten landeten mit ihren evakuierten KLM-Maschinen, jetzt im Dienst der britischen BEA, in Spanien oder Portugal und begegneten dort ihren altvertrauten Maschinen, jetzt mit deutschem Hakenkreuz und Lufthansa-Bemalung.

Die erste Ju 52/3m wurde im Mai 1932 übernommen, die zweite im September. Beide wurden nach Jagdfliegerassen des Ersten Weltkrieges getauft. Die erste Maschine, mit dem Registrationszeichen D-2201, hieß *Boelcke*, die zweite *Richthofen*. Die Frage, weshalb bereits vor der Machtübernahme Hitlers ohne den geringsten Zwang die Namen ehemaliger Kriegshelden für Zivilflugzeuge benutzt wurden, soll an dieser Stelle genausowenig erörtert werden wie die Frage, weshalb auch die neue Lufthansa keine bessere Möglichkeit sah, als in Amerika mit dem Namen des *Red Baron* zu werben. Über Geschmack läßt sich nicht streiten, schon gar nicht, wenn uralt-deutsche Militärtradition so erfolgreich zu vermarkten ist wie im Amerika der siebziger Jahre.
Kurze Zeit, nachdem sie in Dienst gestellt worden war, kam es mit der Ju 52 zu einem Zusammenstoß. Es passierte am 28. Juli 1932 über Schleißheim bei München auf dem Rückflug von einem erfolgreichen Flugmeeting in Zürich. Willy Polte, der die Maschine mit dem Bordwart Hänsgen flog, spürte einen heftigen Stoß. Das Flugzeug gierte um neunzig Grad nach Backbord und glitt steil abwärts. Der Besatzung gelang eine Notlandung im Roggenfeld. Unter den Insassen befand sich übrigens auch Hansa-Direktor Milch.
Ursache: Die Ju 52 war mit einem Sportflugzeug vom Typ Udet-Flamingo zusammengestoßen. Teile davon wurden am Flugzeug gefunden. Linkes Fahrwerk und linke Motorhälfte waren aus ihren Verstrebungen gerissen, Kabinenwand und Querruderlager gespalten. Im Rumpf fand man Holzsplitter des Flugzeugs, dessen Pilot die Vorfahrt nicht beachtet hatte und ums Leben gekommen war. Einen besseren, wenn auch makaberen Beweis für die Strapazierfähigkeit des neuen deutschen Airliners hätte es kaum geben können! Schon nach vier Wochen war das Flugzeug wieder startklar und siegte, mit Polte und Milch am Steuer, im Alpenflug-Wettbewerb. Graf zu Castell, der bei der Eurasia mit ihr geflogen war, lobte, weit über siebzig, immer ihre Robustheit:
»Das Gelände unter uns konnte noch so miserabel sein, mit der Ju kam man runter, und zwar heil. Ich habe mit ihr nie eine Bruchlandung gemacht.«
Insgesamt wurden von der »Tante Ju« 4 835 Exemplare gebaut. Von der einmotorigen Ausführung gab es wahrscheinlich fünf, von denen eines in Kanada noch bis zum Mai 1946 flog. 1936 machte der Bestand an Ju 52/3m bei der Hansa 85 Prozent der Flotte aus! Durch sie ging die Zahl der technisch bedingten Notlandungen von 7 auf 1,5 pro eine Million Flugkilometer zurück. Die planmäßige Reisegeschwindigkeit auf internationalen Strecken konnte bei der Ju 52 von 160–180 km/h auf 240 km/h heraufgesetzt werden. Die meisten der späteren Ausführungen

besaßen den leistungsfähigeren BMW-132-A-Motor von 660 PS. Bei Triebwerksausfall konnte die Ju 52 mit 85 Prozent der restlichen Motorleistung den Flug fortsetzen.

Auch wenn erst die Nachkriegs-Lufthansa geschäftlich mit der Flugzeugfirma Lockheed in Verbindung trat – dieser Name warf bereits Anfang der dreißiger Jahre seinen Schatten bis nach Deutschland. Im Spätherbst 1931 erschien in den Staaten das Lockheed-Orion-Postflugzeug auf den Flughäfen. Sein 500-PS-Motor erlaubte ihm eine Geschwindigkeit von 260 km/h. Die deutschen Verkehrs- und Postflugzeuge brachten es auf höchstens 220 km/h. Der Name Lockheed war in aller Munde: Am 23. Juni 1931 startete Wiley Post mit einer Lockheed Vega vom Roosevelt Field, New York, um den Weltrekord für einen Flug um die Erde zu brechen. Bisheriger Inhaber: das Luftschiff *Graf Zeppelin*, das die Erdumrundung in einundzwanzig Tagen geschafft hatte. Post brachte es mit seiner Lockheed auf 8 Tage, 15 Stunden, 51 Minuten. Der Name Lockheed war werbeträchtig geworden.

Um konkurrenzfähig zu bleiben, vergab die Luft Hansa im Februar 1932 den Entwicklungsauftrag für ein Schnellflugzeug für zwei Piloten, vier Fluggäste und Postraum. Die Höchstgeschwindigkeit sollte 285 km/h betragen. Der Auftrag ging an Heinkel, der einen freitragenden Tiefdecker unter der Bezeichnung He 65 projektierte. Sein Fahrwerk allerdings war noch nicht einziehbar, sondern lediglich aerodynamisch günstig verkleidet.

Die Vorbereitungen liefen vorzüglich; die Entwicklung hätte in sechs Monaten abgeschlossen sein können. Da tauchte die Orion im März 1932 im Linienverkehr der Schweizer Swissair auf.

So kraß mit den Realitäten aus nächster Nähe konfrontiert, erschien das Projekt nicht mehr voll konkurrenzfähig. Auf Drängen von Heinkel selber ging man mit der Höchstgeschwindigkeit auf über 300 km/h, bei einer garantierten Reisegeschwindigkeit von 288 km/h. Luft Hansa und Reichsluftfahrtministerium stimmten zu. Eine solche Speed war bei den zur Verfügung stehenden Motoren nicht mehr mit festem Fahrwerk zu erreichen. So wurde die He 70 gebaut, das erste europäische Verkehrsflugzeug mit Einziehfahrwerk! Der Jungfernflug am 1. Dezember 1932 von Warnemünde nach Travemünde wurde für Heinkel zu einer besonderen Ehrung: Man feierte das zehnjährige Firmenjubiläum. Bei der nachfolgenden Überführung zur Luft Hansa in Staaken wurden mit Vollgas 377 km/h erreicht. Mehr, als damals irgendein Jagdflugzeug der Militärs schaffen konnte!

Diese Situation wiederholte sich in den sechziger Jahren, als die Boe-

ing 727 und ebenbürtige Verkehrsjets am Himmel auftauchten. Nur der Laie glaubt, ein Düsenjäger müsse in der Geschwindigkeit ein Verkehrsflugzeug weit übertreffen. Tatsächlich aber sind die Düsenflugzeuge seit den sechziger Jahren in der Lage, Mach 0,84 bis 0,86 zu fliegen, während die damaligen Jäger oft (vor allem mit voller Zuladung bzw. Bewaffnung) nur mühsame Mach 0,79 schafften. Selbst ein Überschalljäger wie der Starfighter, der nur unter bestimmten Gegebenheiten und für kurze Zeit Überschall fliegen kann, fliegt im Unterschallbereich nicht schneller als ein modernes Verkehrsflugzeug. So verwundert es nicht, daß auch mit der Heinkel He 70 internationale Rekorde aufgestellt wurden: Flugkapitän Untucht erzielte 1933 u. a. einen Geschwindigkeitsrekord mit 357,4 km/h.
Wegen dieser verblüffenden Leistungen war auch die gerade im Entstehen begriffene neue Luftwaffe an der He 70 interessiert; zahlreiche Baumuster wurden auf ihren Verwendungszweck als militärischer Fernaufklärer konzipiert, so die He 70 C D-UHYS.
Die Luft Hansa nahm dann die He 70 G als Heinkel Blitz in Betrieb. Mit ihr wurde ein Schnellverkehrsnetz zwischen Berlin, Hamburg, Köln und Frankfurt aufgebaut. Später diente die Blitz auch als schnelle Postzubringermaschine für die Südatlantikroute.
Die Heinkel Blitz erwies sich als so erfolgreich, daß die Luft Hansa sich schon 1934 entschloß, ihr Schnellflugnetz systematisch auszubauen. Sie vergab einen weiteren Entwicklungsauftrag an Heinkel – dieses Mal für eine Schnellverkehrsmaschine, die mindestes zehn Fluggäste befördern konnte.
Heinkel entschied sich für ein zweimotoriges Flugzeug. Man muß mit der damaligen »Philosophie« vertraut sein, um das Revolutionäre dieses Entschlusses würdigen zu können. Es war die Hoch-Zeit der Dreimotorigen: der Fokker F7B und F12, der italienischen Savoia, der Ju 52. Nur eine Dreimotorige bot bei Motorausfall genügend Sicherheit.
Die entstehende He 111 war eine getreue Weiterentwicklung der Blitz: der gleiche tropfenförmige Rumpf, die gleichen elliptischen Flügel- und Leitwerkumrisse. Der Prototyp für die Verkehrsausführung hatte die Registration D-ALIX und zwei BMW-VI-Motoren von je 750 PS. Die erste Serienausführung D-AHAO wurde am 10. Januar 1936 als *Dresden* von Flugkapitän Nitzschke in Berlin-Tempelhof der Presse vorgeflogen. Zum Konzept der Heinkel He 111 äußerte Ernst Heinkel u. a.: »Mir hatte die dreimotorige Form für Verkehrsflugzeuge noch nie zugesagt ... Wir müssen beweisen, daß der mittlere Motor für die Sicherheit nicht notwendig ist und außerdem für die Ausnutzung des ganzen Rumpfvorderteils nur Nachteile bietet.«

Der Schritt zur Zweimotorigen war richtig gewesen (im Ausland, das die stärkeren Motoren hatte, war er ohnehin schon vollzogen worden). Auch mit einem Motor blieb die He 111 flug- und manövrierfähig. Mit 410 km/h war sie das schnellste Verkehrsflugzeug der Welt. Dies sogar mit den alten BMW-Motoren der He 70.
Freilich sollte dieses Flugzeug nicht, wie die Ju 52, das neue Standardflugzeug der Lufthansa werden. Es wurde der Standardbomber der deutschen Luftwaffe.
Für die Hansa war die He 111 C die erste kleinere Serie, später folgte die G-Reihe. Beide hatten BMW-VI-Motoren. Fotos aus der damaligen Zeit zeigen oft eine He 111, bei der die Bugnase aufgeklappt worden war, um dahinter die Post zu verstauen.
Als 1935 die bis dahin geheime Luftwaffe enttarnt wurde – Hitler bekannte sich öffentlich zur verbotenen Wiederaufrüstung –, begann die Luftwaffe sofort, sich für die He 111 als Kampfflugzeug zu interessieren. Für die unterschiedlichsten militärischen Weiterentwicklungen der He 111 wurden bis 1944 rund vier Millionen Konstruktionsstunden aufgewandt (!). Bis zum Produktionsschluß 1944 verließen insgesamt 5 656 Maschinen die Werkhallen. Ursprünglich war die Ju 86 mit ihren Schweröl-Motoren als Kampfflugzeug vorgesehen gewesen. Sie bot durch das doppelte Seitenleitwerk ein besseres Schußfeld nach hinten. Aber die Motoren überhitzten sich sogar im normalen Reiseflug derart, daß die Geschwindigkeit fast bis auf die der alten Ju 52 gedrosselt werden mußte. Dazu war ihre Bombentransportfähigkeit geringer als die der Tante Ju: nur 800 Kilogramm gegenüber 1 000 Kilo der Ju 52.

Auch nach der He 111 blieb Heinkel für die Lufthansa die »Schnellverkehrsflugzeug-Firma«.
1937 gab sie ein viermotoriges Langstreckenflugzeug in Auftrag. Dabei sollten die aerodynamischen Erkenntnisse ausgewertet werden, die man durch die He 70 und He 111 gewonnen hatte. Die hieraus entstandene He 116 konnte ihre Verwandtschaft mit den Vorgängern kaum verleugnen – auch bei ihr tauchte der elliptische Flügel auf.
Und wieder war auch das RLM zur Stelle und interessierte sich für diesen Typ als schweren Bomber. Die Lufthansa suchte ein Flugzeug für den Fernostdienst, das in großer Höhe den Pamir überfliegen konnte. Es fehlte aber in Deutschland, wie immer, an einem entsprechenden (Höhen-)Motor. Die lahmen 240 PS der vorgesehenen Hirth HM 508 J konnten die erforderliche Leistung nicht im entferntesten bringen. Trotz vieler Publicityfotos, die die He 116 als die neueste Errungenschaft der Lufthansa vorstellten, wurden lediglich zwei Maschinen nach Japan ver-

kauft. Die japanische Gesellschaft stellte damit einen Langstreckenrekord über 10 000 km auf: 1939 nonstop in 46 Stunden und 18 Minuten geflogen.
Die He 116 B wurde dann ein Bomberprojekt mit Vollsichtkanzel, das jedoch ebenfalls wieder aufgegeben wurde.

Am 14. April 1976 starb eine der markantesten Persönlichkeiten der alten Lufthansa: Flugkapitän Otto Brauer.
Brauer, der schon 1914 in Berlin-Johannisthal seine ersten Flüge gemacht hatte, wurde populär als Kommandant der Junkers G 38. Die G 38 war der deutsche Jumbo der frühen dreißiger Jahre, so, wie die Fokker F 36 der holländische, die Handley Page 42 Hannibal der britische Jumbo war. Die G 38 *Feldmarschall von Hindenburg* wurde das Flaggschiff der Lufthansa. Vier Junkers-L-88-Schwerölmotoren von je 650 PS beförderten das Flugzeug mit vierunddreißig Passagieren und sieben Mann Besatzung mit 185 km/h über eine Reichweite bis zu dreitausend Kilometer. Mit dieser Konstruktion hatte Professor Junkers wenigstens teilweise seine Lieblingsidee vom Nur-Flügel-Flugzeug verwirklicht. Die Tragflächen waren so dick, daß darin zwischen Rumpf und Innenmotoren je zwei Passagiersitze untergebracht waren. Die Flügeldicke von maximal 1,70 Meter erlaubte es den Bordmonteuren, an eingebauten Kontrollständen direkt die Triebwerke während des Fluges zu überwachen. Auch eine Bar fehlte in dem Riesenflugzeug mit den zwei Decks nicht.
Während das erste Flugzeug dieses Typs nur teilweise im normalen Streckendienst eingesetzt und für Demonstrationsflüge benutzt wurde, beflog das zweite vorwiegend die Routen nach London und Skandinavien. Brauer beförderte mit seiner *Feldmarschall von Hindenburg* in mehr als siebentausend Flugstunden ohne Unfall oder Außenlandungen (die damals noch relativ häufig waren) mehr Passagiere als jeder andere Pilot. Da seine Gestalt an Größe dem Umfang seiner Maschine harmonisch entsprach, nannte man ihn auf allen europäischen Flugplätzen Commodore Brauer.
Kollegen frotzelten, er habe sich seinerzeit die G 38 nach Maß bauen lassen, weil er in keine normale Maschine hineinpaßte. Er wurde der fünfundzwanzigste Luftmillionär. Diese Zahl steigerte sich rasch, denn die Flugzeuge wurden immer schneller. Karl Noack, der als erster Pilot eine Million Kilometer »zusammenflog«, brauchte für diese erste Million noch vierzehn Jahre, die zweite schaffte er bereits in fünf Jahren.
Brauer war der erste Flugkapitän, der im regelmäßigen Luftverkehr mit Schwerölmotoren flog. Und er war ebenfalls der erste Kapitän, der – wenigstens bei ruhigem Wetter – seinen Sitz während des Fluges verlas-

sen konnte. Brauer am Boden zu einem Fluggast: »Unterhalten können wir uns ja unterwegs. Ich habe auch noch nicht gefrühstückt.« In der *Hindenburg* ließ sich nicht nur – unter dem bewährten Service des Stewards Hove – gut frühstücken. Man konnte auch ausgiebig spazierengehen. Von der Bugkabine vor dem Führerraum und den Flügelkabinen aus hatte man den bestmöglichen Ausblick, und da jeder einmal dort sitzen wollte, fand ein reger Durchgangsverkehr statt. Obwohl schon 1931 gebaut, wurde die G 38 sogar im Zweiten Weltkrieg noch eingesetzt, unter anderem als Truppentransporter in Frankreich und Norwegen, auf dem Balkan und auf Kreta.
Unter dem Stichwort »Jumbo« muß neben der G 38 ein Flugzeug erwähnt werden, das weder mit der Hansa noch mit einer Fluggesellschaft zu tun hatte. Trotzdem beschäftigt sein Schicksal Mitte der dreißiger Jahre die Gemüter aller Flugenthusiasten!
Es handelt sich um die achtmotorige ANT20, ein russisches Riesenflugzeug, das auf den Namen *Maxim Gorki* getauft war.
Dieses Flugzeug hinterließ kaum weniger Eindruck als die Do X oder die *Graf Zeppelin.* Es war von jenem Konstrukteur entworfen worden, der einst – man erinnere sich – bei den Junkers-Werken in Moskau beschäftigt war: Andrej Nikolajewitsch Tupolev. Die *Maxim Gorki* hatte eine Spannweite von 63 Metern und ein Fluggewicht von 52 Tonnen. Sie wurde hauptsächlich zu Propagandazwecken benutzt. Mit ihr sollte die Leistungsfähigkeit der sowjetischen Flugzeugindustrie gezeigt werden.
Es wurde nur ein einziges Exemplar gebaut. Dieses ereilte mit seiner Besatzung ein Schicksal, das ganz Europa erschütterte. Am 19. Mai 1935 stieß es beim Landeflug auf Moskau mit einem Sportflugzeug zusammen und stürzte ab. Einer, der erschüttert darüber berichtet hat, war Saint-Exupéry. Er war einen Tag vor der Katastrophe mit ihr geflogen.

Nach 1933: »Diener von Volk und Staat«

Erhard Milch pflegte einmal jährlich zu einem Abendessen einzuladen. Zu den Gästen hatten gehört: der Vorsitzende des Aufsichtsrates E. G. von Stauss, Ministerialdirektor Fisch vom Verkehrsministerium, Vorstandsmitglieder wie Luz und von Gablenz. Am Vorabend der Machtübernahme, am 29. Januar 1933, tauchte ein neuer Gast auf: Hermann Göring.
Es war hauptsächlich von Gablenz, der mit dem einstigen Weltkriegs-Jagdflieger die Klingen kreuzte und die kommende Aufrüstung als Spiel mit dem Feuer bezeichnete. Obwohl von Gablenz später die Parole

ausgab »Rein in die Partei«, trat er selber genausowenig ein wie Bongers, der bald als »Linker« verschrien war. Ansonsten aber setzte ein – absolut freiwilliger – Run auf die Mitgliedschaft in der NSDAP ein. Fast jeder wollte eine möglichst niedrige Mitgliedsnummer erhaschen; fast jeder behauptete nach dem Zusammenbruch, zur Mitgliedschaft »gezwungen« worden zu sein. Bongers: »Mir ist kein derartiger Fall bekannt geworden. Mir jedenfalls wurde nie nahegelegt, PG zu werden.«
Als Ende April 1933 das Großflugzeug Junkers G 38 D-2 500 auf den Namen *Generalfeldmarschall von Hindenburg* getauft wurde, waren unter anderem Göring und Milch dabei. Prof. Dr. Hugo Junkers aber, der Konstrukteur, fehlte. Er stand längst auf der »Abschußliste« der Nationalsozialisten. Eine alte Rechnung wurde beglichen. Er hatte sich früh in Rußland etabliert; er hielt nichts von der neuen Wiederaufrüstung und der neu entstehenden Wehrmacht.
Nach der Machtergreifung wurde der vierundsiebzigjährige Professor unter Druck gesetzt, ab Februar 1934 unter Hausarrest gestellt. Schließlich übereignete er 51 Prozent der Aktien dem Reich. Hugo Junkers starb im Februar 1935.
Es gehört zu den zahllosen Widersinnigkeiten jener Zeit, daß sowohl die Lufthansa wie auch die neue Luftwaffe den Namen Junkers groß auf ihre Fahnen schrieben, obwohl dessen Träger, der »Große Dessauer«, inzwischen ausgebootet war und nicht mehr als Vater der deutschen Luftfahrtindustrie gelten konnte. Die Lufthansa hatte ihre Ju 52, Ju 160, Ju 86, Ju 90 und Ju 290. Die Luftwaffe kämpfte mit dem Sturzkampfbomber Ju 87, dem Kampfflugzeug, Aufklärer, Sturzbomber und Nachtjäger Ju 88 und Ju 188. Professor Dr. Hugo Junkers aber hatte damit nichts mehr zu tun. Erst 1968 wurde im Ehrensaal des Deutschen Museums in München zu seiner posthumen Ehrung seine Büste aufgestellt.

Zum Jahresende 1934 kam es im Aufsichtsrat der Lufthansa zu einer Verhaftung. Der stellvertretende Vorsitzende, Oberbaurat Bruno Heck, verschwand und wurde im Geschäftsbericht für 1934 schon nicht mehr erwähnt. Seine Stelle übernahm kurzerhand Dr. Kurt Weigelt.
Auch zahlreiche Juden verschwanden. Man muß damals dabeigewesen sein, um ermessen zu können, mit welcher Gewissenlosigkeit sie von einstigen Kollegen, die plötzlich ihre Chance zum Aufstieg witterten, diffamiert und denunziert wurden. Auch Dr. Schatzki, einer der beiden Chefs der Technischen Entwicklung der Lufthansa, mußte gehen. Bongers war wohl einer der wenigen, der, wie er schreibt, »ihre Anregungen, ihre vielseitigen Interessen, die schlagfertigen und witzigen Gesprächspartner« vermißte.

Andere Lufthanseaten entdeckten ihre Vorliebe zum Soldatenberuf und meldeten sich freiwillig schon recht früh zur neu erstehenden Luftwaffe. So auch Verkehrsleister und Direktionsmitglied Dr. Robert Knauss, der auf eine militärische Karriere »mehr Wert als auf seine Lufthansa-Aufgabe« legte (Bongers).

Damals entstand auch jenes Gebilde, das als »Lufthansa-Festanzug« in die Annalen einging. Die Wertschätzung von Orden und Uniform war insbesondere ein Anliegen des Reichsmarschalls Hermann Göring, über dessen narzißtische Prunksucht zahllose Witze im Umlauf waren. Auch in der Lufthansa jener Zeit gab es zahlreiche Befürworter einer »bewußteren Uniform-Gestaltung«.

Der Festanzug bestand aus blauem Glanztuch. Die Hose hatte einen breiten goldenen Streifen, die Jacke im Westenschnitt goldene Knöpfe, ebenso die blaue oder wahlweise weiße Weste. Alle zeigten das Lufthansa-Abzeichen. »Im Ballsaal«, kommentiert Bongers, »ähnelte die Lufthansa nun der Marine.«

Lufthansadirektor Erhard Milch war einer der ersten, der freiwillig zur Luftwaffe wechselte, nachdem er schon 1933 gemeinsam mit dem Pressechef, Dr. Heinz Orlovius, die Hansa verlassen hatte und Staatssekretär in Görings Reichsluftfahrtministerium geworden war. Freilich konnte er in seiner Funktion viel für die Hansa tun – sie wurde vergrößert. Er tat allerdings auch sehr viel für Hitlers Lufwaffe und arbeitete Pläne für ihren Aufbau und ihre Modernisierung aus. Am 10. Juni 1933 unterzeichneten Olscher, von Blomberg und Milch einen Erlaß über die Errichtung einer *Kasse L* für »Ausgaben für geheime Zwecke«. Milch in einer Weisung vom 13. Juni 1933: »Oberstes Ziel aller Arbeiten auf dem Fliegergebiet ist die Schaffung von Luftstreitkräften.« Dieser Einsatz wurde »honoriert«. 1935, als noch niemand gezwungen wurde, irgendeiner nazistischen oder militaristischen Organisation beizutreten, war Milch bereits Sekretär des Luftwaffenstabes. 1936, als zahlreiche Pioniere der Lufthansa noch immer ihre schlichten Erprobungsflüge aus purer Freude am Fliegen machten, war er bereits General. Er setzte sich unter anderem für eine erhöhte Produktion für Me-109-Jäger und Me-110-Zerstörer ein wie auch für die Ju 88, Do 17 und He 111.

Milch kämpfte sich so engagiert aufwärts, daß er bald den Neid Görings erregte. Auch mit Udet kam es zu einem Konflikt – der einstige Kunstflieger übernahm einen Posten, den Milch bisher innegehabt hatte: Generalluftzeugmeister der Luftwaffe.

Milch starb 1971 achtzigjährig in Düsseldorf. Im *Mitteilungsblatt der Notgemeinschaft ehemaliger Lufthanseaten* teilte Graf Schack diese Nachricht unter dem Titel MILCH GESTORBEN mit. Prompt kamen Protestbriefe: Man hätte doch wenigstens schreiben sollen: GENERALFELDMARSCHALL MILCH GESTORBEN.

WINDIGES AUS DER DEUTSCHEN LUFTFAHRT – so lautete die Überschrift eines Artikels, der schon 1929 in einer deutschen Zeitschrift erschienen war.

Darin analysierte ein Autor unter dem Pseudonym Heinz Jäger den Haushalt des Reichsverkehrsministeriums und fragte, ob für den geringen Bedarf an Flugzeugen wirklich ein halbes Dutzend Flugzeugfabriken künstlich am Leben erhalten werden müsse. Schon damals tauchte der Verdacht auf, dahinter stünde getarntes Militär.

Als Beispiele wurden die »Abteilung M« und die »Erprobungsabteilung Albatros« genannt.

Heute ist kaum mehr bekannt, daß die Zeitschrift, in der dieser Artikel erschien, die berühmte *Weltbühne* war und daß deren Chefredakteur, der spätere Nobelpreisträger Carl von Ossietzky, aufgrund dieses Artikels drei Jahre später wegen Landesverrats zu einer Gefängnisstrafe verurteilt wurde. Er war nur wenige Wochen in Freiheit, da wurde er nach Hitlers Machtübernahme erneut verhaftet und starb 1938 an den Folgen medizinischer Experimente im KZ Esterwegen.

Vollends in den Dienst der Wiederaufrüstung geriet die Lufthansa nach Hitlers Machtergreifung.

Grundsätzlich war die Fluggesellschaft nicht mehr frei in der Wahl ihrer Flugzeuge. Es durften nur Flugzeugtypen bestellt werden, die für militärische Zwecke verwendbar waren. Auch das kommende Standardflugzeug, die Ju 52, wurde auf diese Verwendbarkeit hin geprüft. Lufthansa-Besatzungen demonstrierten in Hannover-Langenhagen, daß eine Umrüstung für militärischen Einsatz innerhalb von fünf Stunden möglich war. Mit jeder bestellten Ju mußte die Lufthansa in Zukunft einen Umrüstungssatz mitkaufen.

Piloten der neu erstehenden Luftwaffe erschienen bei der Fluggesellschaft, um sich im Blindflug ausbilden zu lassen. Sie verrichteten ihren Flugdienst in Lufthansa-Uniform und mit Lufthansa-Ausweis. Selbst bei der Erprobung des Sturzkampfbombers Junkers Ju 87 wurden Lufthansa-Piloten hinzugezogen. Obwohl eine zivile Fluggesellschaft selbstverständlich nicht das geringste Interesse an Sturzflugzeugen hat, stürzten Lufthansa-Flugkapitän Untucht und Dipl.-Ing. Sudeck als erste mit dem neuen Stuka.

Daß die Lufthansa über Katapultschiffe für ihre Atlantikrouten verfügte, war nicht zuletzt auf das Bedürfnis der Marine zurückzuführen, derar-

tige Schiffe zu erproben. Da nach dem Versailler Vertrag Katapultflugzeuge für Kriegsschiffe verboten waren, kam ihr die zivile Fluggesellschaft als Erprobungsträger gerade recht.
Überhaupt war nur bis 1935 die Lufthansa ein privatrechtliches Unternehmen gewesen. Danach wurde sie, bald mehr, bald weniger, dem Reichsluftfahrtministerium unterstellt.
Die laut Versailler Vertrag verbotene Luftwaffe benutzte zahlreiche Tarnorganisationen ziviler Art. Oder sie firmierte als Zivilfirma. So nannte sich zum Beispiel:
die Aufklärungsschule Braunschweig: Deutsche Verkehrsfliegerschule GmbH, Zweigstelle Braunschweig,
die Jagdfliegerschule Schleißheim: Deutsche Verkehrsfliegerschule GmbH, Zweigstelle Schleißheim,
das Kampfgeschwader 154 in Faßberg: Hanseatische Fliegerschule e. V.
Die unzureichende Rohstofflage Deutschlands hatte zur Entwicklung synthetischer Treibstoffe geführt. Für die Versorgung der Luftwaffe war die Entwicklung der Leuna-Treibstoffe von großer Wichtigkeit. Aus einem Aktenvermerk des Technischen Amtes im RLM zum Stand der Entwicklung am 15. Februar 1935 im Leuna-Werk II: »Weitere Flugerprobung bei DLH in Vorbereitung.«
Als *Flugkommando Berlin* wurde der Fliegerausbildungsstab bezeichnet, der die im Rahmen der DLH betriebene Flugausbildung auf mehrmotorigen Flugzeugen steuerte. Das Behelfskampfgeschwader 172 sollte – laut Befehl des Reichsministers der Luftfahrt vom 3. 3. 1936 – im Mobilmachungsfall mit Flugzeugen und Besatzungen der Deutschen Lufthansa aufgefüllt werden. Unter II/a des betreffenden Dokuments heißt es:
Personell: Erfassung, Verteilung und Ausbildung des für die Behelfskampfverbände benötigten Personals der DLH.
Unter III/3:
Zusätzliches Lehrpersonal stellt DLH.
Unter III/6:
Der Dienst... ist in bürgerlicher Kleidung mit zivilen Luftfahrerscheinen und mit DLH-Ausweisen durchzuführen.
Bisweilen nahm die Tarnung der neu erstehenden Luftwaffe satirische Formen an. Ihre Bezeichnungen waren vielfältig und phantasievoll: »Lufttransportzentrale der Reichsautobahn«, »Reklamestaffel Mitteldeutschland«, »Fliegerlager des freiwilligen Arbeitsdienstes«. Eine andere lautete »Süddeutsche Lufthansa GmbH«. Und so erhielt der kaufmännische Direktor der echten Lufthansa, Walter Luz, eines Tages eine astronomisch hohe Rechnung für ein Bauvorhaben der »Süddeutschen Lufthansa«. Graf Schack: »Er wäre fast vom Schlag getroffen worden!«

1936 hatte die Lufthansa eine Form gefunden, die ihr aus der Verpflichtung erwachsen war, »Diener von Volk und Staat« zu sein. In der damaligen Festschrift heißt es u. a.:

»Denn die starke Hand einer zielbewußten Führung, die nicht für den Tag, sondern für die Zukunft denkt, formt alle Gebiete deutscher Arbeit. Und der Luftverkehr ist ein wesentliches davon, das hat die Förderung gezeigt, die er von seiten unseres Führers und Reichskanzlers und seines Luftfahrtministers erfuhr.«

Weiter:

»Die Deutsche Lufthansa war in der Zeit ihres Werdens nicht nur Trägerin des deutschen Luftverkehrs. Bis zur Gründung der Luftwaffe, bis zur Neuschöpfung des Luftsports brachte es das deutsche Schicksal mit sich, daß sie den Luftfahrtgedanken in unserem Volke wecken, pflegen und vertiefen, daß sie die Jugend gewinnen und für die Luftfahrt begeistern mußte...«

Zweiundzwanzig Stunden bis New York

Das Jahr 1936 brachte nicht nur die Olympischen Spiele in Berlin, sondern auch die Erprobung einer neuen Route durch die Lufthansa: des Nordatlantiks, der längsten und schwierigsten Strecke der damaligen Zeit. Wie schon auf dem Südatlantik, wo es seit 1934 einen regelmäßigen Postverkehr gab, wurden auch hier Katapultschiffe und Flugboote eingesetzt.
Aber schon im gleichen Jahr unternahmen andere Gesellschaften Versuche, den Nordatlantik direkt zu überfliegen.
So hatte die britische Imperial Airways schon 1934 zwei Short-Flugboote in Auftrag gegeben, die 1937 versuchsweise über Irland und Neufundland nach Kanada und New York flogen. In umgekehrter Richtung war die Pan American Airways unterwegs. Zum erstenmal begegneten sich zwei Verkehrsflugboote auf dem Nordatlantik. PAA war die erste Gesellschaft, die Kursflüge von Amerika nach Europa unternahm.
Auch die Lufthansa sollte bald eine neue Versuchsserie starten. Aber zunächst einmal erprobte sie seit dem Sommer 1936 die Überquerung per Katapultschiff. Graf Schack, der neben Joachim Blankenburg, Rudolf Mayr und von Engel zu den Flugkapitänen bei diesen Versuchen zählte, berichtet darüber:

»Es hatten zwar schon vorher einige Flüge auf dieser Route stattgefunden, doch sind das reine Rekordflüge gewesen, die bei besonders günstiger Wetterlage durchgeführt wurden und bei denen es nur darauf ankam, überhaupt über den großen Teich zu kommen, das Wann, Wo und Wie spielte dabei keine Rolle. Bei dem jetzigen Vorhaben war es anders. Zum ersten Male sollten nach einem monatelang im voraus festgelegten Plan genau zur festgesetzten Stunde auf vorher festgelegten Routen acht Ozeanüberquerungen unter verkehrsmäßigen Bedingungen durchgeführt werden. Mit einem Katapultschiff und zwei Dornier DO 18 Flugbooten nahm die Lufthansa diese Aufgabe in Angriff. Es war ein kühnes Unternehmen, das im In- und Ausland stark beachtet wurde, zumal die internationale Presse viele interessante Einzelheiten darüber groß herausbrachte. Eine der natürlichen Folgen war, daß nach erfolgreichem Abschluß dieser Versuchsflüge uns Atlantikfliegern auf dem Flughafen Berlin-Tempelhof ein feierlicher Empfang bereitet wurde, bei dem Herr Direktor Milch eine zündende Ansprache hielt.

Es war ein großer Augenblick, als wir unter den Klängen einer Musikkapelle eine eigens für uns errichtete Ehrentribüne betraten und auf die freudig erregte Menschenmenge blickten, die zu unserer Begrüßung erschienen war. Anschließend hatten wir Flieger die Ehre, uns in das ›Goldene Buch‹ der Stadt Berlin einzutragen.
Von unseren beiden Flugbooten, die an der Nordatlantik-Erprobung teilgenommen hatten, war das eine mit Namen *Zephir* mit Flugkapitän Blankenburg und mir, dem Flugmaschinist Eger und dem Flugzeugfunker Ehlberg besetzt, und das andere, die *Aeolus*, wurde von den Flugkapitänen von Engel und Mayr geflogen, zu ihrer Besatzung gehörte der Flugmaschinist Gruschwitz und der Flugzeugfunker Stein.

Auf den ersten Blick wird bei der Nennung dieser beiden Besatzungen nichts Besonderes auffallen und doch wies ihre Zusammenstellung eine ganz wesentliche Neuerung auf. Zum ersten Male waren für jede Maschine zwei Flugkapitäne vorgesehen und zwar nicht ein älterer Flugkapitän als Kommandant und ein jüngerer Flugzeugführer als Copilot, wie das heutzutage allgemein üblich ist, sondern zwei gleichrangige Flugkapitäne sollten abwechselnd die Führung bei diesen Flügen übernehmen. Diese Neuregelung hielt die Lufthansa wegen der Schwierigkeit der vor uns liegenden Aufgaben für notwendig. Obwohl uns diese Anordnung nicht sonderlich behagte, hat sie sich bewährt. Das Unbehagen rührte daher, daß jeder von uns Flugkapitänen seit Jahren gewohnt war, als verantwortlicher Führer zu fliegen, und es gefiel keinem, sich einem anderen, wenn auch nur zeitweise unterzuordnen. Dennoch wickelte sich hinterher alles viel reibungsloser ab, als wir geglaubt hatten, das Zusammenspiel funktionierte ausgezeichnet und aus der ständigen Zusammenarbeit von Blankenburg und mir entwickelte sich eine echte Freundschaft.

Dennoch begann das ganze Unternehmen für Mayr und mich mit einem kleinen Ärgernis; das hatte allerdings einen ganz anderen Grund. Es war verständlich, daß es sich unser Direktor, Freiherr von Gablenz, und unser Atlantik-Flugbetriebsleiter, Freiherr von Buddenbrock, nicht nehmen lassen wollten, bei dem ersten Flug über den großen Teich dabei zu sein. Da beide Herren selbst Flugzeugführer waren und unsere Flugboote aus Platz- und Gewichtsgründen keinen zusätzlichen fünften Mann mitnehmen konnten, mußte auf jedem der Flugboote einer von uns Flugkapitänen aussteigen und seinen Platz für diese beiden Herren frei machen. Auf der *Zephir* war ich es und auf der *Aeolus* Mayr, die zurückbleiben mußten. Wir sahen diese Notwendigkeit selbstverständlich ein und fügten uns in das Unvermeidliche, trotzdem ist es für jeden echten Flieger etwas bitter, vom Boden aus zusehen zu müssen, wie andere für ihn fliegen. Um uns die Zeit während unserer Untätigkeit etwas zu zerstreuen,

setzten Mayr und ich einen Dauer-Skat an, dritter Mann war unser Schiffsarzt, der gleich uns nichts zu tun hatte; denn an Bord war alles wohl.
Doch halt! Fast hätte ich vergessen zu erwähnen, wo wir zu diesem Zeitpunkt überhaupt steckten. Wir befanden uns an Bord unseres Katapultschiffes *Schwabenland*, die im Hafen von Horta auf den Azoren vor Anker lag. Von dort aus sollte sie unsere Flugzeuge zu dem großen Sprung über den Atlantik in Richtung New York abschießen, dann ihnen nachfahren, um in Amerika für den Katapult-Abschuß in umgekehrter Richtung wieder bereit zu stehen. Sobald dort beide Flugboote katapultiert waren, mußte die *Schwabenland* erneut nach Horta schippern und so fort. Dieses Hin und Her war in unseren Flugplänen einkalkuliert und nur als Zwischenlösung gedacht, im nächsten Jahr sollte auf jeder Seite des Ozeans ein Katapultschiff stationiert werden.
Als erste Maschine startete in Horta auf der direkten Linie fliegend die *Zephir* mit Gablenz und Blankenburg am Steuer, sie erreichte nach einer Gesamtflugzeit von 22 Stunden und 12 Minuten New York.
Einen Tag später sollte die *Aeolus* auf der südlichen Route über Bermuda folgen. Als die Startzeit näher rückte, saß ich wie üblich mit Mayr und unserem Doktor zusammen beim Skat. Wir ließen uns durch die beiden Flugzeugführer des *Aeolus* von Buddenbrock und von Engel, die jetzt hereinkamen und sich an unseren Tisch setzten, nicht im geringsten stören, wir merkten ihre Anwesenheit erst, als ihnen der Steward eine herrlich duftende Schüssel mit Spiegeleiern, Bratkartoffeln und gebratenem Speck servierte. Diese leiblichen Essensdüfte zogen uns drei Skatbrüdern so angenehm durch die Nase, daß uns ganz flau im Magen wurde und ich mir eine meiner oft spitzen, aber nie boshaft gemeinten Randbemerkungen nicht verkneifen konnte... Ich sagte: Eigentlich ist es doch ein Jammer um das schöne Essen, das Sie hier verspeisen; denn für den Fall, daß Sie nachher in den Bach fallen, wird es den Haifischen vermutlich nicht das geringste ausmachen, ob Sie noch vorher diese Zusatzration verdrücken oder nicht.
Mag sein, daß dies angesichts des bevorstehenden nicht ungefährlichen Fluges ein reichlich derber Scherz war, doch die Flieger der Pionierzeit waren nun einmal nicht besonders zart besaitet und liebten es, die sie umgebenden Gefahren zu bagatellisieren oder ins Lächerliche zu ziehen...«

Ein denkwürdiger Flug fand auf dieser Route einige Monate später statt. Abschuß der Dornier Do 18 *Zephir* von der *Schwabenland* auf der Reede von Horta. Es ist der 6. Oktober 1936, zwei Stunden vor Sonnenuntergang. Keiner der Männer ahnt, daß ein Flug ganz besonderer Art bevorsteht!
Die Crew: Graf Schack als erster, Blankenburg als zweiter Führer (auf den Rückflügen wechselten die Rangordnung und Befehlsgewalt unter den beiden Kapitänen), Flugmaschinist Eger, Flugzeugfunker Ehlberg. Zunächst die üblichen Routinearbeiten. Nachtflug. Das Abendbrot wird eingenommen: Würstchen mit Kartoffelsalat. Die Instrumente leuchten mattblau. Zum Nachtisch gibt es Haferflocken mit Kompott. Nach vier Stunden Flugzeit fällt Graf Schack auf, daß der Maschinist nicht mehr zu sehen ist. Er ist in die Motorgondeln geklettert, weil er am Öl-

druckmesser Ölverlust festgestellt hat. Als er endlich zurückkommt, ist sein Gesicht nicht sehr verheißungsvoll.
Befund: Ein Ölrohr undicht, ausgerechnet an einer unerreichbaren Stelle. Eine arbeitsreiche Stunde beginnt. In die Schottwand vor dem Rohr wird ein Loch geschnitten, dann kann man das Rohr befriedigend abdichten.
Man ist insgesamt sieben Stunden geflogen, da kommt die nächste Hiobsbotschaft vom Maschinisten: Wasserverlust!
Angesichts des endlosen Ozeans eine Feststellung von makabrer Ironie! Aber das Wasser wird für die beiden flüssigkeitsgekühlten Motoren dringend als Kühlwasser benötigt. Zusätzlich zu den regulären Kühlern ist an der Außenseite der Fläche noch ein zusätzlicher Kühler angebracht, um die zusätzliche Erhitzung auf subtropischen und tropischen Flügen zu kompensieren. Bei diesem Zusatzkühler läuft das Wasser aus. Mit dem Manometer läßt sich errechnen: pro Stunde sechs bis sieben Liter Verlust.
Umkehren? Weiterfliegen?
Zwar stehen noch vierzig Liter Reservewasser zur Verfügung, ausreichend für rund sieben Flugstunden. Aber in sieben Stunden ist New York noch nicht erreicht. Der Gesamtflug wird fast zwanzig Stunden beanspruchen. Eine Idee, die weiterhelfen kann, taucht auf: Wenn die Crew das gesamte Trinkwasser, den Kaffee und Tee opfert, so würde das drei zusätzliche Stunden weiterhelfen.
Für New York freilich reicht das noch immer nicht. Aber inzwischen wäre früher Morgen, man könnte bei Tageslicht eine Notwasserung vor der Küste vornehmen, was allerdings ein risikoreiches, nur bei gutem Wetter mögliches Unterfangen wäre. Dann Ozeanwasser schöpfen und wieder starten. Aber schon ein zu hoher Wellengang kann jeden Start zu einer Katastrophe werden lassen.
Man fliegt weiter. Wasser und Zeit verrinnen.
Rückblende auf die Stunden vor dem Start: Graf Schack unterhielt sich mit dem Schiffsarzt über die bevorstehenden leiblichen Tischgenüsse in New York: Hummer. Mit seinem teils berühmten, teils berüchtigen Humor fügt er hinzu: »Wenn wir nicht den Hummer essen, wird der Hummer uns wohl fressen.«
Jetzt, in stockfinsterer Nacht mit einem leckenden Kühler überm Atlantik, kann sich Schack die Frage nicht verkneifen: »Ob wohl der Hummer gewinnt?«
Die Crew ist von diesem schrullig-makabren Ausspruch wenig angetan, der Funker so geschockt, daß er bis zum Ende des Fluges kein Wort mehr mit seinem Kommandanten spricht.

Mitten in der Nacht ist nichts von der sonst einsetzenden Müdigkeit spürbar. Das Wasser rinnt und rinnt, bald ist das Wasser alle, Kaffee und Tee müssen her. Dann folgt Selterswasser aus Flaschen. Man erinnert sich an zwei Flaschen Sekt, die der ehemalige Koch auf der *Graf Zeppelin*, Kottler, für die Crew an Bord gegeben hat. Man entkorkt die Flaschen ehrfürchtig, jeder darf daran schnuppern, dann wandert der Sekt in den Kühler.

Gegen Morgen wird das Wetter schlechter. Dicke Wolken, darunter Nebel. Im Nebel ist eine Notwasserung unmöglich.

Inzwischen hat Graf Schack einen neuen Quell der Wasserversorgung aufgetan. Man pinkelt reihum weiteres Kühlwasser herbei. Als auch dieser Quell versiegt, erinnert man sich einiger Obstkonserven. Der Stachelbeersaft wird mit dem letzten Rest Kakao in den Kühler geschüttet. Jetzt wartet man auf das Versagen der Kühlung und das Ansteigen des Thermometers. Bei neunzig Grad will man den betreffenden überhitzten Motor abstellen.

Aber es kommt nicht dazu. Wie durch ein Wunder bleibt es bei der Normaltemperatur von sechzig Grad. Man fliegt und fliegt, auf das Schlimmste vorbereitet. Dann kommt die Silhouette New Yorks in Sicht, Port Washington ... Man landet, als sei nichts geschehen. Wieder einmal hat man die staunenden Amerikaner von der Regelmäßigkeit der deutschen Versuchsflüge überzeugt.

Das technische Wunder freilich wird erst später offenbar. Grund dafür waren die Stachelbeerkerne des Saftes. Sie hatten, zusammen mit dem klebrigen Kakao, die lecke Stelle so abgedichtet, daß zum Schluß genügend Kühlwasser übrigblieb.

Eberhard Tusch würde dazu kommentieren: »Ich meine, das war noch Romantik!«

Aber dieser Vorfall wiederholt sich sogar nach dem Zweiten Weltkrieg in ähnlicher Weise. Da war es dann eine Super-Constellation auf dem Flug nach Saint Louis, bei der die Hydraulik durch ein Leck auslief, so daß unter anderem das Fahrwerk nicht ausgefahren werden konnte.

Da mußte dann ebenfalls alle an Bord befindliche Flüssigkeit herhalten. Statt mit deutschem Sekt füllte man mit französischem Veuve Clicquot auf. Zum Schluß mußten eine Münze, ein Verband und Kaugummi als Dichtungsmaterial herhalten; der Druck stieg, das Fahrwerk konnte vollständig ausgefahren werden, Captain Schaeffer landete wohlbehalten.

Aber nicht alle Flüge verliefen so spektakulär. Wie es normalerweise vor sich ging, hat Joachim Blankenburg, der schon 1938 seinen hundertsten Atlantikflug vorweisen konnte, in seinem Tagebuch am Beispiel eines

Fluges Lissabon–Azoren–New York mit der viermotorigen Ha 139 *Nordmeer* festgehalten.

»Wir fliegen nur fünfzehn Meter hoch über der See. Seitlich durch das Bulleye gesehen rast das Wasser mit einer Geschwindigkeit vorbei, daß das Auge die Einzelheiten nicht zu fassen fähig ist, da alle Kräuselungen und Schattierungen der See in graue Striche verzerrt werden, durchblitzt von Glanzlichtern der Sonne... Wir sind vier Mann Besatzung an Bord. Vorn befindet sich der Führersitz mit Doppelsteuerung. Ein Flugzeugführer fliegt, während der andere in dem dahinterliegenden Raum sich mit der Navigation beschäftigt. In dem Navigationsraum sitzt auch der Funker inmitten seiner Kurz- und Langwellensender und -empfänger. Daneben an der anderen Bordwand hat der Maschinist seinen Platz. Vor ihm befindet sich der Schaltkasten mit den Überwachungsinstrumenten für die vier Motoren, den Thermometern, Druckmanometern, Tankuhren und Bedienungshebeln. Das alles wirkt wie die Zentrale eines richtigen Maschinenraumes...
Der Anblick des Meeres ist für mich ebenso vielseitig und wechselnd wie der Flug über schöne Länder. Jede Wolke, die ihren Schatten wirft, der wechselnde Wind, bald auffrischend, daß das Meer sich mit wimmelnden heftigen Wellen bedeckt, bald so abflauend, daß die See wie blankes welliges Metall leuchtet und ihm einen neuen Charakter gibt, ist für mich so schön wie der Wechsel großartiger Landschaften...«

Der erste Streckenabschnitt auch dieses Fluges endete in Horta auf den Azoren, wo die *Schwabenland* bereitlag. Während die Besatzung einen erholsamen Tag auf den Azoren verbrachte, wurde ihr Flugzeug für den Weiterflug am übernächsten Tag fertiggemacht. Nachmittags um 16.30 Uhr war die *Nordmeer* klar zum Katapultabschuß nach New York. Sie wog siebzehn Tonnen und hatte für einundzwanzig Stunden Brennstoff getankt. Der Mundvorrat reichte für vier Tage.

»Die Motoren werden angelassen, gleichzeitig lichtet die *Schwabenland* die Anker, um das Manöver zum Abschuß gegen den Wind zu machen. Durch Kopfhörer und Telephone stehe ich mit dem Katapultführer bis zum Abschuß in Verbindung. Der Anschlußstecker des Fernsprechers befindet sich an der Hinterkante des Flugzeugflügels. Beim Abschuß wird er einfach herausgerissen. Eine weitere Verbindung mit dem Katapultführer wird durch eine Signallampe hergestellt. Punkt 5 Uhr bremsen wir die Motoren ab, die *Schwabenland* beginnt jetzt, mit dem Katapult gegen den Wind gerichtet achteraus zu gehen. Wenige Minuten später leuchtet die Lampe vor mir auf, es ist das Zeichen, daß alles klar zum Abschuß ist. Jeder lehnt sich an die Rückenlehne seines Sitzes. Alle vier Motoren werden auf Volleistung gebracht – ein ungeheures Aufbrausen, Schalter zur Signallampe herum! Los geht's wie aus der Kanone geschossen. In zwei Sekunden werden wir auf 105 km/h gebracht – Gott sei Dank, wir fliegen!«

Bei Schlechtwetter machte außer der Turbulenz vor allem auch die Kälte zu schaffen; man flog unklimatisiert und wechselte unterwegs öfter die Kleidung. Trotzdem waren Gewitterfronten, nimmt man alles in allem, für eine Ha 139 ungefährlicher als für die heutigen Flugzeuge. 1) Die damaligen Flugzeuge waren turbulenzfester und aerodynamisch stabiler. 2) In der Reiseflughöhe der Jets sind die Turbulenzen mindestens fünfmal so stark wie in niedrigen Höhen. 3) Da flugsicherungstechnische Probleme nicht existierten, konnte man jederzeit Kurs und Höhe zum Um- oder Unterfliegen ändern. Insbesondere durch das Unterfliegen entging man (ohne Radar!) garantiert den turbulentesten Gewitterzellen. 4) Die Reichweitenreserven erlaubten jederzeit großräumige Umwege, wie sie heute aus vielen Gründen nicht mehr möglich sind – nicht zuletzt auch durch die zwar normalerweise sicheren, trotzdem knappen Treibstoffreserven.

Damit soll nicht gesagt sein, daß Unwetterfronten damals ein Zuckerschlecken waren. Gewitter verbreiten schon vom Psychologischen her auf fliegende Besatzungen nichts als Streß und nackten Terror. Nachts in eine sich stratosphärenhoch auftürmende Wand aus pausenlos flackernden Blitzen hineinfliegen zu müssen gehörte damals wie heute zum Schlimmsten, was einem Piloten bevorstehen kann. Dazu Blankenburg:

»Wolkenbänke schieben sich am Horizont empor. Wir fliegen gegen eine dunkle Wand, die von Zeit zu Zeit von grellen Blitzen erhellt wird... dann bricht finstere Nacht herein, doppelt schwarz und drohend empfinden wir sie nach den ersten so schönen Nachtstunden. Wir durchfliegen starke Regenböen. Zwei Stunden lang werden wir heftig herumgeworfen, immer neue Gewitterfronten werden durchflogen. Anhaltender Regen rauscht herab, und die Temperatur sinkt um fünf Grad. Wir haben uns Ledermäntel angezogen. Schon gleich nach Flores (Azoren) hatte der Funker Küppers den Peiler auf Rundfunk New York eingeschaltet. Die sogenannte Trägerwelle des Rundfunks kann zum Peilen benutzt werden... Es ist sehr einsam über dem Atlantik...«

Die gleiche Einsamkeit befällt auch heute noch die Crews, insbesondere wenn sie Frachter, also ohne Passagiere und Kabinenbesatzung, fliegen. Nachts über der Zentral-Sahara mit Kurs Kinshasa. Nachts über der Timorsee, wenn man, von Australien her kommend, die Monsungewitter über den Vulkanen Javas aufflackern sieht. Nachts über den Anden, wenn die schweren und völlig unberechenbaren Turbulenzen des Gebirges die Maschine stürzen und steigen lassen und kein Zweiter in der Nähe ist, der Auskunft über die Dauer und Stärke geben könnte. Ja, nachts sind – damals wie heute – noch immer die Augenblicke der totalen Einsamkeit, des völligen Auf-sich-gestellt-Seins da. Daran kann die modernste Elektronik nichts ändern. Gegen Morgen, mit dem ersten fahlen Licht über der Wolkendecke, reckt man sich übernächtigt, damals wie heute.

»Der Maschinist Gruschwitz kriecht nach achtern und bringt uns ein Frühstück, Kaffee und belegte Brote. Es ist schrecklich schwül, heiß, feucht, wir fliegen in einem richtigen Dampfbad. Graf Schack neben mir fängt an, melodisch zu pfeifen. Es soll der Finnländische Reitermarsch sein. Wenn man sehr unmusikalisch ist, kann man es heraushören. Dann steckt er sich eine dicke Zigarre an, und nachdem er das Besteck betrachtet hat, meint er: ›Na ja, in zwei Stunden sind wir da!‹«

Mit dem Besteck ist das Navigationsbesteck gemeint; man hatte mit dem Sextanten Sterne geschossen und, in entsprechender Reichweite, Peilungen von Funkfeuern genommen und ausgewertet.
Blankenburg:

»Im frühen Morgenlicht kommt Amerika in Sicht. Nantucket-Insel, graue Dünen, grüner Strandhafer, Wiesen, Leuchtturm, Funkstation, Backsteinhäuser der Fischer und Lotsen, zerstreut liegende Landhäuser. Dann liegt wieder See vor uns. Zwanzig Minuten später stehen wir über Long Island. Im warmen Sonnenschein liegen Wälder und Küste...
Nach 16 Stunden 28 Minuten landet die *Nordmeer*. Der erste deutsche Atlantikflug des Jahres 1937 ist beendet. Wir gehen an die Boje. Das Motorboot kommt und holt uns ab. An Land zwölf Pressephotographen, vier Kurbelmänner der Wochenschauen, Zoll, Einwanderungsbeamte und fünfzig Zuschauer und Abholer... Nach sechzehneinhalb Stunden Flug folgen zwei Stunden Abfertigung, Photographieren und Ausgefragtwerden. Dann eine Stunde Autofahrt nach New York bei dreißig Grad Hitze und endlich die Badewanne und das Bett.«

»...die im Dunkeln sieht man nicht«

Die spezielle Erwähnung der Atlantik- und Fernost-Routen darf nicht die Tatsache verwischen, daß damals völlig unsensationell, aber mit faszinierender Pünktlichkeit ein dichter Europaverkehr ablief. Schon am 28. September 1934, acht Jahre nach der Gründung, war der einmillionste Fluggast befördert worden. Alle wichtigen europäischen Städte wurden von allen wichtigen europäischen Gesellschaften angeflogen; das Deutschland- und Europanetz dieser Jahre war weitaus dichter als das heutige.
Naturgemäß standen diese Europaflieger weniger im Rampenlicht als ihre Kollegen mit den sensationellen Eroberungsflügen. Sie waren es, die mit ihren schlichten Routineflügen das Geld verdienten. Die waren auch den Wettereinflüssen bei Start und Landung – weil diese viel häufiger stattfanden – wesentlich mehr ausgesetzt als die Langstreckenflieger. Die Parallele zur Nachkriegs-Lufthansa liegt auf der Hand. Auch da sollten es die Deutschland- und Europaflieger sein, die mit ihren vier, fünf,

sechs Streckenabschnitten pro Tag weitaus aktiver waren als die Besatzungen des einzigen Streckenabschnittes Frankfurt–Chicago beispielsweise. Für in der Ausbildung stehende Piloten sind Inlandstrecken dann auch viel wichtiger als Langstrecken – hier kamen sie öfter zu Start und Landung.
Franz Preuschoff ist einer der wenigen, der sowohl die alte wie auch die neue Lufthansa kennengelernt hat.

»Wir wollen uns doch nichts vormachen. Bei der alten Gesellschaft war viel ›über den Daumen Peilen‹ dabei. Da war nicht alles abgesichert. Zum Beispiel: Man brauchte nicht das, was man heute als *Typerating* braucht, die Lizenz für einen ganz bestimmten Flugzeugtyp. Da saßen die Piloten in Berlin und warteten auf irgendeinen Flug, der frei wurde; es hieß dann: ›Wir haben da eine He 111 nach Sevilla.‹ Keiner war dabei, der jemals eine He 111 geflogen hatte, da sagte man: ›Das macht doch nichts. Wir haben einen fabelhaften Mechaniker, der zeigt Ihnen mal, wie Sie anlassen müssen und wo der Hebel für die Klappen sitzt.‹ So ging das damals oft; und wenn die Leute landeten, hatten sie vergessen, die Landeklappen zu setzen und rollten, rollten bis zum äußeren Platzrand!«

Aber diese Piloten, die vieles improvisieren mußten, besaßen das volle Vertrauen ihrer Passagiere. August Fischer, von dem schon die Rede war, hat dieses unerschütterliche Vertrauen auf einem Flug von Hamburg nach Magdeburg selbst erlebt. Hier sein Bericht:

»Fluggäste finden sich entweder sofort zu einer Gemeinschaft zusammen, oder gar nicht. Meine Gäste glichen einer Familie, als ich mich über Rad und Einstiegsrasten zwischen Streben hindurch in den Führersitz wand. Der Jäger, er saß neben dem Vater der Kinder in den vorderen Sesseln, klopfte an das Fenster in der vorderen Schottwand und deutete auf die alte Dame, die mir mit strahlendem Gesicht winkte und eine Kußhand zuwarf.
Als wir nach dem Start vierhundert Meter hoch waren, hörte die Sonnenböigkeit auf und die D-717 lag ganz ruhig in der Luft. Die wie mit dem Lineal gezogene Dunstobergrenze sank nach unten und überließ uns den wolkenlosen Himmel. Rechts unten spiegelte sich die Sonne in den Alsterbecken, glänzende Flecken im grauroten Mosaik der Straßen und Dächer Hamburgs.
Vorne sah ich schon die vier hohen Eschen am Ufer der Elbe.
Wenn ich dort den Strom überflog, war ich genau auf dem Kurs. Aber was bedeutet das heute? Ich hatte fast unbegrenzte Sicht. Die breitausladende Motorhaube hinter der flimmernden Scheibe des Propellers schob sich über ein farbiges Relief unter mir. Über Sandhügel und Wälder, über ungleiche, vielfarbige Vierecke bestellter Ackerflächen flogen wir, über Lüneburg und Gardelegen. Hin und wieder kreuzte das schwarze Band einer Bahnlinie den Kurs. Als der Horizont den Blick auf die Wälder und Hochheideflächen der Letzingen-Heide freigab, blieben noch fünfzehn Minuten Flugzeit bis zur Landung.
Während des Fluges brauchte die D-717 kaum Hilfen, die Augen überflogen nur gewohnheitsmäßig die Instrumente. Keine Unregelmäßigkeit ließ aufmerken. Gerade

als ich aus der Wetterkarte den Bodenwind ablesen wollte, setzte mit einem Ruck der Motor aus, sprang polternd wieder an und spuckte giftig. In einer Bewegung drosselte ich den Motor und sah nach unten. Wo landen, wenn er ganz ausfiel? Mein Blick traf dabei auch das hohe stakige Fahrgestell des Fokkers, das Gelände unter mir schien zur Landung denkbar ungeeignet. Zweihundert Meter Höhe hatten wir schon verloren, und der Motor knallte und spuckte immer noch. Wie ich zum Gashebel langte, um noch mehr zu drosseln, sah ich in der Scheibe des Staudruckmessers das Fenster hinter mir mit den schreckensbleichen Gesichtern der beiden Männern.
Keine Sekunde war ich im Zweifel, was zu tun war: ich wandte mich zur Seite, bot den beiden mein Profil und lächelte. Jedenfalls machte ich den Versuch. Als ich wieder auf den Staudruckmesser sah, war das Fenster leer; man hatte mir meinen Frohsinn geglaubt.
Gerade als ich mich entschloß, auf einer Heidefläche zu landen ehe der Motor ganz ausfiel, fuhr ich auf und horchte mißtrauisch; aber es blieb dabei, er lief wieder ruhig und ohne zu mucken und tat es auch, bis er Monate später ausgebaut wurde.
Meine Fluggäste erwähnten nach der Landung die Knallerei des Motors mit keinem Wort, sie schwärmten von ihrem ersten Flug.«

Bevor wir uns wieder sensationelleren Flügen zuwenden, eine kurze Bestandsaufnahme des Jahres 1937.
Europa war mit einem dichten Netz von Flughäfen überzogen. Rechnet man die Sportflughäfen mit, so besaßen: England 181, Spanien 58, Frankreich 238, Deutschland 64 Häfen.
Elf Linien im deutschen Streckennetz wurden als Blitzstrecken geflogen. Auch auf den Südatlantikrouten konnte man auf eine stolze Bilanz zurückblicken.
Bereits am 25. August 1935 hatte die 100. planmäßige Überquerung stattgefunden. Nachdem im gleichen Jahr die Do 18 *Monsun* in Dienst gestellt worden war, hatte sich die Postlaufzeit zwischen Berlin und Rio auf drei Tage verkürzt.
Doch das Jahr 1937 brachte nicht nur Positives. Die LZ 129 *Hindenburg* verunglückte auf ihrer ersten Nordamerikafahrt dieses Jahres. 1936 hatte sie den Atlantik zehnmal ohne Zwischenfälle überquert. Die Fahrt stand von vornherein unter keinem günstigen Stern. Schwere Gegenwinde zwangen zu Umwegen; und als die *Hindenburg* am 6. Mai 1937 endlich über New Jersey eintraf, herrschten schwere Gewitterstürme.
Nach längeren Warteschleifen machten sie endlich am Mast von Lakehurst fest. Beim ersten Abwurf der Fangleinen schoß eine Stichflamme am Heck hoch und setzte das Luftschiff in Brand. Zweiundzwanzig Besatzungsmitglieder und dreizehn Passagiere kamen in den Flammen ums Leben.
Es mag verständlich sein, daß damals Zweifel über die Ursache der Katastrophe herrschten. Und selbst heute schlagen noch immer clevere

Schreiber Kapital aus angeblichen Gerüchten und geheimnisvollen Vermutungen, obwohl die Ursache des Unglücks, wenn auch nicht beweisbar, eindeutig feststeht: Das Luftschiff war infolge des turbulenten Fluges durch die elektrische Gewitteratmosphäre mit statischer Elektrizität so aufgeladen, daß es beim Seilkontakt mit der Erde zu einer funkensprühenden Entladung kam. Dadurch entzündete sich das hochexplosive Gemisch aus Luft und Wasserstoffgas. Die Katastrophe von Lakehurst bedeutete für die Zeppelinluftfahrt das Ende, zumal sich die Amerikaner aus Konkurrenzgründen und aus militärischen Erwägungen jetzt weigerten, das notwendige Helium zu liefern. Die beiden neuen Luftschiffe LZ 130 und LZ 131 mußten verschrottet werden.
Obwohl die Luftschiffe nicht zur Lufthansa gehört hatten, büßte diese durch die Einstellung einen wesentlichen Teil ihrer Flexibilität ein. Denn die Luftschiffe hatten regelmäßige Zubringerdienste geleistet, seit sich Lufthansa und DELAG 1935 zur DZR (Deutsche Zeppelin-Reederei) zusammengeschlossen hatten. Im ersten Jahr waren 572 Menschen befördert worden, im zweiten hatte sich die Zahl fast verdoppelt.
1937 war aber auch das Jahr eines spektakulären Erprobungsfluges. Freiherr von Gablenz machte durch seinen Flug über das »Dach der Welt«, die Überquerung des Pamir, von sich reden.
Gemeinsam mit Flugkapitän Untucht und Obermaschinist Kirchhoff flog er mit einer Ju 52 nach Fernost, um die Strecke über den Pamir zu erproben.
Um zwei Tonnen überladen, startete die D-ANOY am 24. August in Kabul, fünfundvierzig Minuten später wurde der Hindukusch überflogen. Das Flugzeug landete wohlbehalten in Ambi/China. Die Überquerung beschreibt von Gablenz so:

»Dumpf dröhnen die drei Motoren. Wird ihre Kraft ausreichen, uns über den 5 400 Meter hohen Wakhan zu tragen? Jetzt sind wir am Anjuman. Gottlob, wir schaffen's – die Grenze der Gipfelhöhe liegt knapp über der Paßsohle des Anjuman.
Wenn wir Glück haben, reicht das Leichterwerden unseres Flugzeuges in zwei Stunden auch zur Überwindung des Pamir.
Untucht macht die Feinnavigation, während ich die Ruder betätige ... Untucht preßt das Auge ans Sehrohr des Abtriftmessers. ›Weiter rechts, immer noch weiter rechts!‹ winkt er mir zu.
Ich habe das Gefühl, als kratze der Flügel der D-ANOY bereits die Felswand. Aber immer noch ist Untucht nicht zufrieden.
›Wir müssen den rechten Hang kratzen!‹
... Wir steigen. Langsam, aber stetig gewinnen wir an Höhe. Gigantische Berge recken sich vor und neben uns empor ... Da ist der Wakhan-Paß. Nun gilt es, im ersten Strahl der im Osten hellgelb über die Berggipfel heraufsteigenden Sonne den Pamir endgültig niederzuzwingen.«

Die Maschine quält sich mühsam in der dünnen Luft durch den Paß. Ein einziger, zu starker Ruderschlag, und die Maschine würde zerschellen. Hinter den beiden Piloten steht Kirchhoff. Sprungbereit und mit starr auf die Tourenzähler gerichteten Augen.
Der Pamir wurde bezwungen. Aber es fragte sich, ob eine solch einmalige Leistung, bei der, bei allem handwerklichen Können, auch viel Glück im Spiel war, ausreichte, um eine planmäßige Strecke über den Pamir aufzubauen. Allerdings gelang wenig später der Besatzung Drechsel, Tettenborn und Penke die gleiche Überquerung in der D-AMIL.
Die Schwierigkeiten der D-ANOY hingegen sollten erst noch kommen. Nachdem auch die D-AMIL in Ambi gelandet war, startete von Gablenz mit seiner Crew zum Rückflug. In Kabul wartete und wartete man... Die D-ANOY kam nicht an und wurde überfällig.
Für die Lufthanseaten in Kabul setzten Tage angstvollen Wartens ein. Nach fünf Wochen kehrte die Besatzung endlich zurück – alle mit Vollbärten! Was war geschehen?
Geschehen war eine Notlandung bei der Oase Chotan im Tarim-Becken im chinesischen Turkestan. Von Gablenz hatte sich vorsorglich dazu entschließen müssen, nachdem der linke Motor nicht einwandfrei lief. Mit zweieinhalb Triebwerken zurück über den Pamir, das schien, nach den Erfahrungen des Hinflugs, nackter Selbstmord. Die Landung bei Lob Bazar verlief glatt. Nachdem die Zündkerzen gewechselt worden waren, lief der Motor einwandfrei.
Kurz vor dem Start aber tauchten plötzlich Soldaten auf. Man nahm die Besatzung gefangen und brachte sie in die Zitadelle von Chotan. Kriegerische Auseinandersetzungen zwischen zwei verfeindeten Generälen verhinderten ernsthafte Verhandlungen über die Freigabe. Zum Glück für die Besatzung wurde der General, der ihr den Weiterflug verbot, besiegt. Nach dem Machtwechsel in der Zitadelle konnte die D-ANOY starten und wohlbehalten in Kabul landen.
Inzwischen aber hatte die Lufthansa Suchaktionen eingeleitet. Verantwortlich dafür war der ehemalige Eurasia-Direktor Richard Walter.
Als die Crew am 3. Oktober wieder in Berlin eintraf, wurde im Haus der Flieger die Rückkehr gefeiert. Namens aller Piloten hielt Graf Schack die Begrüßungsansprache. In seiner unkonventionellen Art forderte er von Gablenz auf, derartige Risikoflüge gefälligst den anderen Piloten zu überlassen. Sein Hintern gehöre auf den Direktorensessel, nicht auf einen Cockpitsitz.

Auch auf der Strecke in den Vorderen Orient hatte sich 1937 einiges getan: Teheran und Bagdad wurden ins Streckennetz eingegliedert, in

Afghanistan errichtete man eine meteorologische Beobachtungsstation. Ein Jahr später kam es nach sieben Erprobungsflügen zur Eröffnung einer Postlinie nach Kabul.
Daß diese Unternehmungen noch weit davon entfernt waren, reine Routine zu sein, zeigt der Bericht von Kapitän Heinz Buntrock, Pilot auf der Strecke 71 Berlin–Teheran.

»Im Sommerflugplan der Deutschen Lufthansa des Jahres 1938 war die Strecke 71 Berlin–Teheran verzeichnet, auf der es viel Neuland zu erschließen galt; denn der Luftverkehr in den Orient war noch weit davon entfernt, eine reine Routineangelegenheit zu sein. Auch war die gute alte Tante Ju trotz Verstellpropellern, Enteisungsanlage und sonstiger technischer Neuerungen nur ungern dazu zu bewegen, die ihr auf dieser Strecke abverlangten Schwierigkeiten zu meistern. Sowohl die zu überwindenden großen Höhen als auch die für die damalige Zeit beträchtlichen Distanzen machten ihr schwer zu schaffen. Nur ein großer Zusatztank im Rumpfboden ermöglichte ihr, die langen Strecken zu bewältigen. Allerdings ging der Tank auf Kosten der Zuladung, und so konnten statt der üblichen 18 nur acht Passagiere mitgenommen werden.
Obwohl ich damals trotz meiner 24 Jahre schon lange als Kommandant bei der Lufthansa flog, war ich doch recht glücklich, als zweiter Führer zur Einweisung nach Teheran eingeteilt zu werden. Meinen ersten Flug machte ich mit Flugkapitän Schiel, Flugzeugfunker Wittrock und Funkermaschinist Riebler. Eine Stunde vor dem Start in Berlin fand eine letzte Besprechung mit Kartenstudium und Wetterberatung statt, die diplomatischen Unterlagen wurden überprüft und anderes mehr. Während wir uns... für jedermann sichtbar auf den kommenden Flug vorbereiteten, knisterte gleichzeitig für alle unsichtbar eine leise Spannung durch den Raum, die nicht nur jeden Flieger, sondern jeden Menschen befällt, der vor neuen großen, ihm unbekannten Aufgaben steht. Es folgte eine persönliche Vorstellung und Begrüßung der Gäste, mit denen wir während der nächsten beiden Tage eine feste Gemeinschaft bilden sollten. Ja, so persönlich und familiär ging es damals noch zu. Welch ein Gegensatz zu einem neuzeitlichen Großraumjet, wo ein Fluggast die Besatzung normalerweise überhaupt nicht zu Gesicht bekommt. Dafür wird er allerdings während des Fluges von zahlreichen Stewardessen liebevoll betreut. Diese Aufgabe fiel damals mir als zweitem Führer zu. Es gehörte zu meinen Pflichten, unsere Gäste unterwegs mit Sandwiches, Kaffee oder Tee zu bewirten, wobei ich mir redliche Mühe gab, ihnen das gewünschte Getränk ohne Fußbad zu überreichen, manchmal glückte es sogar. Die Hauptmahlzeiten wurden von allen gemeinsam während der erforderlichen Zwischenlandungen eingenommen. Obwohl wir alles taten, um unseren Gästen den Flug recht angenehm zu machen, blieb er dennoch für sie eine gewaltige körperliche Anstrengung. Schließlich mußte mit nur einer Übernachtung eine Entfernung von 4 720 km zurückgelegt werden, und dazu benötigten wir mit einer so langsamen Maschine wie der Ju 52 zwei volle Tage. Die Eisenbahnfahrt über Rußland war aber noch anstrengender, und außerdem dauerte sie zwölf Tage.
Unser Flugweg führte vom mitternächtlichen Berlin-Tempelhof über Prag, Budapest nach Belgrad, das wir gemeinsam mit der aufgehenden Sonne erreichten. Die Menschen dort waren gerade mit ihrer Morgentoilette beschäftigt und machten sich bereit, zur täglichen Arbeit zu gehen, während wir nach einem rund sechsstündigen Nacht-

flug nach heutiger Auffassung einen vollen Arbeitstag bereits hinter uns hatten. Dabei befanden wir uns erst am Anfang unserer langen Reise, und der bei weitem längste und schwierigste Teil der Strecke lag noch vor uns.
Nach einem guten Belgrader Frühstück setzten wir gestärkt und guten Mutes unseren Flug Richtung Athen fort. Wir wollten dabei nicht wie bei Goethe ›das Land der Griechen mit der Seele suchen‹, sondern verließen uns mehr auf unsere Funkausrüstung, bestehend aus einer Sende- und Empfangsanlage für Mittel- und Kurzwelle, einem Peilgerät und anderem mehr. Unterwegs passierten wir den sagenumwobenen Olymp, auf dem die Pytia sitzen soll. Gern hätten wir sie nach einem ihrer berühmten Orakel gefragt, doch auf diesbezügliche Anfragen über Funk reagiert diese Dame nicht, und es war wohl besser so. Was hätte es uns schon genutzt, wenn wir erfahren hätten, daß ein sinnloser Krieg in Kürze alles wieder kaputtmachen würde, was die Lufthansa in zwölf langen Jahren mühsam aufgebaut hatte.

Der Anflug auf den damaligen Verkehrsflughafen Athen-Tatoi über Marathon und die Akropolis hinweg war für mich recht eindrucksvoll. Beim Betrachten dieses einzigartigen Bauwerkes wurden selige Erinnerungen an längst vergangene Schülerjahre und die Geschichte des Altertums wieder in mir erweckt. Das im dortigen Flughafen-Restaurant eingenommene Mittagessen war reichhaltig und schmackhaft. Besonders auf delikate Zubereitung von Fischen und anderem Seegetier verstehen sich die Griechen ausgezeichnet. Die letzte Tagesetappe war recht erholsam für uns. Bei schönstem Mittelmeerwetter überflogen wir die Inseln Naxos und Rhodos, dann ging es ein Stückchen an der Südküste von Kleinasien entlang über das damals noch recht friedliche Cypern hinweg, bis am Horizont der von der bereits im Untergehen begriffenen Sonne durch ein kräftiges Rot angeleuchtete Libanon mit Beirut erschien, unser heutiges Tagesziel. Als wir es erreichten, lag der Platz schon im Dunkeln und die Stadt war von den Schleiern der Nacht eingehüllt, die gnädig die Unmengen von Staub und Schmutz verdeckten, die nun einmal zum Orient gehören und dem Neuankömmling einen ziemlichen Schock versetzen; später gewöhnt man sich daran. Die Hauptverkehrsmittel Beiruts waren die stets überfüllten Straßenbahnen, außerdem wimmelte es von zahlreichen Pferdedroschken und noch mehr Lasteseln, die still und geduldig das erledigen, was wir als Güternahverkehr bezeichnen. Das einzig moderne Hotel war das ›Saint George‹, wo wir mit unseren Gästen übernachteten. Doch ob modern oder nicht, wir hätten den Unterschied kaum gespürt; denn nach einem arbeitsreichen Tag von 20 Stunden fielen Gäste und Besatzung erschöpft in die Betten.

Im Grunde genommen interessanter für den Neuankömmling war jedoch am Vormittag des gleichen Tages ein Einkaufsbummel durch den Basar. Mit seiner Farbenpracht, seinem bunten Treiben, der Fülle des Angebots und mit seiner unvermeidlichen Geräuschkulisse vermittelt er dem Mitteleuropäer den Einblick in eine ihm gänzlich neue und unbekannte Welt. Jede Art von Krach muß sein dabei; denn ohne viel Geschrei und das unvermeidliche Feilschen macht der ganze Handel dem Orientalen keinen Spaß.
Nach zwei Ruhetagen in Teheran, die sich die Besatzung nach der großen psychischen Anstrengung ehrlich verdient hatte, traten wir den Rückflug an und landeten wiederum zur mitternächtlichen Stunde in Berlin-Tempelhof, von wo aus wir sechs Tage zuvor fast zur gleichen Stunde gestartet waren. Der Unterschied war nur der, damals fieberten wir etwas Neuem entgegen. Diesmal gingen wir in dem erhebenden Gefühl nach Hause, bei der Erschließung des deutschen Luftverkehrs in der Welt an einer wichtigen Stelle mitgewirkt zu haben.«

Flottenplanung unter politischen Vorzeichen

Seit Mitte der dreißiger Jahre konnte man auf den europäischen Flughäfen einen Lufthansa-Vogel sehen, der so gar nicht in die Junkers- und Heinkel-Familie paßte, und zwar einen zweimotorigen ganzmetallenen Tiefdecker mit auffallend langer, dicker Bugnase. Es handelte sich um die Boeing 247 D, von denen zwei mit deutscher Registration und Lufthansa-Beschriftung flogen. Wer also glaubt, die Lufthansa sei erst nach dem Krieg zu Boeing gestoßen, irrt. Trotzdem hat es mit diesen beiden technisch interessanten Flugzeugen eine besondere Bewandtnis.
Wie so oft mußte die Zivilgesellschaft als Tarnorganisation für die Experimente der Luftwaffe herhalten. Die mit Enteisungsanlage und Wasp-Ladermotoren ausgerüsteten Exemplare dienen für Studienzwecke verschiedener Art, unter anderem für die Entwicklung eines zweimotorigen Bombers. Die Vermutung liegt nahe, daß sowohl Heinkel für seine He 111 wie auch Junkers für seine Ju 86 (die zwar beide als Zivilflugzeuge eingeführt, später aber als Bomber verwendet wurden) so manche Anregung aus diesem recht fortschrittlichen Typ gewonnen hat. So besaß die Boeing eine umfangreiche Funkanlage und trimmbare Ruder.
Die Boeing 247 steht jedoch in einem seltsamen Verhältnis zur Douglas DC 3, dessen Hintergründe wenig bekannt sind. Obwohl die 247 der erste moderne Airliner und schneller als die damaligen Jagdflugzeuge war, obwohl sie zehn Passagiere in nie für möglich gehaltenem Komfort befördern konnte und 1933 die begehrte Collier-Trophäe gewann, wurde sie kein Erfolg. Oder anders ausgedrückt: »Sie gewann eine Schlacht, aber verlor den Krieg«, so der amerikanische Autor und ehemalige Pilot Robert J. Serling.
Die Schlacht gewann sie, als United Airlines sechzig Maschinen bestellte. Diese Bestellung für vier Millionen Dollar war der größte bisherige Flugzeugkauf und sicherte dem Werk für ein ganzes Jahr Vollbeschäftigung. Folglich waren andere Gesellschaften wie TWA oder American Airlines gezwungen, sich nach einem anderen Flugzeug umzusehen. Sie kamen auf Douglas, der die aus der DC 1 entwickelte DC 2 anbot. Vielleicht wären die DC 2 und DC 3 nie in so großen Stückzahlen gebaut worden, wenn die 247 so auf Strecke gegangen wäre, wie Boeing es sich vorstellte: mit den neuen Pratt & Whitney-Hornet-Motoren. Aber die Piloten protestierten. Sie hatten nur Vertrauen zum bekannten Wasp-Motor, der schwächer war. Hier war eine der wenigen Gelegenheiten in der Geschichte der Zivilluftfahrt gegeben, wo Piloten überhaupt wesentlichen Einfluß auf den Flugzeugbau nehmen konnten – und ausgerechnet hier war ihre Entscheidung fatal. Statt mit den geplanten vierzehn Passagie-

ren mußte die 247 mit höchstens zehn fliegen. Damit war sie der DC 2 und DC 3 wirtschaftlich haushoch unterlegen. Die DC 3 begann ihren Siegeszug um die Welt, der vierzig Jahre später noch nicht beendet sein sollte. Sie hat sich als unsterblich erwiesen und entscheidend dazu beigetragen, daß der bis dahin oft waghalsige Luftverkehr zu einem sicheren Verkehrsmittel wurde. Ihre Sicherheit war so hoch, daß es 1937 gerechtfertigt schien, eine Flugversicherungsgesellschaft zu gründen.
Bei der Lufthansa trat die Erfolgreiche erst spät in Erscheinung: während des Krieges, als die Zivilflotten der besetzten Länder teilweise übernommen wurden.
Nach dem Krieg war die Grand Old Lady nicht mehr modern genug. Die neue Hansa setzt noch drei von ihnen ein: die D-CADE, D-CADO und D-CADI.
Die Einführung der DC 2 für den Liniendienst im Frühjahr 1936 bereitete der Lufthansa erhebliche Sorgen. Gegen diesen zweimotorigen, ganzmetallenen Tiefdecker konnte sie mit ihrer Ju 52 nicht mehr konkurrieren. Das Mitteltriebwerk einer Dreimotorigen verursacht Vibrationen in der Kabine, die bei Zweimotorigen nicht auftreten. Die Neuen waren größer, schneller, komfortabler. Die KLM löste damit ihre Fokker F 12 und F 18 auf der Indienroute ab. Die Strecke Amsterdam–Batavia schrumpfte auf fünfeinhalb Tage zusammen. Fokker erhielt die Nachbaulizenz für Europa.
Bei der Beschaffung eines entsprechenden Konkurrenzmodells ging dieses Mal nicht die Initiative von der Lufthansa aus, vielmehr war es Kurt Tank von den Focke-Wulf-Werken, der nach einer Unterredung mit Dr. Stüssel die Entwicklung eines geeigneten Musters in die Wege leitete. Lufthansa-Direktor Freiherr von Gablenz erhielt die Pläne im Juni 1936 vorgelegt und vergab sofort einen Bauauftrag. Tank hatte um eine Kiste Champagner gewettet, daß der Erstflug innerhalb eines Jahres stattfinden würde. Trotz des phantastischen Baurekords verlor Tank seine Wette: Der Termin wurde um elf Tage überzogen. Das Bauergebnis war allerdings keine Zwei-, sondern eine Viermotorige: die Focke Wulf FW 200 Condor. Sie hatte vier amerikanische Pratt & Whitney-Hornet-Sternmotoren von je 700 PS. Die FW 200 erhielt zunächst den Namen *Brandenburg*. Später, als sie das Kennzeichen D-ACON bekam, hieß sie nur noch Condor. Mit ihr stellte Flugkapitän Alfred Henke am 10. August 1938 einen Rekord auf. Von Berlin-Staaken flog er nonstop nach New York – in 24 Stunden, 56 Minuten, 12 Sekunden! Der Rückflug mit Rückenwind wurde ebenfalls ein von der amerikanischen Luftfahrtbehörde FAI anerkannter Rekord. Er fand, man beachte die Präzision, drei Tage später statt – in 19 Stunden, 55 Minuten, 1 Sekunde!

Schon im November des gleichen Jahres stellte die D-ACON einen dritten Rekord auf: Berlin–Tokio, über Basra, Karatschi und Hanoi in einer Zeit von 40 Stunden, 18 Minuten, 19 Sekunden.
Die Super-Constellation sollte später die Nordatlantik-Flugzeit halbieren, die nachfolgende Boeing 707 würde noch einmal ein Drittel davon abstreichen. Trotzdem sei kurioserweise vermeldet, daß diese drei erwähnten Condor-Rekorde bis heute nicht, trotz Überschalls, gebrochen wurden. Sie existieren noch immer. Der Grund: Berlin ist nach dem Krieg nie wieder Absprungbrett für Nonstopflüge nach New York geworden: Der Flughafen Staaken existiert nicht mehr. Aus dem gleichen Grund ist auch die Strecke Berlin–Tokio später nie mehr geflogen worden: Über Hanoi wäre sie, ebenfalls aufgrund der politischen Verhältnisse, nicht möglich gewesen.
Nach den Rekordflügen interessierte sich nicht nur die Lufthansa, sondern auch das Ausland für die Condor. An Dänemark wurden zwei Maschinen geliefert; auch an das Condor-Syndikat in Südamerika gingen noch Flugzeuge, die Auslieferung an Japan und Finnland dagegen wurde schon durch den Krieg vereitelt.
Zwei Spezialversionen standen für Hitler und seinen Stab zur Verfügung; eine weitere für Göring. Wie bei allen deutschen Verkehrsflugzeugen interessierte sich auch die Luftwaffe für die Condor. Mehrere Militärversionen entstanden, so die FW 200 C mit – stärkeren – Bramo-Motoren von je 1 000 PS. Zahlreiche Piloten der Nachkriegslufthansa hatten während des Krieges die Luftwaffenversion geflogen und darauf ihre Langstreckenerfahrung gesammelt. So u. a. Bernhard Jope, der im gleichen KG 40 wie der erste Chefpilot der Nachkriegshansa, Rudolf Mayr, die FW 200 flog und der am achten Flugzeugführer-Lehrgang in Fuhlsbüttel teilnahm.
Bei der im Zivildienst bestens bewährten Condor zeigte sich übrigens, daß sich Zivilflugzeuge nicht so einfach vor den Militärdienstkarren spannen lassen. Obwohl man für die Lufthansa-C-Ausführung die Zelle verstärkt hatte, war sie dem harten Einsatz nicht gewachsen. In der 1. Gruppe des KG 40 zum Beispiel waren von zwanzig bis fünfundzwanzig Soll-Flugzeugen oftmals nur sechs bis acht Condor täglich einsatzbereit.
Die Pläne Kurt Tanks, der dann den besten deutschen einmotorigen Jagdeinsitzer, die Focke Wulf FW 190, konstruierte, gingen in bezug auf die FW 200 weiter: Sofort nach den Condor-Rekordflügen legte er der Lufthansa Pläne für ein organisch vergrößertes Transozeanflugzeug vor: die FW 300. In der Condor gab es bereits einen neunsitzigen Rauchsalon plus sechzehn bis siebzehn Kabinenflugplätze. Die FW 300 sollte Einzel-

schlafkabinen, Küche und Waschraum haben. Auch Druckbelüftung war vorgesehen. Eine Rumpfattrappe wurde noch vor Kriegsausbruch in dem Bremer Werk fertig.
Der Kriegsbeginn vereitelte zunächst alle weiteren Zivilprojekte. Nach der Besetzung Frankreichs und der Eingliederung seiner Flugzeugproduktion setzte Tank vim RLM durch, daß französische Fachleute sich weiter damit beschäftigen durften. Nach zweijähriger Kleinarbeit in den Pariser Konstruktionsbüros, die unter der Leitung von Dipl.-Ing. Bansemirs standen, war die FW 300 auf dem Reißbrett fertig, sollte jedoch erst nach dem Krieg gebaut werden. So blieb sie ein Projekt.
Heute steht fest: Die FW 300 wäre für eine neue Hansa ein Langstreckenflugzeug gewesen, das es mit den aufgebotenen amerikanischen Modellen jederzeit hätte aufnehmen können. Sie war geplant mit vier Daimler-Benz-DB-603-Motoren von je 1 950 PS Startleistung. Die vierzig Passagiere hätten in Einzelkabinen untergebracht werden können.
Der Vollständigkeit halber sei erwähnt: Als die FW 300 zunächst zurückgestellt wurde, machte sich die gleiche Entwicklungsgruppe an den Entwurf eines sechsmotorigen Langstreckenbombers, der 10 000 Kilogramm Bomben über eine Strecke von 4 800 Kilometern befördern konnte. Zusätzlich zu den sechs BMW-801-D-Doppelsternmotoren von je 1 700 PS wurden später noch zwei Jumbo-004-Luftstrahlturbinen eingeplant, wodurch die errechnete Höchstgeschwindigkeit von 535 km/h auf über 720 km/h steigen sollte Das Projekt Ta 400 zeigt, wie Initiativen, die von Lufthansa-Anforderungen ausgingen, durch den Krieg zu rein militärischen Projekten führten.
Für die Nostalgiker seien die Namen aufgeführt, die die Condor-Flugzeuge trugen: *Brandenburg, Saarland, Westfalen, Nordmark, Friesland, Pommern, Holstein, Kurmark, Hessen.* Letztere erlangte traurigen Ruhm: Sie machte den letzten planmäßigen Condor-Flug vor Kriegsende. Am 14. April 1945 kehrte sie aus Barcelona nach Berlin zurück. Als sie sieben Tage später wiederum nach Spanien fliegen sollte, verunglückte sie in Bayern.
Die zweifelhafte Ehre, den letzten Lufthansa-Rückflug überhaupt gemacht zu haben, kommt einer Junkers Ju 90 zu: Sie landete, ebenfalls aus Barcelona kommend, am 20. April 1945 auf Tempelhof. Der letzte Start erfolgte dann zwei Tage später: Eine Ju 52 startete nach Warnemünde.

Die Lufthansa wirkte durch ihre zahlreichen Entwicklungsaufträge außerordentlich belebend und impulsgebend auf die Flugzeugindustrie. Zwei Entwicklungsprojekte, die der Öffentlichkeit unbekannt geblieben sind, sollen hier erwähnt werden.

1) Die fahrbare Landflugzeugschleuder des Flugtechnischen Instituts der Technischen Hochschule Stuttgart aus den dreißiger Jahren.
Dr.-Ing. Gustav Wieland (später bekannt geworden als Konstruktionsleiter bei der Entwicklung der Dornier Do 31) entwarf ein Startgerät, das ein Landflugzeug von fünf Tonnen Abfluggewicht über kürzeste Entfernung in die Luft bringen konnte. Ein Gegenstück zu den Katapultschleudern der Seeschiffe. Die Luftwaffe begann sich dafür zu interessieren und forderte eine Schleuder für zwölf Tonnen, wie sie für Flugzeuge vom Typ Ju 86, He 111, Do 217 und Ju 88 notwendig war. Über hundert Meter Startstrecke sollten 150 km/h erreicht werden. Später wurde die Forderung auf achtzehn Tonnen hochgeschraubt. Man wollte eine solche Schleuder auch für notgelandete Flugzeuge benutzen, deren Landeplatz für einen Startversuch zu klein war. Die Schleuder mußte also selber straßen- und bahntransportfähig sein.
Das Gerät bewährte sich u. a. 1937 bei dem fingierten Nonstopflug einer Ju 86 von Dessau nach Bathurst. Dieser war 1936 tatsächlich erfolgt, das Startgewicht hatte 9,8 Tonnen betragen. Bei dem Schleuderstart 1937 konnte die Zuladung um siebzig Prozent erhöht werden; das Flugzeug hatte Kraftstoff für eine Strecke von 13 000 Kilometern an Bord. Allerdings ging es hier nur um den Nachweis der Startmöglichkeit; der Flug selber wurde nicht durchgeführt.
Die Schleudern kamen dann 1941 zum Fronteinsatz und wurden bevorzugt für den Start schwerbeladener He-111-Flugzeuge benutzt.
2) Die Lufthansa begann, sich für einen Lastensegler zu interessieren. Dabei handelte es sich um ein Segelflugzeug, das von einer Ju 52 in Schlepp genommen wurde. Ziel war die Postbeförderung. Während die Passagier-Ju ihren Weg fortsetzte, wurde der Postsegler über kleineren Orten ausgeklinkt, die über keinen ausgebauten Verkehrsflughafen verfügten. Es blieb für die Lufthanseaten im wesentlichen bei der Idee. Zunächst war die Frage des Segler-Rücktransports nicht befriedigend zu lösen, später begann das RLM sich aus militärischen Gründen dafür zu interessieren.
Der DFS-230-Lastensegler entstand. Es war Hanna Reitsch, die ihn im Schlepp erprobte. Die Vorkriegsdemonstration fand vor einem erlauchten Kreise statt: Ritter von Greim, Udet, Model, Milch, Kesselring. Sie war so überzeugend, daß das Flugzeug in Serie gegeben wurde. Es wurde dann beim Überfall auf Belgien, später auf Kreta und in Nordafrika eingesetzt. Die Lufthansa ging leer aus.

Eines der ästhetisch schönsten Flugzeuge war die Dornier Do 26. Die Lufthansa hatte das Flugboot 1937 in Auftrag gegeben. Es sollte als Post-

flugzeug auf der Strecke Lissabon–New York eingesetzt werden und voll hochseefähig sein.
Die Do 26 wurde ein Glanzstück. Funker Wilhelm Küppers:
»Sie war der schlankste und rankste Vogel über dem Südatlantik und an Schönheit und Eleganz dem Condor ebenbürtig.«
Ihre zwei Tandem-Motoren verliehen ihr eine Reisegeschwindigkeit, die 90 km/h über der ihrer Vorgängerin Do 18 lag. Zwei Flugboote wurden ausgeliefert *(Seeadler, Seefalke)*; sie absolvierten bis zum Kriegsausbruch mehrere Überquerungen des Nord- und Südatlantiks. Alle der insgesamt sechs Flugboote wurden dann von der Luftwaffe für Versorgungsflüge nach Narvik eingesetzt.
Die Do 26 war somit das letzte Dornier-Flugboot, das für die Lufthansa gebaut wurde. Geplant war als nächstes ein Flugboot mit einem Abfluggewicht von 145 Tonnen und 60 Meter Spannweite. Die Lufthansa vergab 1940, als der Krieg einen günstigen Ausgang versprach, einen entsprechenden Entwicklungsauftrag. Das Flugzeug sollte auch Doppeltriebwerke erhalten, insgesamt also 16! Der Verlauf des Krieges verhinderte den Bau der Dornier Do 214. Nur eine Attrappe und die Rumpfspanten wurden fertig.
Die Dornier Do 26 wurde ab Herbst 1938 auf dem Bodensee erprobt. Graf Schack:

»An einem grauen Novembertag wollten wir zum Zwecke einer technischen Kontrolle zu Dornier nach Friedrichshafen fliegen. Das Wetter war schlecht, der Bodensee meldete dicken Nebel, Sicht Null. Das störte mich nicht im geringsten; denn ich hatte während unserer bisherigen Erprobung längst festgestellt, daß sich eine Do 26 auch ohne Sicht völlig gefahrlos landen läßt. Man braucht bei einer Blindlandung weiter nichts zu tun, als in sicherer Höhe die Maschine horizontal zu legen, die Motoren zu drosseln und den Vogel einfach mit 2 m/sek. Sinkgeschwindigkeit in sich durchsacken zu lassen, dann setzt er sich ganz von alleine verhältnismäßig weich ins Wasser.
Als Navigationshilfe genügt ein ganz normaler Peiler, in unserem Falle war es der Peiler vom Landflugplatz in Friedrichshafen. Die Landung auf dem Bodensee war trotz des Nebels völlig harmlos, die eigentlichen Schwierigkeiten begannen erst danach; denn auf dem Wasser waren höchstens zehn Meter Sicht und der See ist groß, wie sollten wir, ohne irgend etwas zu sehen, die Werft von Dornier finden? – Hierbei mußte uns wieder der Mann vom Peiler helfen.
In Herrn Wittrock hatte ich einen erstklassigen Funker und ich war es bei ihm gewohnt, den Wunsch nach einer Peilung kaum angedeutet zu haben, da lag die erste auch schon vor. Doch diesmal klappte es ganz und gar nicht. Um den Grund dafür zu erforschen, sah ich Wittrock bei seiner Arbeit etwas über die Schulter und stellte erstaunt fest, daß der Friedrichshafener Funker überhaupt nicht auf unsere Peilanforderungen reagierte, sondern nur mehrfach das Wetter durchgab: ›Sicht Null, Landung unmöglich, vorschlage weiter nach Basel zu fliegen!‹ – Anscheinend hielt der Mann unsere Do 26 für eine Landmaschine.

Diesen Eindruck hatte Wittrock wohl auch; denn während Funker sonst mit sehr vielen Abkürzungen arbeiten und damit in der Lage sind, fast genauso schnell zu funken, wie andere sprechen, gab er jetzt ganz gegen jede Funkergewohnheit folgenden Spruch im Klartext durch:
›Mein Herr, wir sind ein Seeflugzeug und sind bereits auf dem Bodensee gelandet! Wir wollen nicht nach Basel, sondern wir suchen die Werft von Dornier und dazu erbitten wir Ihre Peilung!‹
Jetzt endlich war der Groschen auf der anderen Seite gefallen. Mit Hilfe der Peilungen kamen wir ganz zügig voran und auch einigermaßen in der gewünschten Richtung, doch je mehr wir uns dem Lande näherten, desto vorsichtiger mußten wir sein, hier konnten Schiffe vor Anker liegen oder andere Hindernisse plötzlich auftauchen. Ich ließ nur einen Motor ganz langsam nuddeln und stellte ihn zwischendurch immer wieder ab, um aus den Geräuschen von Land her zu schließen, wie weit es noch bis zum Ufer ist. Sehr weit konnte es nicht mehr sein. Mit einem Male wurde das Grau vor uns ganz dunkel und unversehens hatten wir die Uferpromenade von Friedrichshafen vor uns, aber welche Stelle war es? Das wußten wir natürlich nicht.
Wir hatten Glück, ein Fußgänger kam vorbei, ich rief ihn an und fragte, wie man hier zu Dornier kommt. Der Mann erklärte es uns und auf Grund seiner Wegbeschreibung war der Rest nicht mehr sehr schwierig, zumal wir ganz in der Nähe waren. Das Spaßige an der ganzen Sache war nur, daß wir uns erst zu unserem Ziel durchfragen mußten. Daß ein Autofahrer in einer fremden Stadt einen Passanten nach dem Weg fragt, ist nichts Besonderes, es kommt wohl hundertmal am Tage vor, daß aber ein Flugkapitän von seinem Flugzeug aus genau das gleiche tut, dürfte nicht zu den Alltäglichkeiten gehören, vielleicht ist es sogar etwas Einmaliges gewesen.«

Graf Schack war es auch, der mit der Do 26 einen historischen Flug unternahm. Zum Abschluß der Erprobung flog er damit im Frühjahr 1939 von der Lufthansawerft Travemünde nach Rio de Janeiro und zurück. Anlaß: Ein schweres Erdbeben in Chile hatte zahlreiche Opfer gefordert. Operationsgeräte, Instrumente, Verbandzeug und Medikamente mußten auf dem schnellsten Weg dorthin befördert werden.
Der Flug ließ sich für Graf Schack und seine Crew zunächst gut an. Am Abend des ersten Tages wasserte man auf dem Tajo vor Lissabon, der dort etwa die Breite der Außenelbe hat. Schon abends kam eine steife Brise auf, die sich am nächsten Morgen zum vollen Sturm ausgewachsen hatte. Die Do 26 pumpte und rollte im schweren Seegang derart, daß das übliche Anlegemanöver mit dem Motorboot, mit dem die Crew an Bord ging, aussichtslos erschien.
Flugkapitän Blume, der als zweiter Flugzeugführer mitflog und die *Seefalke* noch nicht so gut kannte wie Graf Schack, meinte:
»Ich an Ihrer Stelle würde den Start abblasen. Ich halte es für ganz ausgeschlossen, daß wir bei dem Sturm und dem Seegang heil aus dem Wasser herauskommen!«
Graf Schack hatte inzwischen durch seine zahlreichen Erprobungsflüge

Vertrauen genug gewonnen, um den Start zu wagen. Um überhaupt an Bord zu kommen, war man vom Motorboot in ein winziges Rettungsboot umgestiegen und einzeln herangerudert. Außer den beiden Piloten waren mit von der Partie: Flugmaschinist Dielewicz, Funker Wittrock und Höltje als Erprobungsingenieur.
Graf Schack beschrieb den Start bei drei Meter hohem Wellengang später folgendermaßen:

»Als die Motoren genügend warm waren, slippten wir die Leine am Schwanzende aus, um von der Boje freizukommen und in den Wind zu drehen. Bis jetzt lagen wir nämlich genau verkehrt rum, statt mit dem Bug lagen wir mit dem Heck gegen den Wind. Wir mußten also eine Drehung um 180 Grad vornehmen, was insofern nicht ganz ungefährlich war, als wir dabei für einen kurzen Zeitraum den Sturm genau von der Seite bekommen würden.
Das war der kritische Moment, sollte sich in diesem Augenblick eine Sturmbö unter eine Fläche setzen und sie anheben, könnte dabei die andere Fläche unter Wasser gedrückt werden und das Flugboot zum Kentern bringen. Um dem Sturm keine Zeit zu lassen, dieses gefährliche Spiel mit uns zu treiben, kam alles darauf an, die Drehung so rasch wie möglich durchzuführen. Zu diesem Zweck ließ ich vorne an der Bugspitze einen Treibanker auswerfen, der als Bremse wirkte und somit einen festen Punkt ergab, um den sich das Boot zwangsläufig drehen mußte.
Das Amt, diesen Treibanker zu bedienen, hatte Wittrock, der während dieses Manövers vorn in einem Luk stand, mit dem Gesicht zu mir und dem Rücken zur See, und der infolgedessen nicht sehen konnte, was hinter ihm vorging. Ich hatte ihm gerade das Zeichen zum Einholen des Treibankers gegeben, als sich in seinem Rücken eine riesige Welle auftürmte, gut drei Meter höher als er und – klatsch! da hatte er sie schon im Genick. Deutlich sehe ich noch Wittrocks verdutztes, um nicht zu sagen dummes Gesicht vor mir, bevor er unter dem Wasserberg zusammensackte und in seinem Luk verschwand. Schnell rappelte er sich wieder auf, kam naß wie eine gebadete Katze erneut zum Vorschein, holte den Treibanker ein, machte das Luk dicht, und es konnte losgehen.
Langsam schob ich die vier Gashebel rein, die Maschine nimmt Fahrt auf, im Anrollen nehmen wir mächtig viel Wasser über und wir spielen regelrecht U-Boot. Die Wellen schlagen nicht nur über unser ganzes Boot hinweg, sondern gleichermaßen über Fläche und Motorgondeln. Etwas Sorge bereiteten mir die Propeller – rrrrrr – machten sie, wenn sie sich mit einem schrillen, zischenden Geräusch in das Wasser gruben. Würden sie diese Überbeanspruchung aushalten? – Eigentlich waren sie als Luftschrauben gedacht und haben sich bei ihrer Herstellung bestimmt nicht träumen lassen, daß wir sie noch einmal als Wasserschrauben verwenden würden; denn etwas anderes waren sie zeitweise nicht mehr.
Nach vorn irgend etwas zu erkennen, war völlig ausgeschlossen.
Ich verzichte darauf, etwas zu sehen und verlasse mich auch nicht auf mein Gefühl, sondern richte das Auge nur auf den Wendezeiger und mache einen reinen Blindstart. Wir nehmen riesige Mengen Wasser über, alles ist grün um uns herum, es macht den Eindruck, als ob wir schon untergegangen sind. So ähnlich müssen die Männer auf dem Lotsenboot gedacht haben, sie berichteten später, daß sie zeitweise von unserer Maschine nichts mehr gesehen hätten, das ganze Flugboot einschließlich Flächen und Motorgondeln wäre ihren Blicken entschwunden.«

Abgesehen von diesem rasanten Start, bei dem ein beobachtender englischer Pilot nicht mehr viel für das Leben der Deutschen gegeben hatte, verlief der Flug erfolgreich: In Rio übernahm eine Ju 52 des Condor-Syndikats die 570 Kilogramm schwere Rote-Kreuz-Sendung und brachte sie über die Anden nach Chile.

Zum ersten Mal nonstop nach Amerika

10. August 1938: Die D-ACON Condor ist startklar für einen Flug über den Nordatlantik ohne Zwischenlandung.
Neben Dipl.-Ing. Alfred Henke als Captain flogen Hauptmann von Moreau als zweiter Pilot, Bordfunker Kober und Bordmechaniker Dierberg. Henke galt als lebende Rechenmaschine. Er war Südamerika-Spezialist, kannte die Kordilleren, den Amazonas und den Magdalenenstrom. Für die Navigation von Berlin bis Rio genügte ihm ein winziges Notizbuch, in dem er alles verzeichnet hatte. Er besaß nicht nur umfassende Sprachkenntnisse, sondern auch einen sechsten Sinn und sagte regelmäßig die Querpeilungen des Bordfunkers voraus. Als Wetterberater für diesen außergewöhnlichen Flug stand Prof. Dr. Seilkopf zur Verfügung, der bereits die *Graf Zeppelin* auf zahlreichen Fahrten beraten hatte. Wie auch später bei den planmäßigen Super-Constellation-Überquerungen kam es auf eine exakte Ausnutzung der günstigsten Winde über dem Nordatlantik an.
Aus Gründen der Werbewirksamkeit mußte der Start so gelegt werden, daß in New York eine Taglandung garantiert war.
Um 18.57 Uhr hob die FW 200 Condor von Staaken ab. Sie war überlastet. Man hatte Zusatztanks eingebaut, die der Maschine auf der 7 200 Kilometer langen Strecke eine Reichweite von 8 000 Kilometer gaben. Einer, der den Condor-Flug akustisch miterlebte, war Wilhelm Küppers, der als Funker an Bord der *Nordmeer* zur gleichen Zeit einen Erprobungsflug von New York nach den Azoren unternahm. Über die Überseefunkstelle Hamburg-Quickborn hielt er auf Kurzwelle einen lückenlosen Funkkontakt mit der Condor, um Wettermeldungen durchzugeben. Auch die Passagierdampfer *Europa*, *New York*, *Bremen* und *Hamburg* waren als Relaisstation jederzeit in der Lage, Wettermeldungen weiterzugeben. So konnten die durchgegebenen Höhenwindmessungen der Schiffe und der *Nordmeer* rechtzeitig von dem Hamburger Meteorologen ausgewertet und der Condor übermittelt werden. Und so wußte Henke stets, im Gegensatz zu seinen späteren Superconnie- und Boeing-Kollegen, die günstigste Flughöhe zu wählen.

Als schließlich auch die Katapultschiffe *Friesenland* und *Schwabenland* Funkverbindung mit den Atlantikfliegern aufnahmen, herrschte auf den entsprechenden Frequenzen reger Verkehr. Die von Professor Seilkopf errechnete Flugzeit von 24½ Stunden wurde zwar um 26 Minuten überschritten, trotzdem war es ein Weltrekord. Um 19.53 Uhr (GMT) landete die D-ACON auf dem New Yorker Floyd-Bennett-Field. Die Durchschnittsgeschwindigkeit hatte 255,5 km/h betragen.
Wilhelm Küppers schildert die Ankunft so:

»Nach der Landung durchbrachen fast zwanzigtausend Menschen den Polizeikordon, um das deutsche Wunderflugzeug aus nächster Nähe zu sehen. Man trug Henke, von Moreau, Kober und Dierberg auf den Schultern zum Empfangsgebäude, wo der deutsche Botschafter und ein Vertreter des Bürgermeisters von New York zur Begrüßung auf sie warteten.
Inzwischen war es einem Riesenaufgebot von Polizisten gelungen, das Publikum vom Flugzeug wieder zurückzudrängen. Enthusiastische Andenkensammler hätten sonst bestimmt einige Teile abmontiert.
Nach der Begrüßung begleitete eine Karawane von über hundert Kraftwagen die Weltrekordflieger in die City zum Savoy Plaza am Central Park. Die Fahrt über die Fifth Avenue... glich einem Triumphzug. Es war ein Empfang, der an die Zeiten des Lindbergh- und des *Bremen*-Fluges erinnerte...«

Doch trotz dieses sensationellen Nonstopfluges fanden die regulären Atlantiküberquerungen nach wie vor mit Katapultflugzeugen statt. 1936 war nämlich ein regelmäßiger Postdienst über den Nordatlantik eingerichtet worden. Im ersten Jahr gab es acht planmäßige Flüge mit der Do 18, ein Jahr später vierzehn mit der Ha 139, 1938 waren es bereits achtundzwanzig.
Die Blohm + Voss Ha 139 war eines der erfolgreichsten Katapultflugzeuge. Im Juni 1939 konnte ihre hundertste Atlantiküberquerung gefeiert werden. Vierzigmal hatte die Ha 139 den Süd-, sechzigmal den Nordatlantik überquert! Das Schwimmerflugzeug mit dem abgeknickten Flügel war 1935 von der Lufthansa als Postflugzeug in Auftrag gegeben worden.
Drei Flugzeuge operierten zur vollen Zufriedenheit. Sie hatten, wie die Ju 86, Junkers-Dieselmotoren und hießen *Nordwind*, *Nordmeer*, *Nordstern*.
Die *Nordstern*, das dritte Flugzeug der Ha-139-Sterie, war aerodynamisch verfeinert worden und demzufolge um fünfzehn Seemeilen schneller. Weil sie das Registrationszeichen D-ASTA trug, hieß sie im Pilotenmund nur noch »die schnelle Asta«. Sie kam unter das Kommando von Rudolf Mayr, der sich mit seinem Dornier-Wal bereits früher einen Namen als Arktis- und Antarktisforscher gemacht hatte. Noch immer liefen die

Nordatlantik-Überquerungen als schlichte »Erprobungsflüge«; mit der schnellen Asta schaffte Mayr es, neue Zeitrekorde zu fliegen: die Ostwest-Strecke in 13 Stunden, 40 Minuten von den Azoren bis New York, den Rückflug in 11 Stunden, 53 Minuten.

Als Besonderheit sei die Ha 142 erwähnt. Sie war eine Ha 139, die aufs Land gegangen war: Statt der Schwimmer hatte sie ein Fahrwerk, statt der Schwerölmotoren vier BMW-Sternmotoren. Sie wurde nur versuchsweise bei der Lufthansa eingesetzt.

Beeindruckt jedoch von den Leistungen der Schwimmerausführung, gab die Lufthansa 1937 bei der gleichen Firma ein Verkehrsflugboot für den Nordatlantik in Auftrag. Forderung: Die 7 000 Kilometer lange Strecke zwischen Berlin und New York sollte mit sechzehn Fluggästen in zwanzig Stunden zurückgelegt werden können.

Es entstand die sechsmotorige BV 222 – ein für die mit Großflugzeugen nicht verwöhnten Deutschen sensationelles Flugboot. Es ließ nostalgische Erinnerungen an die glorreiche Dornier Do X aufkommen. Freilich wurde es im Liniendienst nicht mehr gesehen. Durch den Kriegsausbruch geriet es unter das Oberkommando der Luftwaffe und wurde als Truppentransporter eingesetzt.

Während der zivile Prototyp D-ANTE sechs BMW-Bramo-Motoren von je 1 000 PS hatte, wurden die nachfolgenden fünf Militärmuster mit Junkers-Dieselmotoren ausgerüstet. Als Verkehrsflugzeug hätte dieses Riesenflugboot mit einer Spannweite von dreiunddreißig Metern den geplanten sechzehn Passagieren einen Komfort und Luxus geboten, wie er in den dreißiger Jahren kaum durch die Glenn-Martin-China-Clipper der Pan American oder die Short-Sunderlands der Engländer erreicht worden war.

In der Planung freilich war bei Blohm + Voss bereits ein noch größeres Flugboot, die BV 238. Es war für den zukünftigen Atlantikverkehr vorgesehen und sollte vierzig Passagieren in Einzelkabinen Platz bieten, doch zunächst wurde es für die Luftwaffe in Dienst gestellt. Im August 1943 fand der erste Start statt. Die BV 238 war doppelstöckig und wurde durch sechs Daimler-Benz-DB-603-Motoren angetrieben. Sie hätte zehn Mann Besatzung und hundertfünfzig Soldaten mit voller Ausrüstung aufnehmen können, denn inzwischen war auch dieses Boot zum Truppentransporter umfunktioniert worden. Es wurde aus der Elbe vor Finkenwerder auf den schleswig-holsteinischen Schaalsee übergeführt. Dort lag es sorgfältig getarnt und für Sondereinsätze ständig bereit. Kurz vor Kriegsende wurde es dort von feindlichen Jägern entdeckt und versenkt.

So beendete der Kriegsausgang auch diesen Langstreckentraum der Lufthansa.

Natürlich spiegelten sich die Leistungen der Piloten in der Presse im damals üblichen Stil wider. Alles geschah als Pflichterfüllung für Großdeutschland:

»Während der eine im Flugboot oder Schwimmerflugzeug über der unendlichen Wasserwüste des Atlantiks mit wachen Augen die Zeiger seiner Instrumente beobachtet und mit offenen Ohren den Lauf der Motoren belauscht, sitzt der andere über den Bergen des Balkans am Steuer seiner Verkehrsmaschine. Während der eine zu Versuchsflügen in der Heimat weilt, fliegt der andere über Europas Grenzen hinaus im Anschluß an die großen Weltluftverkehrsstraßen. Der eine ist am Tage unterwegs, der andere vielleicht in der Nacht. Sie sind echte Hanseaten des Luftraums! Hoch über der eigenen Heimat, oft weit draußen auf vorgeschobenem Posten sind sie immer Diener des großen Deutschlands. Sie kennen einander nicht, und doch wuchs aus ihrer unerschütterlichen Gemeinschaft erst das große Werk, dessen Name durch ihren Einsatz in der ganzen Welt ein Begriff ist: Deutsche Lufthansa.«

Oder:

»Adolf Hitler fliegt durch Deutschland! Die Bewegung chartert ein Sonderflugzeug der Deutschen Lufthansa. Erhard Milch, heute Staatssekretär der Luftfahrt, damals Direktor der Deutschen Lufthansa, weiß, daß es nur einer der Besten seiner Flugkapitäne sein kann, dem er das Sonderflugzeug des Führers anvertraut, zugleich aber auch ein Nationalsozialist... Hansl Baur. Er soll den Führer fliegen. Und er fliegt ihn.« (Joachim Matthias, *Kameraden der Luft*, 1938)

Zum Thema »Führermaschine« läßt sich allerdings sachlich beitragen, daß sie niemals eine Ju 52 war. Als ausgesprochene Führermaschinen kamen nur drei viermotorige Focke-Wulf-Condor in Betracht, von denen eine wieder die alte Registration D-2600 trug. Sie wurden später in WL+2600 und zuletzt in 26+00 geändert. Es gab, laut *Luftfahrt international* vom März/April 1975, noch die CE+IB mit elf und die CE+IC mit vierzehn Sitzen.

Die D-2600 trug den Namen *Immelmann III*. Über den »Führersessel« gingen damals die wildesten Gerüchte um. Er sollte mit einer Katapulteinrichtung und Fallschirm versehen sein, was aber nach Aussagen von Ernst Baur, dem zuständigen Piloten, nicht stimmt. Sein Fluggast habe niemals einen Fallschirm besessen, erklärte er später. (»Wenn Baur keinen Fallschirm hat, dann brauche ich auch keinen.«) Allerdings gab es an Hitlers Sitz eine besondere Instrumentierung: Geschwindigkeitsmesser, Höhenmesser, Uhr.

Bilanz am Vorabend des Zweiten Weltkrieges

Das Jahr 1938 hatte es nicht nur in bezug auf Rekordflüge, sondern auch auf Unfälle in sich.

1936 waren siebzehn Besatzungsmitglieder tödlich verunglückt, 1937 fünfzehn. 1938 waren es dreiundzwanzig! 1939 sollten es dann zehn Mann sein, die bei zwei Unfällen umkamen, beide Male handelte es sich um Ju 52; eine verunglückte in Spanien, die andere bei Hannover.

Aber 1938 waren es sieben Flugzeuge, die verlorengingen: drei Ju 52, eine He 116, eine Do 18, eine F 24. Und dann die viermotorige Junkers Ju 90 D-AIVI, der Unfall, der ganz Deutschland schockierte! Dieses Flugzeug verunglückte beim Start in Bathurst; und der Grund, weshalb ganz Deutschland Anteil nahm, war, daß hier zwei der berühmtesten Lufthansa-Kapitäne den Tod fanden: Joachim Blankenburg und Robert Untucht.

Wenn Franz Preuschoff von dem Bathurst-Unfall der Ju 90 spricht, zeigt er immer gern das Bild mit der Palme, die in der Startrichtung stand: »Das ist sie, die Schicksalspalme! Daran entschied sich das Los der Besatzung! Es war ein typischer Fall von Over-Confidence: zuviel Selbstvertrauen! Wir alten Hasen wußten, wie schwer es war, in der Mittagshitze die schweren Maschinen vom Boden zu kriegen. Wir starteten frühmorgens oder spätabends. Aber Könnern macht das nichts aus. Sie mußten in der größten Hitze starten. Eine Tragödie!« Der Prototyp der Ju 90, D-AALU, hatte am 7. Juni 1937 den ersten Flug gemacht. Er stürzte im gleichen Jahr ab wie die D-AIVI, wenn auch neun Monate früher – freilich auf einem Testflug, bei dem Flatterversuche gemacht wurden. Die erste Ju 90 wurde im Sommer 1938 auf der Strecke nach Wien eingesetzt. Im Jahr darauf, kurz vor Kriegsbeginn, flogen zwei Maschinen die Route Berlin–London. Der Rumpf war außergewöhnlich geräumig. Den vierzig Passagieren wurde aller erdenkliche Komfort geboten – und der wurde damals großgeschrieben! Es gab einen Besatzungsraum, eine Küche, einen Gepäckraum, eine Kleiderablage und Abteile nur für Raucher und Nichtraucher.

Junkers-Ingenieur Zindel hatte das viermotorige Großflugzeug aus der Ju 89 entwickelt, einem Bomber, der nicht das Gefallen des RLM fand. Aber auch dieses großartige Flugzeug litt an der bereits erwähnten »deutschen Krankheit«: Es hatte weitaus zu schwache Motoren. Die vorgesehenen stärkeren amerikanischen Motoren konnten nicht in dem gewünschten Umfang geliefert werden; so mußte sich die Lufthansa mit dem BMW 132 H von 750 PS zufriedengeben. Die zu schwachen Motoren waren dem heißfeuchten Klima Gambias nicht gewachsen.

1940 begann Zindel daher, die Ju 90 umzukonstruieren: Sie erhielt vier BMW-801-Motoren, das gleiche Doppelstern-Triebwerk, das auch die Focke-Wulf 190 antreiben sollte. Rumpf und Flügel wurden verlängert. Das Flugzeug ging als Ju 290 in Serie. Die Lufthansa stellte einige Maschinen in Dienst, mußte sie aber wegen des Krieges rasch an die Luftwaffe abgeben.

Freilich war mit den stärkeren Triebwerken nicht viel gewonnen. Sie leisteten zwar je 1 700 PS; dafür aber hatte sich das Fluggewicht gegenüber der Ju 90 fast verdoppelt. Die Leistung war wiederum zu gering!

1940, als die erste DC 3 (D-AAIH) auf Tempelhof verlorenging, stürzte eine weitere Ju 90 (D-AVMF), mit Flugkapitän Hermann Stache am Steuer, bei Brauna ab. Dieser Unfall ist deshalb erwähnenswert, weil dabei die erste Stewardeß der Lufthansa ums Leben kam: Brigitte Abel.

Auch Rekordflüge können ihre Schattenseiten haben, so der sensationelle Flug der FW 200 Condor vom 28. November 1938. Über Basra, Karatschi, Hanoi flog Henke mit seiner Crew nach Tokio. Mit den Zwischenlandungen wurden die 13 650 Kilometer in 42 Stunden, 18 Minuten bewältigt. Eine Rekordzeit und gleichzeitig ein neuer Beweis, daß eine planmäßige Fernostverbindung nach Tokio zumindest im Bereich des Möglichen lag.

Aber es wachsen keine Bäume in den Himmel. Vielleicht waren die Piloten auf dem Rückflug von Tokio nach Manila zu sehr von ihrem Erfolg berauscht und etwas zu sorglos nach all den bestandenen Schwierigkeiten. Beim Anflug auf Manila fielen sämtliche Motoren gleichzeitig aus. Henke mußte die Maschine im Sumpf an der Küste notlanden. Das Flugzeug konnte geborgen und repariert werden, so daß es schon im Januar 1939 wieder in Berlin eintraf, aber für Henke war die Notlandung alles andere als eine Ruhmestat! Man hatte beim Umschalten der Treibstoffzufuhr auf »Reserve« die falschen Hebel erwischt und die Zufuhr abgedrosselt.

Henke sollte schon bald das erste Todesopfer der FW 200 werden: 1940 stürzte er bei Berlin mit dieser Maschine ab. Auch hier war menschliches Versagen der Unfallgrund. Henke war so von den phantastischen Flugeigenschaften überzeugt, daß er seine Grenzen vergaß und dem Flugzeug mehr zumutete, als es verkraften konnte. Eine Parallele dazu bietet der Vorführungsflug des russischen Überschallflugzeuges Tupolew 144 auf dem Aero-Salon 1972 auf dem Pariser Flughafen Le Bourget. Beim Abfangen wurde die Grenze der Belastbarkeit überschritten, das Flugzeug brach auseinander. Und eine ähnliche Begeisterung (und Überschätzung) führte bei der Nachkriegs-Lufthansa zum Absturz der Boeing 720 bei Nürnberg, die sich auf einem Trainingsflug befand und durch ein nicht vorschriftsmäßiges Flugverfahren verlorenging.

Die zwei erwähnten Pannen mit der FW 200 konnten nichts daran ändern, daß sie ein außergewöhnliches Flugzeug war, das alle Streckenanforderungen erfüllte. In einer späteren Militärversion wurde sie als Fernaufklärer und Langstreckenbomber über dem Atlantik eingesetzt. Mit Kriegsbeginn endete dann auch ihre Aufgabe als Langstreckenflugzeug, alle Pläne in bezug auf New York und Tokio waren zunichte geworden. So sah man sie immer öfter auf innerdeutschen Strecken und ins benachbarte Ausland (Kopenhagen) fliegen. An Bord servierte eine Stewardeß. Freilich war die Lufthansa nicht die erste europäische Gesellschaft, die Stewardessen einführte. Zwar war auf der Junkers G 38 ein Steward mitgeflogen, aber es war die Swissair, die ab 1934 zur Gästebetreuung Stewardessen einsetzte. Die erste hieß Nelly Diener – ein passender Name. Sie flog auf dem zweimotorigen Doppeldecker Curtiss Condor, trug einen blauen Hosenrock und eine kecke Studentenmütze. Ihr Stewardessen-Dasein währte nur kurz: Schon im Sommer des gleichen Jahres stürzte sie mit ihrem Piloten Mühlematter bei Tuttlingen ab.
Die grundsätzliche Ehre, als erste Fluggesellschaft der Welt Stewardessen eingesetzt zu haben, gebührt übrigens der amerikanischen Gesellschaft Boeing Air Transport (der späteren United Airlines). 1930 machte Ellen Church, eine Schwester im französischen Hospital San Francisco, dem District Manager der Fluggesellschaft den Vorschlag, Fluggäste von Krankenschwestern begleiten zu lassen. Mr. Stimpson hielt diesen Vorschlag für eine gute Idee – im Fall von Luftkrankheiten oder anderen Notfällen. Seine Empfehlung an Boeing ist es wert, erwähnt zu werden, da sie die erste offizielle Stellungnahme zum Thema Stewardessen darstellt:
»Stellen Sie sich die psychologische Wirkung von jungen Frauen vor, die als reguläre Besatzungsmitglieder fliegen. Stellen Sie sich die nationale Publicity vor, die wir daraus gewinnen können, und die Wirkung auf das reisende Publikum. Stellen Sie sich außerdem den Wert vor, der nicht nur in der netteren und freundlicheren Art des Servierens liegt, sondern auch in der Sorge um das Wohlergehen der Passagiere.«
Die Reaktion der Piloten auf diesen Vorschlag ist bemerkenswert: Sie meinten, auch ohne Stewardessen vollauf beschäftigt zu sein und keine Zeit zu haben, sich um zerbrechliche, launische weibliche Geschöpfe zu kümmern.
In Deutschland war es also die Focke-Wulf Condor, die zum erstenmal den Komfort einer Betreuung durch Stewardessen bot. Nach der Ju 52 wurde hier zum erstenmal wieder ein deutsches Verkehrsflugzeug ein rundum voller Erfolg, nachdem sowohl mit der Ju 86 als auch mit der He 111 und He 116 nur teilweise Zufriedenheit erzielt worden war.

Wie war es 1939, am Vorabend des Zweiten Weltkriegs, um die Lufthansa bestellt?
Schaut man das Streckennetz und die Beförderungszahlen an, so bietet die Lufthansa noch immer ein ausgezeichnetes Bild: Mit 254 000 beförderten Passagieren war sie die »Number one« in Europa, gefolgt von der russischen Aeroflot. Allerdings begannen – dank der amerikanischen Flotten – jetzt auch kleinere Länder in die oberen Ränge zu rücken, wie Holland, Polen, die Schweiz und die Tschechoslowakei.
Von allen Fluggesellschaften hatte die Lufthansa die größte Zahl an Flugkilometern über die Weltmeere aufzuweisen: 1 904 142.
Für ihre Langstreckenpläne standen der Lufthansa mehrere viermotorige Maschinen zur Verfügung: drei Ju 90, eine G 38, drei FW 200, zwei Do 26 und drei Ha 139.
Anfang des Jahres 1939 wurde mit zwei Dornier-Wal-Flugbooten und der *Schwabenland* eine Antarktis-Expedition durchgeführt.
Am 1. April übernahm die Lufthansa die bisher vom Condor-Syndikat beflogene Strecke Natal–Santiago, die über die Anden führte. Im Juni überquerte eine FW Condor als erstes Lufthansa-Landflugzeug den Südatlantik. Rekordzeit Bathurst–Natal: 9 Stunden, 47 Minuten.
Kurz vor Ausbruch des Krieges wurden auch noch neue Routen eröffnet, zum Beispiel die Verlängerung der Strecke Berlin-Gleiwitz über Wien und Graz nach Klagenfurt. Und am 25. Juli war eine wichtige Fernoststrecke in den Plan aufgenommen worden: Berlin–Bangkok. Sie war eines der Sprungbretter für die geplante Route nach Tokio, und es fand auch noch ein Probeflug mit einer Ju 52 statt.
Die erfolgreichste Strecke überhaupt war die über Bagdad und Teheran nach Kabul. Hier stieg das Passagieraufkommen um hundert, das Frachtaufkommen um dreihundert Prozent – Steigerungsraten, von denen keine Fluggesellschaft mehr zu träumen wagt. Auch Kabul sollte nur ein Etappenziel auf dem Weg nach Tokio sein, und Erprobungsflüge fanden bereits statt. Wie erwähnt, war Henke im November 1938 mit einer FW Condor dorthin geflogen, am 22. April 1938 war es von Gablenz mit einer Ju 52. Zu einer planmäßigen Verbindung aber kam es nicht mehr. Der Krieg setzte nicht nur diesem Langstreckenplan ein Ende.

Man sieht, die Gesellschaft war noch mitten in einer weltweiten Expansion begriffen, als sie der Ausbruch des Zweiten Weltkrieges traf. Die Floskel »Aus heiterem Himmel« drängt sich auf. Das aber hieße, die Naivität zu weit zu treiben. Denn schließlich »bricht« ein Krieg nicht »aus«, er wird vorbereitet, erklärt und angefangen – von Menschen, die dafür voll verantwortlich sind.

Und so zeigt sich in der Lufthansa-Geschichte eine ironisch-makabre Zwiespältigkeit. Wenn man so will, schaufelten sich die Besatzungen der dreißiger Jahre unbewußt ihr eigenes Grab. Sie halfen durch ihre Versuchsflüge im Auftrag des RLM oder der Tarnorganisationen, die neue Luftwaffe aufzubauen und damit den Krieg vorzubereiten. Eben jenen Krieg, der dann ihrer Gesellschaft und ihrem Beruf ein Ende setzte. Die Schüsse, mochten sie in bester, naivster Absicht abgegeben worden sein, gingen nach hinten los. Daß der Krieg freilich in einem für sie so fatalen Maß verloren werden würde, das konnten nun viele vielleicht wirklich nicht voraussehen.

Es ist heute, nach all den ermüdenden Diskussionen über Wissen und Schuld der damaligen Generation, müßig, auch in diesem Rahmen noch über diese Frage diskutieren zu wollen. Solange hohe SS-Offiziere, auf deren Schuldkonto Hunderte von KZ-Opfern gehen, ihre Pension erhalten oder in hohen Regierungs- und Wirtschaftspositionen sitzen, würde man die Dinge auf den Kopf stellen mit Fragen untergeordneter Mitwisser- oder Hilfsbereitschaft. Selbst das Einfliegen eines Sturzkampfbombers ist ein Nichts gegen das, was heute offiziell als verzeihbar betrachtet wird.

Trotzdem muß diese Problematik erwähnt werden, weil man sonst jenen unrecht tun würde, die sehr wohl ein Gespür für das Kommende besaßen und zumindest niemals freiwillig Aufgaben der erwähnten Art übernommen haben. Sie taten still und selbstverständlich ihren Dienst, ohne jemals besondere Anerkennung für besondere Leistungen zu ernten.

Drittes Kapitel
Der schrumpfende Riese

Die Lufthansa wird kriegsverpflichtet

Das Flottenverzeichnis von 1939 weist vier Fälle von Kannibalismus aus (cannibalism). Was ist gemeint? Gemeint sind Ausschlachtungen, die an den vier außer Dienst gestellten Junkers-F-24-Flugzeugen vorgenommen wurden. Alle brauchbaren Geräte und Anlagen, die als Ersatzteile für andere Maschinen verwendet werden konnten, wurden ausgebaut.
Aber das Wort gewinnt symbolische Bedeutung für das, was nun nach Beginn des Zweiten Weltkriegs mit der Lufthansa geschah. Sie wurde gefressen – vom Großen Bruder Staat. Nicht sofort, nicht ganz als Beute, sondern Teilchen für Teilchen. Der Große Bruder forderte zurück, was er einst so großzügig gewährt hatte. Nur naive unpolitische Betrachter konnten immer wieder die Frage beiseite schieben, wer denn all die verlustbringenden Versuchsflüge über die Ozeane bezahlt hatte? Man machte sich klar: Jahrelang war die Hansa mit völlig leeren oder nur mit Postsäcken beladenen drei- bis viermotorigen Großflugzeugen um die Welt geflogen. Mit Flugzeugen, die nicht einmal voll ausgebucht Gewinn hätten einfliegen können – außer der Ju 52. Das Dritte Reich finanzierte jene Flüge, die Deutschland lediglich internationales Prestige einbrachten. Keine Privatfirma hätte sich auch nur vier Wochen lang einen solchen Luxus leisten können.
Den Preis allerdings mußte die Lufthansa schon vor Ausbruch des Krieges zahlen. Unter anderem dadurch, daß sie in ihrer Flottenpolitik keine freie Hand hatte. Als die amerikanischen Flugzeugmuster Douglas DC 2 und DC 3, Lockheed 10 Electra und 14 Super-Electra Europa eroberten, geriet die Lufthansa mit ihrer aufgezwungenen Forderung, deutsch zu kaufen, hoffnungslos ins Hintertreffen. 1939 flogen einundfünfzig Douglas- und sechzig Lockheed-Flugzeuge bei europäischen Gesellschaften. Sie waren der Ju 52 wesentlich überlegen – dem einzigen »Renner«, der sich in größerem Rahmen hatte exportieren lassen.
Zwar hatte die Swissair einige Ju-86-Flugzeuge gekauft, war damit aber (abgesehen von der Unwirtschaftlichkeit) alles andere als zufrieden. Spätestens hier zeigten sich die verheerenden Folgen der deutschen Forderung, daß sich jedes Verkehrsflugzeug möglichst unkompliziert in ein Militärflugzeug umbauen lassen müsse.

Hatte man schon die Ju 52 als Bomber im spanischen Bürgerkrieg eingesetzt, so war auch die Ju 86 als Bomber für die neue Luftwaffe gedacht. Sie wurde ein Zwitter, der weder zivil noch militärisch optimal einzusetzen war. Selbst der erfolgreichere Bruder, die Heinkel He 111, litt unter diesem Zwitterdasein. Obwohl ein ausgezeichnetes Schnellverkehrsflugzeug, war sie wegen der geringen Kabinengröße kaum wirtschaftlich zu gebrauchen. Als sie später in großer Zahl in der Schlacht um England als Bomber eingesetzt wurde, war sie längst veraltet, zu langsam und für die Abwehr zu gering bestückt.
Auch Einzelerfolge wie mit der FW 200 Condor, die auf dem hohen persönlichen Einsatz der Besatzungen beruhten, konnten nicht darüber hinwegtäuschen, daß die Lufthansa den »Douglas«-Airlines wie KLM oder Swissair hoffnungslos unterlegen zu werden begann.
Dann kam der Krieg. Und jetzt forderte der Staat durch das Reichsluftfahrtministerium seinen Tribut für alles, was er einst scheinbar so großzügig gewährt hatte. Der große Aderlaß begann, von Jahr zu Jahr mußte die Gesellschaft mehr Flugzeuge an das RLM abtreten. 1939 wurden aus dem Totalbestand von 151 Flugzeugen nur vier abgegeben. Wobei noch ausdrücklich vermerkt sei, daß drei davon als ordnungsgemäß »verkauft« verbucht wurden. 1940 waren es bereits siebenundzwanzig. Es gab auch jenes Kuriosum, daß das RLM der Hansa drei viermotorige Ju 90 »zuteilte« und sie gleichzeitig abnahm, weil sie im sogenannten »Frachtsonderdienst mit reichseigenem Gerät« mit Lufthansa-Besatzungen in Spanien eingesetzt wurden.

Was passiert mit Flugzeugbesatzungen, die im Ausland stationiert sind, wenn plötzlich der Krieg erklärt wird? Für die Lufthansa-Besatzungen brachte der 1. September 1939 so manche Komplikation. Für die Südatlantikflieger ging es dabei nicht nur um die Rückführung der Flugzeuge, sondern auch der Schiffe!
Im Hafen von Bathurst, das zum Britischen Commonwealth gehörte, lag die *Ostmark*. Ihre Besatzung wurde aufgefordert, weiter im Süden Bolama in Portugiesisch-Guinea anzulaufen.
Die beiden Do 26 *Seefalke* und *Seeadler* sowie die Ha 139 *Nordwind* plus eine Zubringer-Ju fanden sich in Las Palmas ein. Dort mußten sie sechs Wochen lang auf die Genehmigung der spanischen Regierung für den Rückflug nach Deutschland warten.
Aber diese sechs Wochen wurden von den Crews gut genutzt. Denn inzwischen lief die *Ostmark* heimlich aus Bolama aus, um sich ebenfalls nach Las Palmas, also auf freundlich-neutralen Boden, zu schmuggeln. Wenn man so will, ein Husarenstück; denn von Dakar starteten Flug-

boote Aufklärungsflüge über diesen Atlantikabschnitt. Funker Wilhelm Küppers, der mit der *Nordwind* nach Las Palmas gekommen war, berichtete:

»Wir unternahmen mit der *Nordwind* friedliche Aufklärungsflüge und hielten so die Schiffsbewegungen unter Kontrolle. Von jedem Fahrzeug, das wir entdecken konnten, teilten wir der Schiffsleitung der *Ostmark* auf Kurzwelle mit geheimen Rufzeichen und in verschlüsseltem Text Kurs, Geschwindigkeit und nach Möglichkeit auch die Nationalität mit.«

Dabei ergab sich unfreiwillig ein gerechter Ausgleich. Bisher hatte das Flugsicherungsschiff die Flugzeugbewegungen abgesichert. Jetzt sicherten Flugzeugbesatzungen das Schiff.

Eines schönen Morgens lag die *Ostmark* im Hafen von Las Palmas. Daß sie ausgerechnet neben einem – inzwischen feindlichen – britischen Frachtdampfer festmachte, gehört zu den Treppenwitzen der Weltgeschichte. Auf neutralen Boden hinübergerettet waren modernste Katapult- und Funkanlagen sowie vierzigtausend Liter Rohöl. Bei günstigem Wind konnten die Flugzeuge mit voller Last nonstop nach Deutschland abgeschossen werden.

Über die Rückführung der schweren Atlantikflugboote und Schwimmerflugzeuge ließe sich ein spannender Roman schreiben. Im Oktober genehmigte die spanische Regierung die Starts in Las Palmas. Die altbekannte und relativ harmlose Überführungsroute via Portugal, Frankreich, Belgien, Holland hatte sich durch Bündniskonstellationen oder Frontverlauf in eine lebensgefährliche Strecke verwandelt. Man konnte nur den Flug über neutrale oder verbündete Länder riskieren, also über Spanien, das Mittelmeer, Italien. Allerdings lagen auch hier die gegnerischen Jäger in Gibraltar, Marseille und Toulon auf der Lauer, die schlimmste Gefahrenzone lag nördlich von Korsika. Jetzt kam den deutschen Fliegern ihre Erfahrung im Blind- und Nachtflug zugute.

Eine zweite drohende Gefahr bildete der Überflug der Alpen, deren Schlechtwetterzonen berüchtigt waren. Gerade die Südatlantikflieger waren keine Höhenflieger; auf dem Südatlantik pflegte man die zahlreichen Schlechtwetterzonen zu unterfliegen, oft nur wenige Meter über dem Meeresspiegel. Dort, unter dem Wetter, fühlte man sich in seinem Element. Mochten die Flugzeuge auch mühelos die geforderten vier- bis fünftausend Meter schaffen, die für eine einwandfreie Alpenüberquerung notwendig sind – die Turbulenzen in diesen Höhen würden den Piloten erheblich zu schaffen machen.

Schlechtwetter gab es dann auch genug – zum Glück für die Lufthansabesatzungen. Denn obwohl die Engländer im Hafen von Las Palmas

jeden Start gewissenhaft fotografiert und weitergefunkt hatten, war es den gegnerischen Jägern auf keinem Streckenabschnitt möglich, die Heimkehrer zu bedrohen: Jagdflieger sind reine Schönwetterflieger.
Die Funkfeuer, die damals zur Verfügung standen, machten die Navigation ohne Erdsicht nicht unbedingt zu einem Vergnügen. Es bedurfte raffinierter Funker, stets rechtzeitig die für die Kursberechnung benötigten Peilungen heranzuholen – die Südatlantikfunker waren raffiniert.
Alle Maschinen kamen, trotz oder dank des schlechten Wetters, über die Alpen. Über dem Bodensee, dem Endziel Friedrichshafen, herrschte, um die Schwierigkeiten vollzumachen, eine Schlechtwetterlage, die heute, fast vierzig Jahre später, einen Anflug nach normalen ILS-Minima verbieten würde: Wolkenhöhe 80 Meter, starker Regen, Sturm aus Westrichtung mit 35 km/h, Sicht 300 Meter. (Die erforderliche Sicht für einen Kategorie-1-ILS-Anflug liegt zwischen 600 und 800 Meter.)
Damals gab es kein Instrumenten-Lande-System, man praktizierte Anflüge nach dem ZZ-Verfahren. sie saßen auf Anhieb.

Aus dem Flugplan vom 1. November 1939:

»Sämtliche Strecken werden nur an Werktagen beflogen. Auf den Flughäfen haben die Fluggäste die Möglichkeit, Kaffee und belegte Brote gegen Abgabe der entsprechenden Abschnitte der Reise- und Gaststättenkarte zu erhalten.
Die Fluggäste werden gebeten, spätestens fünfzehn Minuten vor der Abflugzeit am Abfertigungsschalter... zu erscheinen.
Die Mitnahme bzw. Beförderung von Lichtbildgeräten, auch im Fluggastgepäck oder als Luftfracht, ist auf allen Flugstrecken zur Zeit streng verboten.
Durch die besonderen Weltumstände ist dieser Plan möglicherweise kurzfristigen Änderungen unterworfen. Es ist deshalb empfehlenswert, sich vor jeder Reise über die bestehenden Flugverbindungen und Flugzeiten bei einem Reisebüro oder einer Lufthansa-Dienststelle zu unterrichten.«

Der Kriegsausbruch führte sofort zum Erliegen aller Nah- und Fernoststrecken, und auch die Südatlantiküberquerungen mußten nach dem 481. planmäßigen Flug eingestellt werden. Sie hatten gerade eben begonnen, durch das Postaufkommen einigermaßen rentabel zu werden.
In Südamerika versah zunächst das Condor-Syndikat einen Teil der Lufthansa-Linien. Im November 1942 wurde es in die »Cruzeiro do Sul« übernommen. Auch andere Lufthansa-Töchter in Peru, Ecuador und Kolumbien gingen verloren. In China wurde die Eurasia aufgelöst. Die Schiffe *Friesenland*, *Schwabenland* und *Westfalen* fielen an die Kriegsmarine.
Noch ahnte niemand, daß die *Schwabenland* 1945 von den Engländern mit Giftfässern vollgeladen und in einem norwegischen Fjord versenkt werden würde.

Durch die Anfangserfolge der deutschen Wehrmacht kam es jedoch bald auch zu Neueröffnungen von Strecken, die bereits geschlossen waren: Berlin–Kopenhagen (später bis Oslo), Berlin–Madrid(–Lissabon). Als Kuriosität: Die Strecke Berlin–Moskau wird eröffnet! Der Geschäftsbericht für das Jahr 1939, unterzeichnet von den Vorstandsmitgliedern Milch, von Gablenz und Luz, beginnt:

»Der dem Großdeutschen Reich im Jahre 1939 aufgezwungene Verteidigungskrieg um die Sicherstellung der politischen und wirtschaftlichen Freiheit des deutschen Volkes ist naturgemäß nicht ohne Rückwirkungen auf den Betrieb unserer Gesellschaft geblieben.«

Schon der folgende vom Jahre 1940 trägt den Aufdruck:

»Geheim! Dies ist ein Staatsgeheimnis im Sinne des § 88 RStGB. Weitergabe nur verschlossen, bei Postbeförderung als ›Einschreiben‹.
Aufbewahrung unter Verantwortung des Empfängers unter gesichertem Verschluß.«

Er beginnt:

»Das Jahr 1940 stand im Zeichen der durch die besonderen Verhältnisse des Kriegszustandes an die Lufthansa gestellten Anforderungen. Während sie einerseits mit Erfolg bemüht war, auf ihrem eigentlichen Arbeitsgebiet, dem Luftverkehr, weiter tätig zu sein, indem eine Reihe politisch und wirtschaftlich wichtiger Luftverkehrsverbindungen wiederhergestellt wurde, hat sie andererseits ihre technische Organisation ausgebaut und sie in weitgehendstem Maße der deutschen Wehrwirtschaft zur Verfügung gestellt.«

In diesem Jahr gab es zwölf europäische Länder, die im regelmäßigen Liniendienst angeflogen wurden. Die Verbindung zu drei weiteren Ländern wurde durch fremde Luftverkehrsgesellschaften aufrechterhalten, so die Route Zürich–Stuttgart–Berlin durch die Swissair. Sie existierte noch 1942.

Das Streckennetz hatte zwei markante Schwerpunkte: den Balkan (durch den Balkanfeldzug bedingt, der u. a. zur Besetzung Griechenlands führte) und die erwähnte Verbindung nach Moskau. Sie trug die Streckennummer 3, wurde auch sonntags beflogen und führte über Danzig–Königsberg–Bialystok(damals Belostok)–Minsk in die russische Hauptstadt. Nach Kriegsende sollte es erst 1972 wieder zu planmäßigen Lufthansa-Flügen nach Moskau kommen.

Auch andere Strecken lebten von den speziellen Erfordernissen, die sich aus der Besetzung durch die deutsche Wehrmacht ergeben hatten. Da gab es zum Beispiel die Strecke 4: Trondheim–Bodö–Narvik–Harstad–

Tromsö–Hammerfest–Kirkenes. Sie wurde mit Ju-52-Wasserflugzeugen beflogen; und es liegt auf der Hand, daß hier keine Touristen unterwegs waren, die die nordnorwegische Mittsommernacht genießen wollten – ihre Passagiere waren Soldaten.

Wahrscheinlich gab es während des ganzen Krieges keine interessantere Strecke als die nach Spanien und Portugal. Kein Wunder! Hier trafen die einstigen Pioniere und jetzt verfeindeten Piloten zusammen. Seltsame Wege, seltsame Schicksale, seltsame Begegnungen. Dazu Graf Schack:

»Trotz des Krieges hielt die Lufthansa ihre Spanienstrecke über Madrid nach Lissabon aufrecht. Gleichfalls flogen die Engländer nach Lissabon und trafen dort gelegentlich mit der Lufthansa-Besatzung zusammen. Doch während es in Friedenszeiten üblich war, daß sich Flieger untereinander grüßten, ging man jetzt aneinander vorbei und sah sich nicht. Das war jedenfalls die offizielle Lesart, inoffiziell konnte es auch anders sein, wie wir gleich sehen werden. Da ich die nette Geschichte, die ich jetzt erzählen möchte, nur vom Hörensagen kenne, will ich den Held meiner Erzählung lieber nicht mit Namen nennen, sondern ihn nur als Herrn ›B‹ bezeichnen.
B tummelte sich zu jener Zeit in Lissabon herum, und um vom Krieg und Kriegsgeschehen ein wenig Abstand zu gewinnen, beschloß er eines Abends, eine Bar aufzusuchen. Zielstrebig steuerte er auf die Theke zu und bestellte sich einen Whisky. Wenig später betrat ein amerikanischer Pilot, der für die Engländer flog, den Raum und setzte sich neben B. Zu spät erkannte der Ami, daß er ausgerechnet neben einem Deutschen Platz genommen hatte. Wieder aufstehen und einen anderen Barhocker suchen, erschien ihm wohl zu dumm, also blieb er sitzen, verlangte ebenfalls einen Whisky, den er schweigend trank. Dem ersten Glas folgte bald ein zweites, und da Alkohol die Zunge löst, wollte der Ami den Deutschen ärgern, indem er anfing, schrecklich über die Nazis zu schimpfen, über den blöden Krieg und über Hitler, der an allem schuld sei. Wenn er aber geglaubt hatte, mit seiner Schimpfkanonade B zu ärgern, dann sah er sich gründlich getäuscht. B blies sofort in dasselbe Horn und schimpfte gleichfalls über den Krieg, die Nazis und Hitler. Erstaunt stellten die beiden fest, daß sie eigentlich genau die gleichen Ansichten vertraten und sich auch sonst ausgezeichnet verstanden. Diese neue Erkenntnis mußte natürlich gefeiert werden. Man lud sich gegenseitig ein, ein Glas folgte dem anderen. Mit zunehmendem Alkoholkonsum wurde die Unterhaltung lebhafter und lauter. Es wurde ein ziemliches Besäufnis daraus, und gegen 3 Uhr morgens wurden die beiden neuen Freunde wegen Randalierens aus der Bar rausgeschmissen. Als sie sich leicht benommen auf dem harten Straßenpflaster von Lissabon wiederfanden, war ihre Freundschaft endgültig besiegelt.
Bald mußten sich die beiden wieder trennen. Jeder ging seiner Arbeit nach. Der Krieg nahm seinen Fortgang, und als er acht Monate später sein Ende fand, begegneten wir wieder Herrn B, wie er sich zusammen mit einer Arbeitskolonne auf dem Flughafen Berlin-Tempelhof eifrig bemüht, Schutt beiseite zu räumen. Gerade hat B wieder seine Schubkarre vollgeladen, als eine Gruppe amerikanischer Offiziere vorbeikommt. Plötzlich stutzt einer von ihnen, geht auf B zu und sagt: ›Hallo, old boy, wir kennen uns doch.‹ Es war jener Ami, mit dem sich B seinerzeit in Lissabon so schauderhaft die Nase begossen hatte.

›Hier mußt du weg, das ist nichts für dich‹, sagte der Ami nach kurzer Begrüßung, ›ich werde mich nach einem anderen Job für dich umsehen!‹ Da Amerikaner im allgemeinen nette Leute sind und eine einmal geschlossene Freundschaft durchaus ernst nehmen, hielt er Wort und besorgte B eine Anstellung bei einer amerikanischen Luftverkehrsgesellschaft.«

Aus der Sicht der anderen Seite hat Adriaan Viruly, ehemaliger KLM-Pilot und während des Krieges für die britische BOAC tätig, die absurde Situation in Lissabon festgehalten:

»Auf dieser Operettenbühne parkten wir unsere Maschinen auf der gleichen Rampe. Unser Büro lag in der Halle dem der Lufthansa gegenüber, so daß die Kunden, die das falsche Büro erwischten, höflich belehrt wurden: ›Dann sind Sie hier falsch, dann müssen Sie gegenüber beim Feind sein.‹ Wir kannten ähnliche höfliche Kampfpausen wie die Griechen und ihre Feinde vor Troja. Beim Heran- oder Fortrollen standen die Deutschen nicht selten zuvorkommend da und winkten uns ein: ein bißchen mehr links, ein bißchen mehr rechts, damit keine Flügelenden beschädigt wurden. Aber vierhundert Meilen weiter versuchte man uns mit Flügelenden und allem ins Meer zu schießen. Die geparkten deutschen Flugzeuge waren die einzigen feindlichen, die ich im ganzen Krieg gesehen habe. Weniger Heroik ist kaum möglich, denn unter ihrer Kriegsbemalung erkannte man noch die KLM-Buchstaben: es waren unsere eigenen, von Schiphol gestohlenen DC 3's.«

Lufthansa-Kriegsgeschichte aus der Sicht der anderen Seite. Und noch ein letzter Beitrag Virulys zur Situation in Lissabon:

»Zur Verbreitung der Wahrheit: Wir hatten sehr unterschiedliche Fracht. Männer, denen man ihre Entsendung ins Feindesland als Geheimagent ansah. Post, Flüchtlinge, Freiwillige, Fracht, Diplomatenpost... aber vor allem auch viel politische und militärische Wahrheit. Große Stapel englischer Blätter, *Times, Daily Mail, Daily Express, Illustrated London News* reisten mit jedem Flug an die portugiesischen Kioske. Darin konnten dann die Portugiesen, die vielleicht irregeführt den deutschen Rundfunk abgehört hatten, nachlesen, wie der Krieg in den vergangenen Tagen *wirklich* verlaufen war. Allerdings mußten sie dann ziemlich früh aufstehen und an den Kiosk rennen, denn pro-deutsche Leute kauften die Blätter rasch auf, um sie an die hohen Herren in Berlin zu schicken. Dorthin wurden sie mit den Feindflugzeugen über Stuttgart gebracht, die ihrerseits mit großen Stapeln deutscher Blätter gelandet waren, *Völkischer Beobachter* und so, bestimmt für die Kioske Lissabons. Sie wollten den Portugiesen, die vielleicht irregeführt den englischen Rundfunk abgehört hatten, ermöglichen, nachzulesen, wie der Krieg in den vergangenen Tagen *wirklich* verlaufen war. Allerdings mußten sie dann ziemlich früh aufstehen und an den Kiosk rennen, denn pro-englische Leute kauften die Blätter rasch auf, um sie an die hohen Herren in London zu schicken. Eigentlich flogen wir also, was das anbelangt, eine mit dem Feind gemeinsam betriebene Zeitungslinie Bristol–Stuttgart und retour. In meinem ganzen Leben bin ich nie intensiver mit dem Verbreiten der Wahrheit beschäftigt gewesen als in jenen Kriegstagen.«

Im Dienst der Luftwaffe

Wohin es 1941 mit der Lufthansa gekommen war, läßt der Anfang des Geschäftsberichtes ahnen:

»Innerhalb des durch die Erfordernisse des Krieges vorgezeichneten Luftverkehrsnetzes kam der Beförderung von Wehrmachtsangehörigen sowie Mitarbeitern und Beauftragten der deutschen Militär- und Zivilverwaltungen in den besetzten und befreiten Gebieten eine wesentliche Bedeutung zu. Darüber hinaus waren wir bemüht, die seitens der Reichsbehörden sowie aus den Kreisen der Rohstoff- und Rüstungswirtschaft an uns herangetragenen Beförderungswünsche zu erfüllen. Als weitere Aufgabe ist die Beförderung von Feldpost und anderer wichtiger Postsendungen zu erwähnen, und schließlich bot der Luftverkehr die Möglichkeit zu einer schnellen Beförderung von kriegs- und wehrwirtschaftlich wichtigen Gütern, vor allem im zwischenstaatlichen Verkehr. Zusammenfassend ist zu berichten, daß der zur Verfügung stehende Laderaum in einem bisher nicht erreichten Ausmaß ausgenutzt worden ist.«

Und weiter:

»Infolge der politischen Entwicklung kamen im Betriebsjahr auch die letzten unserer bisher noch aufrechterhaltenen außereuropäischen Dienste zum Erliegen.«

Schließlich wurde die Lufthansa in diesem Jahr neben anderen Sonderaufgaben mit der Aufstellung und Führung von drei Frontreparaturbetrieben beauftragt.

Manche Zusatzvermerke auf den internen Streckenplänen täuschten noch immer einen Zustand vor, der längst nicht mehr gegeben war: Keinem Deutschen war es privat möglich, ohne entsprechende Bescheinigungen in die besetzten Gebiete zu fliegen, schon gar nicht ins neutrale Ausland. Nur der Eingeweihte erkannte an den lapidaren Vermerken, daß das Großdeutsche Reich längst ein riesiges Gefängnis war.
Für den Swissair-Flug nach Zürich hieß es, als sei das die selbstverständlichste Sache der Welt: *Paß mit deutschem Sichtvermerk. Grenzübergangsstelle Stuttgart-Echterdingen. Schweizerisches Einreisevisum.* Und unter »Wissenwertes«: *Flugbegleiterin an Bord des Flugzeuges. In den MER-Büros können Bahnfahrkarten für die Schweiz im Anschluß an den Flug nach Zürich mit einer Ermäßigung von 20 % auf den einfachen Fahrpreis gelöst werden.*
So, als sei es überhaupt noch einem Deutschen möglich, einfach in die Schweiz zu reisen, womöglich zu einem kurzen Tagesausflug auf den Rigi. Wohl selten ist die Diabolik des Hitler-Terrors so konzentriert harmlos zum Ausdruck gekommen wie hier!

Ähnlich touristisch freundlich klingen die Vermerke für den Condor-Flug nach Kopenhagen: *Dänisches Einreisevisum. Durchlaßschein ›Nord‹. Zu beantragen beim Auswärtigen Amt, Abt. D 5. Offene Flugscheine können für die gesamte Strecke ausgestellt werden.* Für Schweden: *Schwedisches Einreisevisum. Bei sofortiger Weiterreise auf Strecke 1674 nach Malmö Durchlaßschein ›Nord‹ und dänisches Durchreisevisum nicht erforderlich, wenn Flughafen in Kopenhagen nicht verlassen wird. Fluggäste nach Malmö, die mit der Bahn nach Norwegen oder Finnland weiterreisen wollen, müssen unbedingt im Besitz eines schwedischen Durchreisevisums sein.*
Für die Strecke K 107 Wien–Budapest–Sofia–Istanbul heißt es: *Nur für die Beförderung von Personen, die im amtlichen Auftrag reisen, vorgesehen.* Bei der Strecke K 108 Wien–Agram (heute Zagreb) heißt es: *Ab 22.12.42 eingestellt.*
Auch in dem folgenden Schreiben der Lufthansa an den Luftattaché der deutschen Botschaft in Madrid wird nur der Eingeweihte ahnen, welche Bewandtnis es mit dem »hohen Frachtaufkommen« zwischen Franco-Spanien und Hitler-Deutschland hat:

»Wir erlauben uns, Ihnen mitzuteilen, daß wir in Anbetracht des hohen Fracht- und Postaufkommens für Deutschland einen Frachtsonderdienst zwischen Madrid und Stuttgart gemäß folgendem Flugplan und ab Mittwoch, dem 10.2.43 eingerichtet haben:

Mo, Mi, Fr		Di, Do, Sa
8,00 ab	STUTTGART	an 15,55
10,25 an 10,45 ab	LION	ab 13,45 an 13,25
13,15 an 13,55 ab	BARCELONA	ab 10,55 an 10,15
16,10 an	MADRID	ab 8,00

Da diese Maschine nur bis Stuttgart geht, ist es vorzuziehen, daß die Kurierpost weiterhin mit unserem dreimal wöchentlichen Passagierdienst Mo., Mi., Fr., befördert wird. Heil Hitler!«

Der Post- und Frachtdienst auf dieser Strecke K 22 wurde mit DC-2-Flugzeugen durchgeführt, die einst der tschechischen Fluggesellschaft gehört hatten. Die DC-3-Maschinen dagegen waren nach der Besetzung Hollands am 10. Mai 1940 von der KLM erbeutet worden. Offenbar hatten die deutschen Piloten bei der Umschulung auf die DC 2/DC 3 ähnliche Schwierigkeiten wie einst die Holländer, für die der Schritt von den Fokker-Schulterdeckern zu groß war; mehrere Maschinen gingen durch Führungsfehler verloren. Wie aus einer Notiz der Flugbetriebsleitung für Direktor Luz hervorgeht, fielen im Flugbetrieb der ersten sechs Monate des Jahres 1944 eine DC 2 und eine DC 3 durch Totalschaden aus.

Immer häufiger stieß man in den Flotten- und Typenangaben auf die Anmerkung: *Im Dienst der Luftwaffe zerstört.* 1941 wurden die Junkers Ju 160 »kannibalisiert«: *Ausschlachtung durch reichseigene Zerlegungsbetriebe*, lautete das Urteil für die letzten sechzehn Maschinen. Anfang 1942 wurden noch vier Großflugzeuge vom Typ Condor zur Lufthansaflotte gerechnet. Zwei davon waren an die Luftwaffe verchartert und gingen im Einsatz verloren. Die beiden anderen flogen auf der Strecke 29 nach Kopenhagen.
Zum gleichen Zeitpunkt standen noch sechsundsechzig Ju 52 bei der Lufthansa im Dienst, zwei davon in Peru. Zum Jahresende waren es noch siebenundvierzig. Von den neunzehn Totalverlusten war nur einer ein echter Kaskoschaden, d. h., nur dieses Flugzeug wurde im Streckendienst der LH zerstört.
Über einen Unfall mit der Ju 52 D-AGAK *Neckel* am 20. Februar 1941 berichtete Flugzeugführer von Kardoff in seinem amtlichen Unfallbericht:

»Hatte den Auftrag die D-AGAK ›Neckel‹ von Barajas nach Cuatro Vientos zu überführen. Die D-AGAK war in Grosswartung und wurde bei unserem Eintreffen in Barajas klargemeldet. Nach Befragung des Bordwartes nach Brennstoffinhalt wurde von Herrn Werner erklärt, daß die Maschine, so wie sie gebracht wurde, wieder übergeben wird. Danach mussten wenigstens noch 900–1 000 Liter Brennstoff vorhanden sein. Davon muß abgerechnet werden das Probelaufen der Motoren nach der Grosswartung. Daraufhin wurden die Motore vom Bordwart angelassen und abgebremst. Der Zustand der Motoren war einwandfrei.
Ich startete daraufhin mit Rückenwind (ca. 5–10 km pro Stunde), um ein Einsinken auf dem aufgeweichten Platz zu vermeiden. Die Maschine hatte einen außergewöhnlich guten Start, Motore liefen einwandfrei. Bei einer Höhe von ca. 20 m über dem Boden ging der Backbordmotor schlagartig auf Leerlauf und der Brennstoffdruck auf Null. Ich flog, um Höhe zu gewinnen, weiter geradeaus. Bei ca. 50 m über Boden begann ich mit einer flachen Linkskurve auf den Platz zu, um wieder zu landen. Kurz

vor Beendigung der Kurve ging auch der St. D. Motor auf Leerlauf und der Brennstoffdruck auf Null. Trotz vorherigem Umschalten auf den vollen Falltank blieb der Brennstoffdruck auf Null und die beiden Seitenmotore blieben auf Leerlauf. Wir verloren jetzt schnell an Höhe, obwohl der M.Motor mit Vollast einwandfrei lief. Die Landeklappen standen auf 10°. Die Fahrt ging auf 120 km/Std. zurück. Kurz nach Überfliegen einer kleinen Buschgruppe bekamen wir leichte Abwinde, so daß die Maschine aus ca. 15 m Höhe senkrecht zu Boden fiel.
Verursachter Schaden: Alle Propeller. Linker Motor mit Vorbau. Fahrwerk rechts und links stark beschädigt. Rechtes Querruder leicht beschädigt.
Stand der Tankuhren: Am Boden, rechts und links 200 Liter. Im Fluge, rechts und links 400 Liter.«

Die D-AGAK *Ulrich Neckel* war übrigens jene berühmte Maschine, die im August 1939 nicht nur den dritten planmäßigen Streckenflug nach Bangkok, sondern auch den daran anschließenden Erprobungsflug nach Japan machte. Nach Zwischenlandungen in Hanoi, Hongkong, Formosa, Fukuoka erreichte sie am dritten Tag Tokio.
Sie kam dann drei Tage vor Kriegsausbruch wieder in Berlin an. Der Besatzung war in Tokio eine Botschaft überreicht worden, die auf deutsch etwa so lautete:

»Ein deutsches Flugzeug ... flog mit gespannten Flügeln über Tausende von Meilen von Deutschland nach Japan, das in dem weiten und blauen Ozean liegt mit seinem heiligen Berg Fudschiyama. Wie mit einem Stoße erreichte es sofort den Fernen Osten, wo die Sonne aufgeht. Das ist ja wunderbar! Wir heißen das erfolgreiche Flugzeug des befreundeten Landes herzlich willkommen!«

Trotz aller Gegenwartssorgen beschäftigte auch im Krieg die schon erwähnte Frage nach einem geeigneten Nachfolgemuster für die Ju 52 die an die Zukunft denkenden Gemüter.
Focke-Wulf befaßte sich von Haus aus ohne Auftrag mit einem Kurz- und Mittelstrecken-Flugzeug, dessen Details erst in den siebziger Jahren bekannt werden sollte: die FW 206. Sie war stark der DC 3 nachempfunden, aber für andere Zwecke gedacht (Kurz- und Mittelstrecke, mit geringerer Zuladung, dafür einfach in der Wartung und den Flugeigenschaften) und sollte zwei 1 000-PS-BMW-Bramo-323-Motoren erhalten. Nach den erfolgreich verlaufenen Windkanalversuchen wurde der Bau freigegeben, mußte aber wegen wichtigerer Kriegsaufträge sofort eingestellt werden.
1940 vergab die Lufthansa einen neuen Entwicklungsauftrag für ein Flugzeug, das geringfügig über der Ju-52-Kapazität liegen und für den geplanten Nachkriegsluftverkehr äußerst rentabel sein sollte. Nicht Junkers selber, nicht der bestens akkredidierte Heinkel, auch Focke-Wulf

nicht brachten das bestechendste Angebot, sondern Blohm + Voss – die Firma, die bisher hauptsächlich mit Wasserflugzeugen und Flugbooten in Erscheinung getreten war.
Sie offerierte die BV 144, deren fortschrittliche Konzeption die Lufthansa so begeisterte, daß sie sofort zwei Prototypen in Auftrag gab. Die hervorstechendste konstruktive Eigenart des zweimotorigen Schulterdeckers für achtzehn bis dreiundzwanzig Passagiere war die Tragfläche mit veränderbarem Einstellwinkel. Dieser Flügel ermöglichte einen Steig- und Sinkflug ohne spürbare Lageveränderung des Rumpfes – ein Passagierkomfort, wie er einem Airbuspassagier, der nach dem Abheben steil hinaufkatapultiert wird, heute kaum noch vorstellbar ist. Zu den weiteren außergewöhnlichen Konstruktionseigenschaften gehörte auch eine Heißluftenteisung der Flügelnase durch Ölbrenner. Das fortschrittliche Flugzeug mit Doppel-Seitenleitwerk hatte ein Bugrad – 1940 für Deutschland noch eine technische Sensation. (Mitte der dreißiger Jahre hatte zum Beispiel ein Sportflugzeug der übrigens recht unbekannten kleinen holländischen Firma Avia-schelde, die »Scheldemus«, ein Bugrad besessen. Die holländischen KLM-Piloten, die darauf zum Teil ihre Anfangsschulung absolvierten, waren begeistert.)
Heute läßt sich rückblickend sagen: Die Lufthansa wäre damals schlecht beraten gewesen, hätte sie sich für dieses Flugzeug entschieden. Derart technische Einzelgänger zeigten in der harten Alltagspraxis stets eine Fülle von Problemen, von denen sich ihre optimistischen Erfinder am Reißbrett nichts träumen lassen. Optisch attraktiv war der plumpe Schulterdecker mit dem tief nach unten durchgezogenen Rumpfheck – wie ein Vogel, der den Schwanz hängen läßt – ebenfalls nicht.
Das beste Beispiel für diese These zeigte nach dem Krieg die britische Ambassador, ein technisch außergewöhnlich fortschrittlicher Schulterdecker mit Bugrad, den die BEA auf diversen Europastrecken, insbesondere auch nach Deutschland (und Berlin) einsetzte. Er wurde kein Verkaufserfolg und landete bald bei zweitklassigen Chartergesellschaften.
Trumpf war und blieb der zweimotorige Tiefdecker, wie er dann in der Convair 240, 340 und 440 seine beste Lösung fand.

Nachruf auf einen Pionier

Der Bericht des Vorstandes für 1942 beginnt:

»Das Jahr... stand auch für die Lufthansa im Zeichen verstärkter Anstrengungen für die Kriegsführung. Während unser eigentliches Aufgabengebiet, der Luftverkehr, infolge erneuter Abgabe von Fluggerät weitere Einschränkungen erfahren mußte, konnten die Leistungen unserer Werkstättenbetriebe für die Luftwaffe in einem beachtlichen Umfange gesteigert werden.«

Und:

»Unsere Gefolgschaft hat stets, eingedenk des heldenmütigen Opfers der kämpfenden Kameraden an der Front, alle an sie gestellten Forderungen in treuer Betriebsverbundenheit durch vollen Einsatz ihres Arbeitswillens und ihrer Arbeitskraft erfüllt. Wir danken auch an dieser Stelle allen unseren Mitarbeitern und Mitarbeiterinnen für ihre in vorbildlicher Pflichterfüllung geleisteten Dienste.«

Man sieht: Die Anpassung an den Sprachstil des Dritten Reiches war vollzogen.
Der Geschäftsbericht des Jahres 1942 schließt lapidar:

»Der im Flugbetrieb entstandene Betriebsverlust wurde, wie in den vergangenen Jahren, durch Beihilfen des Reiches ausgeglichen. Die in unseren Werkstätten für die Luftwaffe ausgeführten Leistungen sind in Höhe des entstandenen Aufwandes mit dem Reich verrechnet worden. Soweit sich aus der Abgabe der Fluggeräte und der Flugsicherungsschiffe an die Wehrmacht sowie durch die Auflösung stiller Reserven bei Verkäufen usw. Überschüsse ergeben haben, sind diese den Rücklagen zugeführt worden.«

Bei den Vorstandsunterschriften fehlte ein Name: Freiherr von Gablenz. Am 21. August 1942 war er gestorben. Er befand sich mit einer Siebel 204 A über Thüringen in der Nähe von Mühlberg. An seiner Maschine brach ein Flügelholm, sie stürzte ab.
Bei Kriegsbeginn war von Gablenz mit der Organisation der Luftwaffen-Transportstaffeln beauftragt worden. Nach Udets Tod wurde er als Generalmajor technischer Leiter des RLM. Da Erhard Milch inzwischen in den Aufsichtsrat übergewechselt war, blieb Walter Luz nach von Gablenz' Absturz das einzige Vorstandsmitglied.
Im Nachruf der Lufthansa hieß es dazu:

»Am 21. August starb den Fliegertod unser Vorstandsmitglied Generalmajor Carl-August Freiherr von Gablenz, Wehrwirtschaftsführer, Träger des Ritterkreuzes zum Kriegsverdienstkreuz mit Schwertern und anderer hoher Auszeichnungen.

Mit von Gablenz ist einer der größten Pioniere der Handelsluftfahrt von uns gegangen. Schon während des Ersten Weltkrieges bei der Fliegertruppe hervorragend bewährt, hat er sich bald nach dem Zusammenbruch von 1918 dem Luftverkehr gewidmet und war in ihm schon früh an leitender Stelle tätig. Seine Pionierflüge über den Atlantik und nach dem Fernen Osten haben ihm Weltruf verschafft. Aber auch seinen großen organisatorischen und technischen Fähigkeiten verdankt die deutsche Handelsluftfahrt unendlich viel...
Auch im gegenwärtigen gewaltigen Ringen um Deutschlands Zukunft hat er trotz der vielen ihm übertragenen militärischen Aufgaben und nach seiner Berufung ins Reichsluftfahrtsministerium als Amtschef auf besonders verantwortungsvollem Posten immer noch Zeit für seine Lufthansa gefunden...«

Ein Geheimbericht, der den Aufdruck trägt: *Nicht zur Veröffentlichung bestimmt!*, schildert den Unfall folgendermaßen:

»Wir nehmen Gelegenheit, unsere Außendienststellen über den Unfall des Herrn von Gablenz und die Trauerfeierlichkeiten in Berlin mit Nachstehendem zu unterrichten: Am Freitag, den 21. August 1942, wollte Herr v. Gablenz in Begleitung des Herrn Ministerialdirektors Prof. Dr. Carl Krümmel (Amtschef im Reichsministerium für Wissenschaft, Erziehung und Volksbildung) vormittags von Berlin nach Ainring bei Salzburg fliegen. Er beabsichtigte, dort an einer Vorstandssitzung des Deutschen Forschungsinstituts für Segelflug teilzunehmen.
Für den Flug wurde, wie bei zahlreichen früheren Reisen, das Herr v. Gablenz zur Verfügung stehende Flugzeug des Musters Siebel Si 204 (militärische Ausführung) benutzt. Als Bordwart und Funker flog seit langer Zeit Oberfeldwebel Hans Klaer (Funkermaschinist der DLH) mit Herrn v. Gablenz. Die Wetterlage war auf der Strecke nicht besonders gut, jedoch auch nicht als schlecht anzusprechen. Die Wolkenuntergrenze wurde am Unfallort, Mühlberg/Riesa i. Sa., mit 250 bis 350 m angegeben. Der Funkverkehr mit dem Flugzeug ließ Besonderheiten in der Flugdurchführung nicht erkennen; der letzte Funkspruch besagte, daß sich das Flugzeug im Steigflug befand und eine Höhe von 800 m erreicht hatte. Die Wolkenobergrenze lag höher, so daß das Flugzeug noch blind geflogen wurde.
Augenzeugen haben das Flugzeug mit hoher Fahrt die Wolkenuntergrenze durchstoßen sehen und den Bruch des Flugzeuges beim Abfangen in Bodennähe beobachten können. Die Ursache für den Unfall selbst ist hierdurch einigermaßen klar erwiesen. Ungewißheit besteht jedoch über die Gründe, die den Flugzeugführer zu der plötzlichen Veränderung der Flughöhe veranlaßt haben. Die Wetterlage läßt die Vermutung zu, daß in den Wolken außerordentlich starke Vertikalböen herrschten, die eine unfreiwillige Veränderung der Flughöhe bewirkten. Als wahrscheinlicher ist jedoch die Auffassung anzusehen, daß eine technische Störung den Flugzeugführer zwang, mit großer Beschleunigung Erdsicht aufzunehmen. Die über diesen Punkt eingeleiteten Untersuchungen sind zur Zeit noch nicht abgeschlossen.«

Der Führer ordnete einen Staatsakt an. Im »Haus der Flieger« in Berlin fanden sich am 25. August 1942, dem Tag der Beisetzung, die Führungsspitzen der deutschen Luftfahrt ein: Generalfeldmarschall Milch, Reichsminister Rust.

Im Großen Saal, erhöht, lagen die Särge aufgebahrt. Auf dem mit schwarzem Stoff ausgeschlagenen Hintergrund prangte ein Eisernes Kreuz. Zu beiden Seiten der Särge loderten aus je drei Pylonen die ewigen Flammen. Daneben die Ehrenwache.
Den Gepflogenheiten gemäß wurde fein unterschieden zwischen dem Kapitän und dem Funkermaschinisten: Von Gablenz erhielt als Ehrenwache zwei Generäle, zwei Flugkapitäne und zwei Generalingenieure. Klaer wurden, sozusagen als gemeines Fußvolk, zwei Feldwebel, zwei Funkermaschinisten und zwei »weitere Feldwebel« zugestanden. Der Reichsmarschall hatte Kränze entsandt. Die Gedenkrede hielt Milch.

Von Gablenz' Tod war eine Ironie des Schicksals: Er, der die Ozeane und Gebirge der Welt unbehelligt bezwungen hatte, starb auf einem Inlandflug mit einem kleinen gutmütigen Flugzeug.
Die Siebel 204 gehörte zu den außergewöhnlichen Flugzeugtypen, die niemals im regulären Streckendienst auftauchten – eine sympathische Maschine, die alle ehemaligen Luftwaffenpiloten von ihrer B-2-Schulung her in guter Erinnerung haben.
Die Lufthansa hatte in der zweiten Hälfte der dreißiger Jahre ein schnelles Zubringerflugzeug für acht Fluggäste gefordert, aber diese Forderung ließ sich nur noch teilweise verwirklichen. Zwar baute Siebel einen leicht zu fliegenden Tiefdecker mit Doppelseitenleitwerk und zwei Argus-Motoren, aber dann brach der Krieg aus, und die Luftwaffe zeigte großes Interesse. Sie bestellte die Siebel 204 D in großer Stückzahl als Schulungsflugzeug für Blindflug, Funk und Navigation, die Militärausführung wurde – statt mit abgesetzter Bugnase – mit Vollsichtkanzel geliefert, so daß das Cockpit in etwa dem der Heinkel He 111, Junkers Ju 88 oder Dornier Do 217 entsprach. Ihr charakteristisches Merkmal war der sogenannte »Nasenquirl«. Am Vorderteil der Propellernabe war eine gerippte Kappe angebracht, die entgegen der Luftschraubendrehrichtung rotierte. Dadurch wurde über einen Mechanismus die jeweils optimale Blattstellung der Luftschraube eingestellt. Auch das harte, hohe Summen der Argus-As-411-Motoren wird so manchem alten Hasen nie mehr aus den Ohren gegangen sein.
Die Blindflugschulung mit den zahllosen QDM-Anflügen und QTE-Abflügen mag hart gewesen sein. Viele der Piloten, denen eine weitere fliegerische Laufbahn nach dem Krieg nicht vergönnt war, werden mit ihren Siebelflügen die besten Flugerlebnisse gehabt haben.
Da sind zum Beispiel die staubigen polnischen Sommertage des Jahres 1944, die wie die Stille vor dem letzten großen Sturm waren: Man startete von Radom in Richtung Danzig, azurblauer Himmel, gleichför-

mige Schäfchenwolken. Je mehr man sich von den Steppen und ausgetrockneten Sümpfen entfernte und den Masurischen Seen näherte, um so festlich gestimmter wurde man trotz aller Blindflugtrainingsstrapazen. Zum festgelegten Verfahren gehörte, über einem der zahllosen Seen anzudrücken und im Tiefstflug über die dunklen, tiefen Wasser zu donnern, Steilkurven um den Mast eines Segelbootes zu drehen und steil hochzuziehen.
Dann tauchte irgendwann in der Vollsichtkanzel zwischen den Füßen die Ostseeküste auf. Wann hatte man in den verwanzten Baracken zum letztenmal von weißen Stränden, flanierenden Mädchen und bewimpelten Ausflugsdampfern geträumt? Zwar lag die Küste verödet und vermint da, zwar fuhr nur ein U-Boot aus; aber nach der Rückkehr abends schwärmte man davon, »an der Ostsee« gewesen zu sein – als habe man dort einen Badeurlaub genossen.
Und auch die Kurven über den roten Backsteinkirchen von Memel und Tilsit verknüpften sich für die alte Luftwaffen-Pilotengeneration mit dem Begriff Siebel 204, ebenso die Moore und Schilfwälder Lettlands und Litauens. Und bei verspäteter Rückkehr gegen Abend flackerte am düsteren Nordhimmel oft das erste Nordlicht auf.

Hier, weit im Osten, verlief auch jene Lufthansastrecke, die unter den alten Piloten als eine der schönsten galt: die Route 33c Berlin–Königsberg–Riga–Reval. Beflogen wurde sie mit der Ju 86.
Eine von ihnen trug den Namen *Brocken* – Ahnungen von Hexentanz, Walpurgisnacht. Dann die überflogene Landschaft: Sie gehörte zu den schönsten und entlegensten Deutschlands: die zahllosen Seen und Wälder der Masuren, die Haffküste Ostpreußens, Litauens und Lettlands. Das legendäre Königsberg. Die Backsteinkirchen Rigas und Revals. Hier noch einmal, die Kurische Nehrung zur Linken, die blauen Wälder und Sumpfseen der Memelebene zur Rechten, fliegen zu können, wird sicher zum Traum all jener gehören, die sich ihre Romantik über Weltraumtechnik und Cockpit-Elektronik hinweg erhalten haben.
Im Flugplan, gültig ab 22. Mai 1944, tauchte die Strecke 33 dann zum letztenmal auf: 8.40 ab Berlin, an Riga 14.10. Der Abschnitt Riga–Reval fehlt. Lapidarer Vermerk: Zeiten sind örtlich zu erfragen.

». . . war uns eine Ehrenpflicht«

»Sie müssen andrücken! Mann, drücken Sie doch endlich an!« Mit derartigen Ermahnungen erhielt der Verfasser beim Start seiner leichten Focke-Wulf Weihe oder Siebel 204 D seine Einweisung durch ehemalige Lufthansa-Flugkapitäne. Viele von ihnen waren als Blindfluglehrer in der Luftwaffe tätig geworden. Sie kamen von den »schweren« Ju-52- oder Ju-86-Maschinen, vielleicht sogar von den viermotorigen Riesen Ju 90 oder FW 200. Die dortige Praxis, beim ersten Anrollen stets das Steuer mit ausgestreckten Armen voll nach vorn zu drücken, um das Spornrad möglichst rasch vom Boden zu lösen, war den Luftwaffen-Schülern auf den leichteren Typen ungewohnt. (Jagdflugzeuge wurden sogar mit leicht angezogenem Knüppel, aus der Dreipunktlage heraus, gestartet.)
Trotz mancher beruflichen »Kontaktschwierigkeiten« bahnte sich zwischen Luftwaffe und Lufthansa oft ein herzliches Verhältnis an. Der erwähnte Pilot, Lehrer des Verfassers, zeichnete sich durch eine abgrundtiefe Abneigung gegen alles Militärische aus und war ihm daher von vornherein sympathisch. Er bezeichnete seine »zwangsweise verpaßte Uniform« als »Affenanzug« und behauptete schon nach dem ersten Fliegerbier im Kasino, Flieger seien keine Soldaten, sondern Menschen. Ob er damit auf der Linie des offiziellen Lufthansa-Kurses in den Kriegsjahren lag, mag dahingestellt bleiben. Der gute Mann, unter dessen Aufsicht der Verfasser seine QDM-Blindanflüge und QTE-Abflüge über der Festung Modlin an der polnischen Weichsel mit einer Junkers W 34 übte, gehörte zu jenen Flugzeugführern, von denen es im Geschäftsbericht über das Jahr 1943 heißt: »Die Betreuung unserer zum Kriegsdienst eingezogenen Gefolgschaftsmitglieder war uns eine Ehrenpflicht.«

Die personelle Verknüpfung zwischen Lufthansa und Luftwaffe aber hatte es schon vor dem Krieg gegeben.
Kaum bekannt ist, daß auf der Focke-Wulf Condor, die 1938 den Rekordflug Berlin–New York durchführte, auch ein Luftwaffenoffizier war: Hauptmann von Moreau. Ein anderer war Flugkapitän Schwilden – er ging als Lehrer für Katapultflüge zur Luftwaffe. Die »Reichsbahnstrecke« Berlin–Königsberg diente den Luftwaffenpiloten als Blind- und Nachtflug-Ausbildungsstrecke.
Die damalige bewußte Schizophrenie zeigt sich ebenfalls darin, daß Milch (später Generalfeldmarschall) zum Staatssekretär avancierte, ohne aus dem Aufsichtsrat der Lufthansa auszuscheiden, und daß von Gablenz General der Luftwaffe wurde, ohne seinen Posten bei der Lufthansa aufzugeben. Hieraus ergab sich folgender Fall:

Zu Beginn des Norwegenfeldzuges war von Gablenz Oberstleutnant und Kommandeur der deutschen Transportgeschwader. Die Mehrzahl seiner Flugzeuge konnte nicht nonstop bis Oslo fliegen, sondern mußte in Kopenhagen zum Auftanken zwischenlanden. Zu jener Zeit war Dänemark noch nicht besetzt, also neutrales Ausland, das einem solchen Vorhaben nie zugestimmt hätte.
Von Gablenz aber machte plötzlich auf seine Lufthansa-Funktion aufmerksam und bestellte in seiner Eigenschaft als Direktor bei der Firma Shell den nötigen Treibstoff. Das Unglaubliche geschah! Am Morgen des ersten Kriegstages für Norwegen fielen die Luftwaffen-Transporter in Kopenhagen ein und wurden völlig friedensgemäß von der Shell aufgetankt! Graf Schack: »Der Direktor Freiherr von Gablenz hatte dem Oberstleutnant Freiherr von Gablenz Amtshilfe geleistet!«

Der Jahresbericht der Lufthansa von 1943, der jetzt nur noch von Direktor Luz unterschrieben ist, vermerkt:

»Das Fluggerät hat durch den Abgang einer Anzahl von Flugzeugzellen und Motoren, die im Dienste der Luftwaffe vernichtet oder unbrauchbar geworden sind ... eine Wertminderung um 2,453 Millionen RM erfahren ... Außerdem wurden gegen Ende des Berichtsjahres größere Lagerbestände an Instrumenten durch Feindeinwirkung vernichtet.«

Beim Flottenverzeichnis für das Jahr 1943 gab es überraschende Diskrepanzen. Zu einer Zeit, da die Dornier Do 217, die Me 109 Standardflugzeuge der Luftwaffe waren, als bereits Gerüchte über einen Turbinenjäger umliefen, flogen noch immer zwei Exemplare der BFW M 20 – ein Verkehrsflugzeug aus dem Jahr 1929! Beide wurden jetzt als Totalschaden abgebucht – »im Dienst der Luftwaffe zerstört«. Von vier Ju 90 blieb nur noch eine erhalten. Insgesamt flogen Ende 1943 noch siebenundvierzig Maschinen unter dem Kranich-Zeichen, darunter einundvierzig Ju 52.
Zu den Beuteflugzeugen aus besetzten oder verbündeten Ländern gehörten auch die dreimotorige italienische Savoia Marchetti S 73 und die zweimotorige französische Bloch 220. Letztere wurde ab September 1943 auf der Route E 17a Wien–Belgrad eingesetzt.
Das letzte vollständige Flottenverzeichnis stammt vom 30. Juni 1944:

10 Bloch 220 (von der Air France »gechartert«)
4 Douglas DC 2
4 Douglas DC 3
24 Junkers Ju 52
5 Focke-Wulf 200
6 Junkers Ju 86 D
2 Junkers Ju 86 O
1 Junkers Ju 90

Nur zwölf davon waren noch »echtes« Lufthansa-Eigentum. Die anderen gehörten dem RLM oder stammten von den »Beutefluggesellschaften«. Von den sechsundfünfzig Flugzeugen waren jedoch ohnehin nur zwanzig im Einsatz, die anderen im Umbau, zur Reparatur oder als Reserve vorgesehen.

Der kriegsbedingte Verlust an Maschinen darf aber nicht darüber hinwegtäuschen, daß nach wie vor Flugzeuge auch durch andere simple Unfallursachen verlorengehen konnten.

Ein Zwischenfall, der glimpflich ausging, ereignete sich einen Monat vor der Kapitulation auf der Strecke K 22 mit einem der modernsten Großflugzeuge der Lufthansa, der Ju 290. Der Kommandant schrieb in seinem Unfallbericht:

»Am 6. 4. 1945, 3.40 Uhr, ging auf der Strecke K 22, von Muenchen kommend, bei der Landung in Barcelona das Flugzeug D-AITR zu Bruch.

In 300 m Hoehe flog ich den Flugplatz an; von unten wurden weisse Leuchtkugeln abgeschossen. Die Platzumrandungslampen waren eingeschaltet und gut sichtbar. Von der Südgrenze des Platzes bis weit ueber das Meer lag eine Nebelbank. Nach einer Runde flog ich den Platz an und zwar in Richtung S/N, tauchte in 100 m Hoehe in den Nebel ein, liess mir die Hoehe alle 100 m geben und flog ohne Erdsicht in 30 m Hoehe, bis ich ploetzlich die Platzumrandung und die Landebahn unter mir sah. Von unten wurde eine Leuchtkugel abgeschossen. Ich gab Gas und flog den Platz von neuem an, diesmal in groesserer Hoehe, so dass ich ueber dem Nebelfeld den Nordteil des Platzes als Ziel nehmen konnte und tauchte erst kurz vor dem Platz in den Nebel ein. Ich sah die Platzumgrenzung vor mir, nahm Gas weg und sah auch die Landelampen. In diesem Augenblick wurde eine gruene Leuchtkugel abgeschossen, die mich so blendete, dass ich wieder Gas geben musste und der geringen Fahrt wegen nur schwer aus dem Platz kam.

Jetzt entschloss ich mich, von Norden her zu landen, da der Platz dort, sowie westlich und oestlich, vollkommen frei und die Staerke des Windes gleich Null war. Mein Vorhaben hatte ich durch FT melden lassen, bekam aber beim ersten Anflug, bei welchem der ganze Platz vollkommen klar vor mir lag, eine rote Leuchtkugel vorgesetzt und gab wieder Gas. Vom Funker erhielt ich ›Warten‹, weshalb ich den Platz umkreiste. Dabei stellte ich fest, dass sich dieser langsam von S nach N zuzog.

Endlich wurde mir gesagt, dass ich von Norden landen koennte. Ich flog den Platz nach der ausgestellten Lampenreihe an, sah noch die vierte Lampe und dann kam dicker Nebel. (Ich musste auf der linken Seite der ausgestellten Lampen landen, weil sich auf der rechten rote Hindernislampen in naechster Naehe der Landebahn befanden.)

Die Maschine setzte gut auf und rollte. Ich bremste sie ab und ploetzlich spritzte Wasser auf. Die Maschine rollte trotzdem leicht und blieb mit einem kurzen Ruck stehen. Passagiere und Besatzung blieben unverletzt. Beschaedigungen an der Maschine: Linkes Fahrwerk abgebrochen. Naehere Einzelheiten siehe Sonderbericht.«

Vom Krieg wurde selbstverständlich nicht nur der Zivilverkehr in Deutschland und in den anderen kriegführenden Staaten betroffen. Auch

neutrale Länder wie Schweden oder die Schweiz erlitten starke Verluste, weil ihnen die Zielhäfen fehlten oder weil die Flüge über kriegführende Länder geführt hätten.
Naturgemäß waren die Vereinigten Staaten am günstigsten dran. Ihre Kontinentalrouten wurden nicht tangiert – auch die Pazifikstrecke nicht, sofern sie nicht unmittelbar bis vor Japans Haustür führte. Selbst die britische BOAC dehnte noch 1943 ihren Flugbetrieb stark aus und stellte im Frühjahr 1944 eine neue Viermotorige, die Avro York, in Dienst.
Auch der russische Luftverkehr wurde, soweit er sich östlich des Urals abspielte, durch den Krieg kaum berührt. Ebenso fanden nach wie vor Flüge auf der »Stalin-Strecke« von Moskau in die USA statt. In Europa war von den Neutralen die Schweiz das am meisten leidtragende Land. Umringt von kriegführenden oder besetzten Ländern, war es ihr nicht möglich, einen Zivilverkehr aufrechtzuerhalten. Außerdem ordnete auch die Schweiz am 2. September 1939 eine allgemeine Mobilmachung an, und alle Swissair-Besatzungen mußten einrücken. Lediglich drei Strecken wurden zunächst noch beflogen: Locarno–Rom bis zum Kriegseintritt Italiens 1940; Zürich–Berlin bis 1942, als die Bombardierung Berlins immer stärker wurde; und schließlich Zürich–Stuttgart. Diese Strecke wurde so lange offengehalten, bis bei einem Bombenangriff auf Stuttgart die dort geparkte Swissair-DC-2 zerstört wurde. Damit endete der Zivilluftverkehr der Schweiz bis 1945.

Nicht nur die Deutschen beschlagnahmten während des Krieges ausländische Maschinen, sondern auch die Alliierten. Ein besonderer Fall war eine Focke-Wulf Condor der dänischen Fluggesellschaft DDL.
Eine von ihnen, die OY-DAM, befand sich im britischen Shoreham, als Deutschland im April 1940 Dänemark besetzte. Sie wurde von den Engländern als Kriegsbeute konfisziert, zusammen mit dem Kommandanten H. Hansen. Die BOAC hatte vor, das Flugzeug zu übernehmen. Aber die britische Jägerabwehr protestierte. Da es sich um einen »auf der Abschußliste« stehenden deutschen Flugzeugtyp handelte (die FW 200 wurde hauptsächlich als Fernaufklärer um die Britischen Inseln und Gewässer eingesetzt), schien die Gefahr der nicht rechtzeitigen Identifizierung zu groß. Später sollte das Flugzeug dann in den Mittleren Osten geschickt werden. Aber nach einem Probeflug am 12. Juli 1941 machte Captain Hansen Bruch. Er landete mit überhöhter Geschwindigkeit in White Waltham, bremste mit blockierenden Rädern zu heftig und rutschte gegen eine Grasschneidemaschine und in einen Zaun. Das Fahrwerk brach; die Maschine wurde als Totalverlust abgeschrieben.

Fast alle Fluggesellschaften der vom Krieg betroffenen Länder hatten Aufträge durchzuführen, die etwas außerhalb der internationalen Legalität lagen, so auch die britische BOAC.
1943 benötigte die Royal Air Force im Mittleren Osten dringend zwanzig zweimotorige Anson-Trainingsflugzeuge, die auf dem schnellsten Wege übergeführt werden sollten. Die kürzeste Route führte über Lissabon und Takoradi nach Ägypten. Aber Portugal erlaubte als neutrales Land nicht den Überflug von Militärmaschinen. Also wurden die zwanzig Ansons in Whitchurch auf der BOAC-Basis ihrer militärischen Kennzeichen beraubt, mit der zivilen Registration der BOAC-Flugzeuge versehen, frisch bemalt und ungehindert nach Ägypten geflogen. Von dort ging es weiter nach Aboukir, wo sie sofort wieder in Militärflugzeuge verwandelt wurden.
Auch die Piloten der KLM-Maschinen, die vor dem Einmarsch der deutschen Wehrmacht in Holland am 10. Mai 1942 nach England entkommen konnten, absolvierten bald kriegswichtige Flüge. Sie wurden zur Überführung amerikanischer Flugzeuge nach England eingesetzt.
Im Auftrag der BOAC wurden über Gander amerikanische Liberator-Flugzeuge nach Prestwick gebracht. Diese viermotorigen Schulterdecker, die auch als Bomber eingesetzt wurden, verfügten noch nicht über eine Druckkabine. Sie waren besonders anfällig gegen Vereisung und flogen daher oft in Höhen, die wolkenfrei, aber auch sehr kalt und sauerstoffarm waren. Im Rumpf waren in primitivster Weise Passagiere untergebracht: Militär, Diplomaten, Agenten. Sie waren mit Sauerstoffmasken ausgerüstet, die sie notfalls anschließen konnten. Die Heizung war mehr als bescheiden. Und oft geschah es, daß jemand mit aufgesetzter Maske auf dem Horrotrip in Schlaf fiel und dann versehentlich die Maske verlor.
Adriaan Viruly schilderte die »Fracht«, die er da über den Ozean transportierte, so:

»Das Schlimmste war, daß diese Passagiere zu den Oberen Zehntausend gehörten, denn die gewöhnlichen Soldaten wurden massenweise im Schiffskonvoi durch die deutschen U-Boote hindurch nach Europa geschifft. Wir bekamen die Colonels, die Minister, die Top-Beamten und Vizeadmiräle und so weiter. Es war ein seltsames Bild, wenn man diese hohen Passagiere so eine ganze Flugnacht lang wie Kartoffelsäcke auf dem Boden liegen sah. Wenn einer in Konflikt mit seinem hohen Nachbarn kam – was leicht passieren könnte, weil man so dicht aufeinander lag –, dann blieb ihm nichts anders übrig, als ein paarmal tief durch die Maske einzuatmen, sie aus dem Anschluß zu ziehen, sich einen neuen Liegeplatz zu ertasten, wieder einzukuppeln und weiterzuatmen.
Aber ein solcher, scheinbar simpler Ortswechsel war in der Praxis sehr schwierig. Die Führer unserer Welt haben sich nun mal darauf geeinigt, daß niemand zu den Oberen

Zehntausend gehören darf, bevor er nicht ein ansehnliches Alter erreicht hat. Aber da dieses Alter gleichzeitig die Entwicklung bestimmter Körperformen und -füllen förderte, und da der Platzwechsel durch die dunkle Kabine natürlich über die Leibesfülle der Liegenden stattfinden mußte, verursachte er schlimme Unannehmlichkeiten. Völlig systemlos lagen da die Colonels mit dicken und platten Bäuchen durcheinander, furchtbar ungleich; und wer niemals im Dunkel über das Bauchchaos leitender Figuren der Land- und Seemacht oder aus Regierungskreisen hinweggetaumelt ist, kann sich einfach nicht vorstellen, welcher niedrigen Ausdrucksweise sich so hochgestellte Menschen bedienen.«

Geisterflüge

Finstere Erde, stummer Äther: Nachdem der Zweite Weltkrieg in sein entscheidendes Stadium getreten war, geisterten die Nachtflugzeuge wie Schemen übers Mittelmeer nach Spanien und Portugal. Die Strecke mußte unter allen Umständen offengehalten werden – es war die Strecke der Diplomaten und Spione, Saboteure und Flüchtlinge. Nachdem aber die Amerikaner im August 1944 bei Marseille gelandet waren, konnte der Abschnitt Stuttgart–Barcelona (unter Auslassung des einstigen Zwischenlandeplatzes Lyon) nur noch nachts beflogen werden.
Wettermeldungen und Navigationshilfen standen kaum noch zur Verfügung. Auch die Schweiz hatte verdunkelt, so daß auch hier eine Orientierung nach Erdsicht nicht möglich war. Die notwendigen Kurswechsel mußten einfach nach Zeitberechnungen vorgenommen werden. Die Zeitberechnungen stimmten aber nur, wenn die Winde stimmten. Die Winde stimmten selten, da die Voraussagen nur spärlich eintrafen. Über der Schweiz bestand die Gefahr, durch unbekannte Winde gegen das Montblanc-Massiv abgetrieben zu werden. Überhaupt hatte es die Strecke in sich. Mit Ausnahme des Balkans gab es in Europa nirgendwo so viele Schlechtwetter- und Gewitterfronten wie im Rhonetal.
Flugkapitän Otto Puhrmann, der die einstige Tagesstrecke als Nachtflugstrecke mit einer erbeuteten DC 3 »eröffnete«, fand schließlich in den feindlichen Truppen die beste Navigationshilfe. Nachdem sein Funker vergeblich das stumme Lyon um Unterstützung gebeten hatte, entdeckte die Dreimannbesatzung in ihrer DC 3 Feuerschein und Lichterketten. So unbesorgt konnten nur kriegführende Amerikaner durch die Nacht fahren! Es waren die gelandeten Truppen, die ihren Vormarsch durchs Rhonetal begannen. Puhrmann: »Anscheinend lagen wir auf dem richtigen Kurs. Denn als wir einen Feuerschein und Lichterketten von Fahrzeugkolonnen der gelandeten Amerikaner an Backbord sichteten, wuß-

ten wir, daß wir in der Gegend der Rhonemündung angelangt waren. Alles verlief also planmäßig.«
Die Spanienstrecke war im letzten Kriegsjahr die gefährlichste. In Marseille lagen die gegnerischen Jäger auf der Lauer nach der Lufthansa-Maschine.
Jetzt kam den Piloten ihre Zeit auf den Flugbooten der Südatlantikroute zur Hilfe! Sie hatten Erfahrung im Tiefstflug; und so drückten sie ihre Ju 290 bis fast auf den Meeresspiegel hinab. Jäger, die sie verfolgten und beschießen wollten, mußten dadurch selber tief hinabstechen und bekamen Wasserberührung, ehe sie zum Schuß kamen.
Allerdings war die schwere viermotorige Ju 290 kein langsamer Dornier-Wal. Nur mit dem neuen elektronischen Feinhöhenmesser war es möglich, die geringe Flughöhe exakt einzuhalten. Nie hat es schwierigere »Verkehrsflüge« gegeben!

Im Dezember 1944 beschloß Bongers, einen Inspektionsflug nach Barcelona durchzuführen, um festzustellen, ob diese Strecke überhaupt noch befliegbar war. Bongers berichtete:

»Ich entschloß mich zu einer Inspektion dieser gefährdeten Verbindung. Am dritten Weihnachtsfeiertag 1944 starteten wir mit einer Ju 90 von Tempelhof nach München. Es sollte in der gleichen Nacht nach Barcelona weitergehen. Dazu kam es leider nicht. Wir machten bei der Landung in München, bei Dunkelheit, schweren Bruch. Am nächsten Abend kam eine andere Ju 90 aus Berlin, übernahm die gestrandeten Gäste, Post und sonstige Ladung, und wir versuchten mit vierundzwanzig Stunden Verspätung nach Barcelona zu gelangen. Es war herrlicher Vollmond, kein Wölkchen am Himmel. Der Pilot flog, sobald er im Bereich des Golfes von Genua war, niedrig, nur wenige Meter über dem Meeresspiegel. So hoffte er der Radarkontrolle zu entgehen. Es gelang ihm nicht, oder er kam einem feindlichen Flugzeug zufällig in die Quere. Die Kennzeichen unseres Flugzeuges waren nur schwer zu erkennen. Sie waren durch kräftiges Reiben mit schmierigen Öllappen undeutlich gemacht worden. Der Nachtjäger schien im Zweifel zu sein, ob er Freund oder Feind vor sich hatte. Er setzte sich hinter uns, flog dann einige Zeit auf gleicher Höhe. Im strahlenden Mondschein knapp unter uns der silberne Meeresspiegel, so müssen wir einem Angreifer ein Ziel wie auf dem Schießstand geboten haben. Nachdem ihm klargeworden war, welche Nationalität unser Flugzeug hatte, setzte der Nachtjäger von hinten zum Angriff an und jagte uns eine Geschoßsalve auf den Pelz. Der rechte Außenmotor wurde getroffen, der Propeller zersplitterte. Unser Verkehrsflugzeug war natürlich unbewaffnet und hatte nur in der Flucht eine Chance. Das alles dauerte nur ein paar Sekunden, erschien den Insassen jedoch eine Ewigkeit. Neben mir saß der spanische Luftattaché in Berlin. Er identifizierte das angreifende Flugzeug als eine Spitfire. Er rechnete damit, daß unser Flugzeug nun in Flammen aufgehen werde. Das geschah nicht. Wir erwarteten einen neuen Angriff. Er blieb aus. Vielleicht war der Spitfire der Treibstoff knapp geworden, vielleicht die Munition ausgegangen. Wir konnten jedenfalls mit drei Motoren und reduzierter Geschwindigkeit unseren Flug fortsetzen. Allen steckte der Schreck noch lange in den Gliedern. Mit gehöriger Verspätung landeten wir in Barcelona. Noch bevor ich mit der Besatzung in der Flughafen-Bar einen Drink auf den guten Abschluß des Fluges nehmen konnte, untersagte ich alle Flüge dieser Strecke bei Mondschein und wolkenlosem Himmel.«

Die Furcht, durch feindliche Jäger abgeschossen zu werden, hatte damals wohl alle Lufthansa-Crews befallen, denn die Aussicht, »durch Kriegseinwirkung verloren«zugehen, bestand spätestens seit Ende 1943 selbst auf der harmlosesten Inlandstrecke. Längst jagten die alliierten Typhoons, Lightnings und Mustangs unbehelligt über Deutschland und schossen auf alles, was sich bewegte. Nicht alle mögen das so forsch kommentiert haben wie der verwegene Graf Schack.
Als einmal die aus Las Palmas kommende Postmaschine beim Anflug auf Bathurst den Platz verfehlte und im Wasser landete, konnte am nächsten Tag zwar die Post geborgen werden, von der Besatzung jedoch fehlte jede Spur. Der Grund: Vor dem Wrack schwammen fünf Haie, die sich der Besatzung angenommen hatten. Graf Schack dazu: »Die Haie allerdings hatten insofern Pech, als sie zu fünft waren und sich nur vier Mann in der Maschine befanden.«
Er selbst wurde auch durch feindliche Jäger abgeschossen. In einer Do 26, zusammen mit Funker Küppers, Pilot Brettschneider und Maschinist Peucker (der als einziger dieses Teams bei der neuen Lufthansa wieder fliegen sollte).
Mit Gebirgsjägern an Bord war man mit der *Seefalke* unterwegs nach Narvik, als drei englische Jäger angriffen.
Graf Schack:

»Wir waren in der Nähe von Narvik mit einer viermotorigen Do 26 in einen Luftkampf mit drei englischen Jägern verwickelt worden, der 1 : 1 ausging. Wir schossen einen Jäger ab, und sie schossen uns ab.«

Weiter:

»Es gelang mir zwar noch, mich von den Jägern abzusetzen, indem ich in eine dicke, unter uns befindliche Wolkendecke eintauchte, doch kaum hatte sie uns eingehüllt, als mir mein Flugmaschinist Peuckert den Ausfall des rechten vorderen Motors meldete. Das beunruhigte mich nicht sonderlich; ich sagte mir, mit drei Motoren kommen wir auch noch bequem nach Hause. Diesen Gedanken hatte ich aber noch nicht richtig zu Ende gedacht, als ich P. rufen hörte: ›Der hintere rechte Motor fällt auch gleich aus‹ – was er dann leider auch prompt tat. Jetzt wurde es schon kritischer.«

Mit zwei Motoren war die volle Maschine nicht mehr lange zu halten. Jetzt allerdings geriet man in Schneeschauer und mußte blindfliegen. An eine Notlandung war nicht zu denken: Man befand sich über dem (unsichtbaren) Gebirge. Funker Küppers kommentiert die Situation weitaus weniger humorig:

»Hier sind wir zwar die Jäger los, aber der waidwunde *Seefalke* fällt immer schneller... Jeden Augenblick kann vor dem Bug eine Felswand auftauchen, ein Aufprall – Ende!«

Und Graf Schack wieder:

»Ich mußte unter allen Umständen versuchen, die offene See zu erreichen oder wenigstens einen der Fjorde... Wir waren bereits bedenklich tief gekommen, als mir Peuckert noch den bevorstehenden Ausfall des dritten Motors ankündigte. Jetzt wurde es ernst...«

Endlich ließ das Schneetreiben nach. Durch die Wolkenfetzen tauchte ein Nebenfjord auf. Inzwischen waren die meisten Fluginstrumente ausgefallen, Peuckert und Küppers durch den Beschuß verletzt. Graf Schack riß die schwere Maschine in eine Steilkurve, was bei dem einzigen noch auf voller Kraft laufenden Motor ein Risiko war... Anschweben, Aufsetzen im Fjordwasser... Geschafft!
Es sollte die letzte Landung Graf Schacks sein, die er in seinem langen Fliegerleben machte. Auch Funker Küppers gab seinen letzten Funkspruch an Drontheim und Hamburg–Quickborn durch:

»Leitung Travemünde via DDQ–
17.30 Uhr Luftkampf mit drei Jägern. Schossen einen ab. Drei Motoren fielen aus. Ein Schwer-, ein Leichtverwundeter, mehrere geringfügige Verwundungen. Landung mit einem Motor bei Schneetreiben gelungen. *Seefalke* säuft langsam ab. Lage: Tepkilenfjord, unweit der Gabelung zum Eff-Fjord. Nächster englischer Zerstörer ca. fünf Seemeilen entfernt. Hier bei normalem Wetter gute Start- und Landelage. Holt uns ab bei guten Bedingungen. Liegen bewaffnet in den Bergen in Deckung. Erwarten euer Abholen. Vernichten jetzt alle Geräte. Gruß an die Heimat von *Seefalke*-Besatzung – Schluß.«

Der letzte Flug, die letzte Landung – die Besatzung wußte es noch nicht, ihr winkte kein Blumenstrauß. Aber sie hätte auch keine Zeit gehabt, lange darüber nachzudenken. Die Engländer (und einheimischen Norweger) waren hinter ihr her. Schon zwei Stunden nach der Landung waren englische Wachboote da. Man zog sich in die Berge zurück und richtete sich mit den mitgenommenen Bord-MGs zur Verteidigung ein. Man machte sogar noch Gefangene! Ein Wachboot mußte beidrehen, sieben Mann kamen mit erhobenen Händen waffenlos an Land.
Man beschloß, sich mit den Gefangenen bis zur schwedischen Grenze

durchzuschlagen. Aus dem sinkenden Flugboot hatte man sich mit dem Schlauchboot gerettet; ein Teil fuhr damit fjordaufwärts, während die unverletzt Gebliebenen am Ufer durch kniehohen Schnee nebenherstapften.

Eine Odyssee wie aus *Wind, Sand und Sterne* begann.

Man kämpfte sich bis zu einer Lappenhütte durch. Man teilte die Verpflegung ein, versorgte die Verwundeten. Die Sicht besserte sich, so daß Aussicht bestand, von einem deutschen Transportflugzeug entdeckt zu werden. Aber der aufbrechende Wolkenvorhang barg auch Gefahren: Jeder auftauchende Lappe oder Norweger war ein potentieller Gegner, der ihren Standort an die bereitliegenden Engländer verraten konnte.

Einmal wurde von der Hütte aus tatsächlich eine deutsche Viermotorige gesichtet. Alles stürzte hinaus, winkte mit weißen Tüchern wie besessen hinter der Focke-Wulf Condor her; sie verschwand am Horizont.

Abends färbte sich der Himmel blutrot; über dem Gebirgsgrat stand ein leuchtend gelber Streifen: Die Zeit der Mittsommernächte war angebrochen. Es würde nicht mehr dunkel werden. Damit stieg die Chance, entdeckt zu werden. Man wartete Tag um Tag auf deutsche Flugzeuge. Dann brach man auf zur schwedischen Grenze. Berge mußten überwunden werden, der Schnee wurde immer höher. Die Verwundungen erschwerten und verlangsamten jeden Aufstieg.

Eines Morgens entdeckte man in einem Tal eine winzige Siedlung, an einer Bucht mehrere Boote. Die Expedition, zu der ja auch die Gebirgsjäger gehörten, stolperte ins Tal, um ein Boot zu kapern. Man wollte versuchen, auf dem Wasserweg nach Schweden zu gelangen. Ein englisches Küstenwachschiff begann sofort zu schießen; man war bereits entdeckt. Also zurück in die Berge! Die Beinverletzten und die Gefangenen wurden an einem gedeckten Platz zurückgelassen. In kleinen Grüppchen war man nach fünf Stunden wieder auf dem Gipfel angekommen. Die Rückkehr zum Ausgangspunkt begann; abends war man wieder in der Lappenhütte.

Nach spätestens drei Tagen würde die Verpflegung verbraucht sein. Noch einmal versuchte man, zur schwedischen Grenze durchzukommen. Die Besatzung wollte es mit dem Boot versuchen, obwohl man dabei an dem englischen Zerstörer vorbei mußte. Die fünf Gebirgsjäger folgten zu Fuß. Sie hatten ihre Tarnanzüge der Bootsbesatzung zur Verfügung gestellt.

Tatsächlich gelang es der Besatzung unter Graf Schack, sich an dem Zerstörer vorbeizumogeln. Dann aber trat ein Gegner auf den Plan, mit dem niemand gerechnet hatte.

Über die Fjordberge wälzte sich düster eine Gewitterfront heran. Das eben noch stille Wasser der Bucht wurde von Wirbeln und Strudeln aufgerührt. Böen heulten heran; die Gischt der Wellenkämme sprühte ins Schlauchboot. Man erreichte gerade noch rechtzeitig das rettende Ufer. In der Ferne hob sich ein Fischerhaus aus der Einöde. Ein Besatzungsmitglied tauschte das Zeiss-Fernglas bei den Bewohnern gegen Marschverpflegung um. Nach acht Stunden trafen auch die Gebirgsjäger ein. Das Gewitter flaute ab, die See beruhigte sich. Gemeinsam fuhr man weiter. Das Fjordende kam in Sicht; da tauchte ein riesiger Kutter auf. Alle ruderten aus Leibeskräften, um ihm zu entkommen. Schon zischten Schüsse herüber. Man warf sich flach auf den Bootsboden. Bald darauf war der Fluchtversuch zu Ende. Polnische Legionäre, von einem Norweger gewarnt, hatten das Schlauchboot gestellt.

Nach sechs harten Tagen traten die Crew und ihre einstigen Fluggäste den Marsch in die Gefangenschaft an.

Später stellte sich heraus: Ganze acht Kilometer hatten sie noch von der schwedischen Grenze getrennt...

Als die Gefangenen der englischen Militärpolizei vorgeführt wurden – nach einer sechzehnstündigen Seereise nach Harstad/England –, betrat auch ein englischer Fliegeroffizier der Royal Air Force die Gefängnisbaracke. Er bot Zigaretten und Schokolade an und fragte dann Graf Schack: »Sie haben den *Seefalken* geflogen?« Und als dieser bejahte: »A famous airplane. Zu schade für den Krieg. Warum sind Sie damit nach Narvik geflogen?«

Die Deutschen blieben die Antwort schuldig. Der Flieger verließ den Raum. Er war der Jagdflieger, der die Do 26 abgeschossen hatte: »Ich habe den *Seefalken* besiegt. Es tut mir leid – aber ich bin stolz darauf!«

Zusammenbruch

Am 23. März 1945 gab die Deutsche Lufthansa ihren letzten Flugplan heraus. Er sollte am 2. April, nach Einführung der Sommerzeit, in Kraft treten. Das einstige Weltnetz der dreißiger Jahre war auf sechs kümmerliche Europastrecken zusammengeschrumpft. Manche davon wurden nur einmal wöchentlich beflogen. So die Strecke 4 von Drontheim nach Tromsö, die Strecke 9 nach Mailand. Es gab noch eine Verbindung über Kopenhagen nach Oslo, eine über Malmö nach Stockholm, eine über Prag und Wien nach Agram und die berüchtigte K 22 über Barcelona und Madrid nach Lissabon. Die Strecke 33 Berlin–Danzig war zwar noch aufgeführt, dann aber von Hand durchgestrichen worden: In Ostpreußen standen die Russen.

Am 22. April 1945 fand der letzte Flug der alten Lufthansa statt, Berlin–Warnemünde. Dazu Graf Schack: »Machen wir uns nichts vor. Dieser letzte Flug... war nichts als eine Flucht aus Berlin. Eine Lufthansastrecke von Berlin nach Warnemünde gab es nicht.«
Der letzte ordnungsgemäße Geschäftsbericht galt für das Jahr 1943. Durch den Zusammenbruch Deutschlands am 9. Mai 1945 konnte der nächste nicht mehr erscheinen. 1952 erst stellte die »Deutsche Lufthansa AG in Liquidation« die Jahresrechnung 1944 auf. Sie wurde unterschrieben von den Liquidatoren Jahn und Graf Westarp. Die uneingeschränkte Verfügung über das Restvermögen erhielt die Lufthansa erst, nachdem die Verpflichtung, sich aufzulösen, erfüllt war. Diese Auflage hatte sie von der Alliierten Hohen Kommission bekommen. Der Beschluß über die Auflösung wurde in der Hauptversammlung vom 15. Februar 1951 gefaßt.
In dem nachträglich erstellten Geschäftsbericht für das Jahr 1944 konnten nur die Anfang 1945 von Berlin nach München geschafften Geschäftsbücher berücksichtigt werden. Die in Berlin verbliebenen waren durch die Kriegsereignisse vernichtet worden. Darin heißt es unter anderem:

»Die allgemeine Geschäftsentwicklung im Berichtsjahr ist im wesentlichen dadurch gekennzeichnet, daß die Abgabe unseres Fluggerätes an die damalige Luftwaffe in einem großen Ausmaße fortgesetzt werden mußte, so daß für die Durchführung des zivilen Flugdienstes nur wenige eigene Flugzeuge zur Verfügung standen. Infolgedessen ist eine Aufrechterhaltung des Streckennetzes auch nur unter Inanspruchnahme von gecharterten Flugzeugen möglich gewesen. Trotzdem konnte eine Flugleistung von 6 222 146 km (i. V. rd. 6,7 Mill. km) erzielt werden. Diese Leistung entsprach etwa dem Verkehrsergebnis des ersten Gründungsjahres der Gesellschaft.«

Der Kreis hatte sich geschlossen. Gründungs- und Liquidationsjahr entsprachen einander in ihren Leistungen. Der sogenannte Fortschritt hatte sich durch den Krieg ad absurdum geführt.

Während der Krieg sich dem Ende näherte und die Bedrohung für die Reichshauptstadt immer konkreter wurde, beschloß die Reichsregierung, München zum Zentrum des Luftverkehrs zu machen. Durch diese Verlegung wurde auch ein großer Teil der Geschäftsakten über den Zusammenbruch hinweg gerettet. Andere, so die Unterlagen über die Bezüge des Vorstandes, gingen in Berlin verloren.
Am 20. April flogen Hans M. Bongers, Verkehrsleiter, und der frühere Pressechef Orlovius sowie zwei weitere Mitarbeiter, Scharlach und Dr. Rößger, mit einer Ju 52 von Berlin über Pilsen nach München. Einer blieb einsam auf verlorenem Posten: Vorstandsmitglied Walter Luz.

Wir wissen nicht, welche Gedanken ihn beseelten, als er der in sichere Gefilde entschwindenden Ju 52 hinterherblickte. Wir können sie uns aber gar nicht negativ genug vorstellen. Denn Luz wurde nach dem Fall Berlins verhaftet und geriet in russische Gefangenschaft. Er kehrte erst sehr spät, Mitte der fünfziger Jahre, zurück.
Schon vorher, als Gerüchte über seine Rückkehr auftauchten, waren Mußmaßungen innerhalb der eben neu erstandenen Nachkriegs-Lufthansa darüber angestellt worden, welche Aufgaben er übernehmen würde.
Aber als er dann, erstaunlich vital und ungebrochen, zurückkam, hatte die Lufthansa für ihn keinen Platz. Statt dessen berief ihn die Frankfurter Flughafen AG am 2. Mai 1956 zum Vorstandsmitglied. Es dauerte gar nicht lange, da hatte die Lufthansa handfeste Argumente vorzubringen. »Der Mann sabotiert uns alle Flughafen-Konzepte«, so ein namhafter Vertreter in Frankfurt. »In der Frage Dezentralisation oder Zentralisation hat sich die Lufthansa für ein zentralisiertes Terminal eingesetzt, von dem aus alle Abstellpositionen in kürzester Zeit zu erreichen sind. Wir brauchen das Konzept nur vorzulegen, und wir können sicher sein: Luz ist dagegen.«
Tatsächlich wurde dann Frankfurt entgegen den Lufthansa-Vorschlägen als dezentralisiertes Terminal ausgebaut, mit sehr langen Fußgängerwegen. Köln-Bonn hingegen sollte, wie auch das spätere Berlin-Tegel, ein zentralisiertes Terminal erhalten. Vom Autoparkplatz waren es kaum mehr als einige hundert Meter bis zum Flugzeugeinstieg. Das Extrem hingegen bildete nicht Frankfurt, sondern München-Riem. Satiriker spöttelten, München habe seine Olympischen Spiele von 1972 nicht verwinden können: Alle Verbindungswege von der Flugzeugrampe bis zum Ausgang seien so angelegt, daß sie als Trainingsterrain für neue Olympia-Anwärter dienen könnten – nirgendwo seien so lange Gehstrecken zurückzulegen.
Doch zurück zu Walter Luz!
Als er am 15. Juli 1956 zu einer Unterredung nach Hamburg kam, wurde er dort im wesentlichen nur von den Kollegen aus der alten Hansa begrüßt. Er war und blieb ein »Verdrängter«.
Luz hatte nämlich für sein Ausharren in Berlin einen Grund angegeben, der ihn als treuen Gefolgsmann der Nationalsozialisten auswies. Sein Platz sei dort, wo der Führer sei. Er blieb, während hohe Parteifunktionäre längst die Flucht ergriffen hatten.
Anfang Mai wurde er, zusammen mit Dr. Stüssel und Müller von der Heiden, beide Direktionsmitglieder wie er, von den Russen gefangengenommen. Als einziger erhielt er fünfzehn Jahre Kerkerstrafe. Stüssel, der

rasch wieder freikam, berichtete später, Luz habe den Russen von seinen Beziehungen zur Deruluft erzählt und ihnen die komplette Lufthansa-Organisation zur Verfügung stellen wollen. Der Schuß ging nach hinten los: Man bezichtigte ihn daraufhin der Spionage und verurteilte ihn.

Im Herbst 1969 erschien folgende Traueranzeige:

»WALTER LUZ, Vorsitzender unseres Aufsichtsrates, Vorstandsmitglied i. R. der Flughafen Frankfurt/M AG, ehemaliges Vorstandsmitglied der Deutschen Lufthansa AG, Berlin, erlag unerwartet am 7. September 1969 in seinem 71. Lebensjahr den Folgen eines Gehirnschlages. Schon früh war Walter Luz mit der Fliegerei in Berührung gekommen, die dann zu seinem Lebensinhalt wurde und der er seine ganze Schaffenskraft widmete. Sein verdienstvoller Einsatz bei der alten Deutschen Lufthansa AG, sein Wirken in unserem Aufsichtsrat und seine stete Bereitschaft, überall helfend einzugreifen, wird unvergessen bleiben. Wir gedenken seiner in Dankbarkeit. Aufsichtsrat, Vorstand und die Mitgliedervertretung der Versorgungskasse für die deutsche Luftfahrt V. V. a. G. in Liquidation.«

Die neue Deutsche Lufthansa fehlte.

Graf Schack, dazu befragt, warnt ausdrücklich, der Unzahl von Gerüchten nachzugehen, weshalb Luz bei der neuen Lufthansa nicht die geringste Rolle mehr spielte. Fest stehen lediglich folgende Überlegungen: Sowohl für Bongers wie für Höltje hätte sich dadurch das Hinzukommen von Luz eine komplizierte Situation ergeben. Bei der alten Hansa stand Luz drei Stufen über ihnen. Inzwischen saßen beide fest im Vorstand; Luz als »Neuling« hätte eine untergeordnete Position einnehmen müssen – eine für alle Beteiligten peinliche Konstellation. Noch einer muß an dieser Stelle genannt werden: Direktor Martin Wronsky. Ihn bestellten die Alliierten zum Liquidator. Von ihm war bekannt, daß er im Dritten Reich Schwierigkeiten wegen seines nicht einwandfreien Ahnenpasses hatte und kein Freund der Regierung war. Während zahllose NS-Verbrecher allen Strafen entgingen und noch heute von guten Pensionen leben, wurde Wronsky die Tatsache zum Verhängnis, daß er auf dem Entnazifizierungsfragebogen seine NSDAP-Mitgliedschaft verschwiegen hatte. 1946 beging er, einundsiebzigjährig, Selbstmord.

Ein letztes Mal muß auf die Verknüpfung von Lufthansa und Luftwaffe eingegangen werden.

Es liegt auf der Hand, daß in den Nachkriegsjahren dieses Thema nicht besonders hervorgehoben wurde – Im Gegenteil.

Aber durch das Bemühen Graf Schacks, der über dreißig Jahre verzweifelt seinen Don-Quichotte-Kampf für die Rentenansprüche der alten

Mit zweimotorigen Doppeldeckern, die sich im Ersten Weltkrieg bewährt hatten, wurde Anfang der zwanziger Jahre der Postdienst aufgenommen. Hier eine C VI der Luftverkehrsgesellschaft.

ben: Bald wurden bereits die ersten Kabinenflugzeuge eingeführt, wie die Sablatnig P III. Die Passaere waren vor dem Fahrtwind geschützt; der Motor erzeugte freilich Vibrationen.

olgende Doppelseite: Am 6. April 1926 eröffnete die »Deutsche Lufthansa AG« ihren planmäßigen lugverkehr mit dem Start dieser Dornier Komet III von Berlin über Stuttgart nach Zürich.

LUFT HANSA

Leergewicht
58

Eine Fokker F III der Deutschen Aero Lloyd AG im Landeanflug auf den Flughafen Hamburg-Fuhlsbüttel.

Eine Junkers F 13 der Junkers Luftverkehr AG. Die bereits 1919 von Professor Hugo Junkers erbaute F 13 war das erste zivile Ganzmetall-Flugzeug mit geschlossener Passagierkabine.

Mit der Arado V1 unternahm die Lufthansa 1929 Versuchsflüge zur Erkundung von Schnellpoststrecken nach Istanbul, Sevilla und Teneriffa. Hier die Maschinen auf La Laguna bei Santa Cruz.

Die Rohrbach-Flugboote waren Schiffen nicht unähnlich. Hier die ROMAR bei der Endmontage. Allerdings wurde der Atlantik-Verkehr hauptsächlich mit Dornier-Flugbooten durchgeführt.

Die Dornier Wal TAIFUN auf dem Schiffskatapult. Sie brachte die Post weiter nach Natal in Brasilien, von wo ein Flugzeug der »Syndicato Condor Ltda« sie nach Rio brachte.

Um die Postlaufzeiten über den Nordatlantik zu verkürzen, wurde am 22. Juli 1929 erstmals ein Heinkel-He-12-Schwimmflugzeug von der Bremen, etwa 400 km vor New York, katapultiert.

Unten: Das Wasserflugzeug Junkers Ju 46 war ein reines Postflugzeug, das niemals Passagiere beförderte. Es wurde in wasserreichen Gebieten eingesetzt, wurde aber nicht übermäßig bekannt.

Folgende Doppelseite: Die Junkers G 38, der Jumbo der dreißiger Jahre, über dem Bodensee. Dort liegt das Riesenflugboot Dornier Do X vor Anker, das aber nie zum Bestand der Lufthansa gehörte.

-2500

Carl-August von Gablenz nach der Rückkehr vom Pamir-Flug auf Tempelhof. Neben ihm Flugkapitän Untucht, Frau von Gablenz und, im Profil, DHL-Direktor Martin Wronsky.

Die Junkers Ju 86 war das erste Lufthansaflugzeug, in das serienmäßig Dieselmotoren eingebaut wurden. Doch leider bewährte sich die Maschine nicht so, wie man erwartet hatte.

ie Superconstellation war das erste Langstreckenflugzeug der neuen Lufthansa. Ab 1956 wurde es auptsächlich auf dem Nordatlantik, bald darauf auch auf dem Südatlantik eingesetzt.

ach der vierstrahligen Boeing 707 wurde Anfang der siebziger Jahre die DC 10 auf der Langstrecke ngesetzt. Überall dort, wo der Boeing-747-Jumbo zu viel Plätze angeboten hätte.

Ab 1990 nahm die Lufthansa den ersten Jumbo mit Zweimanncrew in Betrieb. Er ersetzte die alte Boeing 747
die inzwischen mehr als zwanzig Dienstjahre aufweisen kann.

Die Lufthansa hat bereits Bestellungen für den neuen vierstrahligen Airbus A 340 aufgegeben, der ab Herb
1992 an die Fluggesellschaften ausgeliefert werden soll.

Lufthanseaten kämpfte, wobei die Frage Staatsbetrieb oder privatwirtschaftliches Unternehmen ausschlaggebend war, wurden nach und nach alle Beispiele gesammelt. Aufgeführt wurden sie zum erstenmal in einem Rechtsgutachten, das 1977 von Prof. Dr. Dr. Robert Weimar erstellt wurde, »zur Bindung des Gesetzgebers an verfassungsrechtliche Handlungspflichten im Bereich der Rentenpolitik«.
So wurde erst jetzt bekannt, was damals und in den Jahren danach teils geheim war, teils totgeschwiegen wurde.
Zum Thema »Stalingrad«: Es war ein Lufthansa-Geschwader, das die Versorgungsflüge dorthin durchführte. Der Einsatz ging vom DLH-Frontreparaturbetrieb in Kirowograd aus. Die letzte Maschine in den Kessel wurde gesteuert von einem Lufthansa-Piloten: Flugkapitän Noack. Sie kehrte nicht zurück. Auch das letzte Flugzeug, das den Kessel verließ, war eine Lufthansa-Ju, unter dem Kommandanten Oberst Förster.
David Irving schrieb darüber:

»In den 72 Tagen und Nächten hatte die Luftwaffe 8 350 Tonnen Nachschub in die Festung Stalingrad geflogen... der Preis waren 330 zerstörte, vermißte, verunglückte oder abgeschriebene Flugzeuge und ungefähr 800 gefallene Flieger... Aus den Fliegerschulen hatte man rücksichtslos Flugzeuge und Fluglehrer abgezogen, und auch die Lufthansa hatte einige ihrer besten Flugzeugführer verloren.«

Während der gesamten Kriegsjahre wurden Flüge mit reinen DLH-Besatzungen durchgeführt, die in der Vergangenheit wahrscheinlich irrtümlich als Luftwaffen-Flüge registriert wurden. Man flog, als sogenannte »Regierungsstaffel«, unter anderem Verwundetentransporte von den Kriegsschauplätzen Smolensk und Taganrod nach Ostpreußen.
Im April 1945 wurden Angehörige des Personals des RLM von Berlin nach Salzburg ausgeflogen – mit Lufthansa-Maschinen. Mindestens zwei gingen durch Beschuß verloren, unter anderem wurde Flugkapitän Zywina dabei getötet.
In all diesen Fällen ging es nicht um Lufthanseaten, die, wie früher schon erwähnt, einfach zur Luftwaffe eingezogen wurden beziehungsweise sich freiwillig meldeten, sondern um Zivilpersonen, um Angestellte der DLH. Man trug eine militärähnliche Kleidung ohne Rangabzeichen, Silberkordel an der Schirmmütze, Leibriemen mit Pistole über dem DLH-Ledermantel.
Schon vor dem Krieg hatte es zahlreiche geheime Sondereinsätze gegeben, die nicht der Tätigkeit bei einem privaten Arbeitgeber entsprachen. So erhielt zum Beispiel am 17. Oktober 1938 ein Flugkapitän durch von Gablenz und Milch den Auftrag, Luftaufnahmen von der (künftigen) Sudeten-Grenze bei Mährisch-Ostrau zu machen.

Selbst die erwähnte Antarktisexpedition von 1938/39 entpuppte sich als ein Unternehmen mit Sonderaufgaben, für das Hermann Göring selbst den Auftrag erteilt und Mittel zur Verfügung gestellt hatte.
Die Lufthanseaten waren nach dem Kriege gut beraten, derartige Sondermissionen erst einmal zu verschweigen, ebenso die Tatsache, daß Göring schon 1936 auf der IATA-Tagung anläßlich des zehnjährigen Lufthansa-Jubiläums ausdrücklich die Verdienste hervorgehoben hatte, die die Lufthansa bei der Aufstellung der Luftwaffe hatte. Es gab auch Linienflüge, die gar keine echten Linienflüge waren. Nach dem Polenfeldzug wurden etwa zwanzig Lufthansa-Besatzungen abgestellt, um getarnte »Linienflüge« nach Spanien, Skandinavien und dem Balkan durchzuführen. In allen Fällen ging es um Fluggäste, die überwiegend Agenten und Spione waren. Elf Besatzungen wurden auf diesen Einsätzen abgeschossen.
Erwähnt werden muß die »Geheime Kommandosache vom 25. Januar 1939«.
Es ging um den Mobilmachungsplan, speziell darum, welche Einheiten dabei die Lufthansa zu stellen hatte. So das Kampfgeschwader »zur besonderen Verwendung« 172, in dem Staffeln von viermotorigen Ju 90, FW 200 und G 38 erfaßt waren. Sämtliche Flugzeuge hatten nach diesem Plan bei Empfang des Codewortes »Dädalus« sofort nach Deutschland zurückzukehren. Flugzeuge, die nicht mehr in das Reichsgebiet zurückgebracht werden konnten, waren bei Gefahr, in Feindeshand zu fallen, durch Feuer zu zerstören.
Und es gab die »Übung Sudetenland«. Lufthansa-Maschinen wurden umgerüstet, die Sitze entfernt und durch Sitzbänke entlang der Kabinenwand ersetzt, von Lufthansa-Besatzungen auf einen Feldflugplatz geflogen, wo bereits SS-Einheiten lagen. Die Lufthanseaten mußten sich für den Fall bereithalten, daß die Besetzung des Sudetenlandes auf Widerstand stoßen sollte, um dann die SS-Truppen hinter den feindlichen Linien abzusetzen. Die beteiligten Lufthanseaten erhielten eine Medaille »zur Erinnerung an den 1. Oktober 1938«, die später keiner mehr vorzeigen mochte.
In Anbetracht derartiger Verkoppelungen wundert es nicht, daß Lufthanseaten nach dem verlorenen Krieg »wie SS-Leute« behandelt wurden. Hier wird freilich auch das Tanzen auf zwei Hochzeiten offenbar. Oft empörten sich über diese Gleichsetzungen eben die Leute, die dann wegen der Rentenversorgung später ausführlich jene Fälle zu ihren Gunsten aufführten.
Noch offensichtlicher als bei der »Übung Sudetenland« war die Rolle der Lufthansa im spanischen Bürgerkrieg, und vierzig Jahre danach gab man

auch wieder offen zu, daß die Lufthansa-Jus erheblich zum Sieg Francos beigetragen hatten. Sie wurden in der DLH-Werkstatt Böblingen aufbereitet und durch Lufthanseaten im Direktflug nach Sevilla übergeführt. Milch war es übrigens, der hier den direkten Einsatzbefehl an die Lufthansa erteilte, er hatte das Oberkommando. Zum Schutz der zu überführenden Ju-52-Maschinen wurden Heinkel-He-51-Doppeldecker-Jagdflugzeuge mitgegeben.
Milch war es auch, der die eingeschlossene 6. Armee in Stalingrad versorgen (und retten) sollte. Sein eigenes Tagebuch (Sonderstab TB) im späteren Bundesarchiv/Militärarchiv (IIIL 78/1–5) gibt Auskunft darüber.
Robert Weimar, 1977: »Milch war unterdessen zum bedingungslosen Anhänger Hitlers und der Nationalsozialisten geworden.«
Und: »Es handelte sich nämlich ... bei der DLH nicht um eine wirtschaftlich orientierte Privatgesellschaft mit der Ausrichtung auf fortschreitende Gewinnmaximierung; sondern der Staat wollte hier seine Luftflotte aufbauen.«

Zweiter Teil

Die neue Lufthansa (1955–1991)

Erstes Kapitel
Der Phönix aus der Asche

»... ein harter Weg voller Mühen und Anstrengung«

Kurz nach Ende des Zweiten Weltkrieges tappte ein einsamer Mann über das zerstörte Gelände des Frankfurter Flughafens. Mit archäologischer Besessenheit stocherte, schaufelte und schürfte er in Bombenkratern und unter Hallentrümmern, bis er endlich fand, wonach er suchte: die Betonreste der alten Startbahn. Er stieß einen Schrei aus, als sei er auf Gold gestoßen.
Damals gehörten Mut und Unbeirrbarkeit dazu, an eine neue deutsche Zivilluftfahrt zu glauben. Nach diesem zweiten verlorenen Krieg waren die Siegermächte härter und gründlicher vorgegangen. Sie hatten aus der Geschichte gelernt. Das Ausweichen auf russische Flugzeugwerke und pseudo-russische Gesellschaften, die Tarnorganisationen und »Reichsbahnstrecken«, auf denen die zukünftigen Luftwaffenpiloten ausgebildet wurden – all diese Tricks, mit denen das Versailler Diktat umgegangen wurde, sollten die Alliierten nicht zum zweiten Mal narren. So wurden die Industrieanlagen demontiert, alle fliegerischen Aktivitäten, einschließlich Segelflug, untersagt.
Deutschlands Flugplätze sollten auf neunundzwanzig Jahre in friedvolle Kartoffeläcker verwandelt werden, und für den gleichen Zeitraum sollte kein Deutscher mehr eine Waffe in die Hand nehmen. Selbstverständlich würde niemals wieder ein Deutscher als verantwortlicher Flugzeugführer am Steuer eines Flugzeuges sitzen dürfen. Es war die Zeit, als man in einem überfüllten Kartoffelhamsterzug nur von seiner Begeisterung für die Segelfliegerei zu sprechen brauchte, um von einer aufgebrachten Masse fast gelyncht zu werden. Von jener Masse, die eben noch den Ritterkreuzträgern zugejubelt hatte, die ihre Bomben auf England geworfen und alliierte Schiffe torpediert hatten.
Die Deutschen, eben erst wieder aus dem Alptraum der Bombennächte erwacht und aus den Kellern ans Tageslicht gekrochen, assoziierten grundsätzlich »Flugzeug« mit Luftterror und Zerstörung.
In jener Zeit fand unser Flugplatz-Archäologe, sein Name war Rudolf Lange, den Mut, zwischen Zivil- und Militärluftfahrt zu differenzieren. Als er zwischen Zementbrocken und Flugzeugwracks umherstöberte, dachte er bereits an einen neuen Zivilflughafen für Frankfurt. Sein

Kampf sollte belohnt werden – er wurde später Vorstandsmitglied für die Abteilung Verkehr im Rhein-Main-Flughafen.

Wer schon damals, Ende der vierziger Jahre, auf Frankfurt statt Berlin als neuen Luftverkehrsknotenpunkt setzte, machte sich dadurch zwar nicht gerade beliebt, zeigte aber, daß er Gespür für kommende Realitäten besaß. Der komplizierte Viermächtestatus Berlins verhinderte, daß Tempelhof jemals wieder werden konnte, was es in alten Lufthansa-Zeiten gewesen war.

Freilich gab es, als dann Mitte der fünfziger Jahre Ereignis wurde, was laut Nachkriegsplanung niemals mehr geschehen sollte, durchaus ernste Konkurrenten für Frankfurt. Daß Köln-Bonn versuchen würde, der Knotenpunkt des neuen Zivilluftverkehrs zu werden, lag aus politischen Gründen auf der Hand. Zunächst aber lief Hamburg der Main-Metropole eindeutig den Rang ab. Von hier begannen die Eröffnungsflüge der neuen Lufthansa.

1949 wurde das von den vier Besatzungsmächten erlassene Vereins- und Versammlungsverbot gelockert. Zwei Jahre später, am 14. Januar 1951, schlossen sich ehemalige Lufthanseaten zu einer »Notgemeinschaft« zusammen – in Frankfurt zwar, aber die eigentliche Initiative ging von Köln aus.

Dort erfolgte fast auf den Tag genau zwei Jahre später die Gründung einer Vorbereitungsgesellschaft: LUFTAG. Vorbereitet worden war diese Gründung durch das sogenannte »Büro Bongers«. Es hatte Unterlagen über die Möglichkeit und Notwendigkeit einer deutschen Luftverkehrsgesellschaft erarbeitet, nachdem 1951 der »Vorbereitungsausschuß Luftverkehr« aus Vertretern von Bund und Ländern ins Leben gerufen worden war.

Hans M. Bongers kannte die Luftfahrt von der Pike auf. 1898 in Itzehoe geboren, trat er als kaufmännischer Angestellter schon 1918 bei Junkers in Dessau ein. Er hatte wesentlichen Anteil an den Vorarbeiten für das Standardflugzeug der alten Lufthansa, die Ju 52. Bei Kriegsende war er Verkehrsleiter des Gesamtbetriebes der Deutschen Lufthansa.

In den ersten Nachkriegsjahren, als Deutsche nicht einmal als Passagiere in Flugzeugen mitfliegen durften, war er bereits bei den amerikanischen und britischen Militärregierungen vorstellig geworden und hatte Vorschläge zur Gründung einer »Luftreise GmbH-Hilfbetrieb für Luftverkehr« mit deutschem Fachpersonal unterbreitet. Die ersten Vorstöße endeten für ihn mit dem Verbot jeglicher Betätigung auf dem Gebiet der Luftfahrt.

In Bitburg gründete Bongers ein Wirtschaftsberatungsbüro, in dem neue Entwürfe für den deutschen Luftverkehr entstanden. Nachdem er 1951

als Berater ins Bundesverkehrsministerium gerufen worden war, siedelte er mit seinem Büro nach Köln über, dem späteren Sitz der Hauptverwaltung der Lufthansa.
Die LUFTAG war – abgesehen von Chartergesellschaften – die erste Organisation, die öffentlich in Erscheinung treten durfte: Flugzeuge wurden eingekauft, Personal wurde eingestellt, eine Bodenorganisation geschaffen. An der Spitze stand neben Bongers Gerhard Höltje – als Diplom-Ingenieur eine ideale Ergänzung. 1932 in die technische Entwicklungsabteilung der Lufthansa eingetreten, hatte er sich besonders um die Seeflugzeuge der alten Hanse verdient gemacht; ab 1942 bekleidete er den Posten des Leiters der Versuchsabteilung der technischen Entwicklung der Lufthansa. Nach dem Krieg hielt er den Anschluß durch seine Tätigkeit als Leiter einer Spezialistengruppe für die Wartung amerikanischer Transportflugzeuge in Berlin-Tempelhof.
Am 6. August 1954 wurde LUFTAG in »Deutsche Lufthansa AG« umbenannt. Ein denkwürdiger Tag! Wer hatte nach dem Krieg jemals auf einen solchen Tag zu hoffen gewagt? Nur Unerschütterliche wie Bongers, Höltje, Lange und eine Handvoll anderer.
Seit 1953 wuchsen bereits auf Hamburg-Fuhlsbüttel, dem ältesten deutschen Flugplatz, die Werftanlagen der neuen Lufthansa empor. Sie wurden bald durch die noch rascher wachsenden Verwaltungsanlagen übertrumpft. Und schon im Dezember 1954 landeten dort die ersten Flugzeuge mit dem traditionellen Blau-Gelb der Lufthansa, wurden von Hamburg aus die ersten Erprobungsflüge unternommen.

Die Wiedergeburt des Kranichs

1. April 1955: ein historischer Tag in der Geschichte der neuen Deutschen Lufthansa!
Festliche Stimmung auf Hamburg-Fuhlsbüttel! Früher Morgen, aber schon zahlreich winkende Zuschauer, fähnchenschwenkende Schulklassen! Zum ersten Mal nach dem Krieg rollt ein planmäßiges Flugzeug an den Start! Die Convair 340 mit dem Kennzeichen D-ACEF beschleunigt, hebt ab und nimmt Kurs Richtung Düsseldorf. Sie kehrt noch am gleichen Tag über Frankfurt und München zur Ausgangsbasis zurück. Neben dem britischen Kommandanten sitzt der deutsche Copilot Nonnenberg. Bundesverkehrsminister Seebohm hält eine Ansprache: Der innerdeutsche Luftverkehr in eigener Regie ist eröffnet!
Nüchterne Zahlen und Informationen können nicht im entferntesten die Schwierigkeiten wiedergeben, die bis zu diesem denkwürdigen

Augenblick hatten gemeistert werden müssen. Auch dieser erste Start war noch ein eigenartiger bürokratischer Zwitter. Legal im strengen Wortsinn war er nicht, ermöglicht nur durch eine Ausnahmegenehmigung der Alliierten Hohen Kommission, denn offiziell erhielt die Bundesrepublik erst mit den Pariser Verträgen vom 5. Mai 1955 ihre Souveränität und Lufthoheit zurück.

Wahrscheinlich hat Bongers oft selber nicht mehr an den Erfolg seiner Kämpfe glauben können. Als die Lufthansa 1955 in Erscheinung trat, war der europäische und interkontinentale Luftverkehr fest in den Händen der Konkurrenz. Schon im Oktober 1952 waren allein in Deutschland zwanzig ausländische Luftverkehrsgesellschaften tätig, die sich gegenseitig den Rang abliefen. Darunter nicht nur die Mitteleuropäer wie KLM, Air France oder SAS, sondern auch die Luftlinien der Ägypter, Südafrikaner, Argentinier, Polen und des Fernen Ostens!

Vor dem Krieg waren die Lufthanseaten König auf dem Nord- und Südatlantik gewesen. Jetzt sahen sie sich einer total veränderten Flugwelt gegenüber. Sie mußten wie Klippschüler das Abc des modernen Atlantikverkehrs erlernen.

Die Riesenflugboote, die die Lufthansa in Entwicklungsauftrag gegeben hatte, wurden verschrottet oder waren zerbombt: Die sechsmotorige BV 222 mit ihren sechsundvierzig Metern Spannweite wurde für Flugtests nach England und Amerika übergeführt. Die ebenfalls sechsmotorige BV 238 (mit sechzig Metern Spannweite) wurde, wie erwähnt, von Mustang-Jägern im Schaalsee versenkt, die viermotorige Focke-Wulf FW 300 nie gebaut; sie hätte die Nachfolge der Condor antreten sollen. Die sechsmotorige Focke-Wulf Ta 400, ein sechsmotoriges Geheimprojekt, sollte zunächst als Bomber gebaut werden, hätte aber ebenfalls ein Atlantik-Verkehrsflugzeug werden können. Als Starthilfe waren unter den äußeren Triebwerken Jumo-004-Turbinen vorgesehen gewesen.

Während die Junkers Ju 290 als Nachfolgemuster der Ju 90 *Der große Dessauer* noch auf Strecke ging, blieb die sechsmotorige Ju 390 im Versuchsstadium stecken. Zwei Prototypen, die in Prag gebaut worden waren, flogen noch.

In der Zwischenzeit aber waren sechsmotorige Flugzeuge nicht mehr en vogue, Flugboote schon gar nicht! Die amerikanischen Motoren waren so stark, daß man nicht mehr sechs Stück davon brauchte. Und sie waren so leistungsfähig, daß sich Zwischenlandungen auf See erübrigten.

Die Vorbereitungskommission hatte sich daher keinen Illusionen hingegeben:

»Abschließend muß gesagt werden, daß der Wiederaufbau eines deutschen Luftverkehrs für unser verarmtes, zerrissenes und schwer ringendes Land ein äußerst schwieriges Unternehmen ist... Es gibt für die geschilderte Aufgabe keine Patentlösung, keinen goldenen Weg zum sicheren Gewinn. Es gibt nur einen harten Weg voller Mühen und Anstrengungen!«

Als Bongers seine Arbeit aufnahm, hatte er keinerlei Garantien, daß ihm jemand Geld gewährt und daß eine zukünftige deutsche Beteiligung am Luftverkehr überhaupt gewünscht werden würde. Er verließ sich auf mündliche Zusagen, beschied sich mit 800 DM monatlich und zahlte seinen fünf Männern und zwei Schreibdamen 600 DM. Zu seinen Mitarbeitern gehörten auch der ehemalige Vorstand der Deruluft, Lufthansa-Syndikus und früherer Mitarbeiter des Zeppelin-Konzerns Walter Issel, ebenso der ehemalige Lufthansapilot von Engel, der rund fünfzigmal den Nord- und Südatlantik überquert hatte.
Bongers' große Stunde schlug am 29. Mai 1951, als er zum ersten Mal schwarz auf weiß seinen Auftrag erhielt. Bundesverkehrsminister Seebohm teilte ihm amtlich mit:

»Nach den von Ihnen anerkannten Bedingungen für die Gewährung von Mitteln für Untersuchungen zur Förderung der Luftfahrt... erteile ich Ihnen den Auftrag, mich in Fragen eines zukünftigen deutschen Luftverkehrs zu beraten und als Gutachter auf diesem Gebiet tätig zu sein...«

So kündigte sich in bestem Bürokratendeutsch der zukünftige deutsche Luftverkehr an.
Seebohm war mit seinem »Auftrag für Beratung« gut beraten. Leider konnte die beste Beratung nicht die Unfähigkeit eines Mannes wettmachen, der für den Verkehrssektor nicht die nötigen Voraussetzungen mitbrachte. Die Bundesrepublik hatte in der Wahl ihrer Verkehrsminister nie eine glückliche Hand. Aber niemand hat sich so blamabel und fatal durch Fehlkommentare, Fehlverordnungen und Unterlassungssünden ausgezeichnet wie er. Nach dem Urteil der Piloten und Lotsen läßt sich die heutige Misere im Luftraum über der Bundesrepublik bis zu Seebohm zurückverfolgen.
Vergleicht man Äußerungen Seebohms mit denen von Bongers, so wird auf fatale Weise deutlich, wer sich wirklich um den neuen deutschen Luftverkehr verdient gemacht hat. Die Rede, die der Bundesminister für Verkehr zum Beispiel aus Anlaß der Gründung der »Aktiengesellschaft für Luftverkehrsbedarf« hielt, wimmelt von Gemeinplätzen und enthält keinen einzigen konstruktiven Vorschlag. Mit vielen »ich« und »wir« gespickt, erweckt sie den Eindruck, als sei es einzig seiner Privatinitiative

zu verdanken, daß überhaupt jemals wieder ein Deutscher ein Flugzeug besteigen dürfe. Statements wie: *Nachdem die Planungsarbeiten dieses Büros (Bongers) zu greifbaren Ergebnissen führten, berief ich im November 1951 einen Sachverständigenausschuß* ... verschleiern die Bemühungen der Männer um Bongers, die von vornherein einen oft verzweifelten Kampf gegen Behördenträgheit und -unverständnis führten.
Schon in einem Artikel, den Bongers in der FAZ vom 14. Juni 1952 veröffentlichte, wandte er sich gegen die Tendenz, die neue Lufthansa möglichst klein zu halten:

»Einen deutschen Luftverkehr auf die engen Grenzen der Bundesrepublik beschränken zu wollen, würde ihn ... seiner wichtigsten Funktion berauben. Der Luftverkehr ist seiner Wesensart nach international und berufen, die Luftstraßen zwischen der Bundesrepublik und den Staaten in Europa und in anderen Kontinenten zu bauen. Es muß davor gewarnt werden, unter eine gewisse optimale Betriebsgröße herunterzugehen, da alsdann bestimmte Kostenfaktoren sehr ungünstig beeinflußt werden.
Ein weltweites Luftverkehrsunternehmen, wie es aus unserer geographischen und wirtschaftspolitischen Situation erforderlich ist, ist vielschichtig und hat eine Vielzahl betrieblicher Funktionen zu erfüllen, die unabhängig davon sind, ob viele oder wenige Strecken beflogen und mit welcher Häufigkeit die Verbindungen bedient werden.«

Am 6. Januar 1953 wurde die LUFTAG gegründet, die eineinhalb Jahre später, seit dem 6. August 1954, den alten Firmennamen wieder tragen durfte: Deutsche Lufthansa. Ihr Anfangskapital von sechs Millionen DM wurde vom Bund, von der Bundesbahn und vom Land Nordrhein-Westfalen gestellt. Dem Aufsichtsrat, dem Dr. Kurt Weigelt vorstand, gehörten Ministerialdirektor Knipfer, Staatssekretär Prof. Brandt, Oberbürgermeister Dr. Klett, Ministerialrat Kreipe, Ministerialdirektor Dr. Oeftering, Prof. Dr. Frohne an. Der Vorstand bestand aus Hans M. Bongers und Dipl.-Ing. G. Höltje.
Die Anwesenheit des ersten Präsidenten der Deutschen Bundesbahn, Prof Dr. Frohne, deutet schon die Antwort auf eine Frage an, die sich viele Lufthanseaten später stellten: Weshalb vermied es die Gesellschaft stets, in ernste Konkurrenz mit der Bundesbahn zu treten? So wurden zum Beispiel die »Airbusflüge«, die 1963 versuchsweise zwischen Frankfurt und Hamburg mit der Super-Constellation gestartet wurden, teurer für die Passagiere veranschlagt, als dies nach dem Willen der Lufthansa und ohne Einspruch der Bundesbahn notwendig gewesen wäre.
Eines der größten Sorgenkinder für die neue Gesellschaft waren die Beschaffung geeigneten Flugzeugmaterials sowie das »Anheuern« der entsprechenden Kommandanten, die die Ausbildung der Deutschen übernehmen sollten.

Für die Convair-Flotte erklärte sich die BEA bereit. Die skurrile Schwierigkeit lag jedoch darin, daß die BEA selber gar keine Convair-Flugzeuge flog, folglich auch keine Kommandanten dafür hatte. Sie schickte daher (auf wessen Kosten, liegt auf der Hand) neun ihrer Piloten in die USA, um sie dort umschulen zu lassen. Diese standen dann der Lufthansa bis März 1957 für die Europastrecken zur Verfügung. Die BEA erhielt dafür jährlich 37 800 Pfund Sterling.
Von vornherein beäugten Amerikaner und Briten einander mißtrauisch und eifersüchtig. Wer würde sich die größte Scheibe vom deutschen Luftverkehrskuchen abschneiden? Die junge Diva Lufthansa mußte auf zwei Hochzeiten tanzen. Zunächst kam es zu jenem Vorgang, der tatsächlich in die Annalen als »englische Hochzeit« eingegangen ist:
Gleichzeitig mit dem Abkommen, das die Abgabe von BEA-Piloten regelte, wurde Anfang 1954 ein weiterer Vertrag fixiert – nicht nur mit der BEA, sondern auch mit der britischen Langstrecken-BOAC. Damit sollte das Dominieren amerikanischen Geräts verhindert werden. Die ersten deutschen Pilotenlehrgänge wurden zur Schulung nach England geschickt.
Eine äußerst komplizierte Entscheidung war auch die Wahl des zukünftigen Langstreckenflugzeugs. Schon damals warf der Düsenverkehr seine Schatten voraus. In dem erwähnten FAZ-Artikel ging Bongers bereits darauf ein, ihm war klar, daß zumindest der zukünftige Langstreckenverkehr dem Düsenflugzeug überlassen werden würde.
Von dieser Problematik her wird das »Einsteigen« der BOAC verständlich. Sie betrieb das erste serienmäßige Versuchs-Düsenflugzeug der Welt: die De Havilland Comet. Für den Mittelstreckenverkehr bot Vickers bereits die Turbopropmaschine Viscount an, die später, in einer verbesserten Ausführung als 814 D, tatsächlich angeschafft wurde.
Jetzt befand man sich in einer Zwickmühle. Sollte man sich bei den ohnehin schwierigen Finanzierungsbedinungen überhaupt noch auf Kolbenflugzeuge einlassen, deren Ende bereits sichtbar war? Vielleicht wäre die Entscheidung tatsächlich zugunsten der Comet ausgefallen, hätte sie eine größere Reichweite gehabt. So aber kam sie für den Langstreckenverkehr Deutschland–USA von vornherein nicht in Betracht. Sogar die statt dessen bestellten Super-Constellations mußten eigens mit Zusatztanks an den Flächenenden ausgerüstet werden und wurden dann als Super-G an KLM, Air France und Lufthansa geliefert.
Später, als die sensationelle Bestellung der Pan Am auf den Langstreckenjet Boeing 707 die Kolbenflugzeuge schlagartig ins Abseits stieß, wurden Vorwürfe gegen die damalige Wahl der Super-Constellation erhoben. Aber die Vorgänge um die Comet hatten diese Wahl längst als richtig

bestätigt, denn mehrere Maschinen verunglückten nacheinander. Bei Startunfällen in Indien spielten Steuerfehler eine Rolle, die hohen tropischen Temperaturen wirkten sich auf die Starteigenschaften der Jets nachteiliger aus, als man angenommen hatte. In dem Bemühen, die zu langsam beschleunigende Maschine noch vor dem Ende der Startbahn abzuheben, wurde der Bug höher gezogen als vorgeschrieben. Durch diesen größeren Anstellwinkel wurde jedoch auch der Widerstand vergrößert, so daß das Flugzeug um keinen Knoten mehr beschleunigte und notwendigerweise über das Bahnende hinausjagen mußte. Unfallursache Nummer zwei war die Materialermüdung der Druckkabine: Mehrere Comets platzten in größeren Höhen. Erst kostspielige Unterwasserdruckversuche förderten die Ursache zutage.
Hätte die Lufthansa damals diese Maschinen geflogen und hätten sich ähnliche Unfälle ereignet, so wäre die junge Gesellschaft erledigt gewesen und eines frühen Todes gestorben. Die Zurückhaltung bei Experimenten hatte sich als richtig erwiesen.
Bevor man sich für die Super-Constellation entschied, hatte man mit der Douglas DC 6 B geliebäugelt, die bereits in großer Zahl, insbesondere auch an europäische Gesellschaften, verkauft wurde, zum Beispiel an Swissair, BOAC, Alitalia und KLM, aber die harten Finanzierungsbedingungen von Douglas machten diese Anschaffung unmöglich. So wurde eine als Douglas-Airline avisierte Gesellschaft Benutzer von Lockheed- und Boeing-Fluggerät.
Lockheed hatte von seiner Super-Constellation erst knappe dreißig verkauft und bot weitaus angenehmere Finanzierungsbedingungen. Allerdings spielten noch weitaus kompliziertere Verflechtungen eine Rolle. Die amerikanische TWA flog Super-Constellations und hatte sich bereit erklärt, Besatzungen nach Deutschland zu schicken. Die Fluggesellschaft gehörte dem Multimillionär Howard Hughes, der gleichzeitig Hauptaktionär von Lockheed war.
Die amerikanischen Piloten sollten die Lufthansa weitaus mehr als die britischen kosten, pro Monat und pro Mann 2 100 Dollar (Kurs damals: 1 Dollar = DM 4,20). Für jede Übersiedlung mußten 5 000 Dollar bezahlt werden. Die deutschen Besatzungen begnügten sich vorerst mit etwa der gleichen Zahl in DM. Bis zu zwanzig TWA-Kapitäne wurden eingesetzt, erst vom Sommer 1959 an kehrten sie nach und nach in die Staaten zurück.
Die angehende Fluggesellschaft hatte keine andere Wahl, als die Bedingungen der Ausländer zu akzeptieren, mochten sie auch teilweise erpresserischen Charakter haben. Es ging um Zahlen oder Sterben – bzw. erst gar nicht das Licht der Luftfahrtwelt erblicken!

Die Presse beschäftigte sich ausführlich mit dem Kind, das so spät noch aus der Taufe gehoben werden sollte. Eine der beachtenswertesten Stellungnahmen stammt von Erich Kuby. Er veröffentlichte in der *Süddeutschen Zeitung* vom 3./4. April 1953 einen gründlichen Bericht unter dem Titel »Die Lufthansa steht – aber sie fliegt noch nicht«. Beachtenswerterweise lautete der Untertitel: »Die Tradition der deutschen Verkehrsfliegerei ist für den neuen Anfang mehr Belastung als Stütze«.
Damit hatte Kuby ein Problem beim Namen genannt, auf das später detailliert eingegangen werden wird: Wie ließen sich die alten Lufthanseaten mit ihren Erwartungen und Hoffnungen, ihren Forderungen und Ansprüchen in die junge Gesellschaft integrieren?
Kuby nahm auch Stellung zu Seebohm:

»Es ist bekannt, daß der derzeitige Bundesverkehrsminister Seebohm einer Partei angehört, die mit einer gewissen Aufdringlichkeit in dem Wörtchen ›deutsch‹ eine Weltanschauung sieht... und er möchte sehr gerne aus der künftigen Lufthansa eine staatliche Institution machen... Ganz anderer Meinung ist aber der Mann, der heute und gestern die gesamten Vorbereitungsaufgaben gelenkt hat... Die LUFTAG zählt heute ungefähr hundert Mitarbeiter, die in höchst spartanischen Büros untergebracht sind! Führt man dort Unterhaltungen, so spürt man alsbald jene merkwürdige Besessenheit, die offensichtlich eine unvermeidliche Begleiterscheinung der Fliegerei ist.«

Und über die Ausbildungsbedingungen für die moderne Fliegerei hieß es:

»Die Bedienung einer modernen Verkehrsmaschine kann nur in einer langen Ausbildungszeit erlernt werden, hinzu kommt, daß nach den internationalen Vorschriften – und alles, was mit Verkehrsfliegerei zu tun hat, ist selbstverständlich international – dieser Apparat nur englisch spricht, und nur englisch angesprochen werden kann... Diese Sprache muß von den Piloten so beherrscht werden, daß sie in ihr denken. Denn bis sie den akustisch aufgenommenen Landesbefehl erst etwa im Kopf in ihre eigene Sprache übersetzt hätten, wäre die Maschine vielleicht schon Gott weiß wo, und schlimmstenfalls in Trümmern.«

Damals war das eine sensationelle Neuheit, heute sind die englische Sprache, die fremdartigen Checklisten längst zum selbstverständlichen Bestandteil jedes Fluges geworden.

Neuaufbau aus dem Nichts

»Hallo Lufthansa! In der Reihe der Weltfluggesellschaften heißen wir das ›neue‹ alte Mitglied willkommen. Wir freuen uns über den Zuwachs und sind sicher, daß die große Tradition der Lufthansa auch ihre Leistungen in Zukunft bestimmen wird. Bremsklötze weg!«

Diese Begrüßungsanzeige in zahlreichen Zeitungen des Jahres 1955 stammte nicht aus befreundeten Kreisen, die die Wiedergeburt der Lufthansa sehnlichst herbeigewünscht hatten, sondern von der Konkurrenz, der Pan American. Eine gleichermaßen faire und geschäftstüchtige Geste. Wer neidlos anerkennt, was nicht mehr zu ändern ist, erntet Respekt.

Mit vier zweimotorigen Convair 340 wurde der neue deutsche Luftverkehr am 1. April 1955 aufgenommen. Die Ziele hießen Hamburg, Düsseldorf, Frankfurt, München, Köln-Bonn. Schon Mitte April traf die erste Super-Constellation nach einem Nonstopflug von 13 Stunden, 47 Minuten in Hamburg ein. Außerdem zählten noch die zweimotorigen Douglas DC 3 zum »Flugzeugpark« der jungen Lufthansa.

Unter den europäischen Auslandszielen, die Mitte Mai mit der Convair angeflogen wurden, befand sich auch Madrid. Die Spanienstrecke war besonders traditionsreich: Hier hatte 1945 der letzte Auslandsflug der alten Lufthansa stattgefunden.

Jetzt jagten sich die Eröffnungsflüge: London, Paris, am 25. Mai startete die erste Super-Constellation zu einem Probeflug nach Shannon. Am 8. Juni wurde der planmäßige Nordatlantikverkehr eröffnet, zum gleichen Zeitpunkt nahm die IATA in einer Sitzung in Montreal die Lufthansa als Mitglied auf. Ihre fünfundsiebzig Mitglieder bestritten 85 Prozent des Weltluftverkehrs.

8. Juni 1955. Wiederaufnahme des Nordatlantikverkehrs! Eröffnungsflug mit der Super-Constellation D-ALEM von Düsseldorf-Lohausen nach New York! Der zweite Anlauf für den großen Sprung! Der letzte Sprung hatte vor dem Krieg stattgefunden – mit einer Fokke-Wulf FW-200-Condor.

Wie immer bei Eröffnungsflügen waren zahlreiche Ehrengäste und Pressevertreter geladen. Vom *Spiegel* war Rudolf Augstein, vom *Stern* Henri Nannen erschienen. Als alter Nordatlantik-Pionier war auch der betagte Oberst James C. Fitzmaurice mit von der Partie, der einst mit Hermann Köhl und Freiherr von Hünefeld den Ozean in Ost-West-Richtung überquert hatte.

Nach der planmäßigen Zwischenlandung in Shannon, wo die Maschine aufgetankt wurde, startete die publicityträchtige D-ALEM nach Mitternacht in Richtung New York. Die Chancen für einen Nonstopflug nach Idlewild standen gut. Aber New York selber spielte nicht mit. Es zog sich eine Nebelkappe über und ging zunächst einmal dicht. So mußte die Superconnie dort zwischenlanden, wo ihre Nachfolger bei starkem Gegenwind zum Nachtanken ohnehin niedergehen sollten: in Gander/Neufundland. Dieser kleine Schönheitsfehler konnte freilich die festliche Stimmung kaum beeinträchtigen.
Die zahlreichen Eröffnungsflüge nach Übersee zogen stets eine Reihe von Public-Relations-Veranstaltungen nach sich. Die Firma Lockheed ließ sich die Chance nicht nehmen, kräftig mitzumischen. Sie gab im Ballsaal des New Yorker Waldorf- Astoria einen glänzenden Empfang. Die Schlacht um den neuen Kunden war – gegen Douglas – gewonnen worden! Unter den deutschen Ehrengästen, die in New York auf allen Empfängen Festreden zu halten hatten, befanden sich selbstverständlich Hans M. Bongers und – sofern es seine knappe Zeit zuließ – Minister Seebohm.
Auf dem ersten Rückflug nach Deutschland waren dann die entsprechenden US-Größen an Bord. Für ihren Deutschlandbesuch war ein ausgiebiges Programm vorbereitet worden.

Ein Jahr später wurde eine andere traditionsreiche Strecke neu eröffnet. Am Vormittag des 16. August 1956 traf die Super-Constellation D-ALEC als erstes deutsches Flugzeug nach dem Krieg in Rio de Janeiro ein. Gäste aus der Pionierzeit waren Freiherr von Buddenbrock, Atlantikflugleiter der alten Lufthansa, und der ehemalige Luftschiffkapitän von Schiller. Im Cockpit: Mayr, Preuschoff, Stuis, die Funker Koschwall und Röpert – sie alle überquerten nach siebzehn Jahren wieder den Atlantik.
Die Transatlantikflüge wurden teils von ehemaligen Lufthanseaten, teils von Piloten der alten Luftwaffe geflogen. Letztere bildeten zunächst den Hauptstamm der sogenannten alten Garde der neuen Hansa. Wenn man so will, stellten sie die Konkurrenz zur alten Zivilgarde dar. Bei der Indienststellung war sicher, wer möchte das heute noch überprüfen, sehr viel »Vetternwirtschaft« im Spiel: Empfiehlst du mich, empfehle ich dich. Andererseits waren offenbar die ehemaligen Luftwaffen-Piloten beweglicher und weniger elitär als die Lufthansa-Kapitäne; sie waren bereit, umzuschulen und alles zu vergessen, was sie jemals fliegerisch gelernt hatten.
Ein ungeheurer Idealismus beseelte jene ersten deutschen Piloten, die

nach einer Wartezeit von zehn Jahren wieder ans Steuer durften. Sie alle hatten inzwischen einen Zivilberuf gehabt, der meistens nicht das geringste mit der Luftfahrt zu tun hatte. Es sei denn, man betrachtet die Verkäufertätigkeit in einem Reisebüro als adäquaten Ausgleich. Und so trafen sie dann in den ersten Flugzeugführerlehrgängen zusammen: Verwaltungsangestellte, Landwirte, Volksschullehrer, Polizeibeamte, Teppichverkäufer, Fernlastfahrer, Ärzte, Fließbandarbeiter und Staatsanwälte. Einer der Bewerber antwortete auf die Berufsfrage in jenem mühsamen Englisch, das einen eben erst absolvierten Schnellstkurs vermuten ließ: »I make Ölsardinen in doses, you know.« Rudolf Mayr, der spätere Chefpilot jener ersten Nachkriegsfliegergeneration, brachte die fluglosen Jahre als Taxifahrer über die Runden.
Vorbedingung für die Aufnahme in einen der Lehrgänge waren unter anderem der Nachweis über mindestens zweitausend Flugstunden als Luftwaffen-Flugzeugführer auf mehrmotorigen Maschinen und eine möglichst große Blindflugerfahrung. Aus diesem Grunde schieden ehemalige Jagdflieger zugunsten der Kampf- und Transportflieger von vornherein aus. In den ersten Kursen auf Fuhlsbüttel fanden sich in den Lehrsälen des neuen Lufthansa-Verwaltungsgebäudes neben relativ jungen Piloten, die eben erst ihre zweitausend Stunden zusammengescharrt und – sofern die Dokumente verlorengegangen waren – durch eidesstattliche Aussagen ihre Angaben untermauert hatten, uralte Hasen ein, deren Namen schon als Garantie für mehr als genügend Erfahrung bürgten. So – ein Beispiel für viele – der Ritterkreuzträger und ehemalige Kommandeur des KG 40, Bernhard Jope.
Selbstverständlich hatten die zukünftigen Lufthansa-Piloten, wie Schulleiter Vermaaten es ausdrückte, »mit dem Marschallstab im Tornister« den Idealismus nicht für sich allein gepachtet. Er beseelte alle, die damals bei der Lufthansa neu anfingen, aber bei keiner Berufsgruppe war die Diskrepanz zwischen altem und neuem Beruf so groß, die Hoffnung auf »den Marschallstab« so gering gewesen wie bei den Piloten. Mechaniker und Ingenieure, Verwaltungsangestellte und Tourismusfachleute hatten auf verwandten Sektoren arbeiten können.
Es gab aber auch einige Bewerber, die trotz bester Chancen in letzter Minute einen Rückzieher machten, so zum Beispiel der berühmte Segelflieger Heinz Huth. Er hatte für sich erkannt, daß diese neue Art des kontrollierten Fliegens seinem Freiheitsbedürfnis zuwiderlief. Er sagte sich endgültig von der Verkehrsluftfahrt los und wurde als Segelflieger mehrfach Weltmeister.
Die nachfolgende junge Generation von Piloten unterschied sich schon dadurch wesentlich von der ersten, daß sie, wie man es intern formu-

lierte, »nie einen richtigen Beruf« gehabt hatte. Sie kam von der Schulbank und hatte sich schon dort einseitig auf naturwissenschaftlich-mathematische Fächer programmiert. Und heutzutage ist für so manchen jungen Bewerber der Pilotenberuf nur eine von vielen Möglichkeiten, Geld zu verdienen. Geradezu klassisch ist das Beispiel eines angenommenen, aber aus Planungsgründen noch für ein halbes Jahr zurückgestellten Bewerbers. Seine Antwort: Ein halbes Jahr wolle er nicht warten, dann gehe er doch lieber in die Industrie oder ins Bankgeschäft seines Vaters.
Die alte Garde, wenn sie so etwas hörte, verstand die Welt nicht mehr. Und auch die Welt des alten militärischen Gehorsams und bedingungslosen Einsatzes ging zu Ende.

Erster Anfang und Fortschritt: Ende 1956 standen bei der Lufthansa 115 deutsche Piloten und Navigatoren in Dienst. Neunundzwanzig von ihnen waren bereits Kapitän. Die bis August 1956 auf acht Flugzeuge angewachsene Super-Constellation-Flotte hatte 23 000 Flugstunden bei 7 800 Starts geflogen – eine beachtliche Leistung. Der bis dahin schnellste Flug einer Lufthansa-Superconnie im Nordatlantik-Verkehr wurde am 24. November 1956 von New York nach Frankfurt nonstop mit 10 Stunden, 35 Minuten durchgeführt.
Nur wenigen ist bekannt, daß der Entwurf der Super-Constellation und der des Starfighters vom selben Mann stammen: von Lockheed-Konstrukteur Kelly Johnson. Genausowenig hat sich damals herumgesprochen, daß die Superconnie-Tragfläche weiter nichts war als der vergrößerte Flügel des Doppelrumpf-Jägers Lightning – ebenfalls eine Johnson-Konstruktion.
Bei der Super-Constellation gab es ruhige und weniger ruhige Abteile. Am leisesten war es hinten: Dort war denn auch die erste Klasse. Auf den meisten Langstrecken wurde übrigens bald nach Indienstnahme ein besonders aufwendiger Service eingerichtet: der Senator-Service.
Ausgerechnet an der lautesten, vibrationsreichsten Stelle freilich wurden die Hängetaschen für Säuglinge aufgehängt, nur weil sich dort durch das vorhandene Zwischenschott eine günstige Gelegenheit ergab.
Weitere Nachrichten vom Einsatzhafen Hamburg-Fuhlsbüttel:
Der Hamburger Senat hatte sich die Wahl des Flughafens zum Werftzentrum der Lufthansa dreizehn Millionen DM kosten lassen. Die Werfterweiterung und der Bau weiterer Anlagen würden noch einmal sechzehn Millionen DM erfordern. Geplant waren u. a.: eine Spezialwerkstatt für Triebwerke, ein zweites Bürogebäude, ein Bau für die Unterbringung der Flugsimulatoren. Es wurde damit gerechnet, daß sich die Belegschaft bis

1961 verdoppelt haben würde. Als Gegenleistung verlangte Hamburg einen langfristigen Vertrag auf Belassung der Lufthansa-Heimatbasis in Fuhlsbüttel und einen Platz im Aufsichtsrat...
Das Verhältnis zwischen Lufthansa und Regierung war am Anfang nicht immer das glücklichste. Im Interesse einer Regierung liegt es bekanntlich, mit möglichst geringen Investitionen möglichst viel Gewinn zu erzielen. Die Firma indessen hielt nicht sofort das, was man sich von ihr versprochen hatte.
Bongers äußerte sich 1956 dazu:

»Der Lufthansaleitung war längst klargeworden, daß die heterogene und kostspielige Flotte sowie die Unmöglichkeit, im eigenen Markt eine beherrschende Rolle zu spielen, ferner die Vorenthaltung vitaler Luftverkehrsrechte in dritten Ländern, die bei der Planung unterstellte Ausgangsbasis völlig verschoben und ungünstig verändert hatten.«

Einige Herren im Bundesverkehrsministerium fühlten sich persönlich als Hauptaktionär und gingen mit ihrer pausenlosen Kritik der Unternehmensleitung »auf die Nerven« (Bongers).

Flugzeugtypen der dreißiger Jahre:

Typ (von links oben nach rechts unten)	Baujahr	Motor	Passagiere	Geschwindigkeit	Fluggewicht
Heinkel He 70 »Blitz« 1933 acht Geschw.-Rekorde	1932	BMW 1×630 PS	4–5	350 km/h	3310 kg
Junkers Ju 46 Katapult-Postflugzeug	1932	BMW 1×600 PS	–	224 km/h	3200 kg
Dornier Do 18	1937	Junkers 2×600 PS	–	320 km	8000–10000 kg
Dornier Do 26	1938	Junkers 4×600 PS	–	320 km	15000–19000 kg
Junkers Ju 86 Erstes Landflugzeug mit Dieselmotoren	1934	Junkers 2×560 PS	1	360 km/h	7450 kg
Blohm + Voss Ha 139	1936	Junkers 4×600 PS	–	320 km/h	15000–19000 kg
Junkers Ju 390 war als zukünftiges Langstreckenflugzeug der Nachkriegs LH gedacht.	1942-43	BMW 6×2000 PS	–	–	
Junkers Ju 252 als Nachfolgemuster der Ju 52 gedacht. Ebenfalls – als Militärtransporter – übernommen	1941	Junkers 3×1300 PS	32		

Bongers wackelt, so lautete damals das Verdikt der Presse; und Bongers, der letzten Endes hoch über aller Kritik stand, war objektiv genug, diese Vorgänge in seinen *Erinnerungen aus fünf Jahrzehnten* darzustellen. Allein: Diese Dinge hätten von vornherein der internen Betriebskritik vorbehalten sein müssen; die Regierung gingen sie letzten Endes weitaus weniger an, als sie sich aufgrund ihrer finanziellen Beteiligung anmaßte.

Die alten Lufthanseaten

Am Totensonntag 1956 wurde auf Fuhlsbüttel unmittelbar neben der Luftwerft feierlich ein hellgrauer Findling als Gedenkstein enthüllt. Er sollte Ausdruck der Verbundenheit sein mit »den Männern, die einst auszogen, die dritte Dimension für den Verkehr zu erschließen, und die dieses Wagnis mit ihrem Leben besiegelten«. Der Stein sollte Abschluß und Anfang zugleich symbolisieren: Abschluß der pionierreichen, romantischen Epoche und Anfang der kommerziellen Entwicklung.
In seiner Ansprache gedachte der damalige Verkehrsminister Seebohm der toten Flieger: »Nur ihrem Einsatz ist es zu verdanken, wenn heute der Luftverkehr seinen hohen Stand erreicht hat.« Und Hans M. Bongers: »Die neue Lufthansa ist ohne die alte nicht denkbar. Die Toten der deutschen Verkehrsluftfahrt sind unvergessen, weil ihr Werk lebt.«
Für den größten Teil der alten Lufthanseaten allerdings stellte der Fuhlsbütteler Findling nicht mehr Anfang, sondern nur noch Abschluß dar: Sie fanden kein Betätigungsfeld mehr. Mochten die Toten der verflossenen Epoche auch unvergessen bleiben, die Überlebenden fühlten sich, nach den Worten ihrer Fürsprecher, vergessen und »verschaukelt«. Ihre Hoffnungen waren bitter enttäuscht worden, die neue Lufthansa hatte für sie keinen Platz mehr.
Weshalb fanden so viele einst hochverdiente Luftpioniere bei der neuen Lufthansa keine Anstellung? Weshalb entbrannte zwischen den beiden Trägern gleichen Namens ein Streit, der bis zum heutigen Tage nicht ausgefochten ist und der erst beendet sein wird, wenn, so die Version, der letzte alte Lufthanseat »zum letzten Start aufgerufen« sein wird?
Zehn Jahre hatten die »Alten« auf ihre Stunde gewartet – von 1945 bis 1955. Wer hatte recht? Sie, die darauf warteten, ihren riesigen Erfahrungsschatz in den Dienst der so begierig herbeigesehnten neuen Lufthansa zu stellen? Oder die »Neuen«, die der bis zu fünfzig Jahren alten Garde zwar eine bescheidene Chance gaben, aber gleichzeitig durch moderne Test- und Aufnahmeverfahren so manchen alten Hasen durchfallen lassen mußten?

Obwohl auf den traditionsreichen Strecken über den Nord- und Südatlantik einige der alten Hasen im Cockpit saßen und andere auf weniger berühmten Routen flogen, ließ sich kaum noch übersehen, daß der größte Teil hoffnungsfroher Althanseaten von der neuen Firma abgelehnt worden war.
Die krassesten Worte, die das ganze Ausmaß der Enttäuschung zeigen, fand der ehemalige Flugkapitän Alfried Gymnich aus Hamburg; »Ein guter alter Lufthanseat ist anscheinend nur ein toter Lufthanseat.« Prompt reagierte die neue Lufthansa. In einem Schreiben vom 23. Februar 1957, unterzeichnet von Bongers und Höltje, wird energisch gegen die Unterstellung protestiert, der neuen Hansa mangele es am guten Willen gegenüber Einstellungswünschen alter Hanseaten. Wörtlich:

»Wie Sie wissen, haben wir einen Großteil ehemaliger Lufthanseaten in unseren Betrieb übernehmen können. Im Altersbereich, in dem Mitarbeiter der alten Lufthansa beschäftigt werden können, es handelt sich praktisch um die Jahrgänge 1915 und jünger, machten sie Mitte 1956 bei den männlichen Angestellten... über 59 Prozent und bei den männlichen Lohnempfängern etwa 25 Prozent aller Beschäftigten aus... Die Hälfte der von der alten Lufthansa kommenden Angestellten befindet sich in führenden Stellungen...«

Freilich war es gerade diese Altersgrenze (1915 und früher), mit der die Notgemeinschaft nicht einverstanden war.

»Das Versorgungsalter für männliche Arbeitnehmer beginnt im allgemeinen mit Vollendung des 65. Lebensjahres, und man sollte deshalb annehmen, daß jeder Arbeitswillige und Arbeitsfähige bis zur Erreichung dieses Alters auch ein Anrecht auf einen Arbeitsplatz hat, der seinem Können und seinen Leistungen entspricht...«

Man sieht, hier wurden die alten Lufthanseaten erstmals mit einem Problem konfrontiert, das es nicht nur bei der Lufthansa gab: der Ablehnung eines Bewerbers, der mit fünfzig Jahren für zu alt befunden wird! Heute würde keine Topfirma der Welt mehr einen Bewerber für eine Führungsposition einstellen, der das fünfzigste Lebensjahr überschritten hat, auch dann nicht, wenn er frühere hervorragende Leistungen vorweisen kann. Bei der Lufthansa trat nur besonders deutlich in Erscheinung, was nach dem Krieg als zunehmende Inhumanisierung der Arbeitswelt Schule machte: die Bevorzugung der dynamischen Jugend gegenüber der Erfahrung des Alters.
Damals brachte der *Spiegel* als Großaufnahme auf einem Titelblatt einen gewissen Flugkapitän M. von der alten Lufthansa, der auch bei der neuen

Hansa ganz groß einsteigen würde. Der *Spiegel*, in Luftfahrtsachen nie übermäßig gut informiert, wußte damals noch nicht, was alle Insider längst wußten: Flugkapitän M. würde in der neuen Lufthansa nicht die geringste Rolle spielen. Er fiel bei der Aufnahmeprüfung durch.
Die Ablehnung des eben noch hochgelobten Flugkapitäns M. mag stellvertretend für viele ähnliche Schicksale stehen. Er fiel durch, weil er in den zehn Jahren zwischen 1945 und 1955 versäumt hatte, Englisch zu lernen. Er war, wie so viele andere mit ihm, nicht bereit, anzuerkennen, daß nicht die Sprache Großdeutschlands, sondern Englisch in Zukunft die Luftfahrtsprache sein würde. »Wir sind mit unserer Heimatsprache über Pamir und Anden geflogen; wir werden damit auch in Zukunft um die Welt fliegen.«
Diese Einstellung zu grundsätzlichen Neuerungen ist eine der zahlreichen Barrieren gewesen, an der so viele bewährte Himmelsstürmer gescheitert sind. Wer die Bereitschaft zur totalen Umschaltung auf neuartige Flugverfahren mitbrachte, hatte durchaus eine Chance; davon zeugen die zahlreichen altverdienten Besatzungsmitglieder, die es auch in der neuen Hansa wieder bis ins Cockpit, oft bis auf den linken Sitz, schafften. Sie hatten sich schon Jahre vorher durch Privatlehrgänge über die neuen Gepflogenheiten des Luftverkehrs informiert, hatten englische Funksprech-Phraseologien gebüffelt und zum Teil im Ausland unter schweren finanziellen Opfern wieder eine bescheidene Privatpilotenlizenz erlangt – oftmals unter der spöttischen Kritik jener, die passiv auf ihre große Stunde warteten und von den neumodischen Gepflogenheiten des Checklistenlesens nichts hielten. Die neue Lufthansa hingegen hatte angesichts ihrer schwierigen Startbedingungen nicht die geringste Neigung, Experimente einzugehen. Selbst bei der Einstellung von Fluglehrern für den Nachwuchs war sie bei den Ehemaligen mehr als vorsichtig, eine Haltung, die ihr besonders hier verübelt wurde. In einer Stellungnahme der Notgemeinschaft vom Januar 1957 heißt es hierzu:

»Wir verstehen ... nicht, warum man zum Beispiel mit der Leitung der Fliegerschule in Bremen nicht einen alten erfahrenen Flugkapitän betraut hat und warum man es für nötig hielt, als Fluglehrer u. a. Engländer zu verpflichten, die rund 50 Prozent mehr verdienen als ein deutscher Kommandant auf der Atlantikstrecke ... Sollte man nicht meinen, daß für die Schulung des Nachwuchses ... gerade die älteren Flugkapitäne, die jede Situation im Streckenverkehr selbst gemeistert haben und wissen, daß die Charakterschulung ... von größter Bedeutung für die Laufbahn eines angehenden Flugzeugkommandanten ist, prädestiniert sind.«

Die Rollen waren vertauscht worden.
Bei der alten Hansa waren die Piloten die Pioniere gewesen. Jetzt kam

zumindest in der Aufbauphase der neuen Gesellschaft dem Management eine weit größere Pionieraufgabe zu als den Piloten.
Selbst der erste Polflug hatte nichts Sensationelles mehr – andere Gesellschaften absolvierten seit Jahren Polflüge nach Alaska und Japan. Es hätte auch kein Pilot mehr durch individuelle Pionierleistung eine Gesellschaft dazu bewegen können, eine bestimmte Strecke zu befliegen, oder sie durch negative Erfahrungen davon abhalten können. Er erhält seine Streckeneinweisung und fliegt die Routen, die vom Management festgelegt werden.
Diese Einordnung in den großen Rahmen der verwaltungstechnischen, wirtschaftlich-politischen Gesichtspunkte stellt jedoch den heutigen Flugkapitän in eine unerwartete Situation, die zunächst paradox erscheint. Trotz scheinbarer Einordnung und Einschränkung seiner Befugnisse gibt sie ihm ein größeres Maß an Verantwortung und Entscheidungszwang.
Der Pilot, der sich heute mit einem 360-Passagier-Airliner mitten über dem Südatlantik oder der Großen Salzwüste einer schweren Unwetterfront gegenübersieht, kann nicht mehr das Wetter in hundert Meter Höhe über dem Wasser unterfliegen oder auf dem nächsten Acker landen und besseres Wetter abwarten. Er muß oft innerhalb kürzester Zeit wichtige Entscheidungen fällen. Eine Fülle von Faktoren muß blitzschnell gegeneinander abgewogen werden, wenn eine tropische Gewitterfront den Anflug auf einen isoliert gelegenen Platz behindert: Treibstoffreserven, Lage und Wetter des Ausweichhafens, Passagierunterbringung (im Jumbozeitalter ist kein Hafen mehr in der Lage, eine außerplanmäßige Ladung Passagiere reibungslos in einem Hotel unterzubringen), Flugplan, Anschlüsse und so weiter.
Mit einem forschen »Hindurch – mal sehen, was passiert« kann man sich die Entscheidung nicht mehr leichtmachen. Den gelungensten Beweis für seine freiheitliche Entscheidungskunst hat der Pilot dann gegeben, wenn trotz Gewitters und haarscharfer Treibstoffkalkulation ihm nach der Landung gesagt wird: »Das war mal ein einfacher, angenehmer Flug, der hat auch Ihnen Spaß gemacht, nicht wahr?«

Treffpunkt Shannon

Der irische Flughafen Shannon in stockfinsterer Nacht: Durch die blauen, gelben und roten Lichterketten der Bahn- und Platzbefeuerung rollt Flugzeug um Flugzeug an die Startposition der Bahn 23. Shannon und Prestwick in Schottland sind die beiden Abflughäfen für den großen Sprung über den Teich.

Hier treffen sie sich: die DC-6-Clipper der Pan Am, die Super-Stars der TWA, die Douglas- und Lockheed-Viermotorigen der KLM, Sabena und Air France. Und hier landen, stehen und starten auch die Super-Constellations der Lufthansa; gegen Sonnenaufgang werden sie die Küste von Labrador, Neufundland oder Neu-Schottland ansteuern.
Zwischen Landung und Start läuft im Flughafengebäude für die Besatzungen eine hektische Stunde ab. Die Passagiere nutzen die Gelegenheit, »duty-free« einzukaufen: Whisky, Decken mit Schottenmustern. Eine Decke kostet 28 DM; aber der ganze Airport lebt von den Gewinnspannen, die bei diesen Minipreisen (Preis der Decke in Deutschland: über 100 DM) noch immer drin sind. Die Cockpitcrew freilich rast von Abteilung zu Abteilung: Wetterwarte, Flugdienstberatung, Flugsicherung, zurück zur Flugdienstberatung der Gesellschaft. Hier stürzt sich der Navigator voll in Aktion. Den Flug von Hamburg über Düsseldorf oder Frankfurt hat er bisher zum Justieren seines Oktanten, zur Feststellung der Kompaßablenkungen und zur Kartenvorbereitung benutzt.
Jetzt geht es an die Überprüfung oder Neukonstruktion des »Minimum-Time-Tracks«, der zeitlich kürzesten Flugroute, aufgrund der vorherrschenden Winde. Später sollte eine derartig individuelle Routenwahl nicht mehr möglich sein. Da würde auch über dem Nordatlantik der Verkehr nach festgelegten Routen stattfinden.
Hier in den kahlen Barackenräumen von Shannon-International wird Luftfahrtgeschichte gemacht. Hier herrscht Atmosphäre; kein Fernsehteam freilich hat jemals diese Stunde vor einer Super-Constellation-Atlantiküberquerung eingefangen... Auf den Fluren zwischen den einzelnen Abfertigungsabteilungen drängeln sich die Crews der einzelnen Gesellschaften aneinander vorbei. Diskutierende Piloten und Navigatoren:
»Grönland ist heute nacht wirklich nicht drin; dann schon lieber ganz unten rum: Santa Maria...«
»Wenn wir für den *Punkt ohne Umkehr* Prestwick und Halifax nehmen, dann hätten wir...«
»Mit *Long-Range-Cruise* sollten wir bis Boston durchkommen...«
»Die KLM will heute abend über 59 Nord? Ohne uns! Wir versuchen mal Großkreis zu fliegen!«
»Da hab' ich zu ihm gesagt: irischer Whisky? Das dann wohl doch nicht! Zum Füßewaschen nehm' ich immer Eselsmilch!«
»Vor uns geht Ali raus. Mal sehn, ob wir die nicht überlisten! Spätestens auf 40 Nord haben wir die doch überholt!«
Wer die internationale Luftfahrtgeschichte vor dem Krieg verfolgt hat (aber welcher Deutsche hat sich damals schon für die Leistungen der

Konkurrenz interessiert?), kann hier den alten Pionieren mit Weltgeltung begegnen. Alles, was Rang und Namen hat in der internationalen Luftfahrt, fliegt jetzt Nordatlantik.
Adriaan Viruly zum Beispiel, der holländische Pionier der Ostindienroute. David Beaty, BOAC-Captain. Beide haben sich durch zahlreiche Buchveröffentlichungen einen Namen gemacht. Auch die alte Garde der Franzosen tummelt sich hier. Wäre Saint-Exupéry nicht 1944 gefallen – hier ist die Atmosphäre noch so, daß man glaubt, ihn an Bord der Air-France-Super-Constellation gehen zu sehen, die Schultern leicht angezogen, unbeholfen, den muskulösen Körper infolge der zahllosen Knochenbrüche mühsam nachschleppend. Statt dessen läßt sich hier van Veenendaal sehen, ebenfalls ein uralter KLM-Hase. Aus der alten Lufthansa-Garde sieht man hier unter anderen mit drei Copiloten-Streifen Rudolf Mayr hinter seinem amerikanischen Captain hertrotten. Preuschoff, auch kein Unbekannter, begleitet ihn als Bordingenieur.
Aber die einstigen Helden der Lüfte rangieren hier nur unter »ferner liefen«. Selbst die Navigatoren fliegen noch nicht in eigener Verantwortung. Amerikanische Piloten, die ihre Erfahrungen auf den Bombenflügen nach Deutschland sammelten, sind ihre Lehrer. So kommt es unter den deutschen Besatzungsmitgliedern zu einem Doppelstreß: Sie sollen nicht nur die Atlantik-Navigation einwandfrei ablaufen lassen, sie müssen auch noch ihren Prüfungsflug bestehen!
Das ohnehin enge Cockpit der Superconnies ist bei den Deutschen stets überfüllt: mit Besatzungsmitgliedern, die gerade ihre erste Einweisung oder ihren letzten Checkflug unter amerikanischer Aufsicht machen. Für den Vollast-Start in Shannon allerdings wird jeder aus dem Cockpit gewiesen, der nicht unmittelbar am Startvorgang beteiligt ist. Trotz aller Sicherheiten, die auf dem Papier den reibungslosen Start garantieren, breiten sich eine gewisse Spannung und leichte Nervosität aus. Wer noch nie erlebt hat, wie ein Flugzeug erst auf den letzten Metern einer langen Startbahn abhebt, schließt jetzt besser die Augen.
Ein letzter prüfender Blick zurück ins Cockpit – dann gibt der amerikanische Captain Gas. Langsam, enervierend langsam, setzt sich die schwere, bis zum letzten Kilo ausgelastete Maschine in Bewegung. Lange Flammenschweife schießen aus den vier Turbolader-Motoren. Die Maschine rollt und rollt, nur zögernd nimmt die Fahrt zu, schon tauchen die Endbegrenzungslampen der Bahn auf, der Captain zieht am Steuer, um das Bugrad vom Boden zu lösen, es läßt sich nicht lösen, fällt immer wieder mit dumpfem Aufprall zurück. Schon zählt der Copilot die noch verbleibenden Lampen bis zum Bahnende, jetzt endlich rast, rennt, jagt die Maschine über die Bahn, wäre nicht mehr zu stoppen, das

Bugrad hebt sich endgültig, das Hauptfahrwerk indessen klebt noch immer am Beton, die letzten dreihundert, zweihundert, hundert, fünfzig, vierzig, dreißig, zwanzig Meter... Man fliegt.
Man fliegt wieder einmal! Aber fliegen heißt nicht: steigen.
The damned thing! She won't go into the air!
Standardphrase. Man hängt, in wenigen Metern, über der stockfinsteren Bucht von Shannon: Sümpfe, Flußschlamm, aufgeschreckte Nachtreiher. Steigt man? Steigt man nicht? Man steigt! Mit müden zweihundert Fuß pro Minute quält man sich samt sechsundneunzig Passagieren und Stewardessenlächeln aufwärts!
Endlich: das offene Meer! Die offene Atmosphäre! Der offene Nordatlantik! Geschafft!
... Aber zur Geschichte der Nachkriegslufthansa gehört das Rumpeln des Bugrads, das sich nicht vom Beton der Startbahn 23 in Shannon, Irland, lösen will.
Trotz aller bangen Startsekunden-Ewigkeiten in Shannon ereignete sich auf den Nordatlantikstrecken der Lufthansa bisher niemals ein Unfall. Die Lufthansa-Piloten waren skeptisch, ob ihr vollbeladenes Flugzeug auch noch sicher steigen würde, falls im ohnehin kritischen Moment des Abhebens ein Triebwerk ausfiele. Prompt schickte die Herstellerfirma Lockheed einen Testpiloten nach Shannon. Er demonstrierte an Ort und Stelle, wie sicher eine vollbeladene Superconnie auch bei Triebwerkausfall noch abheben und steigen konnte.
Die Piloten blieben trotzdem skeptisch: Der Testpilot sei auf derartige Zwischenfälle gedrillt. Er wisse ja ohnehin bei jedem Start, daß er den Triebwerkausfall zu demonstrieren habe. Der Linienpilot sei zwar auch trainiert, rechne aber eben mit einem normalen Start...

Eine Fluggesellschaft setzt sich durch

Der Kampf um die Kunden war hart für die neue Hansa.
Es ging darum, sie den gut eingeführten und renommierten Gesellschaften abzutrotzen, die bisher den innerdeutschen und mitteleuropäischen Luftverkehr allein bestritten hatten. Und da die holländische KLM, die schweizerische Swissair oder die skandinavische SAS bei den prominenten deutschen Kunden bestens angekommen waren, gab es eigentlich keinen Grund, sich plötzlich auf ein Experiment mit einer neuen, noch keinesfalls eindeutig bewährten Mini-Gesellschaft einzulassen.
Und nicht immer war der neuen Gesellschaft das Glück günstig gesinnt. Es gab Pannen.

So zum Beispiel in Nürnberg.
Dort war Anfang Oktober 1957 der neue Flughafen eröffnet und ins Streckennetz einbezogen worden. Hans Bongers schilderte, was passierte:

»Nach der üblichen Feier... lud ich die Ehrengäste, unter ihnen Ministerpräsident Hoegner, zu einem Rundflug ein. Nachdem alle eingestiegen waren und die Tür geschlossen war, sprang ein Motor schnell an, der andere rührte sich nicht... Die Gäste wurden unruhig. Zunächst wahrten sie noch Zurückhaltung und Form. Bald schimpften sie ungeniert und hemmungslos. Die Lufthansa bekam sehr schlechte Zensuren. Die KLM war mit einem Flugzeug des gleichen Musters (Convair) nach Nürnberg gekommen. Sie bot an, die Gäste mit ihrem Flugzeug zu fliegen. Das hätte die Blamage vollständig gemacht. Wir standen als Anfänger da, die ihr Gerät noch nicht beherrschen. Nach einer qualvollen halben Stunde endlich tat es auch der andere Motor. Vielleicht waren es auch nur zwanzig Minuten. In solchen peinlichen Situationen dehnen sich die Minuten zu Stunden...«

Mehr Vertrauen als die Passagiere hatten in dieser Anfangszeit die amerikanischen Bordingenieure, die ihre deutschen Kollegen auf der Superconnie ausbildeten und auscheckten.
Die amerikanische Ausbildungsphilosophie war eine völlig andere als die deutsche. Den Amerikanern genügte als Menschen der Praxis stets die Beantwortung der Frage: Welchen Knopf muß ich drücken, damit ich diesen oder jenen Effekt damit erziele? Den gründlichen Deutschen war die simple Antwort darauf nie genug. Sie wollten zusätzlich wissen: Warum leuchtet eine Warnlampe dort rot auf, wenn ich hier den Schalter A umlege? Sie wollten in jede Leitung, in jedes Schaltrelais hineinkriechen, um auch die letzten Hintergründe noch zu erfahren.
So kam es zu der eindeutig bewundernden Einstellung der Amerikaner ihren deutschen Schülern gegenüber: »Im Augenblick kriegen sie von *uns* beigebracht, wie Sie eine Superconnie zu bedienen haben. Wir sehen den Augenblick kommen, wo *wir* uns an *Sie* wenden werden, wenn wir mit irgendwelchen technischen Problemen nicht klarkommen.« Was bestätigt wurde.
Trotz der grundsätzlich erfreulichen Tendenz im Langstreckenverkehr und der zunehmenden Beliebtheit des Lufthansa-Service betrug der Sitzladefaktor in den Super-Constellations anfangs nur 32,5 Prozent. Auch im Deutschland- und Europaverkehr sah es nicht viel besser aus. 1957 wurde das Platzangebot um 148 Prozent gesteigert, der Sitzladefaktor im Deutschlandverkehr aber lag bei 45 Prozent.
Neue Convair-440-Metropolitans kamen hinzu; die alten CV-340-Maschinen ließen sich auf CV 440er umrüsten. Die einstigen 240er wurden ausrangiert. Wegen der fehlenden Klimaanlage hatten sie bei den Stewardessen den Beinamen »Grill auf Flügeln«.

Notiz und Pressemitteilung aus dem Jahre 1957:

»Der Vorstand hat den Leiter der Abteilung Flugdienst, Flugkapitän Rudolf Mayr, mit Wirkung vom 1. Mai 1957 zum Chef-Piloten der Deutschen Lufthansa ernannt. Mayr ist in dieser Funktion dem Vorstand in allen rein fliegerischen Fragen unmittelbar unterstellt und verantwortlich. Rudolf Mayr, der 47 Jahre alt ist, kam im April 1935 zur Lufthansa, flog vorzugsweise im Atlantik-Dienst und war auch an Arktis- und Antarktis-Flügen der DLH maßgeblich beteiligt.
Es ist nicht bekannt, ob mit dieser Ernennung eine Reorganisation der Flugbetriebsleitung vorgesehen ist, doch dürfte feststehen, daß der bisherige Flugbetriebsleiter, Gustav Adolf Wachsmutz, der für diese Tätigkeit vom Vorstand aus Südamerika geholt wurde, nicht wieder auf seinen Posten zurückkehrt.«

Wesentlicher als Sitzladefaktoren und Ernennungen aber war, daß sich die Lufthansa wieder einen guten Namen geschaffen hatte und von den internationalen Partnern akzeptiert wurde. Sie betreute in Deutschland dreizehn fremde Fluggesellschaften und nahm im Ausland die Dienste von achtzehn Gesellschaften in Anspruch.
Das Jahr 1958 stand im Zeichen des Flotten- und Liniennetzausbaus, unter anderem kamen Brüssel, Rom und – von München aus – Zürich hinzu. Solche Streckeneröffnungen wurden stets mit großem Aufwand und zahlreichen Ehrengästen gefeiert. Sogar der Papst zögerte nicht, anläßlich der Eröffnung der Strecke Frankfurt–Rom am 3. April eine Ansprache zu halten:

»Wir freuen uns, Sie hier begrüßen zu können, geehrte Herren der Deutschen Lufthansa. Sie haben gestern vor drei Jahren nach zehnjähriger Unterbrechung Ihre Flugzeuge wieder in den Luftverkehr eingesetzt. Der Aufbau Ihrer zweiten Lufthansa war, wie Sie sagen, ein völlig neuer Start, denn von der ersten sei nur der ›gute Name‹ übriggeblieben. Dieser schloß jedoch, wie jeder ›guter Name‹, einen sittlichen Wert in sich, nämlich Wagemut der früheren Lufthansa, gepaart mit umsichtiger, verantwortungsbewußter Zuverlässigkeit – also das, was Sie Ihre ›alte Tradition‹ nennen. Auf ihr fußend hat die neue Lufthansa bereits wieder ein vielmaschiges Netz gespannt, im Inneren Deutschlands und über die Kontinente hin bis Teheran, Montreal, Santiago de Chile. Wir beglückwünschen Sie zu dem gelungenen Start.
Nunmehr eröffnen Sie in enger Verbindung mit Alitalia einen täglichen unmittelbaren Luftverkehr Frankfurt–Rom. Wir bezweifeln nicht, daß auch dies die guten Beziehungen zwischen Deutschland und Italien fördern wird, nicht nur die wirtschaftlichen, auch die allgemein kulturellen, und wir freuen uns darüber. Jede Vervollkommnung des Verkehrs mit Rom gilt ja auch der Ewigen Stadt als Mittelpunkt der Weltkirche. Das heutige Verkehrswesen zu Land und zu Wasser, und fast mehr noch in der Luft, verlangt ein ausführendes Personal, das, seiner Aufgabe gewachsen, genau und gewissenhaft seine Pflicht erfüllt. Das Wort ›gewissenhaft‹ spricht wieder eine sittliche Forderung aus. Wir erhoffen denen, die Sie mit der Führung Ihrer Flugzeuge betrauen, von Gott die entsprechende seelische Spannkraft und wünschen Ihren Unternehmungen von Herzen die gütige Leitung der Göttlichen Vorsehung.«

Aber nicht alle Routen, die mit einem Riesenaufwand an Werbung eröffnet wurden, erwiesen sich als erfolgreich.
Die Ausdehnung der Südamerikastrecke bis Porto Alegre/Brasilien war es zum Beispiel nicht, sie mußte schon bald sang- und klanglos eingestellt werden, weil sich das Verkehrsaufkommen entgegen der Ansicht der Planer nicht lohnte. 1958 eröffnet, wurde sie Ende März 1959 wieder gestrichen. Eine reizvolle Variante dieses Verfahrens ist, wenn Strecken eröffnet, still wieder eingestellt und später dann noch einmal mit großem Werbeaufwand eingerichtet werden, so zum Beispiel die Verbindung nach Turin.

Im Herbst 1958 gliederte sich das fliegende Personal der Lufthansa folgendermaßen:
106 Kapitäne (28 Ausländer)
137 Copiloten
90 Bordingenieure (4 Ausländer)
40 Funker
26 Navigatoren (2 Ausländer)
14 Fluglehrer
136 Stewardessen
64 Stewards
Am 6. Oktober traf die erste von neun Vickers-Viscount-Maschinen ein. Heute, da die Viscounts längst wieder aus dem Luftverkehr verschwunden sind, kann sich kaum noch jemand die damalige Sensation vorstellen. Für die Lufthansa war es das erste (und einzige) Turboprop-Flugzeug, das erste (und einzige) Flugzeug englischen Fabrikats und das erste (und vorläufig einzige) Flugzeug, das durch sein infernalisches Heulen die Gehörnerven von Passagieren, Vorfeldangestellten und Besatzungen strapazierte und schädigte. Mit der Verwendung der Rolls-Royce-Propellerturbine Dart zeichnete sich bereits der Übergang zum reinen Düsenflugzeug ab. Diese Flugzeuge, die sich durch übergroße runde Fenster auszeichneten, wurden auf verschiedenen Europastrecken, so nach Stockholm, Rom, London und Paris, eingesetzt. Die geschickte tiefe Anordnung der Fenster, die einen ungehinderten Ausblick auf die Landschaft *unter* der Kabine boten, war vorbildlich und machte sie bei den Passagieren beliebt. In Steigleistung und Geschwindigkeit übertraf sie die Convair Metropolitan bei weitem. Trotzdem hat der Slogan *It's real British* in Deutschland nie die gleiche Anziehungskraft gehabt wie das Gütesiegel *American Product*.
Im Laufe der Betriebsjahre litt die Viscount rascher als andere Typen unter Verschleißerscheinungen: Risse traten auf, zuerst in den Flächen,

später in der Kabine. Die Ermüdungserscheinungen der Druckkabine führten zu einer Einschränkung der Reiseflughöhe.
Das Auftreten von feinsten Haarrissen hat freilich primär mit Sicherheit nichts zu tun. Auch die Super-Constellation litt darunter. Solche Risse werden mit den modernen Meßmethoden rechtzeitig erkannt und normalerweise durch nachträglich eingebaute Verstärkungen behoben. Bei modernen Riesenflugzeugen ist das Auftreten von Haarrissen sozusagen schon vorprogrammiert. So wurde der größte Militärtransporter der Welt, die Lockheed C 5A Galaxy, mehrmals »gegroundet«, bis die Folgen der Ermüdungserscheinungen an den Tragflächen behoben waren.
Auf dem Höhepunkt der Propellerära besaß die Lufthansa zweiunddreißig Flugzeuge. Das Bundesverkehrsministerium hatte mit einem Limit von knapp dreißig Maschinen den Sättigungsgrad der Hansa für absehbare Zeiten behördlich festlegen wollen. Daß der Flugzeugpark einmal bis auf fast hundert anwachsen würde, konnte kein Planer voraussehen. Damals, 1959, flogen 786 000 Passagiere mit der Lufthansa. Im ersten Jahr waren es 74 000 gewesen. Die letzte Viscount wurde am 32. März 1971 aus dem Betrieb genommen.

In der Anfangszeit tauchten einige Flugzeugtypen auf, die als Einzelgänger aus dem Rahmen des üblichen Flottenprogramms fielen. So wurde auf der Strecke Frankfurt–Stuttgart zeitweilig eine in Holland registrierte De Havilland Heron eingesetzt – ein zweimotoriger Tiefdecker. Er zeichnete sich durch einen durchgehenden Flügelholm aus, der als Erhöhung quer durch die Kabine lief, so daß die Stewardeß jedesmal mit ihren Tabletts über ihn hinwegsteigen mußte.
Die Heron hieß daher im Stewardessenmund »das Flugzeug mit dem Balken«. Sie mußte eingesetzt werden, weil der Stuttgarter Flughafen wegen Arbeiten an der einzigen Landebahn für normale, schwerere Verkehrsflugzeuge total gesperrt war.
Ein weiterer Einzelgänger war die Vickers Viking, eines der ersten echten Nachkriegsflugzeuge, das aus der Militärversion Valiant entwickelt worden war. Der dickbauchige, zweimotorige Schulterdecker hatte Triebwerke besonderer Art: sogenannte Schieberklappen-Motoren vom Typ Bristol-Hercules. Eine äußerst zuverlässige britische Spezialität, die seltsamerweise nie weltweit weiterverfolgt oder eingesetzt wurde.
Für eine bestimmte Gruppe von Lufthansa-Piloten wurde die Vickers (nicht zu verwechseln mit der späteren Turboprop Vickers Viscount) zum letzten Prüfstein, an dem sich die Geister schieden. Wer als Copilot mit den Amerikanern auf der Super-Constellation nicht klarkam oder sonstwie unangenehm aufgefallen war, wurde zur Strafe auf »die alte

Vickers« versetzt. Wie so oft schnitten sich die verantwortlichen Planer dabei ins eigene Fleisch. Auf diesem Typ wurden die Strafversetzten weitaus rascher und unkomplizierter Kapitän als im normalen Streckendienst. Wenn sie dann zurückversetzt wurden, kamen sie nach kurzer Umschulung als Kapitän auf die DC 3, während ihre Kollegen mit den besseren Beurteilungen noch immer Handlangerdienste als Co- oder Reliefpilot versahen.

Weitere Maschinen, die eine Zeitlang für die Deutsche Lufthansa flogen, waren zwei Fokker Friendship und der Frachter Canadair CL 44 D.

Das abenteuerlichste Gefährt aber war eine Curtiss-Wright-Commando mit der amerikanischen Registrierung N 9891 Z. Ein zweimotoriger, dickbäuchiger Frachter, von dem alle Eingeweihten behaupteten, daß er vollbeladen bei Triebwerkausfall mit einem Motor nicht mehr durchstarten könne.

Später dann, als sich die Lufthansa in ihrem Jet-Beschaffungsprogramm voll auf Boeing konzentriert hatte, erschien noch einmal ein Fremdling in Lufthansa-Bemalung: eine vierstrahlige Douglas DC 8. Sie war von TIA geleast worden und wurde für Sonder- und Charterflüge eingesetzt. Für die Stewardessen war sie, sachlich unbegründet, der Schrecken aller Schrecken. Gerüchteweise soll sie die erste DC 8 gewesen sein, die überhaupt die Werkhalle verlassen hatte, und an der sogenannten Sollbruchstelle schon einmal auseinandergebrochen sein. Auf diese Sollbruchstelle im hinteren Teil des Rumpfes warfen alle Stewardessen bei der geringsten Turbulenz mißtrauische Blicke. Die Besatzung der DC 8 hatte man ebenfalls von TIA mitgeleast.

All diese Individualisten unter den Flugzeugen gehörten nie zum Flugzeugpark der DLH. Sie flogen lediglich im Auftrag für sie. Die Lufthansa mußte hier Kompromisse eingehen, um zeitweilig Bedarfslücken ausfüllen zu können.

Aus jenem ersten Jahrfünft mögen die Gehälter interessieren. Ein Pan-Am-Captain (damals noch PAA) verdiente um die 7 500 DM monatlich. Spitzengehälter bis zu 12 600 DM waren möglich. Die von der Lufthansa eingestellten Amerikaner verdienten zwischen 6 300 und 9 200 DM monatlich. Das Höchstgehalt eines deutschen Atlantik-Kapitäns lag bei 2 600 DM. Ein 1. Offizier (Relief-Pilot) konnte es auf 1 700 DM bringen, ein 2. Offizier (Copilot) auf 1 000 DM. Gravierender fast noch waren die Diskrepanzen in den Zusatzleistungen für die Amerikaner: Hotelsuiten in den luxuriösesten Hotels, gegen die sich die Zimmer der Deutschen wie Dienstbotenkammern ausnahmen, Gratis-Mietwagen der Luxusklasse.

Die Lufthansa freilich befand sich in einem ausweglosen Dilemma: ohne Amerikaner kein Know-how, kein Training, kein Auschecken deutscher Piloten. Es ging ums Entweder-Oder.

Die Ära der Superconnie

»Don't touch anything. This is a big aircraft! You will never learn to fly it!«

Auf den Langstreckenflügen der Super-Constellation setzte sich die Cockpitbesatzung folgendermaßen zusammen: Kapitän (amerikanisch), Relief-Pilot, Copilot, Bordingenieur, Funker, Navigator. Die Bezeichnung Relief hat nichts mit bildender Kunst zu tun, sondern kommt von: to relief, entspannen, entlasten. Der Relief-Pilot war als Stellvertreter des Kapitäns gedacht und hatte sein Type-Rating (Typen-Lizenz) in der Tasche. Sobald der Captain den linken Sitz verließ, übernahm er dessen Platz und Funktion. Auf den Südatlantikstrecken stieg der Navigator erst in Dakar zu und brauchte nur während der Südatlantiküberquerung bis zum Erreichen der brasilianischen Küste zu arbeiten. Die Bordingenieure waren zu zweit; einer lag stets im Ruhebett. Nur für den Copiloten gab es keinen zweiten Mann.

Viele Kapitäne legten sich gleich nach Erreichen der Reisehöhe ins Bett und ließen sich erst wieder beim Anflug blicken. Sie brauchten die Ruhe dringend, denn sie gestalteten sich ihren Einsatzplan so, daß sie zwei Wochen pro Monat konzentriert ihre Stunden abflogen, um die restlichen zwei auf ihrer Farm in Texas zu verbringen.

Für die beiden deutschen Piloten gab es keinerlei vertraglich festgelegte Arbeitszeiten. Es genügte, daß ihnen die Möglichkeit zum Ausruhen durch ein eingebautes Ruhebett gegeben war. Dem Gesetz war damit Genüge getan; wie der verantwortliche Captain die Ruhezeit einteilte, blieb intern und entzog sich dem Wissen derjenigen, die eigentlich zuständig gewesen wären, um Mißständen abzuhelfen. So gab es Copiloten, die – während Captain und Relief einigermaßen gerecht untereinander die Ruhezeiten aufteilten – von Hamburg bis Rio sozusagen fest im Sattel blieben.

Dieser Flug führte von Hamburg keinesfalls nonstop nach Rio. Die erste Landung erfolgte schon nach einer Stunde in Düsseldorf. Dann ging es weiter über Frankfurt oder Lissabon nach Dakar. Von dort mit viel Glück nach Rio; gelegentlich mußte eine Zwischenlandung zum Auftanken in Recife eingelegt werden. Über die Erschöpfungszustände eines Copiloten auf der Riostrecke zu referieren erübrigt sich. (Der kluge

Leser merkt an der eingebauten Polemik, daß der Verfasser damals Copilot auf der Riostrecke war.) Arbeitszeiten von mehr als zwanzig Stunden waren normal, von mehr als dreißig zwar die Ausnahme, aber möglich. Wer als Copilot auf dieser Strecke mit einem humanen Kapitän *und* einem humanen Relief-Piloten flog, war gut dran und nahm den langen Flug gern in Kauf. Der eigentliche Streß trat dann ein, wenn der vielleicht sehr menschliche Captain sich ins Bett begab und alles vertrauensvoll seinem Relief überließ. War dieser nicht von der gleichen Menschlichkeit, so kam es zu Konfliktsituationen, gegen die die Wehwehchen der heutigen Pilotengeneration wie der vollendete Glückszustand erscheinen. Relief-Piloten, die kurz vor dem Kapitänstraining standen, neigten dazu, päpstlicher als der Papst zu sein. So gab es Copiloten, die krochen auf Relief-Piloten-Geheiß zwischen Dakar und Recife auf dem Boden herum, um all jene Luken und Klappen zu öffnen und funktionsgerecht zu erklären, von denen eine Superconnie mehr besitzt als ein Gruselkabinett. Pädagogische Fähigkeiten häuften sich weder bei den Texas-Amerikanern noch bei den angehenden ersten deutschen Kapitänen in erdrückender Zahl. So mancher ehemalige Luftwaffenpilot hatte zudem den alten Kommißton noch nicht ablegen können. Auf das, was um den Äquator herum auf so manchen Copiloten, Bordingenieur oder Navigator niederprasselte, wäre jeder Spieß der Wehrmacht stolz gewesen.
So mancher ehemalige Copilot hat sein »Connie«-Syndrom nie überwunden. Kurz vor der Indienststellung der ersten Jets, als die Superconnie-Fliegerei längst zu einer »Easy-Going-Operation« geworden war (das richtige Flugzeug für gelassene Männer, die Pfeife rauchen, offene Sportwagen fahren und *Playboy* lesen), gestanden die inzwischen längst zum Captain Avancierten: Beim Betreten einer Super-Constellation würden sie physische Übelkeit verspüren. Die Langstrecke war ihnen für alle Zeiten verleidet. Sie blieben freiwillig auf der prestigemäßig unterbewerten Kurzstrecke, verweigerten die anstehende Umschulung von der Viscount oder Metropolitan auf die Connie oder Boeing 707 und warteten lieber auf das Mittelstreckenflugzeug 727.
Nichts ist so unsachlich und irreführend wie eine Verallgemeinerung. Es gab Fälle, da leisteten die Relief-Piloten für weniger Geld weitaus mehr als ihr hochdotierten Kommandanten.
Damals wurde das heute allgemein übliche Instrumenten-Landesystem (ILS) eingeführt. Die Amerikaner hatten zu dieser neuartigen Schlechtwetter-Anflughilfe kein ungetrübtes Verhältnis. Sie neigten als einstige Schönwetterflieger dazu, der Instrumentenanzeige zu mißtrauen. Folglich konnten die deutschen Piloten folgende Reaktion ihres amerikanischen Kommandanten beobachten:

Man flog blind und korrekt nach dem ILS an. Sobald die Wolkendecke aufriß und der Boden sichtbar wurde, brach der Amerikaner den Instrumentenanflug ab, drückte die Maschine nach Erdsicht weit unter den angezeigten Gleitpfad und versuchte, den Anflug nach Sicht fortzusetzen. Heute würde kein Pilot mehr auf die Idee kommen, den angezeigten Gleitpfad zu unterdrücken, bloß weil er – oft nur vorübergehend – Erdsicht bekommen hat. Er fliegt stur nach Instrumenten bis zum vorgeschriebenen Minimum.
Mißtrauen und Unsicherheit führten eines Tages zu einer kritischen Situation. In Chicago hatte der amerikanische Captain bei Schlechtwetter zwei vergebliche ILS-Anflüge praktiziert. Er kam dabei so abseits der Landebahn aus der Wolkendecke heraus, daß er durchstarten mußte. Er wollte aufgeben und zum Ausweichhafen fliegen. Der Relief-Pilot hatte die zunehmende Nervosität seines Texaners bemerkt und bot sich an, den dritten Anflug selber zu machen. Er flog ein ILS, wie es im Buche steht: *on the dot*. Man landete ohne Komplikationen.
Und da ist auch jener Fall, bei dem eine Super-Constellation nach dem Start in New York über Nova Scotia wegen Triebwerkschadens umkehren und wieder landen mußte. Da das höchstzulässige Landegewicht nach einem Vollaststart weit unter dem Startgewicht liegt, mußte zunächst einmal Treibstoff abgelassen werden, um überhaupt wieder landen zu können. Dafür gab es ein genau festgelegtes Verfahren, bei dessen Befolgung nicht die geringste Komplikation eintrat. Kurz vorher war jedoch eine venezolanische Super-Constellation beim Treibstoffablassen vor New York explodiert. Der Grund: Das Flugzeug hatte – unvorschriftsmäßig – während des Ablaßvorgangs Kurven geflogen und war so in seine eigenen explosionsträchtigen Benzinwolken hineingeraten.
Dieses Ereignis geisterte derart durch den Kopf des amerikanischen Kommandanten, daß er sich nicht zum Treibstoffablassen entschließen konnte. Kurzschlußreaktion: Er verließ den linken Sitz, hockte sich verzweifelt auf den rückwärtigen Funkersitz und begann zu beten. Der Relief erkannte die Situation, klemmte sich auf den linken Sitz, ließ die Checkliste für Treibstoffablassen lesen, begab sich nach erfolgreich verlaufenem Ablaßverfahren zurück auf den rechten Sitz, der Captain nahm wieder Platz, murmelte »thank you« und landete.

Mit einer besonderen Schwierigkeit hatten die amerikanischen Captains zu kämpfen, die über den Südatlantik flogen. Sie glaubten unumstößlich an die Theorie, Gewitter könnten nie über 18 000 Fuß steigen. Heute weiß man, daß es selbstverständlich sogar in Höhen von 60 000 Fuß Gewitter geben kann. Ihr irriger Glaube brachte die Amerikaner oftmals

in Teufels Küche, wenn sie mühsam versuchten, die Superconnie auf über 18 000 Fuß zu quälen, um der drohenden Gewitterfront zu entgehen. Sie scheiterten.
Der Grund: Die amerikanischen Kapitäne hatten bisher nur Erfahrungen auf dem Nordatlantik gesammelt. Hier ließen sich die Gewitter zwar auch nicht immer übersteigen, aber immerhin schafften die Maschinen hier zur Not runde 21 000 Fuß, wenn sie nicht allzu schwer waren. Die Leistungsfähigkeit der Flugzeugtriebwerke nimmt mit zunehmender Temperatur rapide ab. Mit dem gleichen Gewicht schaffte eine Super-Constellation über dem Südatlantik wegen der höheren Temperaturen oft rund 5 000 Fuß weniger.
Einmal trat folgender außergewöhnlich kritische Fall ein:
Ein Captain, der mitten in die intertropische Front des Südatlantiks geriet, versuchte ihr durch Höhengewinn zu entkommen. Er geriet immer mehr in Teufels Küche. Hagelsalven peitschten ihn, Böenwalzen schleuderten ihn aufwärts, Abwinde drückten ihn zurück. Selbst mit Vollgas konnte er nicht mehr steigen. Die Triebwerke vereisten in den Hagelschauern. Triebwerk drei fiel aus. Dann Triebwerk zwei, jetzt ging es abwärts: 10 000 ... 9 000 Fuß. Jetzt fiel auch das vierte Triebwerk noch aus. Mit einem einzigen Triebwerk war auch eine Superconnie nicht mehr zu halten.
Er gab den Befehl zur Notwasserung. Die Stewardessen bereiteten alles vor ... 8 000 Fuß ... 7 000 Fuß ... Endlich Bodensicht: schaumgekrönte Wellen. Frei von Wolken. Inzwischen war die Temperatur angestiegen. Das Eis taute. Die Triebwerke wurden wieder angelassen. Man stieg. Man war im letzten Augenblick einer Katastrophe entkommen ... 6 000 Fuß über dem Südatlantik zwischen Dakar und Recife.
Die deutschen Kapitäne, die ihre amerikanischen Vorbilder ablösten, waren von vornherein vorsichtiger und hatten als Copilot ihre Erfahrungen gemacht. Auf dem Südatlantik hieß die Parole: Lieber unterfliegen, als zu versuchen, ein Tropengewitter zu übersteigen!
Natürlich gab es unter den Amerikanern ganz ausgezeichnete Piloten; und selbstverständlich gab es auch Kapitäne, die sich intensiv um ihre deutschen Copiloten bemühten. Die negativen Beispiele freilich wirken immer länger nach als die positiven.
Man kann heute ohne Wertung sagen: Es gab damals zwei Gruppen von deutschen Besatzungsmitgliedern. Solche, die hart im Nehmen und anpassungsfähig waren, und solche, die bei dem harten Catch-as-catch-can-Stil draufgingen. Bei der zweiten Gruppe hätten ein bißchen Psychologie und pädagogische Fähigkeit Wunder wirken können; und der Firma wäre dadurch und durch ein paar Sondertrainingsstunden mehr

Geld erspart geblieben als durch vorzeitige Ablösung oder Umschulung. Schließlich waren auch die Amerikaner privat unterschiedlich wie Tag und Nacht. Die Copiloten und Navigatoren pflegten sich in ihren Notizbüchern zu notieren, wie man die einzelnen behandeln mußte, woraus sie Wert legten und was sie nicht mochten.
Daß man die ganze Sache auch heiter-ironisch betrachten kann, zeigt die folgende Passage aus einem Buch des Verfassers, das damals gelegentlich von der Lufthansa als Werbegeschenk oder als Weihnachtsgruß verbreitet wurde.

Wie wesentlich meine Rolle als Relief-Pilot für den Fortbestand der modernen Luftfahrt war, wurde mir gleich auf meinem ersten Flug nach Rio de Janeiro bewußt. Vor diesem großen Ereignis war ich folgendermaßen belehrt worden:
»Sie sind nun durch ein hartes Training gegangen. Vergessen Sie nicht, daß Sie nach dem Kapitän der wichtigste Mann an Bord sind. Und wenn der Kapitän einmal ausfällt, übernehmen Sie seine Rolle. Wir wissen, daß wir auf Sie vertrauen können.«
Solchermaßen moralisch gefestigt, begab ich mich an Bord der Super-Constellation nach Rio de Janeiro. Es hätte nicht viel gefehlt, da hätte ich den Stewardessen zugerufen: »Bringen Sie dem Kapitän ruhig Forelle Blau. Aber mir bitte nicht. Im Falle einer Fischvergiftung werde ich das Flugzeug übernehmen.«
Dann nahm der Kapitän – damals gab es in dieser Funktion nur Amerikaner und Engländer – neben dem zweitwichtigsten Mann an Bord Platz und sprach die folgenden Worte zu mir:
»Wer immer Sie auch sind, merken Sie sich eins: Berühren Sie nie irgend etwas in diesem Cockpit! Dies ist ein großes Schiff. Sie werden nie lernen, es zu fliegen!«
Es waren die einzigen Worte, die er auf dem 26-Stunden-Flug zu mir sprach. Ich saß neben ihm und hatte 26 Stunden lang Zeit, zu denken: Entlastungs-Pilot! Stellvertreter des Kapitäns! Verantwortung! – Ich dachte: irgendwann wird er sich schlafen legen oder wenigstens die Beine vertreten. Dann werde ich das Flugzeug übernehmen und der wichtigste Mann im Cockpit sein. Aber er saß neben mir. Er saß neben mir über Biarritz, über den Kanarischen Inseln, über Cap Yubi. Er saß auch nach der Zwischenlandung in Dakar wieder neben mir, und wenn ich gähnte oder das linke Bein vorsichtig verstellte, blickte er, wie von der Tarantel gestochen, in panischem Schrecken zu mir herüber.
Endlich jedoch, über dem Äquator, kam Bewegung in ihn. Ah, dachte ich, jetzt kommt deine große Minute! Der Kapitän muß mal! – Ich setzte mich gerade, bereit, mit markigen Händen das Steuer zu umgreifen, denn diesen Autopiloten kann man doch nie trauen. Dann erhob sich mein Kapitän und gab dem Bordingenieur Anweisungen. Und als er ihm Anweisungen für all jene Notfälle gegeben hatte, die zu bewältigen eigentlich meine Aufgabe gewesen wäre, schob er, ohne mich zu beachten, meinen linken Arm beiseite, zeigte auf meine Instrumente und Hebel und wies den Ingenieur an, ruhig herüberzulangen und besonders meine Instrumente mitzubeobachten.
Dann verschwand er und war zurück in einer Rekordzeit, die jeder Biologe anzweifeln würde. Ich aber war froh und dankbar, daß er für die Zeit seiner Abwesenheit nicht den Steward auf seinen Platz geholt hatte.

Mein zweiter Flug führte wieder nach Rio; es war die ideale Strecke für Relief-Piloten. Es war ein äußerst interessanter Flug. »Ich bin Ihr Relief-Pilot!« sagte ich zu meinem Kapitän. Er setzte seinen großen Trance-Blick auf, gähnte und erwiderte: »Okay.« Über Brüssel sagte ich: »Das Funkfeuer von Antwerpen ist nicht hereinzubekommen. Es scheint nicht zu senden.« – »Okay!« sagte mein Kapitän. Hinter Lissabon sagte ich: »Wir haben eine ziemlich starke Drift nach links. Soll ich trotzdem den Kurs beibehalten oder zehn Grad größer steuern?« – »Okay!« sagte mein Kapitän. Über Recife begann der Hydraulikdruck zu schwanken, und ich wies meinen Kapitän eindringlich darauf hin. Er behielt seinen großen Trance-Blick bei, gähnte und sagte: »Okay.« Wir hatten auf jenem Flug keinen Motorenausfall und kein Feuer, aber ich wette, er hätte auch zu der brennenden Maschine noch okay gesagt.

Flug Nummer 3 führte nach Chicago. Nachdem wir uns gegenseitig acht Stunden angeschwiegen hatten, zeigte ich etwa auf 45 West auf den schaumgekrönten Atlantik und sagte: »Ein Schiff!« Mein Kapitän stierte träge hinunter und brummte zustimmend. Da ich die Intensität unserer Dialoge nicht auf die Spitze treiben wollte, schwieg ich wieder. Aber unser Gespräch war keinesfalls erschöpft. Wir flogen fünf Stunden bis Chicago, gingen ins Hotel und begaben uns zwei Tage später gemeinsam auf den Rückweg. Und wir waren kaum sechseinhalb Stunden geflogen, schon zeigte mein Kapitän freudestrahlend nach unten und sagte: »Noch ein Schiff!« Und ich hatte inzwischen erkannt, daß unsere Unterhaltung durch einen zustimmenden Satz totgeredet werden würde und brummte nur still vor mich hin. Und beim Abschied in Hamburg reichte mir mein Kapitän herzlich die Hand und rief mit ehrlicher Begeisterung: »Sie sind ein netter Kerl. Es war interessant, sich mit Ihnen zu unterhalten.« Flug Nummer 4 führte nach Montreal. Ich hatte inzwischen erkannt, daß ich in einem Trappisten-Kloster keine schlechte Figur machen würde, da flog ich mit einem Kapitän namens Mac Guie. Er kam ins Cockpit getobt, schlug mir auf die Schulter, als sei er Besitzer eines schlecht belegten Hospitals, und rief: »Ich bin Mac Guie. Nenn mich einfach Harry!«

In diesem Sinne verkehrten wir miteinander. Mac Guie empfand alles Berufliche als Störung, die man so schnell wie möglich beseitigen mußte. Wir rasten in Shannon wie die Irren los, um schon während des Rollens zwei Nachtfrachter zu überholen. Er gab den Befehl zum Fahrwerkeinfahren noch vor dem Abheben, damit wir um so eher auf verringerte Startleistung gehen konnten, damit wir um so eher auf Steigleistung gehen konnten, damit wir um so eher mit dem Lesen der Checkliste fertig wurden. Waren die lästigen beruflichen Dinge erledigt, zog er seine Brieftasche hervor, die weiter nichts als ein zusammenklappbares Familienalbum war, und begann mir die Lebensgeschichte all seiner Töchter, Vettern, Onkel und Großmütter väterlicherseits zu berichten. Es schien, als sei er mit sämtlichen Einwohnern der Staaten irgendwie verwandt. Der knappe Zehnstundenflug reichte gerade aus, die Biographie der nächsten Angehörigen darzustellen, und so zog er nach der Landung in Montreal (es war der kürzeste Anflug meines Lebens) unseren Einsatzplan hervor, prüfte, wann wir wieder zusammen fliegen würden, und versprach: »Am 19. werde ich Ihnen dann erzählen, wie meine Stieftochter Elly mit vier Jahren vom Küchenschrank fiel.«

Später, als die ersten deutschen Kapitäne den linken Sitz zu bevölkern begannen, wurde die Zermürbung des Relief-Piloten mit echter deutscher Gründlichkeit betrieben. Von Rio bis Recife kamen die Fragen dran, die mit »Was tun Sie, wenn ...« begannen. Von der brasilianischen Ostküste bis zum Äquador war interne Hydraulik dran. Vom

Äquator bis Dakar: sphärische Elektrik. Zwischen Dakar und Paris kroch der Relief durchs Cockpit, um alle Bodenklappen zu öffnen und zu berichten, was man mit den dort versteckten Schaltern alles machen könne. Über der mauretanischen Sahara – nach zwei mörderischen Tagen in Rio mit 96% relativer Luftfeuchte und einem 17-Stunden-Flug – wurden dann Zweifel von seiten des Kapitäns gehegt, ob man sich wohl fühle, man sähe so übernächtigt aus. Über Villa Cisneros wurde dann der Auto-Pilot abgeschaltet, und die 5 Stündchen bis Paris durften von Hand geflogen werden. Es folgten dann noch die Zwischenlandungen in Frankfurt und Düsseldorf, bei denen pro Hafen durchschnittlich drei Dutzend Fragen gestellt und 15 Handgriffe falsch gemacht werden konnten. Und auf der Endstation sagte dann der Kapitän: »Falls Sie sich noch frisch fühlen, können wir uns noch ein Stündchen zusammensetzen und Ihre Fehler durchsprechen.« Und dann saß man nach dem 30-Stunden-Flug bis Mitternacht zusammen und sprach die 583 Fehler durch.

Flughäfen, Verkehrsrechte und politisches Prestige

»Oh, rühret nicht daran!«
Diese klassischen Worte sprach einmal ein britischer Diplomat zum Ministerialdirektor Kreipe aus dem Bundesverkehrsministerium. Gemeint war der Berlinverkehr.
Vor dem Krieg war Berlin das Luftkreuz der Lufthansa gewesen. Schon aus simplen Publicitygründen erwartete jedermann, daß die neue Lufthansa Berlin wiederum als Knotenpunkt, zumindest als einen der Zielhäfen wählen würde.
Sie hätte es gerne getan, aber das Potsdamer Abkommen verbietet deutschen Flugzeugen, nach Berlin zu fliegen. Die Luftkorridore durch den Luftraum der DDR wurden zur Versorgung der in Berlin stationierten westalliierten Truppen festgelegt. Gleichzeitig erhielten die Verkehrsgesellschaften der Westalliierten die Erlaubnis, diese Korridore zu benutzen: Pan Am, BEA, Air France.
Wahrscheinlich ist über keinen politischen Krisenpunkt jemals ein solches Ausmaß an Lügen und Halbwahrheiten verbreitet worden wie über Berlin und die Mauer. Mit den Überflugrechten nach Berlin für die Lufthansa verhielt es sich ähnlich. Stets wurden die Sowjets, wurde die DDR verantwortlich gemacht für das Verbot, Berlin anzufliegen. In Wirklichkeit spielten auch andere Dinge mit: Die Strecke Westdeutschland–Berlin war aufgrund der unsicheren Landverbindungen die einzige Kurzstrecke der Welt, die goldenen Gewinn abwarf. Trotz rund hundert Flügen pro Tag in beiden Richtungen waren alle Maschinen stets mehr als gut bis total ausgebucht. Ein Riesengeschäft, das sich niemand durch eine hinzukommende deutsche Gesellschaft verderben lassen wollte. Die

böse DDR kam ihnen als Verhinderer dieser Bestrebungen gerade recht. Später hat sich die Situation geändert. Durch die Verbesserung der Landverbindung – die niemals im Interesse der Westmächte gelegen haben konnte und nur im Alleingang der westdeutschen Regierung zustande kam – gingen in den siebziger Jahren die Einnahmen im Luftverkehr rapide zurück. Prompt rückte die Möglichkeit einer Lufthansaverbindung erneut in den Mittelpunkt. Inzwischen waren die Flüge reduziert, die Preise erhöht worden; das Berlinfluggeschäft war kein Geschäft mehr. Um das Gesicht zu wahren, durften die Westalliierten nicht nachgeben. Ebenfalls aus politischen Gründen legten sie ihr Veto gegen den Plan der Lufthansa ein, auf ihrer Moskau–Tokio-Strecke den Ostberliner Flughafen Schönefeld zur Zwischenlandung anzufliegen.
Inzwischen wurde Mitte der siebziger Jahre Tegel großzügig ausgebaut. Zwar lag Tempelhof wirklich so dicht am Stadtzentrum, daß es von größeren Langstreckenmaschinen nicht angeflogen werden konnte, andererseits war der Luftverkehr durch den verbesserten Landverkehr so geschrumpft, daß jeder Durchschnittsbürger erkennen konnte: Hier lagen rein politische Gründe vor, einen Berliner Großflughafen zu schaffen.

Am 2. April 1959 wurde Rhein-Main in den Überseeverkehr mit Jets einbezogen. Vergleicht man die Zahlen Londons, des führenden europäischen Hafens, mit denen Frankfurts, so hätte Bescheidenheit besser in die damalige Zeit gepaßt als Zukunfts-Euphorie: Im August 1958 wies London im gewerblichen Zivilluftverkehr 13 341 Starts und Landungen auf, Frankfurt knapp die Hälfte, nämlich 6 348. Freilich lassen sich statistische Ergebnisse stets zum gewünschten Zweck umdeuten. Für die eben erst wieder aus den Nachkriegstrümmern erstandene deutsche Luftfahrt waren die Zahlen eindruckerweckend. Mochte der »Passagier-Umschlag« auch nur rund ein Fünftel von London betragen – nach Paris rangierte Frankfurt an dritter Stelle. Falsche Bescheidenheit hingegen legte man sich mit der Wahl nur eines Jet-Ausweichhafens auf. Wohin sollten die Nordatlantikjets ausweichen, wenn Frankfurt wegen Nebels gesperrt war, insbesondere in den frühen Morgenstunden, der Hauptankunftszeit? Der Streit um einen zweiten deutschen Jethafen hätte so mancher satirischen Zeitung oder Kabarettgruppe monatelang immer wieder neuen Stoff bescheren können. Schließlich wurde, nachdem auch Düsseldorf aus dem Rennen ausgeschieden war, Köln-Bonn als Alternative auserkoren. Obwohl zweifellos politische Prestigeüberlegungen den Ausschlag gegeben haben, auch vom fliegerischen Standpunkt war die Entscheidung nicht die schlechteste. Obwohl der Hafen sehr

nahe bei Frankfurt liegt, unterscheidet er sich wettermäßig oftmals extrem von der Main-Metropole.
Heute ruft die Ansicht, ein einziger Ausweichhafen für Langstreckenjets würde in Deutschland genügen, nur noch ein mitleidiges Lächeln hervor. Damals waren es allein die Piloten, und unter ihnen auch nur vereinzelte, die den Jet-Boom vorausahnten. Heute kämpft jeder deutsche Verkehrsflughafen um seine Nonstop-Jetverbindung mit New York, jeder mittelgroße Provinzplatz um seine Zulassung als Jethafen.
Das Image Frankfurts, 1972 durch die Eröffnung des Terminals Mitte gerade erst aufpoliert, erhielt schon fünf Jahre später, Anfang 1977, einen erheblichen Knacks. Kein Geringerer als die Lufthansa selber verpaßte ihrem Zentralflughafen einen warnenden Schuß vor den Bug: Falls der Hafen nicht bald auf den modernsten Stand und Ausbau gebracht werde, müßten sich die Lufthanseaten anderswo nach einem Heimathafen umsehen.
Derartige Töne stammten nicht von den Piloten, sondern aus dem Lufthansavorstand. Dr. Herbert Culmann äußerte sie. Die Umzugsdrohung schreckte die Flughafen AG auf: »Die wirtschaftlichen und sozialen Folgen wären gravierend.«
Tatsächlich war den Piloten der südliche Teil des Rhein-Main-Flughafens schon immer ein Dorn im Auge. Hier starteten von Anfang an und noch immer die Transporter der US Air Force und US Home Guard. Diese Kombination von Militär- und Zivilverkehr ist für einen europäischen Hafen, der »Number one« werden möchte, einmalig. Die ohnehin überstrapazierte Start- und Landefrequenz wird durch zusätzlich an- und abfliegende Militärtransporter blockiert, und das Mehr an Lärmbelästigung wird stets den Zivilpiloten angelastet, denn der Laie weiß von Rhein-Main nur, daß dort »die Lufthansa fliegt«. Dabei unterliegen die Militärmaschinen nicht immer den für Zivilflugzeuge geltenden Lärmschutzbestimmungen, und selbst 1977 starteten noch immer uralte Boeing-Tanker, die für den Überlaststart Zusatzraketen benötigen, deren Lärm jede Concorde siegreich übertrifft.
Die Einwände der Lufthansa betrafen freilich 1977 die Unmöglichkeit, in Frankfurt – wegen der zu dicht an der Südwestbahn 25 vorbeiführenden Autobahn – Schlechtwetterlandungen mit verringerter Sichtstufe durchzuführen, sowie das Fehlen einer Nord-Süd-Landebahn und den zu geringen Abstand der beiden Parallelbahnen, der einen gleichzeitigen Anflug auf beide Bahnen nur mit erhöhtem Wetter-Minimum zuläßt.
Anlaß für den seit langem schwelenden Groll war eine Novität: Auf den Radarschirmen der Anfluglotsen tauchten »Geisterflugzeuge« auf.
Spiegelreflexe und Echos sind in der Geschichte der Radiotechnik nichts

Neues. Als die sogenannten »Volksempfänger« des Dritten Reiches das Abhören ausländischer Sender durch entsprechende Justierung verhindern sollten, war es durch Spiegelfrequenzen durchaus möglich, den Glenn-Miller-Swing von BBC London zu genießen. Bei den Frankfurter Radarlotsen führten die Reflexe, die echte Flugzeuge vortäuschten, zu komplizierten Ausweichanweisungen oder zu der psychologisch verständlichen Haltung, es handele sich ja nur wieder um die üblichen Täuschungen – mit allen damit verbundenen Risiken für den seltenen Fall einer echten Kollisionsgefahr.

Die Ursprünge für derartige eminente Störungen der Flughafen-Sicherheit gehen zurück auf die Eröffnungseuphorie von 1972. Damals priesen die Redner, von keinerlei ästhetischem Mißbehagen gestört, die »klare kompromißlose Konzeption«. Was immer auch die Redner dabei rein ästhetisch empfinden mochten – fest stand schon damals: Dieser als ausgereifte Anlage ausgegebene Superbau würde bald durch andere Bauten gestört werden, denn längst war beschlossen, daß direkt vor dem Flughafen ein Sheraton-Hotel entstehen würde. Inzwischen sind weitere Hochbauten errichtet worden, die dazu beitragen, daß Radarimpulse abgelenkt werden und Spiegelechos entstehen.

Groteskerweise gehört auch der hohe Lärmschutzzaun, den die Lufthansa hinter ihrer Werft hat errichten lassen, zu den Übeltätern, woraus resultiert, daß Umweltschutz manchmal mit einer Beeinträchtigung der Sicherheit erkauft werden muß.

Culmann prophezeite: »Wir stehen vor der Alternative, entweder wird Frankfurt in einen Zustand versetzt, der den Ansprüchen eines modernen Weltflughafens genügt, oder die Lufthansa muß nach Ausweichmöglichkeiten suchen. Der Verkehr wird von Frankfurt abwandern und sich auf andere Flughäfen verlagern müssen.«

Am Wendepunkt zum Jetzeitalter freilich waren derartige Alternativen noch nicht voraussehbar.

»Bad Eilsen Control, this is Lufthansa 019...«

Der Name des fürstlichen Bades derer von Schaumburg-Lippe hat noch heute für die damaligen Deutschland-Flieger einen magischen Klang. Es war die erste Flugsicherungs-Kontrollstelle, an die die Piloten der DC 3 und Convair ihre Positionsmeldungen durchzugeben hatten.

Man flog in knapp zweitausend Metern unter der Wolkendecke über das Weserbergland oder am Vogelsberg vorbei, blickte durch Schneeschauerfetzen auf Bad Pyrmont, den Klüt bei Hameln oder auf den Marktplatz von Nördlingen und hatte fast noch unmittelbaren Kontakt mit der Erde.

Auch der Kontakt der Flughafen-Besucher zu den landenden und startenden Maschinen war noch intensiver. In Frankfurt zum Beispiel konnte man mit einer imposanten DC 3 unmittelbar vor die Caféterrasse rollen. Beim Gasgeben wirbelte so einiges von den im Freien stehenden Tischen. Heute ist alles steril hinter dickem kugelsicherem Glas verpackt. Dafür kostet eine Tasse Kaffee heute das Sechs- bis Achtfache von damals. Hier noch von Fortschritt zu reden erübrigt sich.
Auf der DC 3 tat nur eine einzige Stewardeß Dienst. Sie trug die volle Verantwortung für alles und hatte es damit weitaus schwerer als ihre Kolleginnen auf der Langstrecke.
Aber die damaligen Piloten schwärmen noch heute von jenen Stewardessen, weil unter ihnen noch echte Persönlichkeiten und Individualisten waren.

Flugunfälle kann auch die sicherste Fluggesellschaft nicht ausschließen. Bei der Lufthansa war es das Jahr 1959, das den damals spektakulären Unfall einer Super-Constellation beim Anflug auf Rio brachte. Später sollten zwei Boeing-720-Flugzeuge auf Übungsflügen verlorengehen, eine Convair 440 beim Durchstarten in Bremen, eine Boeing 707 in Delhi, eine Boeing 747 beim Start in Nairobi. Erst dieser Unfall schlug ähnlich hohe Wellen der Publizität wie der erste, nicht zuletzt dadurch, daß es der erste Unfall einer 747 überhaupt war. 1979 verunglückte eine Boeing 707 bei Rio.
Diese Aufzählung täuscht nur auf den ersten Blick eine hohe Unfallrate vor. In Wirklichkeit spricht sie gerade für die immense Sicherheit im Luftverkehr. Kein anderer Verkehrszweig weist eine so geringe Unfallrate bei der Beförderung von Passagieren über derartige Entfernungen auf wie der Luftverkehr. Der Slogan, alle fünf Sekunden starte oder lande auf der Erde ein Flugzeug dieser oder jener Luftverkehrsgesellschaft, zeigt die richtige Relation zwischen Transportleistung und -gefährdung. Die neue Lufthansa setzte die Tradition der alten auch in bezug auf die Sicherheit fort: Sie lag und liegt mit an der Spitze der sichersten Fluggesellschaften.
Bei der Katastrophe vom 11. Januar 1959 verloren sechsunddreißig Menschen ihr Leben. Nur drei Besatzungsmitglieder überlebten: der Navigator, ein Steward und eine Stewardeß. Der amerikanische (TWA-)Captain Mac Mains und sein Relief-Pilot, der deutsche Flugzeugführer Wilhelm Kuhn aus dem 8. FF-Lehrgang, saßen am Steuer, als die Maschine kurz vor der Landebahn aufs Wasser aufschlug. Das Wetter: schwere Gewitterstürme über dem Platz.
Wie kein zweiter löste dieser Unfall eine Fülle von Gerüchten und Halb-

wahrheiten aus. Trotz aller intensiven Untersuchungen wurde er nie geklärt. Die Mutmaßungen reichen von falsch durchgegebenen Luftdruckwerten und dadurch falsch eingestellten Höhenmessern bis zu einem Luftwaffenbomber, der den Anflugkurs gekreuzt haben soll.
Fest steht lediglich: Die Unfähigkeit brasilianischer Lotsen, ausreichend englisch zu sprechen, stellt grundsätzlich eine Belastung für Crews dar. Fest steht: Der Flughafen war nicht mit einer ILS-Anlage ausgestattet, obwohl ein solches Gerät von den Amerikanern als Geschenk angeboten und angeblich im Zollgelände gelagert war, weil die Brasilianer den Einfuhrzoll nicht zahlten. Fest steht auch: Es herrschte ein immenses Tropengewitter, das mit seinen (damals noch weniger als heute erforschten) Turbulenzen und Windscherungen grundsätzlich eine Gefährdung ist. Erst nach diesem Unfall wurde ein Zwischenstop in Dakar zum Besatzungswechsel eingerichtet.

Das Geschäft mit Fracht und Charter

Während der Aufbauphase der Lufthansa erkannte nur ein Bruchteil der Lufthanseaten die zukünftigen Chancen, die im Frachtverkehr lagen. Es gab zunächst nur einen bescheidenen Frachtdienst.
Die Piloten starteten mit ihren DC-3-Frachtern in Stuttgart, Nürnberg und Düsseldorf und schleppten Nacht für Nacht ganze Ladungen von Nürnberger Spielzeug, rheinischem Sekt oder Stuttgarter Elektrik aus dem Hause Bosch ins benachbarte Ausland.
Diese Nachtflüge in der völlig unautomatisierten, handgesteuerten DC 3 nach England hinüber! Neben dem Spielzeug aus Nürnberg lagen Nacht für Nacht Kisten mit Lockenwicklern... Kein Frachtpilot hat jemals begriffen, was die Engländer mit diesen Riesenmengen deutscher Lockenwickler gemacht haben. Eine neue Geheimwaffe? Man flog in einer Reisehöhe von 9 000 bis 12 000 Fuß. Da die DC 3 keine Druckkabine besaß, hätte eine Höhe über 12 000 Fuß bei den Piloten zur Höhenkrankheit infolge Sauerstoffmangels geführt. Wenn man Glück hatte, war man in dieser Höhe gerade über den vereisungsreichen Schichtwolken des nächtlichen Kanals. Wenn nicht, mußten Vergaser-Vorwärmung und aufblasbare Flügelwüste das Schlimmste verhüten helfen.
Und trotzdem erschienen den Piloten damals diese Flüge als das höchste an fliegerischem Komfort. Viele waren während der Kriegsjahre in der Ju 52 geflogen. Die DC 3 verhielt sich dazu wie ein Rassepferd zu einem abgetakelten Ackergaul.
Hatte man den Kanal überquert, ging oft beim Abstieg auf London der

Zielhafen wegen des berüchtigten britischen Nebels dicht. Schon über dem belgischen Ostende hatte man vor dem großen Kanalsprung den Treibstoffvorrat überprüft, noch einmal sorgenvoll die Triebwerkinstrumente begutachtet. Würde die Technik auch über Wasser durchhalten? Man erreichte wohlbehalten Dover – und dann die Hiobsbotschaft von der verringerten Sicht in London.

Oder man war wohlbehalten in London gelandet, und der Rückflug wurde wegen des aufziehenden Nebels in Frage gestellt. Man machte also Anstalten, ins Hotel zu fahren, stieg ins Taxi – und wurde zurückgepfiffen: Der Nebel lichtet sich! Neue Flugvorbereitung. Neue Wetterinformation: London endgültig dicht! Das Taxi (nachts um zwei) über alle Berge. Endlich, gegen drei, ein neues. Ab ins Hotel der Innenstadt. Beim Eintragen am Hotelempfang schon eine Nachricht: Die Wetterwarte sehe jetzt gute Chancen für einen Start gegen vier Uhr. Ob man nicht doch noch mal herauskommen wolle? (Nach einer Arbeitszeit von inzwischen vierzehn Stunden!)

Jeder Pilot kennt die schlimmsten Stunden an Bord, nach einer anstrengenden Kanal-, Atlantik- oder nach einer Wüstennacht in West-Ost-Flugrichtung, wenn die Sonne aufgeht. Für die DC-3-Frachtflieger waren es die Stunden über dem Kanal, auf dem letzten Streckenabschnitt eines langen Einsatzes. Man war nach langem Nebelhickhack endlich aus London heraus und freute sich, ja, lechzte nach dem Hotelbett in Köln oder Düsseldorf. (Obwohl dort, bei einer Ankunftszeit von 8 Uhr morgens, überhaupt nicht an Schlaf zu denken war, wegen der einsetzenden Hektik abreisender Gäste oder in Aktion tretender Staubsauger und Zimmermädchen.)

Dann ging, über Dover oder mitten über dem Kanal, je nach Jahreszeit, die Sonne auf. Nur ein leidgeprüfter Praktiker weiß, wie verheerend sich Lufttrockenheit, Müdigkeit und Sonne von vorn auf den Organismus auswirken! Die winzige, primitive Sonnenblende, die man sich mühsam vor die Augen schob, konnte nicht einmal das Schlimmste verhindern. Sie ist auch in den modernen Maschinen nicht besser geworden.

Die Lufthansa-Piloten, die damals auf der DC 3 zum Kapitän ausgecheckt wurden, genossen trotzdem ihre Freiheit, an die sie nach mühsamen Copilotenjahren auf der Superconnie kaum noch zu glauben gewagt hatten. So mancher schleppte aber aus der Luftwaffenzeit noch seelischen Ballast besonderer Art mit sich herum, damals unter anderen der (inzwischen verstorbene) ehemalige Nachtjäger Heinz Eicke, der dem *Hamburger Abendblatt* gegenüber gestand, jede Kanalüberquerung rufe wieder die alte Kriegszeit hervor, mit der Angst, daß sich plötzlich eine Spitfire hinter einen setze...

Ängste anderer Art hatten die Piloten manchmal auf den zahlreichen Tiertransporten auszustehen. Insbesondere Rhesusäffchen wurden in großen Mengen für dänische Forschungslaboratorien nach Kopenhagen geflogen. Können die winzigen, liebens- und bemitleidenswerten Tierchen einen Flug gefährden?
Sie können, denn in der Fracht-DC-3 waren Frachtraum und Cockpit nicht voneinander getrennt, und bei geringer Turbulenz schon strömten die Affen einen derart penetranten Geruch aus, daß den Piloten regelrecht übel wurde, wenn sie (bei Warteverfahren zum Beispiel) überdurchschnittlich lange mit ihnen zusammen waren. Ich erinnere mich an einen Flug nach Kopenhagen, auf dem beide Piloten an den äußersten Rand ihrer Leistungsfähigkeit gebracht wurden.
Freilich nehmen sich die Stories von losgerissenen Elefanten oder entwichenen Schlangen viel dramatischer aus. Das übliche Fliegerlatein ist die Geschichte vom Copiloten, der von einer Giftschlange gebissen wird und ins Delirium fällt, mit allen typischen Erscheinungen. Bei der Nachprüfung dann stellt sich heraus: Der Mann war nicht von der (noch immer eingesperrten) Kobra, sondern von einer harmlosen Boa gebissen worden.

Eines aber hatten die Frachtpiloten einwandfrei und zukunftweisend erkannt: Luftfrachtverkehr – das war nicht ein billiger Ausweg, um ausrangierte Passagierflugzeuge, statt sie zu verschrotten, noch gewinnbringend einzusetzen, bis sie auseinanderfielen, Luftfrachtverkehr – das war die Zukunft schlechthin.
Gegen achtzehn Uhr, wenn in den Firmen längst Feierabend war, landete der DC-3-Frachter in Stuttgart. Eine Stunde vorher startete der KLM-Frachter gleichen Typs. Er machte das große Geschäft: Er hatte Mercedes-Fracht an Bord. Alle Versuche, Ende der fünfziger Jahre Mercedes für Lufthansa zu gewinnen, mußten scheitern, weil Abteilungen innerhalb der Riesenfirma den Zweig »Luftfracht« nicht ernst genug nahmen. Der abstrakte Umlaufplan gebot nun einmal eine spätere Abflugzeit als die der KLM: Folge: Welche große Firma macht schon gern Überstunden, bloß um die deutsche Firma mit Fracht zu versorgen? KLM machte das große Frachtgeschäft in Stuttgart; die deutschen Piloten sahen von der hohen Cockpitwarte aus, wie Mercedes im Bauch des Konkurrenten verschwand.
In den Frachtverkehr abgeschoben wurden zwei Superstars, die – trotz aller aerodynamischen Fortschritte – zu spät kamen, um die Kolbenfliegerei noch vor den Jets retten zu können. Sie wurden umgebaut, ihre Tragflächen verstärkt, das Landegewicht erhöht. Sie waren, im Gegen-

satz zu den älteren Super-Constellations, mit Radar ausgerüstet. Die ersten luxuriösen Frachter sozusagen. Eine undurchschaubare Bürokratie hatte diese fortschrittlichsten Kolbenflugzeuge dazu abgestellt, während ihre älteren Brüder noch immer im Charter-Passagierverkehr flogen.
Während dieser Jahre flog eine Stuttgarter Rundstrickmaschine beispielsweise, die zwecks Reparatur nach Amerika geschickt wurde, schneller und fast komfortabler als ein Charter-Passagier auf der L-1049 nach Saint Louis oder Cleveland.
Erst mit der reinen Frachter-Version der Boeing 707 erwarb die Lufthansa ein echtes Frachtflugzeug. Die ersten Frachter wurden *Europa, Amerika, Afrika* getauft.
Zehn Jahre später allerdings sollte dann die Tendenz wieder in eine andere Richtung gehen: zur Abkehr von der reinen Frachtmaschine (allerdings erst, nachdem die Lufthansa einen 747-Frachter in Dienst gestellt hatte).
Mehr und mehr bevorzugte man sogenannte QC-Versionen – »Quick-Change«-Flugzeuge, die am Tage Passagiere fliegen und nachts rasch für den Post- und Frachtdienst umgerüstet werden können. Insbesondere im Europaverkehr bewährten sich die so ausgestatteten 727- und 737-Boeings. Als später die DC 10 dazukam, stellte sich die Frage nach einer reinen Frachter-Version dieses Typs überhaupt nicht mehr: Wahlweise konnte man das Passagiergepäck im hinteren Kabinenteil (zur besseren Ausnutzung der unteren Frachträume für Fracht) oder aber in den unteren Frachträumen (zur Erhöhung der Passagier-Kapazität) verladen.

Europas größte Fluggesellschaft für Touristik: Dieses Firmenschild gilt für die Condor, die Tochter der Lufthansa. Der Name stammt aus der Tradition des südamerikanischen Condor-Syndikats.
Gegründet wurde die Gesellschaft am 21. Dezember 1955 als »Deutsche Flugdienst GmbH«, die Lufthansa, Norddeutschem Lloyd, Hapag und Bundesbahn gemeinsam gehörte. 1960 ging sie in den Alleinbesitz der Lufthansa über und wurde umbenannt.
Das erste moderne Flugzeug, das die Condor erhielt, war eine Viscount-814-Turboprop – die alten Vikings konnten nun in der Versenkung verschwinden. 1965 kam die erste Boeing 727 dazu. Mit vier Viscounts, zwei Fokker Friendships und späteren 707-Maschinen konnte sie einen ansehnlichen Flugzeugpark aufweisen. Die Piloten und Mechaniker hatten Lufthansa-Standard, zum Teil wurden Lufthansa-Cockpitcrews vorübergehend für Condor-Flüge eingesetzt.
1961 beförderte die Condor 29 000 Passagiere, 1962 66 000. 1964 war das

Aufkommen auf 225 000 geklettert, bei einer Leistung von sechs Millionen Flugkilometern.
Die Condor-Zuwachsraten konnten sich sehen lassen. 1966 flogen bereits 650 000 Passagiere mit Charterflugzeugen in den Urlaub. 1976 sollten es dann fast drei Millionen sein.
Nur im Charterverkehr gibt es noch seitens der Passagiere echte Begeisterung für die Luftfahrt. Mochten sich auf den Busineß-Rennstrecken Frankfurt–Hamburg oder München–Köln–London die Herren an den Fensterplätzen gelangweilt hinter ihrer Zeitung vergraben und die Börsenberichte studieren; die Urlaubsreisenden waren noch wirklich an einem Fensterplatz interessiert. Eine Stewardeß: »Sie spurten auf Las Palmas oder Teneriffa an die Maschine, als hätten sie sich am Gate Startlöcher gegraben, um ja als erster anzukommen!«
Auch die Condor hatte sehr unter der Vertrauenskrise zu leiden gehabt, der Ende der fünfziger Jahre alle Chartergesellschaften ausgesetzt waren. Die Kunden mußten erst lernen, die Spreu vom Weizen zu trennen. Drittklassige Chartergesellschaften ließen sich nun einmal nicht mit Tochtergesellschaften großer Airlines vergleichen.

Das Jet-Zeitalter beginnt

Am 1. April 1960 konnte die Deutsche Lufthansa auf fünf erfolgreiche Jahre zurückblicken.
Zu diesem Zeitpunkt wurde auch der erste Jet, die Boeing 707, auf der Nordatlantikroute eingesetzt. Obwohl die vierstrahligen Maschinen in der Hamburger Werft mit Lufthansa-Inneneinrichtung und Küchenausrüstungen versehen wurden, begann ihr Dienst in Frankfurt. Hier war gerade, am 29. März, die sogenannte Schmetterlingshalle eingeweiht worden. Diese Werft war damals die größte und architektonisch interessanteste Europas.
Die ersten vier Boeings, die hier gewartet werden sollten, hatten – wie die Viscounts – Triebwerke von Rolls-Royce, die späteren dann von Pratt & Whitney – ein Triebwerkhersteller, der später auch die Boeing 727, 737 und 747 bestücken sollte, beim letzten Typ, dem Jumbo, allerdings mit weniger Erfolg.
Mußten die Propellermaschinen noch namenlos über die Kontinente fliegen, so erhielten die Jets Städtenamen. Die erste Boeing 707-D-ABOB wurde am 16. September 1960 mit Sekt auf den Namen *Berlin* getauft. Taufpate: Berlins damaliger Regierender Bürgermeister Willy Brandt.
Die Auslastung der neuen Jets war erstaunlich. Schon in der ersten

Aprilhälfte wurden zwischen Frankfurt und New York dreitausend Gäste befördert – 65 Prozent mehr als im Vorjahr.
Nach Anschaffung der Jets setzte sich die Lufthansaflotte – insgesamt zweiunddreißig Maschinen – folgendermaßen zusammen:
9 Convair 440 Metropolitan
9 Vickers 814-D Viscount
7 Lockheed 1949 G Super-Constellation
2 Lockheed 1649 A Super-Star
3 Boeing 707 A
Als Frachter kamen drei Douglas DC 3 hinzu.
Flugzeuge »besonderer« Art waren die Super-Stars, vor allem eine von ihnen, die D-ALAN. Eingeweihte nannten sie das Geisterflugzeug. Es gelang ihr anfangs nicht, den Nordatlantik auch nur ein einziges Mal zu überqueren, obwohl dies ihr eigentlicher Zweck sein sollte. Immer versagte auf irgendeinem Zwischenlandehafen vor dem großen Sprung ein wesentlicher Teil. Sie mußte umkehren, oft auch noch während des Fluges.
Da gab es ein Wochenende in Paris: Von hier sollte der große Sprung nach Montreal stattfinden. Aber beim Start mit Vollast kam die Feuerwarnung auf Triebwerk zwei an. Der Start wurde abgebrochen, man rollte zurück, ein Heer von Mechanikern (damals gab es pro Flugzeug weitaus höheren Personalaufwand »vor Ort« als heute) beugte sich prüfend, wissend oder ahnend über die bloßgelegten Eingeweide … Die Passagiere erhielten unterdessen eine ausgiebige Mahlzeit im Terminal. Auch das gab es damals noch ohne Komplikationen. Heute bricht bei jedem stehengebliebenen Flugzeug eine Panik unter den Zuständigen aus, weil niemand mehr mit einer solchen Situation rechnet und überhaupt keine Vorkehrungen für diesen Fall getroffen worden sind oder kurzfristig getroffen werden können.
Als der Fehler behoben schien, absolvierte der (amerikanische) Captain ohne Passagiere einen Probestart, und siehe, die Feuerwarnung kam immer noch an.
Die angeregt speisenden Passagiere hatten vom Restaurant aus den Start verfolgt und waren vielleicht in Schrecken geraten, weil das Flugzeug ohne sie startete. Sie konnten beruhigt sein: Der Start wurde wieder abgebrochen. Damals, übrigens, gab es noch Flughafenrestaurants, von denen aus man tatsächlich auf den Flughafen und auf die startenden Flugzeuge blicken konnte. Im »modernen« Frankfurter Terminal fristen sie ihr fensterloses Dasein für teures Geld auf schlechtgelüfteten Zwischen-, Unter-und Oberebenen.
Spätestens nach dem dritten Fehlstart stand für alle Beteiligten fest: Es

handelt sich selbstverständlich nicht um eine echte Feuerwarnung, sondern um den typischen Superstar-Fehler: Die hitzeempfindlichen Fühlerdrähte gaben oft falschen Alarm ab. Und obwohl jedermann dies wußte, wurde weitergesucht, weiter fehlgestartet. Denn es hätte ja sein können, daß plötzlich eine echte Feuerwarnung gekommen wäre. Dann hätte die Besatzung denken können, es handele sich nur wieder um den üblichen, bekannten Fehler, und die Warnung nicht beachten wollen ... Und so gingen die Passagiere abends ins Hotelbett; und während des ganzen Sonntags wurde die Suche fortgesetzt. Als gegen Abend noch immer keine Besserung eingetreten war, kehrte die D-ALAN nach Hamburg zurück. Ohne Passagiere selbstverständlich; man wollte kein Risiko eingehen.

Anläßlich der Starts ins Düsenzeitalter äußerte Vorstandsmitglied Gerhard Höltje: »Die Umstellung unserer Flotte auf Düsenflugzeuge brachte uns eine Fülle technischer Probleme. Durch rechtzeitige Umschulung des fliegenden Personals und Einweisung des Bodenpersonals konnten alle technischen Schwierigkeiten gemeistert werden.« Die menschlichen Schwierigkeiten waren weniger leicht zu bewältigen. Zwar gab es nicht – wie bei der Bewertung alter Vorkriegshanseaten für die neue Hansa – Enttäuschung und Verbitterung en masse, aber immerhin mußten sich alle Besatzungsmitglieder einem neuen Prüfungsverfahren auf Jettauglichkeit unterziehen. Nicht alle bestanden.

Das wesentliche Kriterium für diese neue Generation von Piloten war das Verhalten bei plötzlichem Druckverlust. Die Reiseflughöhen der Jets hatten sich gegenüber denen der Superconnies verdoppelt. Wie konnte man das Platzen einer Kabine in einer Höhe von rund zehn Kilometern überleben? Wie merkt man rechtzeitig die Symptome einer Höhenkrankheit? Alle Besatzungsmitglieder mußten ein Spezialtraining absolvieren und sich einer Spezialuntersuchung unterziehen. Wie schon die Militärpiloten der neuen deutschen Luftwaffe vor ihnen, bestiegen sie die Unterdruckkammern in Bad Godesberg. Sie brauchten zwar nicht, wie die Düsenjäger-Piloten, auf die Zentrifuge, um sich von den Fliehkräften der neuartigen Geschwindigkeiten strapazieren zu lassen. Aber was ihnen in der Unterdruckkammer blühte, reichte für einige aus, das Ende ihrer Karriere absehbar zu machen – sie mußte mit dem Verschrotten des letzten Propellerflugzeuges enden.

Das Problem des plötzlichen Druckverlustes in großen, bisher für die Zivilpiloten unbekannten Höhen hatte schon vorher die amerikanische Luftfahrtbehörde FAA beschäftigt. Sie schrieb vor: Jeder Jet muß im Fall eines plötzlichen Druckverlustes fliegerisch in der Lage sein, innerhalb festgelegter Toleranzzeiten eine niedrigere Höhe zu erreichen, in der auf die künstliche Zufuhr von Sauerstoff verzichtet werden kann. Durch Sturzflug.

Die Kabinen wurden mit Sauerstoffmasken für die Passagiere ausgerüstet, die im Falle eines plötzlichen Druckverlustes automatisch aus der Halterung fallen und den Passagier mit Sauerstoff versorgen. Freilich nicht endlos – die Vorräte für mehr als hundert Passagiere sind beschränkt. In einer DC 10 reichen die Versorgungseinheiten für rund fünfzehn Minuten aus.

Das Verfahren, einen modernen Jetliner auf dem kürzesten, aber immer noch sicheren Wege in Höhen von rund 4 000 Metern zurückzubringen, heißt *Emergency-Descent* – Notabstieg. Es wurde längst zum festen Trainingsprogramm aller Besatzungen; und bei der halbjährlichen Überprüfung muß jeder Kapitän einen einwandfreien *Emergency-Descent* vorführen. Die Verfahren sind bei den einzelnen Flugzeugtypen unterschiedlich. Grundsätzlich jedoch wird das Flugzeug dabei – um allzu starke Beschleunigungskräfte zu vermeiden – aus einer Steilkurve heraus sanft zum Sturzflug abgedrückt. Die Schubhebel werden auf Leerlauf zurückgenommen. Um möglichst steil stürzen zu können, ohne jedoch die Geschwindigkeitshöchstgrenze zu überschreiten, werden als Bremshilfen – je nach Typ – Bremsklappen oder/und Fahrwerk ausgefahren.

Wird ein solcher Notabstieg rechtzeitig und vorschriftsmäßig eingeleitet, so »rauscht« oder »orgelt« das Flugzeug mit 6 000 bis 8 000 Fuß pro Minute abwärts. Aus einer Reiseflughöhe von 35 000 Fuß hätte es die sichere Höhe von etwa 14 000 Fuß schon nach rund drei Minuten erreicht.

Ein schlagartiger Druckverlust läßt sich in der Unterdruckkammer nicht ohne Gefahr für die Testpersonen simulieren. So ging es bei den Tauglichkeitsprüfungen primär um den langsamen, schleichenden Druckverlust, um das rechtzeitige Erkennen einer der heimtückischsten Krankheiten: der Höhenkrankheit:

Wie erkennt ein Pilot, daß er langsam höhenkrank wird?

Die Gefahr liegt darin, daß durch den Sauerstoffmangel im Gehirn als eines der ersten Zentren die Fähigkeit zur Selbstkritik ausgeschaltet wird. Praktisch zeigt sich das Problem folgendermaßen:

Die Testperson, der langsam Sauerstoff entzogen wird, bekommt die Aufgabe gestellt, die Zahlen von 1 000 an rückwärts auf ein Blatt Papier zu schreiben. Wird der Versuch irgendwo abgebrochen, der normale Sauerstoffzustand wiederhergestellt, so hat die Testperson die absolute Gewißheit, die Aufgabe einwandfrei gelöst zu haben. Das Papier hingegen zeigt andere Ergebnisse. Zum Beispiel könnte die Zahlenfolge ab 990 abwärts lauten: 989, 899, 888, 89, 90, 91, 920, 20, 21, A, B... Bei dem Versuch, das Wort *Reichsluftfahrtministerium* mehrmals zu schreiben, scheiterten schon bei der alten Luftwaffe alle irgendwann. Zum Schluß endete das Ganze in *minimiminiminiii*. Oder es wurden Männchen gemalt. Höhentauglich ist nicht etwa, wer der Meinung ist, alle Aufgaben richtig gelöst zu haben, sondern wer rechtzeitig die Symptome der Höhenkrankheit erkennen kann. Die Testpersonen mußten sie an den Rand ihres Aufgabenblattes schreiben: Schwindelgefühl, Kopfschmerzen, Prickeln in den Fingerspitzen, Hitzegefühl in den Schläfen. Supermänner, die nichts zu spüren vorgaben, fielen durch. Es ging ums rechtzeitige Erkennen und Ergreifen von Gegenmaßnahmen.

Im Prinzip hat sich jeder Pilot schon in der Ära der Kolbenflugzeuge einem solchen Test unterwerfen müssen. Jetzt jedoch wurde verschärft vorgegangen. Die Testpersonen wurden bewußt bis an den Rand des Umfallens, des Einsetzens des Höhentodes geführt. Dabei wurde auch das unterschiedliche Verhalten der einzelnen Charaktere geprüft. Über eine Skatrunde in einer Unterdruckkammer ließen sich köstliche Satiren schreiben, wäre das Thema nicht so ernst: Einer kehrt seine Aggressivität heraus und fegt endlich sämtliche Karten vom Tisch. Ein anderer wird depressiv und beginnt zu schluchzen. Ein dritter wird gleichgültig und legt sich schmollend unter den Tisch. Der Übriggebliebene murmelt stumpfsinnig vor sich hin.

Wird dem Gehirn Sauerstoff entzogen, so sterben unersetzliche Zellen ab. Bald protestierten kritische Piloten gegen die regelmäßige Wiederholung derartiger Unterdruckkammerversuche. Sie fühlten sich als Versuchskaninchen. Dank dieser Proteste gehört die Wiederholung derartiger Tests heute der Vergangenheit an.

Die moderne Jetpraxis zeigt, mit wieviel »eingebauter Sicherheit« heutzutage geflogen wird. Echte *Emergency-Descents* haben sich bis heute kaum jemals ereignet. Wo sie eingeleitet wurden, geschah es oft aus – durchaus berechtigter – Übervorsicht. Kluge Theoretiker bewiesen dann im nachhinein, daß der Notabstieg gar nicht nötig gewesen wäre. Freilich gelangten sie nicht hinter der gesprungenen Cockpitscheibe zu solchen Erkenntnissen, sondern auf sicherem, festem Boden und auch nicht in Sekundenschnelle, sondern nach Stunden reiflichen Überprüfens.

»Lufthansa 400, Sie sind freigegeben zum Start nach New York, Flugfläche 310.«

Wenige Minuten später klingelt das Telefon nochmals: »Ihre 400 hat jetzt abgehoben – 13.12 Uhr!«

Wer während dieser Informationen auf den Hamburger Flughafen geblickt und nach dem angeblich gestarteten Transatlantikflugzeug Ausschau gehalten hätte, hätte seinen Augen nicht getraut: nichts zu sehen! Was hier von einem Spezialistenteam durchgespielt wurde, war eine geniale Operation, die über den internen Kreis hinaus nie bekannt wurde: *Operation Paperjet*!

Sie diente der Vorbereitung des Düsenflugverkehrs und des Sammelns von möglichst vielen Informationen. Wie ließ sich ein doppelt so schnell fliegender Jet in den dichten Atlantikverkehr mit seinen noch immer zahlreichen Kolbenflugzeugen einordnen? Er flog zwar in Höhen, die von den Lockheed- und Douglas-Clippern nicht erreicht wurden, aber bei An- und Abflug mußte er durch ihre Höhen durchdirigiert werden. Wie kam er mit seinen weitaus geringeren Treibstoffreserven zurecht, wenn über dem Zielhafen Nebel herrschte? Wie wirkten sich die noch relativ unbekannten Höhenwinde auf die Flugdauer aus? Unter welchen Gegenwindbedingungen mußte in Gander/Neufundland zwischengelandet werden?

Diese und tausend andere Fragen mußten geklärt werden. So ließ man jeden Tag ein »Papierflugzeug« starten. Man reichte, wie für jedes normale Flugzeug, einen Flugplan ein. Die zuständige Flugsicherungskontrollstelle behandelte dann dieses »Schattenflugzeug« wie ein echtes. Ihm wurde eine Reiseflughöhe freigehalten, und zur Start- und Landezeit durfte sich kein anderes Flugzeug auf der Bahn befinden. Mußten über New York Warteschleifen geflogen werden, so erhielt auch dieses Flugzeug eine Wartezeit und -höhe, in der sich keine andere Maschine aufhalten durfte. Gingen die Treibstoffreserven zu Ende, so entschieden sich die Operateure für einen Ausweichhafen. Auf diese Art erhielten die Planer wertvolles statistisches Material über die Zahl der unplanmäßigen Zwischenlandungen, die wegen ungünstiger Winde oder wegen Verkehrsandrangs in New York-Idlewild notwendig wurden.

Das faszinierende Verfahren, Geisterflugzeuge fliegen zu lassen, hat den Verfasser damals zu seinem Roman *Schattenflug* angeregt. Trotz dieser intensiven Vorbereitung blieben bei der Einführung der Jets noch zahllose Fragen offen. Letzten Endes fühlte man sich wie ein Nichtschwimmer, der ins Wasser geworfen wird und plötzlich schwimmen soll.

Einer der damaligen Initiatoren, siebzehn Jahre später, mit leichter Unterkühlung und falscher Bescheidenheit:

»Ach ja, dieser Paperjet damals! Heute könnte ich nicht mal mehr sagen, ob sich der Aufwand wirklich gelohnt hat. Aber wir mußten ja irgendwie anfangen.«

Angefangen hatte die Operation in der Abteilung Navigation und in der

Flugdienstzentrale. Man stieß in Neuland vor. Heute kann man sagen: Die Operation ist erfolgreich verlaufen.
Sorgen anderer Art hatten das Management und seine Verkaufsabteilungen. Ein Flugzeug mit fast dem doppelten Platzangebot einer Lockheed mußte gefüllt werden. Im Gegensatz aber zu der späteren Einführung des ersten Jumbofrachters, der Boeing 737 auf Kurzstrecken und der Boeing 727 leistete man – international gesehen – mit der 707 keine Pionierarbeit mehr. Denn die Amerikaner hatten sie längst eingeführt. Sie hatten die größere Erfahrung – und die Passagiere!
Die Super-Constellation-Piloten hatten auf dem Nordatlantik schon länger neidvoll beobachten müssen, wie hoch über ihnen die Konkurrenz im Eilmarsch vorüberzog. Und damit auch der Passagier, der jetzt wieder zurückgewonnen werden mußte.
Am 2. November 1959 hatte man gerade erst mit der Super-Constellation die Fernoststrecke bis Bangkok eröffnet. Am 17. März 1960 startete die erste Boeing 707 im planmäßigen Atlantikverkehr. Im Mai fand der erste Flug an die Westküste der USA statt: über Montreal nach San Franzisko. Eine begehrte Strecke, um die sich andere Europäer seit Jahren vergeblich beworben hatten.
Tatsächlich ging der phantastisch hohe Sitzladefaktor von 61 Prozent im Jahr 1960 im darauffolgenden Jahr auf 55 Prozent zurück, um sich erst von da an wieder langsam zu erholen.
Der Sprung ins Jetzeitalter war geschafft!

Ein Beruf stirbt aus

»Unsere Tage sind gezählt.« Solche Klagen waren Ende der fünziger Jahre von einer Berufsgruppe zu hören, deren Tätigkeit nicht nur äußerst hilfreich, sondern dringend notwendig war.
Es ging um die Bordfunker, die bisher im engen Super-Constellation-Cockpit Rücken an Rücken mit dem Captain gesessen hatten. Damals spielte sich der Langstrecken-Funkverkehr noch nicht als Sprechfunk, sondern mit der Morsetaste ab. Alle Positionsmeldungen wurden durch sie an die entsprechenden Flugsicherungs-Kontrollzentren weitergefunkt. Sie waren die hilfreichen Geister, die stets mit den neuesten Wettermeldungen – die ebenfalls als Morsecode durchgegeben wurden – aufwarten konnten.
Im Laufe der Jahre war der Kurzwellenverkehr jedoch so weit verbessert worden, daß man zum Sprechfunkverkehr im Klartext übergehen konnte. Diese Tätigkeit konnte vom Copiloten ausgeübt werden, der auf

den Kurzstrecken ohnehin den gesamten Funksprechverkehr auf UKW absolvierte. Damit war das Ende der Bordfunker absehbar. Viele von ihnen schulten um: zum Bordingenieur oder Navigator. Wer sich diese Umschulung nicht mehr zutraute (die meisten kamen von der alten Hansa und waren nicht mehr die Jüngsten), schied aus dem aktiven Flugdienst aus.
Eine wesentliche Tatsache, die bisher allen Beobachtern zukünftiger Luftverkehrsentwicklung entgangen zu sein scheint, ist folgende: Das Größenwachstum eines Flugzeugcockpits und seiner Besatzungszahl steht im umgekehrten Verhältnis zum Größenwachstum der Flugzeugkabine.
Die Super-Constellation und die gleichartigen Douglas-DC-6-Clipper bildeten den Höhe- und Umkehrpunkt. Sie hatten – wie beschrieben – oft sogar noch einen zusätzlichen Bordingenieur oder Piloten dabei.
Zunächst wurde der Bordfunker gestrichen. Seine Funktion wurde, bei gleichem Gehalt, vom Copiloten voll übernommen.
Als das Trägheitsnavigations-System (INS) eingeführt wurde, mußte auch der Navigator das Feld räumen. Während die Lufthansa sich zunächst sehr reserviert dem neuen Verfahren gegenüber verhielt, waren einige amerikanische Gesellschaften sehr rasch mit der Streichung des Navigators bei der Hand. Das INS war damals, Ende der sechziger Jahre, alles andere als genügend erprobt. Ein Vorläufer war im berüchtigten Starfighter eingebaut. Mochten die Militärs mit dessen Navigationsergebnissen auch zufrieden sein, dem sicherheitsbewußten Zivilpiloten konnten die Abweichungen und Fehlleistungen Schauer über den Rücken jagen. Schließlich konnten sie sich beim Versagen der Navigationsanlage nicht aus dem Cockpit katapultieren!
So waren die navigatorlosen amerikanischen Crews auf dem Nordatlantik zunächst immer sehr froh, wenn sie sich von den Navigatoren anderer Gesellschaften oder von den Wetterschiffen zusätzliche Informationen holen konnten. Schließlich aber hatte das INS einen solchen Standard erreicht, daß auch die Lufthansa (und andere europäische Gesellschaften) auf den Navigator verzichtete. Jetzt waren es nur noch drei.
Und schon wackelte ein weiterer Cockpitstuhl: der des Bordingenieurs. Auf Kurzstreckenflugzeugen, deren technische Systeme weniger kompliziert sind, wurde immer schon auf ihn verzichtet. Hier übernimmt – wieder einmal – der Copilot dessen Funktion.

Lufthansa contra Bundesbahn

Im August 1961 wurde im deutschen Fernsehen über die Unterzeichnung eines Vertrages berichtet, in dem es um die Einrichtung von Nachtpostdiensten innerhalb der Bundesrepublik ging. Er war das Ergebnis monatelanger Verhandlungen, die seitens der Lufthansa von Vorstandsmitglied Süssenguth und der Verkaufsdirektion geführt worden waren. Der Vertrag wurde unterschrieben von Bongers, Süssenguth und Postminister Stücklen.

Da ein Flugzeug nur Geld bringt, wenn es fliegt, waren bisher noch nicht alle Möglichkeiten ausgeschöpft worden. Nachts standen viele Maschinen in der Werft oder auf dem Vorfeld, obwohl sie flugklar waren. Durch die Nachtpostdienste konnte die brachliegende Kapazität besser ausgeschöpft werden. Und so trafen sich nachts zu exakt festgelegten Zeiten die Postmaschinen auf den deutschen Häfen. Nach kurzem Umladen wurde der Flug zum nächsten Flugplatz fortgesetzt.

Mit den reinen Postflügen wurde an die Tradition der Vorkriegs-Hansa angeknüpft. Allerdings war jetzt kein deutsches Flugzeugwerk beauftragt worden, für diesen Zweck ein besonders geeignetes Flugzeug zu bauen. Die gleichen Maschinen flogen tagsüber Passagiere, nachts Post. Einst hatte Ernst Heinkel ein Flugzeug wie die He 70 gebaut, das auf den »Blitz«-Strecken und als Zubringer für die Atlantikmaschinen eingesetzt wurde – als Post- und Passagierflugzeug oder als reines Postflugzeug. Als die He 70 vorgeführt wurde, kamen Luftfahrt- und Lufthansa-Männer wie Brandenburg, Schatzki, Milch und Achterberg aus Berlin nach Travemünde, um ja nicht diesen Augenblick zu verpassen, zumal es das erste Mal war, daß an einem deutschen Verkehrsflugzeug das Fahrwerk eingezogen wurde!

Bei den Post-Viscounts und späteren Boeing-727-Jets gab es derartige spannungsreiche Augenblicke nicht mehr. Allerdings auch keine tödlichen Unfälle wie den des Generalstabsoffiziers der Luftwaffe Wever, der nicht vertraut war mit der Tatsache, daß bei der He 70 mit einem Hebel im Cockpit die Querruder blockiert werden konnten, damit sie am Boden nicht im Wind schlugen. Wever vergaß die Blockierung vor dem Start zu lösen und stürzte ab.

Aber auch jene amüsanten Zwischenfälle wie den von Ernst Heinkel geschilderten sollte es später nicht mehr geben. Als die erste He 70 für die Lufthansa nach Berlin-Staaken übergeführt wurde und die Heinkel-Belegschaft in Warnemünde auf die telefonische Landemeldung aus Berlin wartete, kam ein aufgeregter Anruf aus Staaken: Da sei eine Maschine im Anflug, die habe ihr Fahrgestell verloren. Die Rettungsmannschaften seien alarmiert. Da das Wetter wegen Schneesturms kritisch war, löste dieser Alarm befreiendes Lachen aus. Ernst Heinkel: »Wir wußten: Unsere Maschine war durchgekommen, und gleich darauf landete das erste europäische Flugzeug mit einem einziehbaren Fahrgestell auf dem Staakener Platz.«

Siebenundzwanzig Flaschen Sekt wurden fällig, denn im Vollgasflug hatte die Maschine die kaum vorstellbare Geschwindigkeit von 377 km/h erreicht.

Das war Ende 1932. 1933 brach damit der Lufthansa-Kapitän Untucht acht internationale Geschwindigkeitsrekorde.

Selbst mit der später als Postflugzeug eingesetzten Boeing 727 sollten sich derartige Rekordleistungen nicht wiederholen. Diese Zeit war vorbei – es ging um Regelmäßigkeit und Pünktlichkeit, Nacht für Nacht. Keine Höchst-, sondern Dauerleistungen!

Das Nachtpostflugnetz der Lufthansa fand bei der Deutschen Bundesbahn alles andere als ungeteilten Beifall. Es gab zwar keine Handhabe gegen den Vertrag, der die Zustimmung der Öffentlichkeit fand, doch das Defizit der Bundesbahn wurde dadurch um fünf Millionen DM vergrößert. Freilich gehört es nun einmal zur Aufgabe der Bundespost, Briefe auf dem schnellstmöglichen Weg zu befördern. Eine neue Differenz zwischen Lufthansa und Bundesbahn tauchte auf, als die Boeing 727 ins Haus stand und die Super-Constellation auch von der Kurz- und Mittelstrecke verbannt werden sollte. Um die Maschine aber weiter in Betrieb halten zu können, ersann man einen neuen Plan: Airbus-Service zwischen Frankfurt und Hamburg. Ohne Buchungszwang. Vorbild waren die Eastern Airlines, die in den USA seit 1961 einen solchen *Air Shuttle* zwischen Boston, New York, Washington betrieben. Flugscheine konnten an Bord gelöst werden. Es gab keinen Service: Es sei denn, man bezahlte sein Bier selber. Im alten Frankfurter Rhein-Main-Terminal wurde ein Extra-Airbus-Eingang mit Schalter errichtet. Aber die zunächst recht progressiven Pläne schmolzen auf bescheidene Ausmaße zusammen. Schuld daran war der Einspruch der Bundesbahn.

Die Lufthansa glaubte, mit einem Preis von 60 DM gegenüber 87 DM (Touristenklase) auf ihre Kosten zu kommen. Diesen Preis empfand die Bundesbahn als Einbruch in ihre geheiligten Interessen. Sie verlangte für die F-Züge auf der gleichen Strecke 72 DM, für den TEE 78 DM und legte einen geharnischten Einspruch wegen unbilliger Wettbewerbsmethoden ein. Sie erreichte, daß das Bundesverkehrsministerium den Preis für den einfachen Flug auf 75 DM festsetzte. Rechnete man noch den Preis für den Flughafen-Zubringerbus hinzu, dann lag der jetzt vorgeschriebene Preis so hoch, daß der Anreiz zum großen Teil entfiel. Und so starb eines Tages das optimistisch begonnene Airbus-Projekt eines sanften, lautlosen Todes.

1955, im Gründungsjahr, hatte die Passagierzahl 74 000 betragen. 1962 waren es mehr als 1 800 000. Schon 1963 sollte die Zweimillionengrenze übersprungen werden.
Hatten 1955 knapp 1 900 Flüge stattgefunden, so waren es 1962 über 41 000.
Am 31. Dezember 1955 hatte der Personalstand 2 040 betragen. Ende 1962 waren 12 434 Personen für die Lufthansa tätig.
Und, um auf die Postbeförderung zurückzukommen: 1955 waren es genau eine Million Post-Tonnenkilometer, 1962 das Zehnfache.

Ein ganz neues Fluggefühl

Die »neue Kraft« begann ihren unaufhaltsamen Siegeszug. Selbst Skeptiker mußten sich belehren lassen, daß die Zeit der Propellerflugzeuge endgültig zu Ende ging. Pan Am hatte mit einer gigantischen Bestellung den Anfang gemacht; die übrigen konnten gar nicht schnell genug folgen. Mitte 1961 setzte die Lufthansa auf ihren wöchentlich vierundsechzig Weltflügen bereits 74 Prozent Düsenflugzeuge ein. Die Pan-Am-Stewardessen, die als erste auf dem neuartigen Fluggerät flogen, gestanden allerdings, daß sie beim Start oftmals unkontrollierbare Heulkrämpfe bekamen. Rücklings festgeschnallt in einer fensterlosen Ecke der Galley oder Kabine, waren sie hilflos den ungewohnten, beängstigenden Turbinengeräuschen und Beschleunigungen ausgesetzt. Verglichen mit diesen fauchenden, lospreschenden Ungeheuern, erschienen ihnen die eben noch hochmodernen Douglas-DC-7-Clipper wie gutmütige Bernhardiner.
Heute würde eher eine Stewardeß Schreikrämpfe bekommen, die von der Boeing 767 auf eine uralte DC 3 zurückversetzt würde. Den von der Superconnie umgeschulten Piloten zeigte sich die Nordatlantik-Route jetzt von einer neuen Seite.
Vorher hatten Zwischenlandungen in Shannon oder Gander zum festen Bestandteil einer Amerikareise gehört. Bei starken Gegenwinden (wie sie in Ost-West-Richtung fast immer vorherrschen) mußte sogar oft zweimal zwischengelandet werden, bei sehr weit nördlich verlaufenden Routen statt in Gander in Goose Bay/Labrador. Im Winter herrschten dort oftmals Temperaturen um 30 bis 40 Grad minus. Den Bordingenieuren machte das am meisten zu schaffen, da sie damals noch zum Überprüfen

des Tankvorganges auf die Tragfläche klettern mußten. Keine Chronik hat die Verletzungen festgehalten, die sich viele von ihnen zugezogen haben, weil sie zwangsläufig mit dem unterkühlten Metall in Berührung kamen. Einem Bordingenieur mußte eine Hand amputiert werden.
War es gelungen, von Shannon aus mittels raffinierter Treibstoff-Kalkulation und Navigation ohne Zwischenlandung über Neufundland hinauszugelangen, so ging das Fragespiel weiter: nonstop bis Boston – oder schon Zwischenlandung in Halifax oder Sydney auf Nova Scotia? Und, sobald Halifax oder Sydney überflogen waren: nonstop bis New York – oder Zwischenlandung in Boston? So kurz vor dem Zielhafen war Boston eine besonders bittere Pille, denn für die Piloten bedeutete das nach einer Arbeitszeit von oftmals über fünfzehn Stunden: nochmals eine Stunde Bodenzeit, nochmals Start, Reiseflug, Landung. In New York schliefen die meisten bereits im Taxi zum Hotel ein.
Die Einführung der Jets beseitigte nicht nur dieses Problem.
Für die Superconnie-Piloten tauchte die Küste Neufundlands nach einer anstrengenden Atlantiknacht im Morgengrauen auf. Sie landeten in Gander, trotteten in den Flughafen-Coffeeshop und verkonsumierten dort ihre Ham-and-eggs-Portion. Auf dem Rückflug nach Deutschland das gleiche Spiel bei der Zwischenlandung in Shannon. Stets würgten die Crews das obligatorische Frühstücksmahl in einem Zustand mehr oder weniger totaler Erschöpfung in sich hinein. Das führte zu einer Antipathie gegen diese Frühstücksart, die sich noch ein Jahrzehnt später bei den Betreffenden als »Ham-and-eggs-Syndrom« niederschlug.
Vom Cockpit einer Rolls-Royce-Boeing hingegen sah man die Küste Neufundlands noch im Nachmittagslicht des gleichen Tages, an dem man gestartet war. Die Zwischenlandungen zum Nachtanken wurden im ungünstigen Fall reduziert, im günstigsten Fall ganz weggelassen. Der Rückflug von Amerika nach Deutschland mit obligatorischem Rückenwind bot grundsätzlich keine Probleme mehr.
Planmäßige Zwischenlandungen in Shannon, die es auf einigen Super-Constellation-Strecken gegeben hatte, fielen jetzt ganz fort. Trotzdem gab es viele Besatzungen, die sich nach achteinhalb Stunden Nonstopflug bis New York genauso erschöpft fühlten wie vorher nach sechzehn bis achtzehn Super-Constellation-Stunden. Das raschere Durchfliegen der Zeitzonen, die Vibrationen der Turbinen, die doppelt so große Flughöhe, die Forderung, alle Entscheidungen und Aktionen in der Hälfte der Zeit durchführen zu müssen – dieser neue Streß ließ sich durch die rigorosesten Werbesprüche nicht aus der Welt diskutieren. Finanziell drückte er sich in einer Jetzulage zum Gehalt aus.

Bis März 1962 kamen zu den fünf Rolls-Royce-Boeing 707 acht Boeing 720 hinzu. Die 720 B war etwas kleiner als die 707 und hatte bei kleinerer Kapazität höhere Steig- und Reisegeschwindigkeiten. Mit ihr wurden hauptsächlich Nah- und Mittelost-Strecken beflogen. Ihr war nicht der gleiche Erfolg wie ihrem größeren Vorgänger beschieden. Die Anordnung der Generatoren an den einzelnen Triebwerken führte zu Überhitzungen und Ausfällen des elektrischen Bordnetzes. Ein viermotoriger Jet kann, selbst wenn die Hälfte der Generatoren ausfällt, noch sicher weiterfliegen. In der Anfangszeit der 720 B gab es jedoch Fälle, wo bis zu drei Generatoren ausfielen und auch der letzte den Geist aufzugeben drohte. Diese Kinderkrankheit, die zu mehreren kritischen Zwischenfällen führte, wurde später aufgrund der Streckenerfahrungen behoben. Ein Beweis mehr, daß auch Flugzeuge, die angeblich zu den bestgetesteten der Welt gehören, letzten Endes immer erst von den Streckenpiloten zur Einsatzreife gebracht werden.
Zwei Boeing 720 B gingen, wenn auch aus anderen Gründen, beim Training verloren. Und *last not least* erwies sich die Frachtkapazität auf den Fernoststrecken als völlig unzureichend. Mochte auch in der ersten Januarhälfte 1962 eine 720 B auf der Strecke Hongkong–Tokio aufgrund des Jetstream-Rückenwindes einen Zeitrekord von 2 Stunden, 39 Minuten aufstellen: Alle 720 B wurden von der Lufthansa wieder abgeschafft, während sämtliche 707 nach wie vor mit vollem Erfolg liefen.
Trotz des technischen Durchbruchs zum Jetzeitalter brachte der Anfang keine finanziellen Fortschritte.
1961, das sechste Betriebsjahr der Lufthansa, reduzierte die Zuwachsrate von fünfzehn auf sechs Prozent. Schuld daran waren zum Teil politische Krisen (Berlin, Algerien, Kuba, Laos), die insbesondere den bisher gewinnträchtigen Nordatlantikverkehr beeinflußten, denn Präsident Kennedy appellierte an seine Landsleute: *Fly American!* Das galt in Krisensituation als sicherer. Die Aufwertung der DM schließlich verursachte zusätzliche Erlöseinbußen.
Freilich hatte sich das Sitzplatzangebot auch enorm vergrößert. Im Weltluftverkehr wurde an jedem Werktag ein Düsenflugzeug mit durchschnittlich einhundert Plätzen in Dienst gestellt! Gegenüber 1960 waren die Leistungen der Lufthansa immerhin erheblich gesteigert worden:

Tonnenkilometer:	um 49,4%
Zahl der Fluggäste:	um 25,5%
Luftfracht in Tonnen:	50,9%
Luftpost in Tonnen:	61,1%

Einen amerikanischen Vertrauensbeweis am Rande erhielten die Lufthanseaten Ende 1962: Die Luftfahrtbehörde der USA, FAA, ermächtigte die Lufthansa-Werkstätten, Flugzeuge und Triebwerke amerikanischer Flugzeughalter zu warten, instand zu setzen, zu überholen und zu prüfen. Diese Erlaubnis erhalten nur Gesellschaften, die die Einhaltung der strengen FAA-Vorschriften gewährleisten.

Termine, Daten, Statistiken: Auf ihrer ordentlichen Hauptversammlung am 12. Dezember 1960 beschloß die Deutsche Lufthansa AG, ihr Aktienkapital von 180 auf 250 Millionen DM zu erhöhen. Dr. Kurt Weigelt trat aus Altersgründen zurück. Für ihn wurde Hermann Abs, Vorstandsmitglied der Deutschen Bank, in den Aufsichtsrat und von diesem zum Vorsitzenden gewählt.
Höltje erklärte in seinem Bericht zur Lage, daß die DLH 1960 rund 1,2 Millionen Fluggäste gezählt habe. Der Sitzladefaktor stieg von 54 auf 60 Prozent. Der Aufsichtsrat stimmte der Bestellung von zwölf Boeing-727-Kurz- und -Mittelstreckenflugzeugen zu.
Die letzten sieben TWA-Kapitäne beendeten ihren Dienst bei der Lufthansa. Zwar beschäftigte die Lufthansa auch weiterhin noch einige australische oder amerikanische Kapitäne, doch unterlagen diese den internen Vertragsbestimmungen, und sie hatten keinerlei Sonderrechte mehr. Später kam es in den internationalen Crewhotels gelegentlich zu zufälligen Begegnungen zwischen den deutschen Piloten und ihren einstigen Ausbildern. Sie verliefen stets herzlich; der einstige Streß im engen Cockpit war vergessen.
Am 23. Januar 1961 wurde die längste Kontinentalstrecke eröffnet: Frankfurt–Tokio. Jetzt war die neue Hansa so weit vorgedrungen, wie es bei der alten Hansa 1939 geplant, aber wegen des Krieges nicht verwirklicht worden war.
Homogenität hieß das neue Flottenziel.
Bislang flogen Flugzeuge von fünf verschiedenen Herstellern. Mit der Einführung des totalen Jetverkehrs wurde der Flugzeugpark eine reine Boeing-Flotte.
Bis es soweit war, mußten allerdings einige schwierige Jahre in Kauf genommen werden, in denen die Konkurrenz weitaus moderner erschien. Die Propeller- und Turbopropmaschinen der Lufthansa operierten oft auf Strecken, auf denen andere Gesellschaften bereits mit der Caravelle oder der Comet flogen. Erst die Boeing 727 bescherte der Lufthansa dann schlagartig eine Überlegenheit. Plötzlich erschienen die Comets und Caravelles wie Flugzeuge einer älteren Generation (was sie auch waren).

Ein Jet im Jetstream

An Bord einer der ersten Boeings, die das neue Jetzeitalter »einfliegen«: Der Service läuft ab; die Passagiere sitzen hinter dem Hauptgang (gedünstete Seezungenfilets »Berlin Ritz«).
Plötzlich beginnt das Flugzeug, 35 000 Fuß über dem Nordatlantik, zu rollen. Die linke Fläche senkt sich, steigt hoch, die rechte ... die linke ... Gleichzeitig pendelt der Jet beunruhigend um die Hochachse, als sei das Seitenruder beschädigt. Leichte Gegenstände auf dem Tablett schieben sich quer in die Ecke; die Stewardessen blicken auf, halten sich fest. Das Flugzeug schaukelt sich immer mehr auf; dann senkt sich der Bug, man verläßt die ungewohnte, noch extreme Höhe. Mit dem Sinkflug wird alles wieder ruhiger, stabiler; man fliegt weiter – in 29 000 Fuß hat sich alles wieder beruhigt.
Die Einführung der neuen Kraft brachte naturgemäß die Begegnung mit einer Fülle neuartiger Probleme, die zunächst einmal auftreten mußten, bevor man sie lösen konnte. Düsenflugzeuge, das war bereits bekannt, sind weitaus weniger flugstabil als Kolbenflugzeuge. Beispiel: Läßt man in einem Kolbenflugzeug bei instabiler Fluglage (Steilkurve, Überziehen oder Sturz) alle Ruder los, so pendelt sich das Flugzeug von selber wieder auf eine normale Fluglage ein. Ein Jet tut das nicht – er verstärkt den Fehler sogar noch: wird noch steiler, legt sich noch mehr quer. Schuld daran sind die gepfeilten Flügel, die zwar zur Erreichung höherer Geschwindigkeiten günstig sind, der Stabilität aber schaden.
Geriet eine Boeing 707 in großer Höhe in Turbulenzen, so reichte die Ruderkraft anfangs nicht aus, das Gieren und Rollen auszuschalten. Ein Jet neigte ohnehin von der Aerodynamik her zu dieser Gierbewegung. Daher war der Boeing bereits von Anfang an ein sogenannter Gierdämpfer (Yawdamper) eingebaut worden, der sich jedoch als unzureichend erwies.
So wurde ein exaktes Verfahren entwickelt, um dieses Rollen und Gieren auszuschalten: von Hand übernehmen, durch Gegensteuern die Bewegungen stoppen, niedrigere, flugstabilere Höhen aufsuchen. Dieses Verfahren blieb ein fester Bestandteil des Ausbildungs- und Prüfungsprogramms der 707-Piloten, obwohl später ein zweiter Yawdamper eingebaut wurde und die anfangs geschilderte Flugstörung so nie wieder auftrat.
Flugzeuge der zweiten Jetgeneration – wie die DC 10 – besaßen schon bis zu sechs Yawdamper. Sie arbeiten permanent vollautomatisch, um jeder Tendenz zum Gieren schon entgegenzuwirken, bevor sie sich überhaupt bemerkbar macht.

Da das Taumeln des Flugzeuges an die Rollbewegungen einer holländischen Kogge im schweren Sturm erinnerte, ging diese Erscheinung als *Dutch Roll* in die Luftfahrtgeschichte ein.

Die Jetgeneration machte Bekanntschaft mit einer neuen Art von Turbulenz: der CAT – »Clear-Air-Turbulence«. Das Phänomen ist, trotz zahlloser theoretischer Interpretationen, bis heute für den Piloten nicht befriedigend geklärt. Diese Turbulenzen lassen sich, obwohl das auf den Wetterkarten getan wird, nicht mit für den Flugverkehr akzeptabler Sicherheit voraussagen. (Oft genug treten sie genau dort auf, wo sie *nicht* vorhergesagt wurden.)
Umgekehrt aber sind Sensationsberichte über »die geheimnisvolle Kraft aus dem Weltall, die Flugzeuge auseinanderbrechen läßt«, genauso Unfug wie die Nonsensberichte über »die geheimnisvollen Kräfte im Bermuda-Dreieck« – was ihre Autoren auch wissen.
CAT hat zwar besonders über Japan, wo die solche Turbulenzen verursachenden Jetstreams besonders kräftig ausgeprägt sind, mehrere Flugzeuge ernsthaft beschädigt (einer Trainings-Boeing wurden eine Turbine und ein Teil des Leitwerkes fortgerissen), zu Verletzungen nicht angeschnallter Passagiere geführt und über dem Fudschijama den Absturz einer BOAC 707 verursacht. Verglichen aber mit der tatsächlich geflogenen Flugstundenzahl, sind die Zwischenfälle äußerst gering.
CAT wird eingeteilt in: 1) *light* (leicht), 2) *moderate* (mäßig), 3) *severe* (stark), 4) *extreme severe* (außergewöhnlich stark). Während die Empfehlungen sogar noch Verhaltensmaßregeln für den Fall 4 vorsehen, sind Piloten der Meinung, daß schon bei zwei, spätestens bei drei Maßnahmen zum Ausweichen eingeleitet werden müßten. Mögen auch die ernsten Zwischenfälle denkbar gering sein – der Pilot hinter dem Steuer weiß nie, ob die als leicht angekündigte Turbulenz sich nicht unerwartet zur starken entwickelt – eine erhebliche Nervenbelastung. Die sogenannte Automatisierung vermag auch hier leider nicht zu helfen. Es gibt auch kein volltransistorisiertes Schaltsystem, das durch Druck auf die Taste »Verantwortung« dem Piloten vollelektronisch die Verantwortung für seine Entscheidung abnimmt.
Es gibt auch, trotz aller optimistischen Beteuerungen, die seit 1960 alle Jahre wieder auftauchen, bis heute kein brauchbares Warngerät für CAT. Noch bei der Einführung der Boeing 727, lange nach der 707, äußerte der damalige stellvertretende Lufthansa-Flottenchef: »Diese Clear-Air-Turbulence, geben wir es doch ehrlich zu, ist uns allen noch ein bißchen unheimlich.«

Am Turm der Winde, einem achteckigen Bau in Athen, sind die Winde der acht Haupthimmelsrichtungen personifiziert dargestellt. Alles ist wohlgeordnet, harmonisch eingefügt in den Kosmos. Vom Jetstream, mit dem die moderne Fliegerei zu tun bekommen würde, wußte man damals noch nichts.

Er umfließt die Erde in West-Ost-Richtung, alle Fluggesellschaften, die über den Nordatlantik oder Nordpazifik fliegen, müssen ihn in ihren Flugplänen berücksichtigen, denn da er in den Reiseflughöhen Geschwindigkeiten von über 350 km/h erreichen kann, wirkt er sich als Gegen- oder Rückenwind wesentlich auf die Flugzeit aus.

Freilich hat es über den Jetstream auch viel Nonsens-Information gegeben. Dieser Höhenorkan umfließt zwar das Flugzeug gleichmäßig und läßt es – außer in den Randgebieten, wo die erwähnte CAT auftritt – wie ein »Brett in der Luft« völlig ruhig fliegen, aber es stimmt nicht, was ein Mann wie Theo Löbsack in *Der Atem der Erde* darüber behauptet: daß man bei Rückenwind nur den Motor abzustellen brauche, um weite Strecken sozusagen »auf den Schwingen des Jetstreams« ohne Treibstoffverbrauch zurücklegen zu können.

Denn die »Geschwindigkeit über Grund« (als Folge von Rücken- oder Gegenwind) ist etwas völlig anderes als die »Eigengeschwindigkeit« des Flugzeuges im Verhältnis zur umfließenden Luft. Diese ist exakt vorgeschrieben und kann nur durch die entsprechende Triebwerkleistung beibehalten werden. Ganz gleich, ob man in einem »Sturmluftpaket« gegenüber der Erde zusätzlich versetzt wird oder nicht.

Die ersten, die den Jetstream-Effekt praktisch nutzten, waren die Japaner. Zwar hatten deutsche Wissenschaftler das Vorhandensein eines Jetstreams schon Anfang der dreißiger Jahre theoretisch bewiesen, die Japaner aber machten ihn sich während des Krieges zunutze. Für die Bomberflüge der Amerikaner dagegen bildete er ein schweres Handikap: Die Maschinen hatten auf ihren Flügen nach Japan Gegenwind. Das erfuhr als erste die Besatzung einer Boeing B 29, die 1944 vom Pazifik her Ziele in Japan angreifen sollte. Die Geschwindigkeit über Grund (vielmehr über Meer) war so unerklärlich schlecht, daß für den Kommandanten bald feststand, er würde die japanische Küste nie erreichen, obwohl er nach den Berechnungen seines Navigators bequem hin und zurück hätte fliegen können. Die Bodensicht ergab, daß der Bomber gelegentlich in der Luft so gut wie stillstand. Ein Gegenwind von bisher nie erlebter Kraft zwang die Besatzung schließlich, die Bombenlast ins Meer zu werfen und umzukehren.

Anders die Japaner:

Ihr General Kusaba startete im Frühjahr 1944 eines der ausgefallensten

Unternehmen des Krieges, das in Europa aber so gut wie nicht bekannt wurde.
Auf den japanischen Inseln wurden Zehntausende von Schulkindern und Fabrikarbeiterinnen mobilisiert. Sie erhielten vorgefertigte, elliptische Bambuspapierstreifen, die sie zu Heißluftballons zusammenkleben mußten. Die Ballons wurden mit einem Brenner und einem Zeitmechanismus versehen.
Mehr als neuntausend Spezialballons wurden in Richtung Amerika in die Stratosphäre entlassen. Auf den Fittichen des Jetstreams segelten sie nach Amerika – in Feindesland. Jeder Ballon hatte einen Höhenregulator, der einen winzigen Sandsack ausklinkte, sobald der Ballon zu tief sank, oder ein Ventil öffnete, wenn er zu hoch stieg.
Ziel dieser Ballonoffensive war, die Wälder an der Westküste Amerikas in Brand zu setzen. Trotz aller technischen und meteorologischen Raffinessen schlug der Plan jedoch zum größten Teil fehl. Die meisten Ballons landeten zu früh im Ozean oder bis zu achthundert Kilometer hinter der Küste in der waldlosen Wüste. Außerdem hatten die Amerikaner die gesamte Westküstenbevölkerung alarmiert, um die Brände rechtzeitig zu bekämpfen.
Der Jetstream sollte dann im darauffolgenden Zeitalter des zivilen Atlantikverkehrs weitaus wirtschaftlicher genutzt werden!

Lehrjahre eines Piloten

Von den Leistungen der Lufthansa-Piloten zu reden, ohne ihre Grundausbildung auf der Flugschule in Bremen zu erwähnen, hieße, den Apfel zu loben, ohne den Baum zu nennen.
Die Schule wurde 1956 eröffnet und stand von Anfang an unter der Leitung von Alfred Vermaaten. Er gehörte zu jenen ehemaligen Luftwaffen- oder Lufthansa-Piloten, die wegen Kriegsverletzungen den Sprung in die aktive Fliegerei nicht mehr schafften und auf Ausbilder- oder Verwaltungstätigkeit umschulten.
Bei der Gründung war der enorme »Pilotenausstoß«, den die Schule zwanzig Jahre später würde vorweisen können, noch nicht abzusehen. 1 500 Piloten wurden ausgebildet, 40 000 Flugstunden jährlich absolviert. Hinzu kamen 16 000 Unterrichtsstunden und 10 000 Simulatorstunden pro Jahr.
Ein derartig umfangreiches Ausbildungsprogramm läßt sich nicht ohne Komplikationen durchziehen. Sie traten auf, als man begann, nach weiteren Ausbildungsplätzen Ausschau zu halten. Der Flughafen in Bremen,

der immerhin auch einen beachtlichen Teil an Verkehrsluftfahrt zu bewältigen hat, war dem rasch ansteigenden Schulverkehr nicht mehr gewachsen. Jetzt trat eine seltsame Reaktion ein. Als die Suche nach Ausweichplätzen publik wurde, überschlugen sich zahlreiche deutsche Klein- und Provinzstädte in Angeboten. Sie witterten Geld und Prestige. Schulungsmöglichkeiten boten unter anderen: Lübeck, Flensburg und Kiel. Welches Stadtoberhaupt wünscht sich nicht Schlagzeilen wie: LUFTHANSA WÄHLT UNSERE HEIMATSTADT ALS STANDORT IHRER NEUEN FLUGSCHULE!

Als dann aber der Schulbetrieb mit den lärmintensiven Platzrunden von morgens früh bis abends spät begann, hagelte es Beschwerden. Häufig von den gleichen Gruppen, die einst voller Stolz den Duft der großen weiten Lufthansawelt geschnuppert hatten. Neue, strengere Lärmvorschriften schränkten den Schulbetrieb bald so ein, daß das Erreichen der Schulungsziele kaum noch gewährleistet schien.

Hinzu kam eine zweite Schwierigkeit: das mitteleuropäische Wetter! Gerade im norddeutschen Raum mußte manche Flugstunde wegen Nebels oder tagelangen Nieselregens ausfallen. So wählte die Lufthansa einen Weg, den auch die Luftwaffe für ihre Pilotenausbildung gewählt hat: Sie siedelte mit einem Teil ihrer Schule nach Amerika um.

Hier, im trockenen Wüstenklima Arizonas, fand sie, was sie in Deutschland vergeblich gesucht hatte: nahezu unbeschränkt gutes Wetter zu jeder Jahreszeit und weite, leere Räume ohne Lärmschutzbestimmungen. Phoenix hieß der neue Ableger der Lufthansaschule. Er wurde gewählt, nachdem vorher, von 1967 bis 1969, in San Diego/Kalifornien – in Zusammenarbeit mit Pacific Southwest Airlines – geschult worden war. Für die jungen Piloten bot selbstverständlich Phoenix/Arizona mehr Anreiz als Kiel-Hartenholm/Schleswig-Holstein. Sie kamen dort in den Genuß erlebnisreicher Wochenendfahrten: Saghuaro-Wüsten, »Painted Desert«, die Küste der Baja California oder Grand Canyon! Aber nicht nur sie mußten die Schulbank drücken: Ihre Leitbilder auf der obersten Sprosse der Leiter, die sie gerade betreten hatten, die bereits fertigen Flugkapitäne, hatten jedes halbe Jahr ihren »Base-Check« zu absolvieren – einen Überprüfungsflug, auf dem im Flugzeug alle denkbaren Notzustände wie Triebwerk- und Hydraulikausfall durchgespielt wurden und der Kapitän seine Fähigkeiten nachweisen muß, um die Lizenzverlängerung für ein weiteres halbes Jahr zu erhalten. Und dann waren da noch jene Kapitäne, die auf eine andere Maschine umgeschult wurden. Für die Umschulung von der Super-Constellation auf die Boeing 727 wurden zwischen zwölf und zwanzig Flugstunden, für die Umschulung vom einen Jet zum nächsten etwa acht benötigt.

Für alle diese Flüge mußten Plätze zur Verfügung stehen. Da es sich nicht lohnte, für eine anderthalbstündige Überprüfung beim »Base-Check« nach Arizona zu fliegen, suchte man sich deutsche Plätze, deren Verkehrsaufkommen Trainingsflüge überhaupt zuließen. Frankfurt zum Beispiel schied von vornherein aus, später auch Köln. Nürnberg war für die Frankfurter Kapitäne das geeignetste Ziel. Aber selbst hier traten Lärmvorschriften in Kraft, die eine ganz bestimmte, notwendige Flugübung nicht mehr oder nur noch ganz beschränkt zuließen: den sogenannten »Low-Visibility-Approach«, die Platzrunde bei sehr schlechter Sicht. Nach einem genau festgelegten Verfahren »fegt« dabei der Pilot in besonders niedriger Höhe in 650 Fuß (weil er sonst den Platz wegen tiefhängender Wolken aus den Augen verliert) um den Flughafen – ein Verfahren, bei dem der unempfindlichste Flughafenanlieger Amok läuft. Nach einer halben Stunde »Low-Visibility-Approaches« klingelten sich auf den Kontrolltürmen von Köln-Bonn, Nürnberg oder Hannover die Telefone heiß.
Die Übung wurde, obwohl ein wichtiger Bestandteil im Trainingsprogramm, von den Piloten zugunsten eines besseren Lärmschutzes aufgegeben. Auf andere Trainingspunkte freilich konnte die Lufthansa nicht verzichten. Für die Umschulung von einer Boeing 727 auf eine Boeing 707 sind nun einmal Flugstunden nötig, ob lärmträchtig oder nicht. So verlegte auch das Trainingszentrum für fertige Piloten mehr oder weniger seinen Sitz nach Arizona. Tucson, am Rande der Mojave-Wüste, 170 Kilometer von Phoenix entfernt, ist für alle Jetkapitäne zum Inbegriff für einen letzten Rest von Abenteurertum inmitten einer sterilen Routinewelt geworden. Wer nicht in Tucson war, hat kein vollwertiges Pilotenleben geführt – so etwa äußern sich alle Lufthansa-Kapitäne. Daher wird diesem Ort noch ein besonderes Kapitel gewidmet werden.
Heute allerdings ist auch Tucson aufgegeben worden: Der inneramerikanische Linienverkehr dorthin wurde so stark, daß der Trainingsbetrieb immer mehr reduziert werden mußte. Das neue Zentrum wurde zunächst Roswell/Neumexiko, ein tristes Kaff ohne Atmosphäre. Hier übte einst die amerikanische Luftwaffe, aber selbst die ist schon lange fort.

Ein Flugzeug wie ein Gedicht

»Sie ist das phantastischste Flugzeug, das ich jemals geflogen habe!«
»Sie ist kein Airliner, sie ist ein Jäger!«
»Sie ist ein Gedicht!«

Diese und ähnliche Lobeshymnen waren von erfahrenen Piloten, die schon so manchen Flugzeugtyp geflogen hatten, über die neue Dreimotorige der Lufthansa zu vernehmen.
Die erste Boeing 727 landete nach einer Flugzeit von 11 Stunden, 16 Minuten, aus Seattle kommend, in Hamburg. Zwölf Europa-Jets waren bestellt worden.
An diesem 21. März 1964 konnte man zwar hoffen, aber noch nicht wissen, daß die Boeing 727 das fliegerisch eleganteste und begeisterndste Flugzeug der Lufthansa-Flotte werden würde. Obwohl auch bei ihr keine unmittelbare Verbindung zwischen Steuersäule und Rudern durch Seilzüge bestand und die Steuerausschläge aus dem Cockpit über Hydraulik weitergegeben wurden, hatte hier der Pilot noch das Gefühl des unmittelbaren Steuerns. Sie war sensibel und feinfühlig wie ein arabisches Reitpferd; und sie erlaubte Flugmanöver wie kein anderes Flugzeug.
Für alle Piloten, die noch nicht die Boeing 707 kennengelernt hatten, war die 727 das erste Düsenflugzeug. Sie hatten vorher die Turboprop-Viscount oder die Super-Constellation geflogen; und es war erstaunlich, wie rasch sie sich mit dieser neuen Art zu fliegen vertraut machten.
Gerade aber die rasanten Flugeigenschaften der 727 bargen eine Gefahr: die Versuchung zu riskanten Flugmanövern. Die Lufthansa-Piloten erlagen ihr zwar nicht und flogen strikt nach vorgeschriebenen »Procedures«, aber in anderen Ländern kam es zu Unfällen, weil die Piloten offenbar ihre Fähigkeiten überschätzt hatten. So konnte man die Maschine bei völlig zurückgezogenen Gashebeln mit überhöhter Fallgeschwindigkeit steil sinken lassen, kurz vor der Bahn durch Schubgeben abfangen und aufsetzen.
Dieses rechtzeitige Schubgeben erforderte große Erfahrung; tatsächlich verunglückten in Japan mehrere Maschinen durch frühzeitige Bodenberührung vor der Bahn. Dadurch geriet ausgerechnet dieser Flugzeugtyp zeitweilig in den Ruf, nicht sicher zu sein. Nachdem aber jene Gesellschaften, deren Piloten bislang etwas zu leger die Manövrierbarkeit der Maschine auf die Spitze getrieben hatten, die Anflugverfahren änderten, gilt die 727 noch immer als eines der gelungensten Flugzeuge.
Die phantastischen Flugeigenschaften rührten nicht zuletzt von der Triebwerkanordnung her. Der Flügel blieb dadurch aerodynamisch völlig »sauber«, da die wirbelerzeugenden Flächentriebwerke fehlten. Weil das Flugzeug so ausgezeichnete Gleiteigenschaften besaß, hatten die Piloten oft Mühe, die Fahrt rechtzeitig herauszubekommen; eine Luftbremse half ihnen dabei.
Bei der neuartigen Dreier-Anordnung der Triebwerke, dem aufgesetzten Höhenleitwerk, blieben Kinderkrankheiten nicht aus: Es tauchten

anfangs Störungen im mittleren Ansaugschacht auf. Besonders bei steilem Anstellwinkel reichte der Luftdurchsatz durch den S-förmigen Ansaugkanal für das Mitteltriebwerk gelegentlich nicht aus.
Die 727 löste nach und nach die Viscounts und Lockheeds ab. Die beliebteste Route wurde für die Besatzung die Nahoststrecke nach Beirut, denn Kurz- und Mittelstrecken-Crews sind mit längeren Auslandsstops nicht übermäßig gesegnet. Viele der Tageseinsätze enden dort, wo sie beginnen. Beispiele für Tagesumläufe einer Besatzung sind zum Beispiel: Frankfurt–Düsseldorf–Hamburg–Kopenhagen–Hamburg–Frankfurt. Oder Frankfurt–Stuttgart– Frankfurt–London–Frankfurt.

Gleichzeitig mit der 727 kam eine neue Art von Simulator. Bislang wurden zwar auf den Instrumentenpults die entsprechenden Flugzustände wirklichkeitsgetreu angezeigt, der Simulator selber aber ruhte unbeweglich auf festem Untergrund. Jetzt war er um mehrere Achsen beweglich; er lag auf steuerbaren Hydraulik-Kolben.
Dieser neuartige Simulator wurde von der englischen Firma Redifon hergestellt. Die ersten 727-Besatzungen flogen nach Südengland, wo die Firma ihren Sitz hatte, und trainierten an Ort und Stelle. Erst später wurde das Gerät nach Hamburg geschafft und im dortigen Linktrainer- und Simulator-Gebäude aufgestellt. Die Besatzungen lernten so, neben ihrem harten Training, an den Wochenenden einen Teil Südenglands genauer kennen.
Im praktischen Streckendienst erfreute sich der Europa-Jet bald allgemeiner Beliebtheit. Durch die Heckanordnung der Triebwerke war die Kabine besonders geräuscharm; es sei denn, man saß ganz hinten neben den Triebwerken. Im Cockpit beispielsweise waren während des Reisefluges überhaupt keine Triebwerkgeräusche mehr zu hören.
Nachdem die Boeings 707 auf die Namen deutscher Großstädte wie *Berlin, Hamburg, Frankfurt* getauft worden waren, erhielten die Europa-Jets die Namen mittelgroßer Städte: *Heidelberg, Wiesbaden, Augsburg*. Alle 727, die heute unter diesem Namen fliegen, sind jedoch nicht mehr mit den ursprünglichen Stammflugzeugen identisch. Die erste Bauserie wurde inzwischen komplett ausgetauscht gegen eine verlängerte Ausführung mit geänderter Kabinenausstattung im »Großraumlook«: die Boeing 727–200.

Europa-Jet-Piloten, die London anflogen und nachts längere Wartezeiten zwischen zwei Einsätzen auf dem Vorfeld hatten, konnten einige Male geheimnisvolle Aktivitäten an ihrem abgestellten Flugzeug beobachten. An der Tragfläche machten sich Männer auf Leitern zu schaffen. Sie han-

tierten mit Schublehren und Bandmaß, notierten sich Zahlen und fotografierten Teile ab: Es waren Ingenieure der englischen Flugzeugfirma Hawker-Siddeley.
Diese Firma hatte, fast gleichzeitig mit Boeing, ebenfalls einen dreistrahligen Mittelstreckenjet entworfen und an BEA verkauft: die Trident, die aber im Konkurrenzkampf mit Boeing hoffnungslos unterlegen war. (Sie wurde fast ausschließlich von Ländern gekauft, zu denen Großbritannien besondere Beziehungen unterhielt.) Insbesondere ihre Start- und Landeeigenschaften schnitten gegenüber der Boeing schlecht ab. Pilotenkommentar: »Die schnellste Dreimotorige der Welt – bei der Landung!«
Die günstigen Landeeigenschaften der Boeing wurden durch ein raffiniertes Vorflügel-System bewirkt, das den Engländern wesentlich schlechter gelungen war. Daher studierten die britischen Ingenieure mit englisch-dezenter Akribie, wie der Große Bruder Amerika dieses heikle Problem gelöst hatte.

Zum Beispiel 1964

Ende 1964 konnte die Lufthansa mit ihrem Anteil am Weltflugverkehr durchaus zufrieden sein. Ihre zweiundvierzig Flugzeuge legten 1964 auf 52 900 Flügen 61,5 Millionen Kilometer zurück. Auf der Nordatlantikroute rückte sie unter den siebzehn beteiligten Gesellschaften auf den fünften Platz vor. Im Linienverkehr betrug die Zuwachsrate gegenüber 1963 vierunddreißig Prozent. Im Juni konnte der zehnmillionste Fluggast begrüßt werden.
1964 war aber nicht nur das Jahr der 727, es wurde auch ein anderer Flugzeugtyp diskutiert: die Concorde.
Sie war seit zwei Jahren im Bau und sollte spätestens Ende 1969 in den Liniendienst gehen. (Tatsächlich wurde sie erst 1976 planmäßig eingesetzt.) Der Vorstand wehrte sich mit Händen und Füßen, auch gegen die Pläne der Bundesrepublik, sich finanziell am Überschall-Projekt zu beteiligen.
Höltje: »Kein Interesse!«
Culmann meinte drastisch, man könne eine solche Maschine eigentlich nur in den Schuppen stellen, um dem Steuerzahler zu zeigen, was mit seinem Geld geschehe.
Statt dessen interessierte die Lufthansa sich für eine zukünftige amerikanische Produktion: Boeing plante ein größeres und schnelleres Überschallflugzeug. Freilich wußten die Amerikaner selber noch nicht, wer wann welche Maschinen bauen sollte. Das Projekt wurde aufgegeben.

Nicht aufgegeben wurde die Concorde. Sie wurde ab Frühjahr 1976 von der Air France und von British Airways u. a. in den Nahen Osten, nach Washington, Caracas und Rio eingesetzt. Mit jedem Flug flog sie ihren Gesellschaften Verluste in Millionenhöhe ein. Die Produktion wurde auf rund zwanzig Stück begrenzt und dann eingestellt.
1964 wurde eine Strecke eröffnet, die einen neuen Meilenstein setzte: die Polroute von Hamburg über Anchorage nach Tokio.
Auf Flügen, die direkt über den magnetischen Pol oder in dessen Nähe vorbeiführen, sind die üblichen Navigationsverfahren nicht mehr anwendbar. Da die Meridiane in Polnähe sehr dicht beieinanderliegen und am geographischen Pol zusammenlaufen, können die normalen Navigationskarten nicht mehr verwendet werden. Magnetkompasse werden unbrauchbar. Der große Unterschied zwischen mißweisenden und rechtweisenden Kursen beschert zusätzliche Probleme. Man mache sich auch klar, daß vom Pol aus jeder Kurs in südliche Richtung führt.
Auf den Polflügen wurde der Navigator durch einen zweiten Navigator ergänzt. Erst mit Einführung des INS wurden Polflüge problemloser.
Auf der Polstrecke war allerdings für die Lufthansa keine Pionierarbeit mehr zu leisten.
Noch bevor sie in Erscheinung trat, hatte die SAS die Grundlagen der Polnavigation erarbeitet, und am 15. November 1954 flog sie als erste Luftfahrtgesellschaft von der Alten in die Neue Welt über den Pol. Die Strecke wurde dadurch um mehr als 1 100 Kilometer verkürzt. Ab 1957 flog sie dann auch über den Pol nach Fernost, für die bisherige Südroute über den Orient und Thailand brauchte man 52 Stunden, jetzt wurde die Flugdauer fast um die Hälfte verkürzt: 27 Stunden reine Flugzeit bis Japan.

Zurück ins Jahr 1964.
Zum ersten Mal seit ihrer Gründung kam die Lufthansa aus den roten Zahlen heraus.
Sie ist jetzt auch die einzige Fluggesellschaft namens Lufthansa. Ende 1963 hatte nämlich ein Gerichtsentscheid verfügt, daß die DDR-Gesellschaft unter diesem Namen keinen Flughafen westlicher Länder mehr anfliegen dürfe. Die Ost-Lufthansa änderte daraufhin ihren Namen in Interflug um.
An der Schwelle zum zweiten Jahrzehnt schieden Wolfgang Kittel und Hans M. Bongers aus Altersgründen aus dem Vorstand aus. Neben Gerhard Höltje und Hans Süssenguth trat jetzt mehr und mehr Dr. Herbert Culmann in Erscheinung, bereits seit 1953 einer der engsten Mitarbeiter von Bongers.

In jener Zeit wurde auch eine Idee zu Grabe getragen, die 1958 hoffnungsvoll aus der Taufe gehoben worden war: die Air Union, ein Versuch wirtschaftlicher Zusammenarbeit zwischen den Fluggesellschaften Air France, Alitalia, Lufthansa, KLM und Sabena. Er scheiterte. Einige Stationen auf dem Leidensweg:
1959: Die KLM scheidet aus, weil sie mit der ihr zugedachten Quote nicht einverstanden ist.
1962: Zähe Verhandlungen der verbleibenden Partner. Neue Quotenzuteilung. Der endgültige Abschluß wird auf Antrag der Air France vertagt; man ahnt nichts Gutes.
1963: Nicht die Air France, sondern die französische Regierung legt einen neuen Plan vor. Das Schwergewicht der Entscheidungen soll auf die Regierungen verlagert werden. Von Wirtschaftlichkeit der Fluggesellschaften ist nicht mehr die Rede.
1964: Neue Verhandlungen in Brüssel. Die Air France schickt nicht einmal einen Beobachter, dafür sind die Holländer wieder dabei – zusätzlich Luxemburg. Keine Einigung. Im Juni wird bei einem weiteren Treffen den Gesellschaften das Recht auf Quotenaufteilung entzogen. Weitere Diskussionen über das Ausmaß staatlicher Kontrollen.
Schließlich fiel das verheißungsvolle Kind – nein, es fiel nicht, es wude in den Brunnen hineingestoßen. Gegenüber wirtschaftlichen Erwägungen siegten machtpolitische Interessen und Prestigedenken.

Eine homogene Flotte

Am 19. Februar 1965 ermächtigte der Aufsichtsrat den Vorstand, abschließende Verhandlungen über den Kauf von einundzwanzig Kurzstreckenflugzeugen Boeing 737 zu führen. Fünf weitere Boeing 727 kamen hinzu.
Die Entscheidung für die 737, bei deren Entwicklung die Lufthansa von vornherein ein wichtiges Wort mitzureden gehabt hatte, es war »Höltjes Flugzeug«, fiel unter den Gesichtspunkt der Flotten-Homogenität. Eine Anzahl von Einzelteilen ist bei allen Boeing-Flugzeugen gleich; das Ersatzteillager konnte entsprechend klein gehalten werden. Die Werkkosten verringerten sich, weil weniger Bodengeräte und niedrigere Ausgaben für die Schulung des Bord- und Bodenpersonals anfielen.
Nach dem Ausrangieren der letzten Propellerflugzeuge vom Typ Super-Constellation, Viscount und Convair-Metropolitan war die Lufthansa nun auf den drei Bereichen Lang-, Mittel-, Kurzstrecke eine reine Boeing-Airline geworden. Die Entscheidung für oder gegen einen

bestimmten Flugzeugtyp unterliegt jedoch oft weitaus weniger gezielter Planung als zahlreichen Imponderabilien.
Die Gründe für die Bevorzugung der Super-Constellation gegenüber der DC 6 wurden bereits erwähnt. Viele Airlines flogen die bewährte DC 6 im Nordatlantik-Verkehr, so die Swissair, KLM, SAS, Alitalia, BOAC, Sabena.
Mit der Super-Constellation erhielten die Piloten ein äußerst sensibles, geradezu *sophisticated*, aber auch störanfälliges Fluggerät, das vom ästhetischen Standpunkt begeisterte, aber den Beinamen Super-Complication bekam. Noch mehr allerdings begeisterte dann die Superstar. Ihre Piloten waren so angetan, daß sie sich kaum vorstellen konnten, daß diese Geschwindigkeit und dieser Luxus jemals übertroffen werden könnten. Der Boeing 707, die durch die sensationelle Massenbestellung der Pan Am viel zu früh auf den Markt kam, gab kaum jemand eine Chance. Und keine zehn Jahre später waren die Boeing-Jets dann sogar auf den Kurzstreckensektor vorgedrungen!
Die Lockheed 1649 Superstar kam durch die 707 nicht mehr recht zum Zuge; die Lufthansa baute zwei ihrer vier Maschinen zu Frachtern um, während ausgerechnet die vibrationsreicheren älteren Superconnies weiterhin im Passagier-Charterverkehr blieben. Bei der Superstar kann man geradezu von einem tragischen Schicksal sprechen. Auch deshalb noch, weil Lockheed bei der Montage der Tragflächen einen Fehler gemacht hatte. Durch falsche Berechnungen wurde der Anstellwinkel der Tragflächen an den Rumpf so gewählt, daß die Maschine um rund dreißig Knoten langsamer war als notwendig. Sie war damit noch immer der schnellste Renner ihrer Klasse. Aber welch ein phantastisches Flugzeug, so die Pilotenmeinung, wäre sie erst ohne diesen Berechnungsfehler geworden! Niemand sah die Notwendigkeit ein, noch schneller zu werden – die Boeing 707 hätte zehn Jahre warten können, bis sich die gerade erst angeschafften Kolbenmaschinen amortisiert hätten. Damit wäre auch die 737 hinausgeschoben worden.
Man sieht, gezielte Typenplanung ist von vielen Faktoren abhängig. Die Homogenität, die mit der Anschaffung der 737 perfekt wurde, sollte jedoch bald wieder durchlöchert werden. Als sich der Boeing-747-Jumbo auf einigen Strecken als zu groß erwies, als die Ölkrise den Aufschwung drosselte, suchte man ein kleineres Langstreckenflugzeug als die 747, das gleichzeitig die in die Jahre gekommenen 707 ersetzen sollte. Boeing hatte nichts anzubieten. So wechselte man zu Douglas und entschied sich für die Douglas DC 10. Die Douglas-Verbindung, in den fünfziger Jahren angestrebt, kam also erst zwanzig Jahre später zustande.

Rolls-Royce oder Pratt & Whitney?
Die Frage stellte sich für die Lufthansa nur kurz und wurde rasch entschieden. Im Straßenverkehr mochte R-R eine piekfeine Marke sein. Im Luftverkehr siegten die Amerikaner.
Mit der R-R-Propeller-Turbine hatte man in der Viscount gute Erfahrungen gemacht. Daß allerdings die österreichische AUA ihre Viscounts auf die Namen bekannter Komponisten wie Mozart, Beethoven etc. taufte, war, in Anbetracht der schrillen Akustik, eine Beleidigung der ruhmreichen Toten. Immerhin: Als die ersten fünf Boeing 707 mit Rolls-Royce ausgerüstet wurden, zeigten sich zunächst alle zufrieden. Das Triebwerk lief elegant (»britisch-distinguiert«). Trotzdem rüstete die Hansa alle ihre weiteren 707-Jets mit Pratt & Whitneys aus. Abgesehen von der größeren Leistung, waren diese amerikanischen Triebwerke sparsamer im Treibstoffverbrauch. Sparsamkeit war nie die stärkste Seite bei R-R. Auch die vierstrahlige britische VC 10 litt unter diesem Manko.
Für die Piloten besaß die Rolls-Royce-707 noch einen besonderen Schönheitsfehler, der nie groß bekannt wurde. Die Triebwerke hatten einen kritischen Drehzahlbereich, innerhalb dessen das Triebwerk nicht gefahren werden durfte. Genau in diesem Bereich aber liefen die Turbinen, wenn man gleichmäßig am Boden rollen wollte. Folglich mußte der Pilot beim Rollen soviel Schub geben, daß er über den kritischen Bereich hinauskaum. Dieser Schub war viel zu stark. Sobald die Maschine dadurch zu schnell wurde, mußte der Schub auf Leerlauf zurückgenommen werden. Verlangsamte sie ihre Geschwindigkeit, wurde wieder Schub gegeben. Nur die Oft-Flieger unter den Passagieren konnten schon an der Roll-Taktik eine Rolls-Royce-707 von einer Pratt & Whitney-707 unterscheiden.
Die zweite Art, die sogenannte 707 B, wurde ein solcher Renner, daß immer wieder neue dazubestellt wurden. 1968 waren von den 71 Streckenflugzeugen 58 reine Jets. Darunter waren 19 Boeing 707. Die Rolls-Royce-Boeings wurden später zum Teil von der Tochtergesellschaft Condor übernommen.
1966 kam eine wichtige Strecke hinzu: die Verbindung mit Südamerika über New York. In diesem Zusammenhang wurden Kingston, Montego Bay, Guayaquil und Lima zum ersten Mal angeflogen. In Afrika kamen Khartum, Entebbe, Daressalam und Tunis hinzu. Als erste osteuropäische Stadt wurde Prag linienmäßig angeflogen (nach Moskau gab es bereits Charterverkehr). 1967 folgten Zagreb, Belgrad, Budapest und Bukarest.
Von allen Europafliegern hatten die Piloten auf der Balkanroute wohl die schwierigste Aufgabe. Die Strecke bis Istanbul war aus drei Gründen komplizierter als andere Europa-Strecken:

1. Der Flugverkehr war – nicht zuletzt wegen des intensiven Gastarbeiter-Charterverkehrs – hier besonders dicht, so daß die günstigsten Flughöhen oft nicht zur Verfügung standen.
2. Anfänglich arbeiteten die Ostblockländer nicht mit der Höhentrennung nach dem westlichen Fuß-System, sondern alle Höhenangaben erfolgten in Metern. Die Flugzeuge wurden daher mit einem zusätzlichen Höhenmesser, der in Meter geeicht war, ausgerüstet, oder aber die Piloten mußten anhand einer Tabelle Meter in Fuß umrechnen. Außerdem war beim Einflug in bestimmte Ostblockländer eine zusätzliche Genehmigung über Funk einzuholen.
3. Das Wetter über dem Balkan ist im Jahresdurchschnitt das schlechteste Europas. Häufiger als anderswo fanden Hin- und Rückflug in Vereisungs- und Gewitterzonen statt.

6. Oktober 1967: In Hamburg ereignete sich ein merkwürdiger Vorgang. Die letzte Super-Constellation landete, aus Kopenhagen kommend, um endgültig in Ruhestand zu gehen.
Auch die Convair Metropolitans scheiden aus. Sie haben sich bestens bewährt. Kein Flugzeug war so solide verarbeitet, flog so zuverlässig zur vollsten Zufriedenheit aller wie die CV 440!
Um so vernichtender traf die Nachricht vom Unfall der CV 440 D-ACAT alle Lufthanseaten. Sie mußte, von Frankfurt kommend, wegen Schlechtwetters in Bremen durchstarten und stürzte dabei aus der Kurve ab. Die Ursache wurde nie ganz geklärt. Captain Saalfeld und seine Besatzung kamen ums Leben. Im Gegensatz aber zum Rio-Unfall überlebte dieses Mal ein Teil der Passagiere.
Wie bei vielen Unfällen wurden auch hier nachträglich Verfahren geändert oder Maßnahmen getroffen, die von Bedeutung für den Unfall gewesen sein können, aber nicht unbedingt gewesen sein müssen. So ging man jetzt von der Gepflogenheit ab, Piloten auf zwei Flugzeugtypen gleichzeitig – der CV 440 und der Viscount – fliegen zu lassen. (Flugkapitäne besitzen grundsätzlich nur die Berechtigung für einen einzigen Flugzeugtyp.)
In der D-ACAT hatte auch eine Gruppe von Stewardessen-Anwärterinnen gesessen, die gerade von ihrer Aufnahmevorstellung in Frankfurt zurückkamen. Einige kamen um. Einige machten umgehend ihre Bewerbung rückgängig. Nach Wissen des Verfassers zog nur eine einzige die logische Konsequenz: Ein Unfall würde ihr bei der vorherrschenden Sicherheitsrate garantiert ihr ganzes Leben nicht mehr passieren. Sie blieb.
Das erste Lufthansa-Jahrzehnt hatte allen, Bodendiensten, Besatzungen

und Vorstandsmitgliedern, Berge von Schwierigkeiten gebracht. Sie waren, bald mehr, bald weniger glücklich, gemeistert worden.
Bongers hatte sich schon 1958 über eine Tatsache gewundert, die den späteren Kapitänen nur ein müdes Lächeln der Enttäuschung oder Bitternis entlocken konnte: Obwohl er auf seinen Flugreisen jedesmal beim Betreten des Flugzeugs der verantwortlichen Stewardeß oder schon vorher der zuständigen Groundhosteß deutlich seinen Namen nannte, reagierte kaum noch jemand erkennend darauf. Drei Jahre nach dem Eröffnungsflug war Bongers bereits ein Anonymer, dessen Name den Hostessen nichts mehr bedeutete. Bongers: »Ich schüttelte routinemäßig jeder Dame die Hand und nannte meinen Namen. Manche wunderten sich dann über den jovialen Fluggast und blickten auf die Passagierliste, wo ich als VB eingetragen war. Eine sagte: ›Sie stehen nicht auf der Passagierliste.‹«
Vorstandsmitglied Bongers: »Im Großbetrieb Lufthansa war auch ich anonym geworden.«

Obwohl das Jahr 1966 einen Überschuß von 47,9 Millionen DM erbracht hatte, mußte das Management einen harten Kampf gegen zahlreiche Widrigkeiten führen. Der Nordatlantik, einst das gewinnbringende Geschäft schlechthin, verlor an Attraktivität durch Tarifsenkungen und Kostensteigerungen. Im innerdeutschen Verkehr war beim besten Willen kein Gewinn zu erzielen.
Im Dezember 1967 mußte die Chartergesellschaft Südflug Konkurs anmelden. Sie war die erste deutsche Charterfluggesellschaft, die Amerika anfliegen durfte. Die Lufthansa übernahm davon sämtliche Geschäftsanteile und Flugzeuge, die sie wegen des Typs (Douglas DC 8) nicht gebrauchen konnte. Nach Meinung des fliegenden Personals verhandelten die Verantwortlichen denkbar ungeschickt. Ob die Kritik berechtigt war oder nicht, sie zeigt auf jeden Fall, daß der Informationsfluß ungenügend war. Wesentliche Transaktionen, von denen alle Firmenangehörigen gleichermaßen betroffen waren, wurden oftmals aus dritter Hand erfahren, weil der unmittelbare Kontakt fehlte.
Eine ausgezeichnete Zukunftsplanung zeigte sich durch die Bestellung von drei Boeing 747. Dadurch wurde die Lufthansa die erste europäische Gesellschaft, die Großraumflugzeuge einsetzte (ab 1970).
Am 4. August 1968 starb Dr. Kurt Weigelt, der zum Schluß Ehrenpräsident und bis 1960 Vorsitzender des Aufsichtsrates gewesen war. Er war einer der Pioniere des deutschen Luftverkehrs – vor und nach dem Zweiten Weltkrieg.
Im gleichen Jahr stellte die Lufthansa mit Prof. Dipl.-Ing. Höltje den IATA-Präsidenten.

Mit dem City-Jet erschien 1968 bei der Lufthansa nicht nur eine neue Zweimotorige, sondern auch eine neue Bemalung. Das äußere Erscheinungsbild der Flugzeuge änderte sich.
Mit einem neuen Entwurf beauftragt wurde die Hochschule für Gestaltung in Ulm. Dem zuständigen Künstlerteam mochte man privat noch so viele Sympathien entgegenbringen – was als Entwurf aus Ulm kam, konnte bei vielen, darunter beim Verfasser, keine Begeisterungsstürme entfachen.
Die alte Bemalung kann noch heute als einmalig gelungen bezeichnet werden. Die Kombination von Blau-Gelb, die Formgebung an Bug und Seitenleitwerk war dynamisch und ästhetisch ansprechend, der Schriftzug verhieß Kultur und Tradition. Wie so oft waren es nicht an letzter Stelle Rationalisierungs- und Geldsparmaßnahmen, die eine neue Image-Gestaltung forderten. Die Kombination Blau-Gelb in der alten Form war sehr arbeitsaufwendig und kostspielig, wenn es um das Neuspritzen überholter Flugzeuge ging. Das Gelb sollte aus der Begrenzung zwischen Blau und Flugzeugmetall verschwinden. Gleichzeitig schien wieder einmal eine Modernisierung des Schriftzuges LUFTHANSA an der Zeit. Bei allen Neuerungen aber durfte das Gelb aus der traditionsreichen Lufthansa-Kombination Blau-Gelb nicht völlig verschwinden.
Unter diesem Gesichtspunkt hatte die Hochschule sicherlich eine schwere Aufgabe. Was dabei herauskam, fand keinen ungeteilten Beifall. Ein Entwurf sah vor, das Seitenleitwerk völlig gelb zu halten. Dem von keinen technischen Zweifeln und Kenntnissen geplagten Team war dabei eine wesentliche Tatsache entgangen: Ausgerechnet bei der 727 befanden sich alle drei Triebwerke am Heck. Beim Umkehrschub blies der rußige Abgasstrahl voll gegen das herrlich leuchtende Gelb des Seitenleitwerkes. Es leuchtete dementsprechend nicht lange. Diese Version wurde auf die Condor-Flugzeuge verbannt.
Was für die Lufthansa dabei herauskam, mag zwar heute als völlig selbstverständlich hingenommen werden – damals bereitete es vielen Betrachtern eine herbe Enttäuschung.
Bisher war der Lufthansa-Kranich am Heck in einem Gelb angesiedelt gewesen, das nach rückwärts offen war. Jetzt tauchte er in einem geschlossenen gelben Kreis auf. Kommentar der Kritiker: »Der Kranich ist gefangen. Er darf nicht mehr fliegen. Er strahlt nicht mehr Weite und Fernweh aus.«
Es gab auch gehässigere Bezeichnungen für das, was sich auf dem Leitwerk künstlerisch manifestierte. Ebenfalls nicht alle zu begeistern vermochte der »moderne« Schriftzug. Er wurde von den Kritikern als Bruch mit der Tradition und als »kulturlos« bezeichnet.

»... ein positives Kapital«

1969 kam es zur Gründung einer Vereinigung, die von einem großen Teil der Cockpitbesatzungen schon lange herbeigesehnt worden war: In Oberursel/Taunus wurde von 356 Angehörigen der Flight Crews die Vereinigung Cockpit e. V. gegründet. Wesentlich war, daß in ihr Piloten *und* Bordingenieure gleichermaßen vertreten waren. Ja, einer der Hauptinitiatoren, der schon seit Jahren diese Gründung vordiskutiert hatte, war ein Bordingenieur: Werner Joost. Diese Kombination ist nicht selbstverständlich, denn in anderen Ländern lieferten sich Piloten- und Bordingenieurorganisationen aus falschem Prestigedenken heraus erbitterte Kämpfe.
Die Vorstandsmitglieder unter ihrem damaligen Präsidenten Werner Joost vertraten als geschäftsführendes Organ die Vereinigung nach außen. Über die Notwendigkeit einer solchen Vereinigung äußerte sie sich in ihrem ersten *Cockpit-Report*:

»Als erstes sei angeführt, daß Deutschland bis zur Gründung des VC einer der ganz wenigen luftfahrttreibenden Staaten war, in dem es keine eigene Vereinigung des fliegenden Personals gab. Der zweite Grund lag in dem Verhalten der Geschäftsleitungen der Luftfahrtunternehmen den aktiven Fliegern gegenüber. Man nutzte die Unmündigkeit der Flieger bei Wiedererlangen der Lufthoheit aus, um sie von jeder Mitsprache und Mitwirkung, selbst am fliegerischen Betriebsgeschehen, auszuschließen. Dieser Tatsache, resultierend aus der Nachkriegsentwicklung in Deutschland, wurde man sich nun bewußt.
Drittens war in keinem Gremium, das in irgendeiner Form an der Lufthansa-Gesetzgebung mitwirkte, ein aktiver Flieger vertreten. Es galt gegen die rein wirtschaftlichen Interessen der Unternehmen die unabhängige Meinung der Vertreter unseres Berufsstandes zu setzen.
Nicht zuletzt war die Unzufriedenheit des fliegenden Personals mit den Praktiken der Großgewerkschaften ein wesentlicher Grund für die schnelle Expansion unserer Vereinigung. Waren es 356 bei der Gründung, so hatte die VC Ende 1969: 777 und beim Jahreswechsel 1970/1971: 1139 Mitglieder. Und heute sind es 1550. Was will die VC?
Der Verein will am Wohle der Zivil-Luftfahrt mitwirken, die Verkehrssicherheit verbessern, den Leistungsstandard der Cockpit-Besatzungen fördern, die Belange der Kollegen, ihrer Angehörigen und Hinterbliebenen wahren. Die Vereinigung ist befugt, Tarifverträge abzuschließen.
Die Vereinigung Cockpit will ihre Mitglieder zu Leistung und persönlichem Einsatz anregen – zum Nutzen ihrer Unternehmen. Daraus beansprucht sie das Recht, in Fragen der Flugsicherheit, des Flugbetriebes und seiner Technik und der Verkehrspolitik mitzusprechen.
Die Vereinigung Cockpit will die Unternehmensführungen davon überzeugen, daß ein engagiertes, kritisches Cockpit-Personal ein positives Kapital darstellt.«

Schon 1971/72 hatte ihre Mitgliedzahl die 1500-Marke überschritten. Die VC wurde sechstgrößtes Mitglied der »International Federation of Air Line Pilots Associations« (IFALPA) und arbeitete in den verschiedenen internationalen Studiengruppen mit. Leider ließ sich eine der Hauptforderungen der Cockpitbesatzungen, die Befugnis zum Tarifabschluß, nicht verwirklichen. Nach wie vor mußte dazu der Weg über eine Gewerkschaft gewählt werden. Die VC entschloß sich zu einer Zusammenarbeit mit der DAG. Von nun an lieferten sich bei den Tarifverhandlungen ÖTV (in der nur ein ganz geringer Prozentsatz des Cockpitpersonals organisiert war) und DAG (die den weitaus höheren Anteil hatte) erbitterte Gefechte.
Die Enttäuschung, nicht in eigener Regie Tarifverhandlungen führen zu können, mochte für viele Mitglieder ein wesentliches Manko darstellen. Ein Pilot drückte jedoch für viele andere die Situation aus:

»Die VC hat uns unser Selbstbewußtsein zurückgegeben. In den ersten zehn Jahren hat man unseren Idealismus, unseren Willen, unter allen Umständen wieder fliegen zu wollen, mehr als schandbar ausgenutzt. Jeder kleine Angestellte, der vorübergehend beim Besatzungseinsatz Dienst tat, konnte uns aus unseren freien Tagen pfeifen, in einem Ton, der jeder Beschreibung spottet. Heute würde sich keine Bodenstewardeß mehr anhören brauchen, was sich damals altgediente Kapitäne, zum Teil noch aus der alten Hansa, von diesen Schnöseln, die irgendeine Fehlplanung begangen hatten, sagen lassen mußten, wenn sie nicht bereit waren, deren Fehler auszubügeln. Es war eine Schande, das hat sich jetzt schon geändert, das wird sich weiter ändern.«

Ein anderer dazu:

»Das oberste Management kann von all diesen Dingen nichts gewußt haben. Es hätte sonst nie dieser schandbaren ›Verheizung‹ zugestimmt, die eines Tages zu verfrühtem Ausscheiden aus Krankheitsgründen führen muß. Es sind wieder einmal die Hilfskräfte auf den unteren Rängen, die ihre Machtstellung ausnutzen und nach Lust und Laune ruhebedürftige Besatzungen zu unplanmäßigen Einsätzen herausklingeln, bloß, weil sie vergessen haben, bestimmte Flüge einzuplanen oder andere Crews fehlgeleitet haben.«
»Die es wirklich zu verantworten hatten, waren nie greifbar. Sie blieben ja kaum länger als ein halbes Jahr bei der Firma. Sie wurden zu schlecht bezahlt. Hier wurde natürlich an der falschen Stelle gespart. Unfähige Leute auf diesem wichtigen Posten!«

Die viel zu spärlichen Begegnungen zwischen Besatzungen und Management zeigten dann auch für das Management bedrückende Ergebnisse. Man gelobte ehrlich und reumütig Besserung; und die Ergebnisse ließen in einem ersten Feedback nicht auf sich warten. Einmütige Erkenntnis aller: Man hatte sträflich den Gedankenaustausch zwischen Flugpersonal und Management vernachlässigt.

Die Stabilität der Einsatzpläne wuchs, wenn auch sehr langsam und, insbesondere für die Kurzstrecke, nicht in dem gewünschten Maß. Das heißt: Mehr und mehr konnte man sich darauf verlassen, an den Tagen, die im Monatsplan als »frei« ausgewiesen wurden, wirklich auch frei zu haben. Die Chance wuchs, wieder im voraus eine Theater- oder Konzertkarte kaufen und die teuer bezahlte Aufführung auch tatsächlich besuchen zu können. Die dringend benötigte Erhöhung der Ruhezeiten setzte sich langsam durch. Ende 1977 endlich hatte zum Beispiel die Stabilität der Einsatzpläne für die DC-10-Crews einen Grad erreicht, der kaum noch Wünsche offenließ.
Was kaum weniger wichtig war: Im Laufe der siebziger Jahre hatte sich auch der »Verhandlungston am Telefon« endlich auf eine menschliche Basis hinaufgearbeitet. Man war bemüht, auch persönlichen Einsatzwünschen gerecht zu werden; man legte sogar Wert darauf.
Langjähriger Präsident der Vereinigung Cockpit war Hans-Dieter Gades. Er erlag in der Neujahrsnacht 1977/78 zwischen zwei Streckenflügen in Karatschi einem Herzschlag. Sein Einsatz für die Belange der Crews hatte ihn kräftemäßig weit überfordert.
Denn Gades konnte nichts ohne großes persönliches Engagement tun. Er besaß nicht die geschäftlich-eiskalte Routine seiner Kontrahenten, nicht das politische Kalkül der Minister, die sich vor den Kameras angiften und draußen warmherzig die Hände schütteln und für das Abendessen verabreden. Er litt unter Ungerechtigkeiten; ihm schien ein Gespräch sinnlos, wenn es nicht – in bescheidenstem Maß wenigstens – das Verhältnis der Partner zum Positiven beeinflußte.

Eine der zahlreichen Tätigkeiten der VC bestand darin, unter den Mitgliedern zunächst Umfragen zu lebenswichtigen Problemen anzustellen, um dann aufgrund der Ergebnisse Empfehlungen auszusprechen, Forderungen zu erheben.
Eine Aktion, die Anfang der siebziger Jahre stattfand, hatte das Thema »Cockpit-Sitze« zum Gegenstand. Der Pilot und sein Arbeitsplatz: Noch niemand hatte dieses brisante Thema für einen Sensationsreport entdeckt! Kaum über einen anderen Bereich sind jemals so viele Beschwerden geführt worden wie über den Arbeitsplatz des Piloten (und Bordingenieurs). Die Umfrage-Ergebnisse sollten wieder einmal die krasse Diskrepanz zwischen Luxusservice in der Kabine und dem Sitzplatz jener ins Bewußtsein rufen, die ein 80-Millionen-Mark-Flugzeug bis zu neuneinhalb Stunden – gelegentlich auch elf – über die Kontinente flogen, ohne offiziell die Genehmigung zum Verlassen dieses Sitzes zu haben.

Die VC-Umfrage ergab:
1. Die Cockpit-Sitze derzeit geflogener Typen sind stark verbesserungsbedürftig und entsprechen weder dem Standard der übrigen Flugzeugausrüstung noch orthopädischen Mindestanforderungen.
2. Gesundheitsschäden, hervorgerufen oder verstärkt durch die minderwertige Qualität dieser Sitze, treten derart häufig auf, daß verantwortlich denkende Luftverkehrsgesellschaften diesem Problem die entsprechende Beachtung schenken sollten, und zwar nicht nur bei Neuanschaffungen, sondern auch bei derzeit noch geflogenen Mustern.
Während des Dienstes klagten 53 Prozent über mangelndes Wohlbefinden, 38 Prozent über Schmerzen, 10 Prozent gar über Arbeitsbehinderung. Und sogar in der Freizeit hatten 39 Prozent Rückenschmerzen. Es gab Wirbelverlagerungen, schwere Steißbein- und Bandscheibenoperationen, Muskelverspannungen und Durchblutungsstörungen in den Extremitäten. Beklagt wurden außerdem die synthetischen, schweißtreibenden Polster. In Verbindung mit den ebenfalls mangelhaften Temperatur- und Lüftungsverhältnissen im Cockpit riefen sie weitere Krankheiten hervor: Störungen im Magen-Darm- sowie im Nieren-Blasen-Bereich wurden angegeben, Hämorrhoiden und Erkrankungen des Genitalbereichs.
79 Prozent der Befragten forderten eine Verbesserung der Sitze. Es hieße die Dinge auf die Spitze treiben, würde man hier die bitterbösen Kommentare, oft auf den Fragebogen gekritzelt, wiedergeben. Die Kapitäne Hillingmeier und Lachmann, die in der Arbeitsgruppe »Flugmedizin« im Rahmen der VC die Ergebnisse zur Verfügung stellten, dazu: »Vielleicht helfen uns die Betriebspsychologen, wenn sie die als Stimmungsbarometer gedachte Frage zwölf und ihre Beantwortung sehen: ›Glauben Sie, Ihre Firma ist an einer Verbesserung Ihres Arbeitsplatzes interessiert, auch wenn dies mit hohen Kosten verbunden ist?‹ Ja: 26 Prozent, unentschieden: 15 Prozent, nein: 59 Prozent.«

Ein Flugzeug wird überholt

Zu einem gutfunktionierenden Flugbetrieb gehört heutzutage eine gutfunktionierende Wartung. Die »gute alte Zeit« war vorbei, wo der Pilot einer Einmotorigen beim Bruch einer Öl- oder Benzinleitung in der Wüste landete, mit seinem Mechaniker das Rohr an der Bruchstelle notdürftig mit einem zerrissenen Hemd umwickelte und wieder startete.
Das Arbeitszentrum moderner Flugzeugwartung ist die Werft. Die Hamburger Werfthalle war die erste der neuen Lufthansa. Hier rollten

die ersten neuen Flugzeuge an, wurden gecheckt, bemalt und mit Lufthansa-Innenausrüstung bestückt. Alle Superconnies, Convairs und DC 3 wurden hier vorbereitet und überholt.

Bei einer DC 3 stieß man dabei auf seltsame Funde. Die drei bereits betagten Flugzeuge hatten als Transporter der französischen Luftwaffe lange Jahre in Algerien Dienst getan. Als man die Flügelverkleidung löste, entdeckte man zwischen den Rippen mehrere Nester von Wüstenmäusen ... Eine spätere, harmlosere Parallele dazu: Die hoch aufragenden T-Leitwerke der Boeing 727 schienen der nestbaufreudigen Vogelwelt Schutz und Ungestörtheit zu verheißen. Bei Flugzeugen, die längere Zeit oder über Nacht abgestellt wurden, kam es auf vogelreichen Flughäfen (wie Istanbul) gelegentlich vor, daß Vögel dort mit dem Nestbau begannen – Tätigkeiten, die von den diensttuenden Bodenmechanikern immer rechtzeitig entdeckt wurden.

Nachdem nicht Hamburg-Fuhlsbüttel, sondern Frankfurt-Rhein-Main zum Hauptsitz der Lufthansa-Flotte wurde, mußte auch der größere Teil der Wartungsarbeiten hierherverlegt werden. Am 29. März 1960 wurde die sogenannte Schmetterlingshalle eingeweiht, die damals größte Flugzeughalle Europas. Schon die Hamburger Halle war seinerzeit wegen ihres riesigen freitragenden Raumes ein Meisterstück gewesen. (Säulen wären in einer solchen Halle allerdings auch deplaziert, da sich die riesigen Tragflächen nicht, wie bei Flugzeugträgerflugzeugen, zurückschwenken lassen.)

Die Frankfurter Schmetterlingshalle ist 56 Meter tief, 16 Meter hoch, 167 Meter lang. Zehn Jahre später erhielt sie einen Nachbarn, der ihre Superlative noch übertraf. Er heißt weitaus nüchterner Hangar V. Der Mittelträger seines Daches wiegt 4 400 Tonnen – die Großraumjets hatten neue Maßstäbe gesetzt.

Die acht Tore des Hangars sind elektrisch verschiebbar; jedes Tor wiegt 100 Tonnen. Die Halle ist 100 Meter tief. Das Anschleppen der Jumbos – ein Jumbo-Schlepper kostet 750 000 DM – geschieht über einen Fernsehmonitor. Ist das Flugzeug auf den Zentimeter genau ins Dock gebracht worden, so kann man von mehreren Plattformen eines Gerüstes aus am Objekt arbeiten. Bei der 747 fährt ein Fahrstuhl die Mechaniker bis zur obersten Plattform am Heck 20 Meter hoch.

Ein Düsentriebwerk läßt sich nicht auswechseln wie ein Außenbordmotor. Die Pratt & Whitney-Triebwerke der 747 wiegen je 3,8 Tonnen – ungefähr soviel wie ein komplettes Focke-Wulf-190-Jagdflugzeug des Zweiten Weltkrieges. Sie werden durch Krananlagen bewegt, deren Schienen an die Spannbänder des Hallendaches gehängt sind. Fallen lassen wäre kostspielig: Ein Jumbo-Triebwerk kostet rund 3 Millionen DM.

Zum Reifenwechsel werden die Flugzeuge aufgebockt. Eine Notwendigkeit, die sich im Durchschnitt nach achtzig bis hundert Starts und Landungen ergibt und etwas teurer ist als beim kostspieligsten Luxuswagen: pro Jumboreifen 5 000 DM. Die 747 hat achtzehn davon.

Die Männer, die hier arbeiten, sind wegen der Komplexheit der technischen Systeme nicht nur typenspezialisiert, sie sind auch noch spezialisiert in Flugzeugmechaniker, Triebwerkmechaniker, ERI-Mechaniker (Elektro, Radio, Instrumente), Kabinenmechaniker. Hinzu kommen Metallflugzeugbauer, Fahrwerk- und Hydraulik-Spezialisten, Sattler, Tischler, Lackierer.

Mitte der siebziger Jahre waren für die Wartung der etwa hundert Düsenflugzeuge bei Lufthansa und Condor in Frankfurt rund 1 800 Mitarbeiter angestellt.

Alle Arbeitsvorgänge werden auf Arbeitskarten und Prüfblättern festgehalten. Die Aktensprache weist Begriffe auf wie *Preventive Maintenance.* Funktionsschemata, statistische Zuverlässigkeitsüberwachung, zielorientierte Instandhaltung, störungsfreie Werkstoffprüfung.

Wie überall, so muß auch hier die Verhältnismäßigkeit der Mittel gewahrt werden. Ein Zahnarzt sollte einem jungen Mann mit dem ersten Loch im Zahn kein neues Gebiß empfehlen. So gibt es in der Flugzeugwartung verschiedene Stufen, die je nach Schwere der Beanstandungen zum Tragen kommen: Sichtkontrolle, Zustandskontrolle, Detailkontrolle. Erst bei der dritten Stufe wird das beanstandete Objekt freigelegt oder zerlegt.

Freilich tritt das Werftteam nicht nur bei gezielten Beanstandungen in Aktion.

In regelmäßigen Abständen werden genau festgelegte Kontrollen durchgeführt. Unterste Stufe: die kleine Flugbetriebskontrolle (FK), die vor jedem Start von der Crew selber und dem Bodenmechaniker durchgeführt wird. An diese FK I schließen sich, umfangreicher, die FK II und FK III an. Das ganze technische Kontrollpaket steigert sich dann über die Basiskontrolle (BK), Zwischenliegezeit (ZL) zur Teilüberholung (TÜ). Diese letzte Kontrollstufe wird auf der Fuhlsbütteler Werft ausgeführt. In zwei- bis dreiwöchiger pausenloser Arbeit wird das Flugzeug dabei praktisch in seine Einzelteile zerlegt. Die Zwischenzeit zwischen zwei TÜs beträgt etwa 10 000 bis 16 000 Flugstunden oder drei bis vier Jahre. Die BKs hingegen werden in Frankfurt durchgeführt und finden nach 1 200 bis 1 600 Flugstunden statt.

Die Zahlen sind so imposant, daß sie noch einmal detailliert wiedergegeben werden sollten.

So braucht die Boeing 737 erst nach 10 000 Flugstunden oder fünfzig

Monaten in die Teilüberholung. Die 727 nach 14 000, die 707 nach 16 000. Für den 707-Frachter sind 18 000 Flugstunden oder fünfzig Monate das Limit, für die 747 16 000 oder sechzig Monate, für die DC 10 16 000 oder achtundvierzig Monate. Der Airbus A 300 lag Ende '76, aus diesem Zeitraum stammen die Werte, wegen der relativen Neuheit noch bei 10 000 Flugstunden für die Zwischenliegezeit-Kontrolle. Zu einer Teilüberholung war es bis dahin noch nicht gekommen.
Ebenfalls frappierende Zahlen – dieses Mal jedoch negativ – bieten die Start-, Lande- und Abfertigungsgebühren für Lufthansa-Flugzeuge. Die Gebühren, die für jede Abfertigung und jede Bewegung (Start und Landung) bezahlt werden müssen, differieren je nach Typ und Hafen (!) erheblich. Sie steigen von Jahr zu Jahr.
1973 kostete zum Beispiel eine 737 insgesamt pro Abfertigung und Start/Landung:

in Hamburg	DM 860,–
in Stuttgart	DM 953,–
in Kopenhagen	DM 345,–
in Prag	DM 602,–

Für eine 747 betrugen die simplen Start- und Landegebühren:

in Frankfurt	DM 3 149,–	+ Abfertigung:	DM 3 213,–
in Athen	DM 1 834,–	+	DM 2 238,–
in New York	DM 1 853,–	+	DM 9 487,–(!)

Mehr als 11 000 DM also für jeden Jumbo, der den New Yorker Kennedy-Flughafen anfliegt!
Aber soweit war es Ende der sechziger Jahre noch nicht. Das Großraumzeitalter war auch noch nicht angebrochen!
Als dann die Jumbos kamen, zeigte sich schon bald, daß nicht alles mehr so lief und jemals wieder so laufen würde, wie es die von keiner Vernunft, geschweige denn Moral geplagte hemmungslose Fortschrittsgläubigkeit bis dato hatte weismachen wollen. Ein ganzes Heer von Plagen brach über den Luftverkehr herein: Ölkrise, Terrorismus, Dollar-Abwertung, Preisinflation über dem Nordatlantik, Fluglotsenstreik.
Und so sollten sich die Jumbos bald als zu groß erweisen. Auf den amerikanischen Häfen standen sie schon Mitte der siebziger Jahre wieder herum, teils eingemottet, teils einfach nur so; sie waren für einen Appel und ein Ei zu haben, wurden verchartert und geleast, verhökert und verschachert. Zudem litten sie unter den anfänglichen Triebwerkschwierigkeiten, die wieder einmal ein »bestens getestetes Industrieprodukt« den Praktikern bereitete.
Die Lufthansa ging, sieht man von den konkreten Triebwerkmängeln ab, aus dem Inferno der Plagen als eine der ganz wenigen Fluggesellschaften

relativ ungebrochen hervor – fast könnte man sagen: wie ein strahlender Jüngling –, denn für sie brachten die siebziger Jahre auch einige recht günstige finanzielle Ergebnisse.

Mit welchen Zahlen hatte die Lufthansa 1970 aufzuwarten?
Das letzte Jahr vor der Einführung der Großraumflugzeuge brachte dem Unternehmen einen Rekordüberschuß von 69 Millionen DM ein.
Man flog jetzt 93 Flughäfen an und besaß 74 Flugzeuge für den Liniendienst.
1960 waren 1 237 629 Fluggäste befördert worden. Ein Jahrzehnt später waren es fast 7 Millionen! Die Postbeförderung war von 4 132 Tonnen auf 30 598 Tonnen angewachsen, die Fracht von 14 855 Tonnen auf 177 781 Tonnen!
Absolute Spitze war die Lufthansa auf dem Frachtsektor geworden. Sie hatte 1970 das längste reine Frachtstreckennetz der Welt: 158 Flüge pro Woche.
Bei allem Wachstum hatte sich eine Zahl nicht in gleichem Maße gesteigert.
Und diese nicht etwa verglichen mit 1960, sondern mit 1933. In jenem Jahr benötigte die Heinkel Blitz für die Strecke Hamburg–Köln siebzig Minuten. 1970 war die Strecke mit fünfundfünfzig Minuten im Flugplan ausgewiesen, zwar fünfzehn Minuten kürzer, aber man wird zugeben: Der Fortschritt ist nicht eindruckerweckend. Inzwischen waren die An- und Abflugverfahren so kompliziert geworden, daß dadurch viel Zeit verlorenging.
Der Fortschritt hat seine Grenzen.

Zweites Kapitel
Der Kranich in der Sonne

Die Riesen kommen

»In Jahrtausenden werden sie auf den Flügeln des Dampfes durch die Luft über das Weltmeer herüberkommen! Die jungen Bewohner Amerikas werden die Besucher des alten Europas sein. Sie werden zu den Denkmälern hier und alsdann versinkenden Städten herüberziehen, wie wir in unserer Zeit zu den zerfallenden Herrlichkeiten Südasiens wallfahrten.«

Der Schreiber – es war der Däne Hans Christian Andersen – sollte recht behalten. Kaum mehr als hundert Jahre später wurde seine Mitte des 19. Jahrhunderts ausgesprochene Prophezeiung Wirklichkeit. Wirklichkeit wurde auch seine utopische Schilderung eines Atlantikfluges:

»Das Luftschiff kommt, es ist mit Reisenden überfüllt, denn die Fahrt geht schneller als zur See; der elektromagnetische Draht unter dem Weltmeer hat bereits telegraphiert, wie groß die Luftkarawane ist. Schon ist Europa in Sicht, es ist die Küste von Irland... die Passagiere schlafen noch, sie wollen erst dann geweckt sein, wenn sie gerade über England sind; dort betreten sie den Boden Europas im Lande Shakespeares, wie es bei den Söhnen des Geistes heißt, im Lande der Politik, im Lande der Maschinen...«

Das Zeitalter des Massentourismus hatte begonnen – und mit ihm die Ära der Großraumflugzeuge: Boeing 747, DC 10, Airbus. Sie hatten schon länger ihre Schatten vorausgeworfen. Bereits in der zweiten Hälfte der sechziger Jahre begann man Vorbereitungen zu treffen; das bedeutete, um es auf eine einfache Formel zu bringen: Alles mußte neu angeschafft werden. Die neuen Flugzeuge sprengten die alten Normen. Keine Fluggasttreppe war groß und hoch genug, die Warteräume waren für 365 Fluggäste zu klein. Die Anschlüsse der Außenaggregate paßten nicht, die Rollbahnen waren teilweise zu eng und zuwenig belastbar für die neue Größe, die verdoppelten Gewichte. Stärkere Zugmaschinen, größere Werfträume mußten bereitgestellt, höhere Docks für die Überholung konstruiert werden.
Am 14. März 1969 einigten sich die Vertreter von Air France, UTA, Lufthansa, Alitalia und Sabena auf eine Zusammenarbeit hinsichtlich

Technik, Überholung, Flugbetrieb und Ersatzteilhaltung für die Boeing 747. Längst war insbesondere die Ersatzteillagerung so kostspielig geworden, daß dieses Problem, wenn überhaupt, nur in Zusammenarbeit gelöst werden konnte. Innerhalb dieser ATLAS-Gruppe fielen der Lufthansa die Triebwerkbetreuung und Haltung des 747-Simulators zu.

Sowohl Öffentlichkeit wie auch Fachwelt standen dem neuen Projekt zunächst reserviert bis skeptisch gegenüber.
Man empfand sich wieder einmal an der Schwelle und zog Bilanz. In Anbetracht der Tatsache, daß mit der Einführung des Jumbo-Jets ein neues technisches Zeitalter begann, erschien die Frage nach der Situation des Luftverkehrs mehr als akut. Hinter der faszinierenden Technik größerer, schnellerer Flugzeuge versteckt, tauchte das Problem der Stellung des Menschen inmitten seiner Elektronik auf. »Die Rolle des Piloten«, so führte H. A. Hopkins, Sprecher der British Air Line Pilotes Associations (BALPA), aus, »hat sich hinsichtlich der Kontrolle eines Flugzeuges deutlich zu einer Management-Tätigkeit gewandelt; meine Kollegen und ich erwarten die Fortsetzung dieser Tendenz.«
Diese Tendenz bewegt sich in Richtung noch größerer Automatisation. Ein Flug soll so vorprogrammiert werden, daß die Gesetzmäßigkeit seines Ablaufs von vornherein garantiert ist. Unter den Daten, die hierfür in den Computer gegeben werden müßten, wären die herrschenden Wetterverhältnisse die entscheidendsten und dubiosesten. Es wird später zu klären sein, ob und inwiefern sich trotz oder wegen des enormen Aufwands an Satelliten und Elektronik der letzten Jahre der praktische Wert einer Wettervoraussage für den Alltagslangstreckenpiloten (und Passagier) erhöht hat. Wobei unter Wetter nicht Gewitterwolken, Nebellagen oder ein Sonntagnachmittagsschauer zu verstehen sind, sondern: Gegenwinde, die Pünktlichkeit und Wirtschaftlichkeit eines Fluges gefährden, falsch vorausgesagte Temperaturen bestimmter Luftschichten, die einen für 39 000 Fuß berechneten Flug auf 35 000 herabdrücken. Bei der ersten Generation kommender Überschallflugzeuge wird es, so ließ sich Anfang der siebziger Jahre mutmaßen, eine der Hauptfragen sein, unter welchen Bedingungen ein Nordatlantikflug überhaupt nonstop durchgeführt werden kann. Schon eine geringfügige Differenz zwischen vorausgesagter und tatsächlicher Außenlufttemperatur kann sich so negativ auf den Treibstoffverbrauch auswirken, daß eine Zwischenlandung erforderlich wird. Ein Problem, das bereits aus der ersten Generation der Düsenflugzeuge bekannt ist und nichts mit Sicherheit, wohl aber mit jenem Zeitgewinn oder -verlust zu tun hat, der zum Charakteristikum des Überschallverkehrs gehört. Längst ist Schwerkraftüberwindung so kom-

pliziert, so kostspielig geworden, daß sich keine Luftfahrtgesellschaft den Luxus leisten könnte, einem ihrer Piloten, den es gerade in einer Anwandlung ikarischen Aufwärtsstrebens in die Stratosphäre drängt, privat eine Boeing und zwanzig Tonnen Kerosin zur Verfügung zu stellen. Sie verfolgt den Zweck, Passagiere möglichst sicher, komfortabel, planmäßig und wirtschaftlich von A nach B befördern zu lassen; sie kalkuliert mit Dädalusscher Zweckmäßigkeit aus Existenznotwendigkeit. Und obwohl ein Unternehmen mit der Wirtschaftlichkeit steht oder fällt, rangiert diese an letzter Stelle der Skala: Sicherheit, Komfort, Planmäßigkeit (Pünktlichkeit), Wirtschaftlichkeit.

Wo aber ist inmitten allen technischen Fortschritts der Standort des Menschen?

Ein amerikanischer Kapitän, dem angesichts wachsender Passagierzahlen unbehaglich wurde, äußerte in Anbetracht wachsender Verantwortung: »Man hat mir großartige elektronische Instrumente eingebaut, die Ingenieur und Navigator einwandfrei ersetzen, ich werde vollautomatische Blindanflüge machen können, das Landen besorgt eine elektronische Abfangvorrichtung, auf einer Mattscheibe kann ich lückenlos meinen Standort während des gesamten Fluges erkennen. Nur eines hat man vergessen einzubauen: ein vollelektronisches Gerät, das mir meine Verantwortung für fünfhundert Passagiere abnimmt.«

Diese Verantwortung für das Leben seiner Passagiere nimmt dem Kommandanten eines Flugzeuges letztlich niemand ab, trotz aller Beteuerungen von Teamwork seitens der Firma. Der Flug eines modernen Verkehrsflugzeuges, so ließe sich in ihrem Sinn etwa formulieren, wird nur durch die Zusammenarbeit aller Abteilungen ermöglicht: kein Flug ohne Werbung, ohne Passagiersitzverkauf, ohne Wetterwarte, ohne Flugplanberechnung, ohne Genehmigung der Flugsicherung. Im Dädalusschen Zeitalter wäre die Flugtätigkeit eines Kapitäns rasch beendet, würde die Verkaufsabteilung nicht für jene Kabinenauffüllung sorgen, die ihm seine Notwendigkeit und Daseinsberechtigung verleiht.

Eines aber hebt ihn stratosphärenhoch über alle »Eingliederungsversuche« hinaus; alle mögen sie schwere Fehler begehen – die Verantwortung für Menschenleben trägt unmittelbar und juristisch nur er allein. Er muß seine einsame Entscheidung in Sekundenschnelle treffen, seine juristischen Kontrahenten benötigen ganze Tage und Wochen, um ungehindert, ungefährdet am sicheren Schreibtisch bei einer Tasse Kaffee nachzuweisen, daß sein gefaßter Entschluß falsch war.

Am 26. April 1970 war es trotz aller Bedenken soweit: Die erste Lufthansa-Boeing-747 startete von Frankfurt aus zu ihrem ersten Linienflug nach New York.

Weitere Nachrichten aus der Zeit um 1970:
Am 2. Oktober 1970 wird, wie schon erwähnt, die Halle V auf Rhein-Main als größte Wartungshalle der Welt eingeweiht. Schon im Februar ist die Hauptverwaltung in Köln in ein vierzehngeschossiges Hochhaus mit sogenannten Großraumbüros umgezogen.
Ein trauriges Ende, allerdings begrüßt von allen Lärmgeschädigten: Ende März 1971 rollte das letzte Turboprop-Flugzeug Viscount nach der letzten Landung aus. Erst damit ist die Lufthansa-Flotte eine echte »All-Boeing-Fleet«. Freilich nur bis zur Einführung der DC 10, deren Kauf der Aufsichtsrat am 23. September 1970 zugestimmt hat. Anfang April 1971 kommt endlich die Verbindung nach Warschau zustande, von der die Zeitungen schon in den fünfziger Jahren als »vor der Tür stehend« berichtet hatten. Kalkutta wird als Lufthansa-Ziel dezent gestrichen; an seine Stelle tritt Bombay. Im Mai 1971 wird das neue Lufthansa-Frachtzentrum in Frankfurt eingeweiht.
Als sechzehnte Stadt in Afrika wird ab November 1971 Kinshasa in Zaire angeflogen, das ehemalige Léopoldville in Belgisch-Kongo. Da dieser Flug nur einmal in der Woche stattfindet, müßte die Crew eine ganze Woche in Kinshasa verbringen, bevor sie zurückfliegen kann. Einige wenige Individualisten jubeln darüber, der größte Teil ist dagegen. So wird mit Genehmigung der Betriebsvertretung eine Ausnahme entgegen der allgemeinen tariflichen Bestimmungen über höchstzulässige Flugzeiten erwirkt, die eine frühere Rückkehr in die Heimat ermöglicht. Seit 1957 sind derartige Ausnahmegenehmigungen immer mehr beantragt und vom Management freudig genehmigt worden. Der Wunsch, möglichst lange in anderen Ländern zu bleiben, um Mensch und Landschaft besser kennenzulernen, hat von Jahr zu Jahr nachgelassen zugunsten der Tendenz, möglichst schnell wieder daheim zu sein. Das spart Hotelkosten, und die Besatzungen können schneller wieder neu eingeplant werden.
23. November 1971: Dr. Herbert Culmann spricht von einer neuen Ära des Luftfrachtverkehrs. Der erste B-747-Frachter der Welt rollt, für Lufthansa bestimmt, in Seattle aus der Halle. Ab April des nächsten Jahres wird er sechsmal wöchentlich zwischen Frankfurt und New York eingesetzt werden.

Hauptsache Sicherheit

Chitty-chitty-bang-bang! Suck-flutter-bang-woww! Schluck-rülps-päng! Mit derartiger Lautmalerei versuchen Technokraten der kalten Welt ihrer Lieblinge eine Spur von Menschlichkeit zu geben. Charakterisiert werden soll damit in allen drei Beispielen das Düsentriebwerk. Exakter und auf Lufthansa bezogen: die Pratt & Whitney-Turbine JZ 9 D oder die General-Electric-Turbine CF 6-50. Jede bringt mehr als 20 000 Kilopond Schub auf die Beine.

Wo viel Schub ist, ist auch Lärm.

Der Nachkriegszivilluftverkehr war dadurch charakterisiert, daß die An- und Abflugverfahren – um besiedelte Gebiete zu meiden – von Jahr zu Jahr komplizierter wurden. Die Vorstellungen der Kommunalpolitiker, die ihren Wählern trotz nahe gelegenen internationalen Großflughafens eine ruhige Großstadt versprochen hatten, verlangten gelegentlich von den Piloten mehr als das Machbare. Und in New York ist mit Sicherheit mehr als nur ein Flugzeug nach dem Start auf dem Kennedy-Airport verunglückt, weil es die geforderten Steilkurven und Leistungsreduzierungen nicht nachvollziehen konnte.

Inzwischen sind viele sogenannte »Noise-Abatement-Procedures« (Lärm- und Reduzierungsverfahren) wieder entschärft worden – oft erst, nachdem die internationalen Pilotenvereinigungen dagegen protestiert hatten.

Mit Recht stellte sich die *Flug-Revue*-Kolumnistin Bettina Aib damals die zynische Frage: »Was ist den Flughafen-Anliegern nun lieber? Ein Flugzeug, das unter Befolgung aller Vorschriften sacht über die rücksichtslos und profitträchtig in den Startsektor gebauten Hochhäuser gleitet und dann einen Kilometer weiter in die Schrebergarten-Kolonie stürzt – oder ein Jet, der laut, aber dafür absolut sicher über alle Anwohner hinwegzieht?«

Bei der exakten Festlegung der Kurse, die das immer enger werdende Netz der Siedlungen umgehen sollen, kollidieren die Forderungen der Ruheschützer oft genug mit den Möglichkeiten der Piloten und Lotsen. Dabei wäre es technisch durchaus möglich, absolut lautlose Triebwerke zu bauen. Vergleicht man den infernalisch röhrenden Volkswagen von 1970 mit einem lautlosen amerikanischen Straßenkreuzer, der trotzdem das Achtfache an Leistung auf die Räder bringt, so springen die Parallelen ins Auge. Das Stichwort, an dem sich die Geister scheiden, heißt Wirtschaftlichkeit.

Weil eine Fluggesellschaft aber Wirtschaftlichkeit und Umweltfreundlichkeit in ein möglichst gewinnträchtiges Verhältnis setzen muß, bleibt die Hauptlast, die Vermeidung von Lärm, bei den Piloten hängen, und auf diesem Gebiet ließen sich auch bei der neuen Lufthansa noch Pioniertaten aufstellen: zum Beispiel am 3. Mai 1972, als offiziell ein Verfahren demonstriert und genehmigt wurde, das als »Low-drag, low-power«-Verfahren in die Luftfahrtgeschichte eingehen sollte. Wenig

Widerstand – wenig Triebwerklärm! Später als bei den konventionellen Verfahren fuhr man beim Anflug die den Widerstand erhöhenden Klappen aus – auch das Fahrwerk blieb länger drin. Denn erhöhter Widerstand bedeutete: Nachschieben der Schubhebel. Mehr Leistung war nötig, die entsprechenden Lärm erzeugte. Einst heilige Kühe wurden ins Schlachthaus getrieben. Hatte es früher geheißen, man habe an bestimmten Punkten im Anflugsektor die ausbalancierte Endanfluglage des Flugzeugs einzunehmen – mit entsprechend gefahrenen Landeklappen und Fahrwerk –, so wurden diese Punkte jetzt wesentlich dichter an die Aufsetzschwelle verlegt. Die Anflugverfahren wurden leiser, aber die Belastung für die Crews nahm zu.
Trotzdem: Das »Frankfurter Verfahren« war eine echte Pionierleistung der Lufthansa-Piloten, dessen Einführung bald weltweit an allen Häfen gefordert werden sollte. In einer Lufthansa-Broschüre, dem *Bordbuch*, heißt es zu diesem Thema vom Verfasser:

»Nicht nur bei der Landung unterstützen die Piloten die Anstrengungen der Hersteller, den Triebwerkslärm zu reduzieren. Beim Start arbeiten sie der Lärmminderung durch ein neues Steilstartverfahren mit größerem Anstellwinkel entgegen. Was Technik und Piloten-Verve gemeinsam bewirken, machen eindrucksvolle Zahlen deutlich: Die totale Leistung des Airbusses A 300 liegt mit 46 200 Kilopond Schub um 13 500 Kilopond höher als die viermotorigen alten Boeing 707. Trotzdem beträgt seine ›Lärmspur‹ nur 5,5 Prozent der einer 707 oder DC 8. Und er transportiert auf seinem steileren Climb-out-Kurs zwei- oder dreimal soviel Passagiere...
Vor mehr als dreißig Jahren entfachte die neue, sensationelle Bigband eines gewissen Stan Kenton mit bisher ungeahnten Baßtiefen und schrillen Trompetendiskants nicht nur Jazzbegeisterung, sondern heftige Ablehnung. Die Londoner Times tobte 1946: Wie taub sollen wir noch werden?
Stan Kenton spielte damals noch ohne Lautverstärker. Heutzutage erzeugt jede Rockband bis zu 127 Dezibel! Ein Artilleriefeuer bringt es auf ganze 130 Dezibel! Jedes Jahr nimmt der Lärm auf der Erde um ein halbes Dezibel zu. In der Verkehrsfliegerei ist die Tendenz abnehmend. Runde 110 Dezibel wurden früher einer DC 8 beim Vollaststart in New York zugestanden, bevor eine Beschwerde gegen den Piloten losgelassen wurde. In Zukunft sind die Bestimmungen strenger, die Gebühren für hochlärmige Flugzeuge kostspieliger.
Übrigens: Viele Lärmmeßstellen in der Nähe internationaler Flughäfen mußten inzwischen geschlossen werden, weil der vorbeitobende Straßenlärm eine exakte Messung unmöglich machte...«

»Der Weltluftverkehr hat seinen Charakter als Wachstumsindustrie auch 1972 nicht eingebüßt.«
So hieß es stark unterkühlt in Lufthansakreisen. Denn in Wahrheit sollte dieses Jahr das bisher beste werden! 13,1 Prozent mehr Fluggäste als im Vorjahr wurden befördert. Der Zuwachs an Fracht-Tonnen-Kilometern

verdoppelte sich gegenüber 1971. Die Ergebnisse der deutschen Gesellschaft lagen deutlich über dem Weltdurchschnitt.
Also hieß es weiter: »Die Geschäftsleitung sieht sich demgemäß in der Lage, der Hauptversammlung die Zahlung einer Dividende vorzuschlagen.«
Das Ergebnis hätte weitaus besser sein können, wären nicht so zahlreiche negative Faktoren zu Buche geschlagen.
Angestiegen waren unter anderem die Aufwendungen für Flugsicherungs-Gebühren auf 15,1 Millionen DM, die Treibstoffkosten und Flughafengebühren um mehr als zwanzig Prozent. Aufwendig geworden war insbesondere das Auswechseln von Turbinen-Brennkammern, was die Rußentwicklung verringern sollte. Mochte hierbei auch nach Ansicht mancher Fachleute der optische Effekt größer sein als der tatsächliche Nutzen – auch die unsichtbare Schadstoffemission wurde gesenkt. Allerdings lag der Anteil der Verkehrsluftfahrt an der Luftverschmutzung ohnehin unter einem Prozent.
Hinzu kam die Drohung der Fluglotsen, eine Slow-Go-Aktion durchzuführen, was sich besonders auf den Charterverkehr verheerend auswirken sollte. Trotzdem konnte die Lufthansa-eigene Condor weiterhin Zuwachsraten verzeichnen.
Am 19. Juni 1972 teilte Dr. Herbert Culmann auf einer Pressekonferenz in Köln mit, daß die Lufthansa einen Gewinn von 75 Millionen DM erzielt habe.
Weitere Daten und Fakten:
Im Februar 1972 kommt endlich die Verbindung nach Moskau zustande, die es bisher nur im Charterverkehr gab. Jetzt wird sie mit zwei Flügen pro Woche in den Plan aufgenommen.
Auch die Bahamas werden 1972 angeflogen, ebenso Quito in Ecuador.
Am 1. April 1972 wird Dr. Culmann Vorstandsvorsitzender. Hermann Abs legt sein Amt nieder. Walter Hesselbach, Vorsitzender des Vorstands der Bank für Gemeinwirtschaft AG, wird neuer Aufsichtsratsvorsitzender.
Am 1. November 1972 wird Flugkapitän Werner Utter in den Vorstand berufen.
In diesem Jahr werden 23 Entführungsandrohungen, 92 Bombenwarnungen und 2 Erpressungsversuche registriert. Zwei Lufthansaflugzeuge werden entführt. Eine 747 nach Aden, eine 727 nach Zagreb. Der 747-Jumbo war in Delhi entführt worden, es hatte wieder einmal an den Flughafenkontrollen gehapert. Die Entführer gaben auf – dieser Fall lief glimpflich ab. Kritischer war es bei der zweiten Entführung, und hier muß – entgegen der Absicht, bei der neuen Lufthansa keine einzelnen

Piloten mehr zu nennen – ausdrücklich Captain Claussen erwähnt werden, der unter enormen Belastungen die Übersicht behielt. Die Entführung war ein Nachfolgeakt des Terroranschlags während der Olympischen Spiele in München. Durch ihn sollten die verhafteten Terroristen freigepreßt werden. Ansonsten: Sprengung der Maschine. Wieder einmal mahlten die Mühlen der Regierung so langsam, daß für die Boeing 727 mit der Claussen-Crew und ihren Passagieren über dem Balkan der Treibstoff zu Ende ging, ohne daß sich die Regierung zu einer verbindlichen Entscheidung aufraffen konnte. Claussens Radiohilferufe wurden von einer nachfolgenden Lufthansa-Boeing aufgefangen und weitervermittelt.

Großer Bahnhof im Februar 1973 auf Fuhlsbüttel. Die Lufthansa, Condor eingerechnet, nimmt ihre hundertste Boeing in Empfang. Im August kommt die Verbindung nach Tokio über Moskau und Sibirien zustande: 9 500 Kilometer – das sind 3 400 Kilometer weniger als auf der Polarroute.

Am 22. Oktober erhält der 1 000. Nachwuchs-Flugzeugführer der Verkehrsfliegerschule seine Lizenz.

18. Juli 1974: Auf einer Bilanzpressekonferenz wird bekanntgegeben, daß Condor an der Spitze aller internationalen Chartergesellschaften steht. Ihr Umsatz beträgt 291 Millionen DM. Sie betreibt jetzt zwei Boeing 747 und dreizehn Boeing 727.

20. November, ein schwarzer Tag für die Lufthansa. Die Boeing 747 D-ABYB stürzt nach dem Start in Nairobi ab. Von 157 Insassen überleben 98. Es ist der erste Jumbo-Unfall überhaupt, und er löst deshalb beträchtliche Schlagzeilen aus. Die Insider studieren mit Interesse die Berichte in den namhaften Zeitungen und Illustrierten. Nie haben sich die berichtenden Reporter so mit ihrer vermeintlichen Gründlichkeit selbst bespiegelt wie hier. Nie sind die wahren Gründe – eine Summe scheinbarer Nebensächlichkeiten – so von den »gründlich recherchierenden« Reportern unentdeckt geblieben.

Wie bei allen Unfällen vorher, die laut Urteilsspruch mit an Sicherheit grenzender Wahrscheinlichkeit auf menschliches Versagen der Piloten zurückzuführen sind, wurden auch nach dem Nairobi-Unfall technische Änderungen am Flugzeugtyp vorgenommen – bei der 747 am Anzeigesystem für die Vorflügelklappen.

Kein Dampfer für alte Herren

Im Frühjahr 1974 wurde die DC 10 zum ersten Mal im Streckennetz der Lufthansa eingesetzt, vor allem nach Rio, Fernost und Australien. Sie war die zweite »Dreimotorige« der neuen Hansa. Die Boeing 727 war ein Kurz- und Mittelstrecken-, die DC 10 wurde ein Langstreckenflugzeug. Erst beide Typen zusammen sollten sozusagen der vollwertige Ersatz für die einstige Dreimotorige der alten Hansa, die Ju 52, werden. Denn diese war Mädchen für alles gewesen. Allerdings waren die damaligen Fernstrecken mehrfach unterteilt und eher eine Addition verschiedener Kurz- und Mittelstrecken. Seit Ende Oktober 1973 saßen die Piloten für die DC 10 schon auf der Schulbank. Einige hatten bewußt auf ihre Umschulung von der 707 und 727 auf die 747 verzichtet und geduldig auf diese neue Dreimotorige gewartet. Begründung eines alten Piloten: »Sonst wären wir ja mit jenen Halbgöttern zusammengeraten, die uns schon auf der Super-Constellation das Fliegen vermiest haben.«
Ein anderer:
»Ich kann aufgrund meines Alters nur noch ein einziges Mal umschulen. Da möchte ich schon den Typ wählen, der in seiner Technologie der modernste ist. Das ist nicht die 747.«
Ein dritter:
»Die 747, das ist doch ein Dampfer für alte Herren. Ich betrachte mich mehr als zur jungen dynamischen Generation zugehörig.«
Als dann freilich 1977 die neue 747 SL mit den gleichen General-Electric-Triebwerken wie die DC 10 und ähnlich interessanten Streckenführungen auftauchte, entschloß sich so mancher jüngere Bordingenieur oder Pilot, doch noch von der DC 10 auf die 747 umzusteigen.
Der wesentlichste Unterschied zur ersten Jetgeneration aber liegt in der weitgehenden Automatisierungsmöglichkeit des gesamten Flugablaufs. Das sogenannte »Flight Guidance System« (FGS) ermöglichte automatischen Steigflug, Reiseflug und Anflug bis zur automatischen CAT-III-Landung. Zwei Autopiloten, zwei automatische Schubkontrollsysteme, zwei Flight-Director-Systeme geben dem Piloten die Möglichkeiten zur Einstellung und Überwachung der vom Leitsystem geflogenen »Modes«. Dazu gehört auch, daß der Pilot sich seine Flughöhe vorwählen kann. Nähert sich die Maschine später bis auf 750 Fuß dieser Höhe, so kommt zunächst ein Warnsignal an. In der entsprechenden Höhe geht die Maschine automatisch in den Horizontalflug über. Durch Drücken einer Speed-Taste behält das Flugzeug automatisch die gewählte Geschwindigkeit bei. Während des Reisefluges können sämtliche Navigationshilfen aufgeschaltet werden. Selbstverständlich verfügt die DC 10

– in dreifacher Ausführung – ebenfalls über INS-Ausrüstung für die Langstreckennavigation. Auch diese Kursinformationen können vom FGS benutzt werden. Schließlich kann der gesamte ILS-Anflug bis zum Aufsetzen vollautomatisch durchgeführt werden: In 50 Fuß Höhe fängt die Maschine nach dem Radarhöhenmesser langsam ab, und die Schubhebel werden zurückgezogen. Nach dem Aufsetzen fahren die Bremsklappen automatisch aus. Lediglich Umkehrschub, Bremsen und Geradeausrollen bis zum Stillstand werden vom Piloten ausgeführt. Die Anzeige der »Modes« also, der Flugzustände, die gerade vorgewählt oder tatsächlich vom FGS geflogen werden, erfolgt in vier »Anounciator«-Fenstern. Zum Beispiel: ILS, ALT(itude), SPD (Speed), VOR, LAND, HDG (Heading) – das alles in den verschiedenartigsten Kombinationen. Auch G/A ist automatisch möglich: Go around. Während der Autopilot die Durchstartlage des Flugzeuges steuert, schiebt das Auto-Throttle-System die Schubhebel bis zur Maximalleistung vor, wobei freilich der Pilot ein wenig von Hand nachhelfen muß, um eine bessere Beschleunigung der Hebel zu erzielen. Ansonsten ist die Beschleunigung der Generalelectrik aus »Leerlauf« heraus ausgezeichnet. Die mangelhaften Beschleunigungswerte bei Düsentriebwerken waren ja bisher immer ein ernstes Problem gewesen.

Die knappe Schilderung der automatischen Möglichkeiten der DC 10 könnte wieder einmal der Meinung Vorschub leisten, da »alles automatisch« gehe, bleibe für den Piloten nichts mehr zu tun. Tatsächlich gehört diese Anschauung zu den unausrottbaren Mißverständnissen. Zunächst einmal haben die Piloten bei Umschulung und Einführung ein erhebliches Arbeitspensum zu bewältigen, um sich das Neue zu erarbeiten. Zumindest in Deutschland hat sich gegenüber der amerikanischen »Knöpfchendrück-Methode« nach wie vor die Auffassung gehalten, daß gewisse profunde theoretische Kenntnisse unerläßlich sind, um das komplexe System jederzeit zu durchschauen und zu beherrschen. Dieses Wissen schlummert dann sozusagen als »latente Energie« im Piloten, der scheinbar nichtstuend hinter seiner Automatik sitzt.
Ferner erfordert auch das Überprüfen und Vorprogrammieren vor dem Start einen Mehraufwand an Zeit. Die Jahre, in denen der Kapitän sich kurz vor dem Anlassen durch Bordingenieur und Copilot die Maschine klarmelden ließ, sind vorbei. Alle drei Crewmitglieder müssen schon frühzeitig mit den Funktionsprüfungen und beispielsweise dem Vorprogrammieren des INS beginnen.
Als nächstes kommt das zusätzliche Training hinzu, das sich ja keinesfalls durch das Automatisch-Fliegen erübrigt, im Gegenteil. Der Pilot

muß jederzeit bei Ausfall der gesamten Automatik in der Lage sein, das Flugzeug von Hand zu fliegen. Und last but not least erfordert stundenlanges automatisches Fliegen eine erhöhte Wachsamkeit und stete Bereitschaft zum Überprüfen und Eingreifen. Fliegt der Pilot von Hand, so merkt er unmittelbar, wenn sein Flugzeug falsch reagiert. Eine falsche »Mode« in den »Mode«-Fenstern zu erkennen erfordert ein weitaus bewußteres Fliegen und Mitdenken. Und noch etwas beschäftigt die Piloten, während sie zu Hause »nichts tun«. Sie müssen die zahlreichen Akten, Handbücher und Pläne beständig auf den neuesten Stand bringen, jede Änderung einarbeiten und sich einprägen. Wichtigste Unterlage sind die »Flight-Operation-Manuals«, die Betriebshandbücher der Herstellerfirma. Sie sind die Bibel der Crews. Aber sie sind nur eine dicke Akte von vielen: Die sogenannten »Route-Manuals« mit den Strecken und Platzunterlagen für jede einzelne Route, jedes überflogene Land, jeden anzufliegenden Flughafen kommen hinzu. Addiert man dann noch die internen Betriebsvorschriften, die Sicherheits- und Rettungsanweisungen und zahllose andere, sich stets ändernde Blattfolgen, so leuchtet selbst dem blutigsten Laien ein: Besatzungen sind nicht nur mit Fliegen, sondern zunächst einmal zeitfüllend mit dem Auswechseln ihrer Manualblätter beschäftigt.
Diese Blätter werden den einzelnen Besatzungsmitgliedern per Post zugestellt. Jeder Pilot, der nach einer beruflichen Abwesenheit von mehr als einer Woche sein Postfach leert, muß mit prallgefülltem Fach rechnen. Zu Hause muß jede Anflugkarte, auf der oft nur eine einzige Frequenzzahl, ein einziger Abflugkurs, eine einzige Position gewechselt wurden, gewissenhaft gegen die alte ausgewechselt und neu geheftet werden. Nur vor diesem Hintergrund wird deutlich, weshalb Cockpitcrews seit mehr als zehn Jahren (vergeblich) einen zusätzlichen Tag pro Monat für ihr *Paperwork* fordern. Doch zurück zur DC 10.
Speziell über ihre Anflug- und Landeautomatik wäre zu sagen, daß sich dadurch erst dann die Zahl der Ausweichlandungen wegen Schlechtwetters verringern kann, wenn alle Häfen, die von der DC 10 angeflogen werden, mit den entsprechenden Bodenhilfen für CAT II und CAT III ausgerüstet sind. Bis dahin bleibt die ganze kostspielige Elektronik nichts als technische Spielerei, im Höchstfall stellt sie eine gewisse Entlastung für den Piloten dar. An den Wetterminima ändert sich nichts. Wie schon erwähnt, verfügt selbst Frankfurt, der Ausgangshafen für die DC 10, über keine CAT-II-Möglichkeit, von den fernöstlichen Zielen ganz zu schweigen.
Trotz dieses Nachhinkens der Bodeneinrichtungen wird jeder, der die Automatik der DC 10 voll auszunutzen und einzusetzen weiß, der auf

ihr zu spielen versteht wie ein Starsolist auf seinem Instrument, seine helle Freude haben. Denn im Gegensatz zu vielen früheren einst hochgelobten Typen reagiert diese Automatik ausgesprochen sanft, dazu elegant wie ein rassiger Rennwagen. Die DC 10-30 ist für Reisegeschwindigkeiten zwischen Mach 0.82 und 0.85 ausgelegt, wobei eher der untere als der obere Bereich angesteuert wird, und zwar aus Gründen der Treibstoffersparnis. Im übrigen hat sich gezeigt, daß die DC 10 bereits in relativ geringen Reiseflughöhen ihren günstigsten Treibstoffverbrauch hat. Die Piloten sind also nicht gezwungen, aus rein ökonomischen Gründen in extremen Höhen zu fliegen – Höhen übrigens, die die DC 10-30 relativ rasch ersteigen kann. Ein typisches Merkmal dieser Maschine ist ihre hohe Abflug- und Anfluggeschwindigkeit, die durch die extrem hohe Flächenbelastung bedingt ist. Sind Klappen und Vorflügel eingezogen, so kann die Minimalgeschwindigkeit, bei voller Manövrierfähigkeit, je nach Gewicht durchaus über 260 Knoten liegen. Auch Aufsetzgeschwindigkeiten von mehr als 145 Knoten sind ohne weiteres möglich und notwendig. Ihre Schnelligkeit erfordert andererseits die besondere Aufmerksamkeit der Piloten, wenn sie bei den Abflugverfahren aus Lärmschutzgründen gezwungen sind, enge Kurven zu fliegen.
Die Lufthansapiloten, die auf diesen Typ umstiegen, hatten nicht allein Umschulungsprobleme zu meistern, sie mußten sich auch von der Boeing- auf die Douglas-Terminologie umstellen.
Tatsächlich haben beide Firmen für technisch gleiche Funktionen unterschiedliche Bezeichnungen. Auch hat Douglas eine völlig andere »Cockpit-Philosophie« als Boeing, wo man die Auffassung vertritt, auch bei abgeschalteten Systemeinheiten (z. B. Treibstoff- oder Hydraulikpumpen) müsse ein Warnlicht das Nichtfunktionieren anzeigen. Douglas hingegen ist der Meinung, erst wenn ein System nicht funktioniert, obwohl es eingeschaltet ist, sei ein Warnlicht notwendig. Als drittes kam die Einführung einheitlicher Verfahren innerhalb der ATLAS-Gruppe hinzu, die allen Teilnehmern schon viel Kopfzerbrechen bereitet hat und auch in Zukunft bereiten wird. Allein die Frage, wie eine Checkliste, insbesondere eine Notcheckliste, aufgebaut sein muß und wer wann die Kontrollfragen zu beantworten hat, kann nächtelange Diskussionen auslösen.
Noch größer dürften die Vereinheitlichungsprobleme in den Punkten Galleyeinrichtung, Flugplanung, Treibstoff sein. Trotzdem bietet nur eine solche Vereinheitlichung überhaupt die Möglichkeit, die Vorteile der Zusammenarbeit voll zu nutzen. Sonst läßt sich das Fernziel, daß eines Tages eine Alitalia DC 10 beispielsweise von einer Lufthansa-Crew übernommen wird, nie erreichen. Hierfür ist eine völlige Gleichheit der Ausstattung sowie der Verfahrensweisen unbedingte Voraussetzung.

Ein Stern für Frankfurt

Wie sicher sind Flughäfen?
In den siebziger Jahren flammte wieder einmal eine Diskussion über dieses Thema auf, das schon oft die Gemüter beschäftigt hat.
Die einfachste, selbstverständlichste Antwort der Verkehrspiloten: Alle sind gleichermaßen sicher. Denn die schwierigeren unter ihnen haben erhöhte Sicherheitsbestimmungen, und die ganz komplizierten – wie Hongkong oder La Paz – erfordern eine bestimmte Einweisung und Prüfung des Kommandanten an Ort und Stelle. Trotzdem bleibt ein unwägbarer Rest.
Die geographische Lage macht jeden Flughafen zu einem Sonderfall. Verfahren bei Triebwerksausfall lassen sich vereinheitlichen, nicht aber die Anflugverfahren. Ein Flugplatz, der wie Rhodos oder Alghero von Bergen umgeben ist, muß nach einem anderen Verfahren angeflogen werden als ein Platz, der wie Karatschi weit sichtbar im flachen Land liegt.
Freilich ist grundsätzlich ein Platz in bergigem Gelände nicht schwieriger anzufliegen als einer in der Ebene – vorausgesetzt, die notwendigen Navigationshelfer sind vorhanden. Hierzu zählen Funkfeuer, Instrumentenlandesystem, ausreichende Landebahn und Anflugbefeuerung sowie Lotsen, die mehr als die routinemäßigen Phrasen auf englisch verstehen. Gerade aber in bergiger Umgebung werden die dringend benötigten Funkhilfen oft gestört und abgelenkt. Und so haben die internationalen Pilotenvereinigungen schwarze und graue Listen aufgestellt von Flughäfen, deren Anflughilfen mehr als verbesserungswürdig sind. Insbesondere in Nordamerika haben sie auch zum direkten Boykott aufgefordert.
Mit einem schwarzen Stern wurden »ausgezeichnet«:
Korfu (Griechenland)
Rhodos (Griechenland)
Alghero (Sardinien/Italien)
Rimini (Italien)
Freilich sind es nicht nur Flugplätze, die von Deutschland aus lediglich durch Chartergesellschaften angeflogen werden, auch Los Angeles, Boston und Teheran gehören zu den »unsicheren« Häfen.
Für diese Einordnung legten die Piloten neben geographischen Schwierigkeiten auch klimatische Gegebenheiten zugrunde. So kann ein relativ leicht anzufliegender Hafen wie Djakarta oder Kalkutta in der Monsunzeit mit ihren schweren Tropengewittern manch harte Nuß zu knacken geben. Hier entstehen Schwierigkeiten durch die verringerte Haft- und

Bremsfähigkeit auf der nassen Bahn, woanders ist der Wind ein Risikofaktor, wie zum Beispiel in Dakar, wo es für die Hauptlanderichtung ein Instrumentenlandesystem und eine optische Gleitpfadanzeige gibt, nicht jedoch für die Gegenlanderichtung. Dreht sich der Wind um 180 Grad, dann muß selbst die Concorde in tiefster Nacht frei nach Sicht, ohne die geringste Flughilfe, landen. Wieder andere Häfen, unter anderem New York, sind funktechnisch zwar einigermaßen ausgerüstet, haben aber aus Lärmschutzgründen komplizierte Abflugverfahren oder legen mit Vorliebe ihren Abflugverkehr auf Bahnen, die am mangelhaftesten ausgerüstet sind, wo aber die Anwohner am wenigsten gestört werden.

Man sieht, es gibt vielfältige Kriterien für die Beurteilung von Flughäfen. So taucht unter den »Sterne-Häfen« auch Frankfurt auf, obwohl hier immerhin drei Instrumentenlandesysteme arbeiten. Aber der immense Verkehr auf Europas Luftkreuz erfordert andere Infrastrukturen als Accra oder Lagos, wo nur mal gelegentlich ein Flugzeug durchkommt. Vor allem erfordert ein solcher Knotenpunkt Ausrüstungen für Kategorie-II-Landungen, für die die Wetterminima niedriger liegen. Derartige Installationen aber sind in Frankfurt wegen der nahe gelegenen Autobahn nicht möglich.

Da mangelhaft ausgestattete Flughäfen dem zuständigen Eigner sowie den anfliegenden Gesellschaften weniger Kosten verursachen – besonders wichtig ist das bei Chartergesellschaften –, müssen schon katastrophale Zustände eintreten, ehe ein solcher Hafen geschlossen oder gestrichen wird. Darunter zu leiden haben die Piloten, die nichts tun können, als immer wieder zu mahnen und mit Boykott zu drohen. Ihr Sicherheitsbestreben aber findet bei den Passagieren nicht den geringsten Anklang. Als 1978 die Piloten der griechischen Olympic für Verbesserungen auf kritischen inländischen Häfen in den Streik traten, regte sich die Öffentlichkeit paradoxerweise gleichzeitig über die katastrophalen Zustände auf den Flugplätzen wie über die streikenden Piloten auf. Man macht es sich leicht und interpretiert deren Aktionen als simple Maßnahmen, um Gehaltsforderungen durchzusetzen.

Nicht zuletzt wegen solcher Unverständnisse wird noch viel Zeit vergehen, bis alle Urlaubsziele, die dem deutschen Urlauber angeboten werden, auch wirklich sicher angeflogen werden können.

Einen wesentlichen Faktor zur Gewährung der Flugsicherheit stellen auch die Lotsen dar. Deshalb stoßen ihre Slow-Go-Aktionen, mit denen sie auf ihre Arbeitsbedingungen aufmerksam machen wollen, immer auf viel Beachtung. Aber wie die Piloten ernten sie dabei mehr Kritik als Verständnis, leider auch von den unmittelbar Betroffenen, den Flugzeug-

besatzungen und den Flughafenangestellten. Während des letzten »Dienstes nach Vorschrift« der Fluglotsen im Frühjahr 1973 war es keine Seltenheit, wenn Piloten vier Stunden im Cockpit auf ihre Flugfreigabe nach Teneriffa beispielsweise warteten, während langsam, aber sicher ihre höchstzulässige Arbeitszeit dem Ende entgegenging, die Ersatzcrew aber nicht da war, weil sie aus den gleichen Gründen woanders festsaß. Typische Anfrage eines seit Stunden im überhitzten Cockpit wartenden Kapitäns:
»Können Sie uns nicht wenigstens sagen, wann wir mit der Flugfreigabe zu rechnen haben?«
Typische Antwort:
»Warten Sie's doch einfach ab!«
Im Umlaufplan der Besatzungen brach das totale Chaos aus; und in dieser Streßsituation wurden selbst bei den Crews harte Anschuldigungen gegen die Lotsen laut, obwohl deren Anliegen grundsätzlich im Interesse der Flugsicherung und der Passagiere (die dafür kaum Verständnis zeigten) und damit auch in ihrem eigenen lag.
Hinter den Aktionen der Lotsen steckte eine Verbitterung, die sich durch nicht eingehaltene Versprechungen einer desinformierten Regierung jahrelang aufgestaut hatte. Vergleicht man das Anliegen der Lotsen mit den jährlichen obligatorischen Streikdrohungen der Gewerkschaften, so erscheint die allgemeine Empörung über die Fluglotsen in einem seltsamen Licht. Wenn die IG Metall beispielsweise Jahr für Jahr mit schlichter Selbstverständlichkeit für Lohnerhöhungen auf die Barrikaden geht, so wird das von der Öffentlichkeit mit Selbstverständlichkeit hingenommen. Bemühen sich hingegen die Lotsen zweimal in einem Jahrzehnt um eine Verbesserung ihrer Arbeitsbedingungen, so bricht ein Sturm der Entrüstung los. Dabei sollte, wer einen kühlen Kopf behält, erkennen, daß die Anliegen der Lotsen mit denen der Flugsicherheit im Grunde übereinstimmen.

Wenn von Flugsicherheit geredet wird, denken heute viele sofort an Terrorismus, Entführung, Bombendrohung. Nicht nur die Passagiere lassen sich dadurch schrecken, auch die Besatzungen sind nicht gegen solche Ängste immun. Obwohl sie wissen, daß Bombendrohungen zu 99 Prozent fingiert sind, gehören sie zu dem Ärgsten, was ihnen an psychologischem Streß zustoßen kann. Da jede Warnung wie eine echte Bedrohung behandelt wird, werden sofort genau festgelegte Checks durchgeführt. Und wird erst während des Fluges eine Bombenwarnung durchgegeben, dann heißt es, das ganze Flugzeug auf den Kopf zu stellen. Aber selbst wenn sich nichts findet, bleibt ein Rest von Ungewißheit – vielleicht hat man doch etwas übersehen.

Wie eine solche Situation an Bord aussehen kann, wenn es ernst wird, hat der Verfasser in seinem Roman *Deutschlandflug* geschildert:

»Das ganze Flugzeug war weiter nichts als ein einziger Irrgarten aus Spalten, Nischen, Luken, Klappen, Furchen und Ritzen. Risse, Rillen, Fugen und Scharten – alles eignete sich als Versteck. Die Halbkugeln der Luftdüsen sahen selber wie Minibomben aus. Die Sitztaschen steckten voller Zeitungen, Bücher, Kopfhörer, Pantoffeln, Brillenetuis, Kopftücher, Kissen. Der Filmapparat, der elektrisch aus der Decke und zurück in seinen Hohlraum fuhr: hatte man ihn schon überprüft? An einigen Fenstern waren die Sonnenblenden heruntergelassen – was steckte dahinter? Der selbstklebende Filzbelag der Gänge zeigte Beulen. Hatte man sie schon untersucht? Die Garderoben standen voller ungeordnetem Crewgepäck – raus damit und den Boden abgesucht.
Sie kniete sich in der Galley an den Container und zog die Flasche mit Jack Daniels Bourbon hervor. Im Hintergrund entdeckte sie eine Flasche mit mexikanischem Tequila. Die Flasche war weiß aufgerauht und undurchsichtig. Was, wenn sich darin die Bombe befand?
Sie starrte fasziniert auf dieses neue Objekt ihres Verdachtes. Sie packte die Flasche am Hals und zerschlug sie resolut auf der Kante der Metalltheke. Intensiver Alkoholgeruch durchzog die Galley. Der kostbare Saft rann an den Containertüren entlang auf den Boden. Sie starrte auf die Flaschenscherben und schleuderte sie in den Abfall.«

Nashörner für Amsterdam

Im Scheinwerferkegel huscht ein streunender Hund über die verödete Landstraße. Leichter Monsunregen fällt; am Horizont flackern Gewitter. Wenn Pfützen gegen das klappernde Taxi spritzen, zittert der rechte Scheinwerfer; der Motor stottert. Im verstaubten Fond sitzen drei uniformierte Gestalten. Es ist halb zwei nachts – nach pakistanischer Ortszeit. Auf dem spärlich beleuchteten Flughafen zeigt sich kaum eine Menschenseele.
So oder ähnlich begeben sich allnächtlich Besatzungen zum Flughafen, die in Accra oder Djakarta, in Lagos oder Karatschi eines der durch kommenden Flugzeuge übernehmen und weiterfliegen: zurück nach Deutschland oder weiter hinein nach Afrika, Fernost, Südamerika. Da europäische Linienmaschinen während des Tages starten oder landen sollen, müssen sie notwendigerweise irgendwo auf der afrikanischen oder asiatischen Langstrecke nachts ankommen.
Das Taxi mit den drei Cockpitbesatzungsmitgliedern biegt von der Flughafenhaupteinfahrt ab und steuert dem dunkelsten, ungemütlichsten Teil der Flughafenbaracken zu. Kein zweiter, dritter Wagen mit Stewards oder Stewardessen folgt. Denn die Crew ist eine Frachtercrew, und die Nachtfahrt endet zwischen Frachtlagerhallen, Containern, Lastenhebern.

»Charly Bravo um 30 nach am Boden!« prophezeit der Kapitän der zu übernehmenden Maschine über die interne Funksprechfrequenz aus dem Lautsprecher des kargen Operationsraumes. Charly Bravo umfliegt zur Zeit noch im Abstieg die Monsungewitter. »Die Maschine ist soweit klar, aber vielleicht könnte man die Copilotendeckenleuchte austauschen, sie flackert!«

In diesen Barackenräumen, in denen ein nachtträger einsamer Dispatcher die Daten für die Flugvorbereitung zur Verfügung stellt, herrscht auch heute noch ein Hauch von Saint-Exupéry. Zumindest nachts um zwei, wenn durch die staubverschmierten Scheiben unter einer scharf geschnittenen Mondsichel ein Stück Wüste, Steppe oder Tundra schimmert. Das könnte Mauretanien sein, Villa Cisneros, Port Etienne – die Welt des *Südkuriers* und des *Nachtflugs*.

Man hockt in schlecht gelüfteten, schlecht klimatisierten Barackenräumen und wartet auf die Landung, die Übernahme. Frachtpapiere werden durchgeblättert, draußen werden die gelben, trapezförmigen Container übers Rollfeld gezogen, die den gesamten Luftfrachtverkehr revolutioniert haben:

In den Anfangsjahren der Nachkriegsfrachtfliegerei, als die zweimotorigen Curtiss und DC 3 von Stuttgart nach London, von Düsseldorf nach Manchester flogen, wurden die Dinge an Bord gehievt, wie sie kamen. Damals waren die Umrisse und Ausmaße der zu transportierenden Autoersatzteile, Triebwerke oder Strumpfrundwebmaschinen häufig größer als die Öffnungen der Frachtertüren – und stundenlange Verspätungen waren die Folge. Durch den modernen Paletten- und Container-Service gehören derartige Vorfälle der Vergangenheit an. Aber nicht immer beherrschen die senegalesischen, thailändischen oder auch deutschen Fahrer der Hubmaschinen ihre Technik so, daß der heutigen Frachtfliegerei durch absolute Pünktlichkeit jeder Hauch von Romantik genommen würde.

Die Statistik der Jetfrachtfliegerei ist imponierend, aber mehr als abstrakte Zahlen interessieren die Piloten und den Bordingenieur, die die Verladearbeiten auf dem einsamen Rollfeld verfolgen, die Verzurrung der einzelnen Paletten, die Gewichts- und Trimmberechnungen, die Art der Frachtstücke.

In der Nähe Karatschis befindet sich ein Kernreaktor. Der Kapitän, der den Frachter aus Hongkong jetzt nach Deutschland zurückfliegt, hat auf dem Hinflug Kernbrennstoff befördert. Bestimmte Vorsichtsmaßnahmen waren nötig: In der Nähe des sorgfältig isolierten Urans durfte eine Anzahl genau aufgeführter anderer Stoffe nicht gelagert werden. Die winzigen Barren waren kaum von Hand zu heben. Während der Frach-

ter von anderen Besatzungen weiter bis Hongkong geflogen wurde, ist auch der jetzt über spärlich beleuchtete Siedlungen hinwegdonnernde Kapitän nicht untätig gewesen: Er ist mit Passagieren über Bangkok nach Tokio und zurück geflogen.
Entgegen einer nicht auszurottenden Mär sind Frachtkapitäne keinesfalls junge, unerfahrene Piloten, denen man keine Passagiere anvertrauen darf. Vielmehr ist im Umlaufplan fast aller Kapitäne, die nach Fernost, Südafrika, Nord- und Südamerika fliegen, auch irgendein Teilabschnitt als Frachtflug vorgesehen. Lediglich die Sowjets setzen sowohl neue Piloten wie auch Flugzeugtypen gern erst im Frachtverkehr ein.
Nach dem Start in Karatschi über der großen Salzwüste: Das enge Cockpit bietet wenig Auslauf. Zwischen Cockpitvorraum und Kabine befindet sich eine Trennwand mit starken Verzurrseilen. Im Falle einer Bruchlandung sollen sie verhindern, daß die schwere Ladung nach vorn rutscht und die Piloten zerquetscht. Die Kabine ist also Laderaum geworden.
Drei Männer in einem winzigen Cockpit vor einer geballten Ladung Fracht: Kein Passagier steckt seinen Kopf ins Cockpit, um sich über die Geheimnisse der Aerodynamik aufklären zu lassen. So kann sich der Kapitän ungestört seinen Erinnerungen an frühere Frachtflugzeiten hingeben: an jenen Flug etwa, auf dem ein Zirkuselefant sich losriß und den Schwerpunkt der sensiblen Super-Star veränderte und damit ihre Balance störte. Und an jene geniale Idee, die die Piloten dazu brachte, die ebenfalls mitgeführten Hühner zwischen den riesigen Beinen des Elefanten auszusetzen – das empfindsame Riesentier verharrte reglos, aus Furcht, die Hühner zu verletzen. An Giftschlangen, die ins Cockpit züngelten und sich als harmlose Pythons entpuppten... Gerüchte, Abenteuer, Fliegerlatein. Wenn überhaupt noch in der modernen Luftfahrt, dann in der Frachtfliegerei.
Während das Landegewicht einer normalen Passagier-Boeing-707 unter 100 Tonnen liegt, wurde das der Fracht-Boeing durch Verstärkung auf 112 Tonnen erhöht. Das Frachtaufkommen aus den Fernost-, Afrika- und Südamerikastrecken ist so hoch, daß nicht immer genügend Treibstoff mitgenommen werden kann, um Nonstopstrecken wirklich nonstop zu befliegen. Dabei steht der Boom im Frachtverkehr erst noch bevor.

Zwischen 1961 und 1976 wuchs das Frachtaufkommen von 22 000 auf 300 000 Tonnen an. Jede dritte Mark wurde von der Lufthansa im Frachtverkehr verdient. Nicht mit Passagieren also, sondern mit Paletten, Containern und Iglus. Sie ist »Nummer zwei« im Luftfrachtverkehr. Nur die Pan Am befördert mehr.

Im Atlantikverkehr zwischen den Frachtterminals New York und Frankfurt liegt der Rekord bei 108 Tonnen in einer einzigen 747 F – ein Glücksfall freilich, bei dem günstige Winde eine kürzere Flugzeit und damit die Mitnahme von weniger Treibstoff erlaubten. Zum Vergleich: Auf dem DC-3-Frachter der fünfziger Jahre wurden maximal drei Tonnen transportiert.
Beim 747-Frachter öffnet sich die Bugnase hydraulisch, so daß die Fracht direkt von vorn beladen werden kann: eine technische Möglichkeit, ähnlich, wie sie unter anderem von der Canadair-CL 44 – der Frachtausführung der britischen Turbopropmaschine Britannia – beim umklappbaren Heck genutzt wurde.
Was sich bei der 747 F zeigt, wenn der Ladehubtisch von außen am Bug hochfährt und man durch das ganze leere Innere bis ins Flugzeugheck blickt, erinnert an einen U-Bahn-Schacht. Im Rumpfboden sind Schienen und sogenannte »pallet drivers« eingelassen, fernbediente Gummiräder, auf denen die Paletten mechanisch an ihre korrekte Verzurrstelle im Rumpf befördert werden.
Inzwischen wird ein großer Teil der Fracht aber auf anderem Wege befördert, denn die Großraumflugzeuge verfügen über große Unterdeck-Laderäume und damit über genügend Raum selbst für sperrige Ladungen. Das Optimum an Verwandlungskraft stellt die DC 10 dar: Hier kann die hintere Passagierkabine auch zum Frachtabteil umfunktioniert werden. Meistens wird hier das Gepäck der Passagiere befördert, so daß der Unterdeckraum voll für Fracht zur Verfügung steht. Auch der Airbus verfügt über eine moderne Be- und Entladungsanlage. Seine Frachträume haben ein Volumen von etwa 100 Kubikmetern, so daß er zusätzlich zu 253 Passagieren soviel Fracht befördern kann wie ein reiner 737-Frachter.
Ein Kleinst-U-Boot allerdings oder umfangreichere Tiere können nur in einem »echten« Frachter befördert werden. Ansonsten gibt es nichts, was nicht irgendwann einmal transportiert worden wäre. Sportflugzeuge (mit abgeschraubten Tragflächen), Hubschrauber, Luxusautos von Millionären, Teppichwirkmaschinen und Schiffsersatzteile. Blutkonserven, Gefrierfleisch, radioaktives Material. Komplette Fernsehstudios und Chemieanlagen. Kalifornische Weine aus Los Angeles, Shrimps aus Accra, künstliche Rasenflächen für einen Scheich in Dschidda. Skandinavische Holzmöbel und noch immer Lockenwickler, heute elektrisch aufheizbar.
Wer glaubt, nur Tiere brauchten besondere Pflege, irrt. Eines Tages wurde die Sonnensonde Helios direkt von München nach Kap Kennedy geflogen, verankert in einem gefederten Spezialbehälter. Da die sie umge-

bende Luft stets klinisch rein und die Luftfeuchtigkeit um 50 Prozent bleiben mußte, wurde das kostbare Stück – Frachtwert: 80 Millionen – mit Stickstoff gespült.
Sehr wichtige Passagiere werden als VIPs bezeichnet, sehr wichtige Frachtstücke als VICs (Very Important Cargo). Allein in Frankfurt werden täglich für 30 Millionen DM solche Wertfrachtsendungen umgeschlagen: Wertpapiere, Gold, Edelsteine, Platin, Banknoten, Perlen.
Es gab einmal unkonventionellere Zeiten und Methoden: Noch in den sechziger Jahren kam vor dem Abflug auf südafrikanischen oder südamerikanischen Häfen einfach ein Bankangestellter ins Cockpit und warf ein paar Säckchen mit Münzen oder auch Goldbarren ins Cockpit. Da der Captain sich stets weigerte, dafür irgendeine Verantwortung zu übernehmen und den Empfang zu quittieren, reiste das Gold, leger in eine Ecke geschoben, unkontrolliert bis nach Deutschland, wo dann wiederum irgendein Angestellter auftauchte und die Sendung übernahm – ohne nachzuzählen.
Trostlose Sendungen, bei denen so mancher Pilot die Tierschutzvereine – vergeblich allerdings – alarmieren möchte, sind die auf der ganzen Welt üblichen Exporttiertransporte: Affen aus Thailand, Papageien und Sittiche aus Paraguay und Dutzende anderer exotischer Vogelarten aus Dutzenden anderer Länder, von denen jeder weiß, daß mehr als die Hälfte tot am Zielort ankommen wird. Da die Sendungen korrekt im Sinne der Luftfrachtbestimmungen verpackt und verladen sind, kann keine Fluggesellschaft einen solchen Transport ablehnen.
1977 ereignete sich in einer 747, die sowohl Passagiere wie auch Fracht an Bord hatte und von Los Angeles (LAX) nach Amsterdam (AMS) unterwegs war, ein kleiner Zwischenfall, der sich in dem Bericht des Kapitäns so liest:

»Aus LAX für AMS waren vier Nashörner mit einem Stückgewicht von jeweils etwa 2 500 kg in das hintere Frachtdeck der ansonsten mit Passagieren ausgebuchten B 747 geladen worden. Ein Tierbegleiter war an Bord.
Nach etwa fünf Stunden Flugzeit, über der Westküste Grönlands, kam Fire Bell und Warnlicht für die Fire im Main Deck Cargo Cptm. an. Procedures wurden nach Checkliste durchgeführt, und die auf diesem Flug anwesenden zwei zusätzlichen Besatzungsmitglieder sowie der Purser liefen zur Feuerbekämpfung durch die volle Kabine nach hinten zum Cargo Compartment.
Beim Versuch, die Zugangstür zu öffnen, ist der einzige vorhandene Schlüssel abgebrochen. Die Tür wurde gewaltsam geöffnet. Nach dem Öffnen stellte sich heraus, daß eines der Nashörner sehr unruhig war. Es hatte in seinem Transportkäfig so getobt, daß nicht nur 4 cm dicke Planken durchgeschlagen waren, sondern sich aus beigegebenem Heu und Stroh eine dicke Staubwolke gebildet hatte. Die Staubwolke, so mußte angenommen werden, hat in der Lichtschranke des Fire Systems den Alarm ausgelöst.

Nach Ankunft in AMS sollte das noch immer unruhige Tier in seinem beschädigten Käfig mittels Spritze aus einem Betäubungsgewehr beruhigt werden. Das funktionierte nicht, weil zu komplettem Gewehr und Spritze keine Munition vorhanden war. Eines der beteiligten Besatzungsmitglieder meinte, wenn das Biest herausgekommen wäre, dann hätten wir im Rumpf hinten ein Sieb in der Außenhaut gehabt. Das mag übertrieben gedacht sein, doch daß unruhige Nashörner friedliche Zeitgenossen sind, behauptet auch Prof. Grzimek nicht.«

Mit den zunehmenden Belastungen des Kabinenpersonals hat sich auch das Bild von der Stewardeß geändert. Dazu folgender Kommentar aus der *Flug-Revue*:

»Zur spartanisch ausgerüsteten Kabine kam seinerzeit zuweilen die unzulängliche Technik, und wenn die Heizung an Bord ausfiel – bei immerhin auch damals schon mehreren tausend Metern Höhe, dann waren Decken und Alkohol unentbehrliche Hilfsmittel. Auch war das Massieren fröstelnder Damenbeine keine große Seltenheit. Man stelle sich die Szene in einem Jumbo vor! Wie hat die Dame auszusehen, die die Manager des Computer-Zeitalters für würdig befinden, ihren Platz im harten Konkurrenzkampf auf einem stagnierenden Marktsektor an vorderster Front einzunehmen? Um es vorwegzunehmen: die Ausgezehrten mit dem leidenden Blick sind nicht mehr gefragt. Mannequin-Typen und auch Glamour Girls sind einfach nicht mehr ›in‹. Das Idealgewicht liegt genau da, wo es auch der Kurverein gerne sieht: bei soviel Kilogramm, wie die Körpergröße einen Meter übersteigt, minus 10 Prozent.«

Oder, so der Kommentar von Ursula Tautz, einst selber Stewardeß bei Pan Am und Lufthansa, zuständig für die Einstellung von Kabinenpersonal: »Wir brauchen junge Damen und Herren, die ganz realistisch denken, denn sie müssen einen großen Haushalt über den Wolken führen.« Siebenunddreißig Punkte sind es, die Frau Tautz bei Bewerberinnen oder Bewerbern in diesen Jahren prüft:

1. Erscheinungsbild
2. Sprachkenntnisse
3. Höflichkeit
4. Freundlichkeit
5. Aufmerksamkeit
6. Geduld
7. Gedächtnis
8. Sicherheit im Auftreten
9. Gewandtheit im Kontakt, Geschicklichkeit in der Ausdrucksweise
10. Kontaktfähigkeit, -freudigkeit
11. Kontaktaktivität, persönliches Engagement
12. Einfühlungsvermögen
13. Taktempfinden
14. Anpassungsbereitschaft
15. Reaktionsfähigkeit
16. Anstrengungsfähigkeit, -bereitschaft
17. Verhandlungsgeschick
18. Improvisationsgabe
19. Belastbarkeit, Durchstehvermögen
20. Verständnis, Toleranz
21. Teamwork
22. Sorgfalt, Genauigkeit in der Arbeitsdurchführung
23. Manuelle Geschicklichkeit

24. Vorausplanung, Übersicht in der Servicegestaltung
25. Humor
26. Durchsetzungsvermögen
27. Disziplin
28. Selbstkritik, Selbstkontrolle
29. Zuverlässigkeit, Verantwortingsbewußtsein
30. Ruhe und Gelassenheit
31. Charme
32. Ideenreichtum
33. Kontrolle der Körperhaltung und Bewegung
34. Fundierte Sachkenntnisse
35. Diplomatie
36. Hilfsbereitschaft
37. Pünktlichkeit

Die Stewardessen und Stewards, Purseretten und Purser haben einen vielfältigen Ausbildungsgang hinter sich.
Heutzutage findet die Schulung zum Teil in Seeheim an der Bergstraße statt. Servieren will gelernt sein, würde der Laie verständnisvoll kommentieren. Aber Servieren ist nur ein winziger Teil des Komplexes »Service«. Service heißt zunächst einmal die Frage beantworten: »Wie evakuiere ich 350 Jumbo-Passagiere innerhalb von neunzig Sekunden aus einem brennenden Flugzeug, ohne daß sich die alte Oma auf Sitz A 32 den Knöchel verstaucht?« Aus diesem, nur aus diesem einen Grund muß eine bestimmte Anzahl von Flugbegleitern mitfliegen, und diese Zahl wird von den Luftfahrtbehörden zwingend vorgeschrieben.
Und so ist die Palette der Unterrichtsfächer vielfältig: Passagierbetreuung, Erste Hilfe, Sprachkenntnisse, Ansagen an Bord, Situationsschulung, Rettung und Sicherheit, Service, Make-up. In einem Prospekt, der erst vor wenigen Jahren erschienen ist, heißt es dazu wörtlich: »Selbst Kosmetik steht als Lehrfach auf dem Programm – im eigenen Kosmetiksalon.«
Allerdings ist man in der Praxis in bezug auf Kleidung und Kosmetik recht leger geworden. Noch 1960 konnten Stewardessen entlassen werden, weil sie in einem Anflug von Individualismus glaubten, zur Vervollkommnung ihrer Erscheinung einen eigenen Gürtel, eine nicht vorschriftsmäßige Gürtelschnalle tragen zu müssen. Es gab Check-Stewardessen, die reisten dreimal von Frankfurt nach Hamburg, um einer Stewardeß, die zur Aufbesserung ihrer Erscheinung unbedingt eine Hochfrisur tragen wollte, diese schlicht auszureden – juristisch gab es schon damals keine Handhabe dagegen.
Sogar eine besondere Gangart gab es, das sogenannte »Schreiten aus der Hüfte«. Es wurde geübt, geübt, geübt. Und manche Stewardessen brachten es tatsächlich fertig, sich damenhaft und verführerisch zugleich auf einen Sitz niederzulassen, mit dem Sex-Appeal einer Marilyn Monroe. Niemand aus dem Ausbildungscenter Seeheim wird heute noch modernen jungen Mädchen einen solchen Rückfall in für Männer zwar interessante, aber schließlich doch prähistorische Zustände zumuten wollen.

»Engel der Lüfte – oder fliegende Kellnerin«, so hieß ein Artikel von K. H. Herion in der *Flug-Revue* vom November 1977. Herion schreibt:

»Vor dem Hintergrund einer bis in den hausfraulichen Alltag hinein technisierten, vollautomatischen Moderne, und das Feldgeschrei der hauptberuflichen Emanzen in den Ohren, nimmt sich die Frage irgendwie altmodisch aus, ob der Beruf der Stewardeß – oder Hosteß, wie einige Gesellschaften ihre ›Gastgeberinnen‹ zur Verdeutlichung der eigentlichen Funktion nennen – noch immer der mit jenem Flair der Romantik behaftete Traumberuf sei. Durch lange Zeit hielt er jedenfalls unangefochten eine einsame Tabellenspitze.
Eine sich immer wieder abzeichnende Groteske ergibt sich geradezu zwangsläufig aus der auch heute noch sehr unterschiedlichen Einstufung der Stellung der Frau in der Gesellschaft, je nach politischem oder geographischem Standpunkt. Relativ unberührt von tragikomischen Exzessen seiner Umwelt zeigt der Stewardessenberuf zeitlose Züge, die ihn über dem Gerangel der Patri- und Matriarchen quasi ›schweben‹ lassen.«

Ein Paradies in Arizona

Hoch über der Kakteenwüste Arizonas, elf Kilometer über Kupferminen und weiß funkelnden Missionskirchen, zieht der Pilot die Schubhebel voll zurück. Fahrtwind und Motordröhnen ersterben; der Zeiger des Fahrtmessers gleitet zurück; 220 Knoten ... 190 ... 165 ... 145 ... 130 ... Drei Männer starren gespannt auf die Instrumente. Gleich muß das Flugzeug aus Fahrtmangel einfach hinunterfallen. Schon möchte das Flugzeug wie ein müdes Pferd den Kopf hängen, den Bug fallen lassen. Der Pilot zieht und zieht und zieht. Die Ruder werden weicher und instabiler; der Schweiß rinnt in Strömen vom Gesicht des Mannes am Steuer. Der ganze vergewaltigte Airliner beginnt zu vibrieren. Gleich muß er stürzen.
Denn das Objekt, das hier an die Grenze seiner Leistungsfähigkeit gequält wird, ist kein Militärjet auf einer gefährlichen Mission. Es ist eine Douglas DC 10, die 220 Passagieren Platz bietet. Diese läßt man allerdings auf einem derartigen Flug lieber zu Hause. Das Flugzeug schüttelt und schlingert angsterregend; ein akustisches Signal warnt vor dem Abschmieren. Jetzt ist, jetzt wäre es soweit, wenn der Pilot nicht im letzten Augenblick die Schubhebel vorschieben würde bis zum Vollschub, die Bugnase andrücken würde, um Fahrt aufzuholen. Kurzer Sturzflug – die Wüste stürzt in die Scheibe –, abfangen, alles stabilisiert sich, der gefährliche Flugzustand ist gemeistert worden. Der Trainingskapitän auf dem rechten Sitz, der das alles mehr oder weniger entspannt mit vor der Brust verschränkten Armen über sich hat ergehen lassen, schüttelt halb

zweifelnd, halb anerkennend den Kopf: Nicht ganz so steil angedrückt hätte auch genügt, immerhin fast 1 000 Fuß Höhe verloren. Aber ist sie nicht ein Juwel, wie sie das meistert: Das habe der »Herr Douglas« doch prima hingekriegt.

Was hier im traditionsreichen Tucson in Arizona praktiziert wird, ist die Grundausbildung für Kapitäne, die auf einen neuen Flugzeugtyp umschulen. Der Himmel über den Saguaro-Steppen hat im Lauf der Jahre alle Jets der Lufthansa hier gesehen, und wer hier, im Herbst 1973 oder im Frühjahr 1974, auf die DC 10 umschulte, hat höchstwahrscheinlich auch schon auf der Boeing 727 oder 707 über Arizona das »Erfliegen der Leistungsgrenze« geprobt.

Umschulen heißt: dem neuen Flugzeug auf den Zahn fühlen, einmal bis zum Äußersten gehen, kritische Gefahrenzustände erfliegen, wie sie in der Praxis nicht vorkommen, aber theoretisch vorkommen könnten. Mag sich die Maschine später auf der Strecke brav und fromm wie ein Lamm geben; man muß als Kommandant einmal erlebt haben, daß sie auch ein Biest werden kann, wenn man ihre komplizierten Bedienungsrituale nicht exakt beachtet. Man muß ihr Herr und Meister werden und sie beherrschen lernen bis in die äußersten »Fasern« ihrer Hydraulik-, Schmierstoff-, Elektrik-Systeme.

Ein moderner Jet ist wie ein rassiges Reitpferd. Es hat eine Art Eigenleben. Es möchte einen Könner als Reiter haben und wirft den ab, der die Zügel locker läßt. Wer den Kommandanten später leger in der Kanzel erlebt, sieht nur die Hälfte – die andere hat sich hier in Arizona abgespielt. Erst sie ermöglicht die spätere Gelassenheit.

Und so fuhren die Piloten hier täglich im Straßenkreuzer über den Highway (der über Nogales nach Mexiko führt) zum Flughafen Tucson.

... Anrollen auf der Bahn 11, links vom Terminal Tucson International, rasches Beschleunigen auf V 1 und V 2, die errechneten Geschwindigkeiten für Startabbruch und Abheben, und gerade im Augenblick des Abhebens reißt der Trainingspilot den rechten Schubhebel zurück, der Trainie hängt da mit nur zwei Triebwerken und einem tüchtigen Schuß Asymmetrie und soll steigen, nach genau festgelegten Kursen.

Ohne Übertreibung läßt sich sagen: Hier fand eines der wenigen noch möglichen Abenteuer statt. Hier wurde man noch bis zur äußersten Grenze herausgefordert – und mußte sich bewähren.

... Und so ähnelte auch die Atmosphäre in den freien Stunden nach dem harten Training der eines Pioniercamps in der Wüste. Es war eine reine Männerwelt mit ihrer eigenen Sprache: »Da habe ich den Schlitten mit hundertvierzig Sachen an den Beton genagelt, daß die Fetzen flogen!«

»Jumbo, mach deinen Trick, hab' ich gesagt, und die alte Mühle hat die Ohren angelegt und gehorcht!«
»Man kann doch nicht bei einer Throttle-Stellung von 1,8 EPR die *Speed* soweit *offbleeden* lassen!«
»Dieser *Climb* mußte ja in die Hose gehen!«
»Schmeiß doch endlich das *Gear* raus, hab' ich dreimal gerufen, aber natürlich, wenn der Alte Toter-Mann markiert, da kommst du ganz schön ins Schwitzen, fünfhundert Fuß vor der *Threshold*, und nicht mal die Klappen voll draußen!«
Und an den Wochenenden fuhr man hinaus: nach Old-Tucson, die Pseudo-Western-Stadt von Metro-Goldwyn-Mayer, wo unter vielen anderen John Wayne gezeigt hatte, was ein richtiger Mann vermag. Hier waren auch die Überreste der Ponderosa-Farm aus Bonanza noch zu besichtigen. Oder man fuhr einfach nur so durch die Wüste oder in die alten Western-Städte, wo die berühmten historischen Coltheldens ihr echtes Leben gelassen hatte – auf die Friedhöfe mit den Holzschildern: »Hanged by Mistake«.
Jeder, der hier unterwegs war, fühlte den Hauch der alten Pioniere, stellte sich vor, einer von ihnen zu sein – oder auch John Wayne. An der Bar des Ramada Inn, wo die Lufthansa-Crews einquartiert waren, gab es ein Getränk namens Afterburner. Man mußte es nach bestandenem End-Check demonstrativ austrinken. Der Barkeeper hatte das ominös-mexikanische Getränk bis zum Rand in die Gläser gefüllt und mit leger darüberfahrendem Streichholz entzündet. Wer das exquisite Getränk nicht brennend an die Lippen setzte und hinunterschlang, hatte die Umschulung zumindest moralisch nicht bestanden. Es gab Dutzende von Tricks, diese Bewährungsprobe zu bestehen, ohne Schaden an seiner Seele und seinen Lippen zu nehmen. Und zum Prüfungsabschluß wurde man in den Swimmingpool hineingeworfen und bekam die Krawatte abgeschnitten. Kenner, die nicht zum ersten Mal in Tucson waren, kauften sich am Nachmittag vorher bei Woolworth in Downtown eine Scheußlichkeit für 99 Cents. Nicht-Eingeweihten wurde das kostbarste Stück rücksichtslos abgeschnitten; und dann hingen sie zu Dutzenden an dem Bar-Rondell.
Für die Piloten der neuen Hansa war Tucson etwas Ähnliches wie für die alten Kämpen das Stichwort Südatlantik oder Katapultstart.
In den siebziger Jahren sollte auch dieses Paradies verlorengehen. Eines Tages wurde daher der Lufthansa mitgeteilt, sie möge sich nach einem einsameren Trainingszentrum umsehen. Das einsamere Center wurde gefunden – einsam im wahrsten Sinne des Wortes. Es hieß Rosswell.
Aber auch Tucson war, nach den Aussagen der Alten, die hier einst auf

707 umgeschult hatten, in den letzten Jahren nicht mehr das, was es einst gewesen war. Die gute alte Sitte des Schlipsabschneidens und Afterburner-Trinkens gab es schon länger nicht mehr. Denn eines Abends war völlig unerwartet eine Gruppe aus dem Lufthansa-Management aus Köln angereist, darunter auch Höltje. Man platzte mitten in eine Afterburner-Party hinein; und die seriösen Herren zeigten sich, von ihrem Standpunkt aus mit Recht, etwas befremdet über den Geist, der hier herrschte und der so gar nicht dem Image einer seriösen Fluggesellschaft entsprach.

Seit jenem Abend wagte kein zuständiger Trainings-Kapitän mehr, den alten Geist wiederaufkommen zu lassen. Auch mit den sonstigen Privilegien (die ohnehin die letzten eines einst hochgelobten Berufsstandes waren) wurde radikal gebrochen. Hatte zum Beispiel zur Zeit der 707-Umschulung noch jedes Besatzungsmitglied einen eigenen Mustang- oder Camaro-Mietwagen von Hertz oder Avis zur Verfügung gehabt, so gab es jetzt pro Trainingscrew nur noch einen gemeinsamen Wagen.

Dies bedauernd zu erwähnen mag auf den ersten Blick zwar lächerlich erscheinen. Man darf aber nicht vergessen, daß dem »Geist von Tucson« später auf der Strecke etwas anderes entsprach – ein ungeheurer Idealismus nämlich, der sich letzten Endes ausgezahlt hätte. Damals gehörte es zum guten Ton von Tucson, das Trainingsflugzeug, ganz gleich, ob 707 oder 747-Jumbo, nur mit »Desert-Boots« und Texas-Hut zu besteigen. Diese Hüte hängen heute noch als Souvenir in allen Wohnungen der Ehemaligen. Die diversen Trainings-Kapitäne, oft genug die Chief-Piloten von Boeing oder Douglas, kritzelten dann nach bestandener Prüfung ihre Kommentare auf die Hutkrempe. Der Verfasser kann von seiner eigenen Hutkrempe Ermahnungen und Ratschläge zitieren wie: »Number-One-Aux.-Hydraulic-Pump serves the Inboard-Spoilers and the rudder!« (Die Hydraulikpumpe 1 versorgt natürlich nicht nur die inneren Bremsklappen und Querruder, sondern auch das Seitenleitwerk!)

Es gab freilich auch literarisch interessierte amerikanische Trainer: »Ich hoffe, Sie haben Freude an der 727 und schreiben viele Geschichten darüber!«

Die Zeiten von Tucson sollten rascher Geschichte werden als die Flüge über den Südatlantik der dreißiger Jahre!

Der Simulator übernahm mehr und mehr die Funktionen und Aufgaben, die früher im Flugzeug, sozusagen am lebenden Objekt, hatten durchgeführt werden müssen. Zunächst gingen die Piloten noch bei ihren halbjährigen Überprüfungschecks ins echte Flugzeug, später genügte ein »echter« Flug pro Jahr. 1978 gibt es bereits zahlreiche Kapitäne, die haben seit Jahren für ihre halbjährigen Überprüfungen kein echtes Flugzeug mehr bestiegen; der Computer nimmt ihnen, laut Vorschrift vom LBA, diese Notwendigkeit ab. Die Tucson-Ära der neuen Deutschen Lufthansa ist endgültig vorbei.

Der Ernstfall wird geprobt

Friedlich zieht die DC 10 in ihrer Reiseflughöhe von zwölf Kilometern dahin. Der Autopilot ist eingeschaltet. Die Piloten lehnen entspannt in den Sitzen. Plötzlich ein Ausruf des Bordingenieurs: »Rapider Druckverlusts! Kabinendruck kann nicht gehalten werden!« Gleichzeitig warnt mit dumpfem Hupton ein Signal. Der Bordingenieur war schneller – und schnell ist auch der Kapitän voll da:

»Sauerstoffmasken auf! Emergency-Descent!«

Dann leitet er den Sturzflug ein, schaltet Autopilot und automatische Schubhebel-Regulierung aus, reißt das Gas heraus und die Störklappen, legt die schwere Maschine in eine Kurve und drückt sie dann, sanft, aber entschieden, steil abwärts. Während 200 Tonnen Stahl, Dural und Kunststoff abwärtsorgeln, während der Höhenmesserzeiger über die Skala rast, während das passiert, was auf deutsch »Notabstieg wegen Druckverlust« heißen würde, liest der Copilot hinter der Maske gelassen seine Checkliste. Bei dem Verfahren, einen Passagierjet auf kürzestem Wege in sauerstoffreichere Höhen zu bringen, darf kein Punkt vergessen werden.

Die Simulatoren, die heute so manchen Trainings- und Überprüfungsflug zum halben Preis nachahmen, sind so naturgetreu, daß man sich beim Sturzflug tatsächlich nach hinten umdrehen möchte, um zu sehen, ob in der Kabine alles in Ordnung ist. Selbst das Fahrtwindgeräusch, das Aufheulen der Triebwerke, das Aufsetzen des Fahrwerks bei der Landung werden akustisch einwandfrei nachgeahmt.

Kaum hat die Cockpitcrew den gestürzten Riesenflieger sanft zurück in die Horizontale gezwungen, droht neues Mißgeschick: »Hydrauliksystem Nummer drei hat Leckage!« kündigt der Bordingenieur an. Wieder werden Checklisten gelesen, Schalter betätigt, die normalerweise nicht betätigt werden. Schneller, als im Fernseher eine Röhre gewechselt werden könnte, ist das ganze Problem behoben. Entspannt, schnell, aber ohne Hast werden Ersatzgeräte eingeschaltet. Geplant, geschaltet werden all diese vorsätzlichen Störungen von einem Prüfungskapitän, der hinter dem Kommandanten an einer Schalttafel sitzt und Dutzende solcher unliebsamen Überraschungen einprogrammieren kann. Denn was hier im Simulator und nur gelegentlich noch im echten Flugzeug geflogen

wird, ist der sogenannte Base Check, ein Prüfungsprogramm, das alle Kapitäne halbjährlich zu absolvieren haben.
Zwischen diesem Prüfungsprogramm und dem Routinefliegen besteht eine seltsame Wechselwirkung: Weil die Prüfungen so streng und regelmäßig sind, ist die Sicherheit auf der Strecke so hoch. Weil all diese Zwischenfälle fortwährend geübt werden, damit die Piloten sie unter Kontrolle bringen können, wenn sie irgendwann doch einmal passieren sollten.
Und so programmiert der Prüfungskapitän für den Vollaststart einen Triebwerkausfall im kritischen Moment des Abhebens ein; und das Problemchen wird einwandfrei gelöst. Und auch der Ausfall eines zweiten Triebwerks während des Steigfluges und Austrimmens kann die Crew nicht aus der Ruhe bringen.
Wenigstens nicht fliegerisch. Aber in den Simulatoren fließt echter Schweiß, immerhin handelt es sich um eine richtige Prüfung, bei der man auch durchfallen kann.
Die Lizenz eines Kommandanten hat nur ein halbes Jahr Gültigkeit, dann muß sie durch einen Prüfungsflug, in dem alle denkbaren Zwischenfälle durchgespielt werden, erneuert werden. Diese Tatsache unterscheidet den Kommandanten von allen anderen Berufen in unserer Leistungsgesellschaft.
Die latente Gefahr, daß die Lizenz nicht erneuert wird, übt einen permanenten Streß aus.
Denn der Base Check ist nicht die einzige halbjährliche Prüfung. Parallel dazu findet ein Linienflug unter Aufsicht statt, auf dem Strecken-, Navigations- und Platzkenntnisse nachzuweisen sind. Auch hier keine selbstverständlichen Dinge, die durch die monatliche Routine »eingespeichert« sind, sondern Sonderfälle und Probleme, die auf einem normalen Flug Hamburg–New York oder Barcelona–Frankfurt irgendwann einmal auftreten *könnten*.
Aller guten und schlechten Dinge sind drei. Zu den beiden fliegerischen Prüfungen kommt die medizinische hinzu. Sie findet bei einer der Fliegertauglichkeits-Untersuchungsstellen statt. Für die Deutsche Lufthansa zum Beispiel in Frankfurt oder Hamburg.
Da sitzen sie dann, die Großen der Luftstraßen, beim Hals-, Nasen-, Ohrenarzt und beim Blutabzapfen, liegen unter dem Kabelgewirr des Kardiographen und strampeln sich auf Testrädern an die Grenze ihrer Leistungsfähigkeit. Sie lassen im Audiometer ihr Gehör, beim Augenarzt ihre Nachttauglichkeit und Tendenz zur Hornhautablösung überprüfen – alle halbe Jahre wieder. Und da aus organischen Gründen nicht alle drei Prüfungen gleichzeitig stattfinden können, liegt immer und allzeit

irgendein Test an und wirft seinen streßversprechenden Schatten voraus. Der hohe Sicherheitsstandard der Fluggesellschaften erfordert einen hohen Einsatz. Die entspannte Gelassenheit, mit der Linienpiloten im Alltag arbeiten, muß hart erkämpft werden. Sie entlarvt den oft zu hörenden Satz von den »automatischen Flugzeugen, in denen der Pilot ja nichts zu tun hat« als leere Phrase.

Die Umstellung der Ausbildungs-, Umschulungs- und Überprüfungsverfahren auf Simulatoren ging von der Öffentlichkeit unbemerkt vonstatten. Trotzdem ist sie in ihrer Konsequenz kaum weniger einschneidend, als es die Einführung des Blindfluges bei der alten oder die der ersten Jets bei der neuen Hansa war.

Die Betriebskosten für eine Trainingsflugstunde verringerten sich im Simulator auf die Hälfte – ein wesentliches Argument neben dem noch wesentlicheren der erhöhten Sicherheit. Freilich garantiert auch der Simulator keine hundertprozentige Sicherheit, wie der Laie bei einem am Boden befindlichen Gerät annehmen möchte. Bei heftigen Fehlausschlägen, bei einem recht naturgetreu simulierten Crash kann eine nicht fest angeschnallte Besatzung sich durchaus ernste Verletzungen zuziehen. Um eine Beweglichkeit um alle Achsen zu gewähren, sind während des Trainings Cockpit und Programmierraum von der Zugangsplattform getrennt. Diese Anordnung birgt ein gewisses Risiko, denn bei einem Brand besteht keine Möglichkeit, das Gerät auf dem einfachsten Weg zu verlassen, der Fluchtweg ist eine Feuerhängeleiter bis zum sechs Meter entfernten Boden. Wer sich im Simulator einer Prüfung unterzieht, erhält deshalb zunächst einmal eine kurze Einweisung in eine eventuelle Notevakuierung.

Von Jahr zu Jahr haben sich die Möglichkeiten der Simulationstechnik erweitert und verfeinert. Heute ist es möglich, sogar Anflüge nach Erdsicht zu simulieren. Man mache sich klar: Das Gerät steht in einem klimatisierten kahlen Raum. Trotzdem drehen die Piloten nach Sicht eine Runde um den Flugplatz.

Dabei beschwört schon der simple Vorgang des Landeklappenverfahrens zum Beispiel unzählige Probleme herauf. Nicht nur, daß alle Instrumente im Cockpit entsprechend reagieren müssen, vielmehr wird – um nur ein einziges Beispiel unter zahllosen zu nennen – dadurch auch der Anstellwinkel des Fluges und dadurch wiederum der Blickwinkel aus dem Cockpit geändert. Die veränderte Sicht muß optisch dargestellt werden. Die »visual aids« arbeiten so naturgetreu, daß auch vorbeiziehende Nebelfelder mit entsprechender Sichtverschlechterung beim Anflug optisch simuliert werden können.

Mit einer einfachen Filmleinwand, wie man sie heute aus der Fahrschule kennt, läßt sich hier nicht mehr arbeiten.

Ermöglicht wird die technische Zauberei durch die Installation eines Wandreliefs der Flugplatzumgebung, das elektronisch abgetastet wird, und doch sind sich alle Piloten einig: Nichts kann und wird jemals den echten Flug ersetzen!
Trotz aller technischen Raffinessen reagiert ein Simulator oft völlig anders auf Steuerdrücke als ein Flugzeug. Ja, man könne sich, so meinen viele Piloten, seinen Flugstil geradezu dadurch verderben. Das Gerät »antwortet« völlig anders, als der feinfühlige Pilot es kennt: »Im Höhenruder zu überempfindlich, im Querruder zu träge.« Oder umgekehrt. Insbesondere die »visual aids« ernten Kritik. »Nicht mit der Realität vergleichbar«, lautet das allgemeine Urteil. »Bei dieser winzigen Steuerkorrektur darf die Landebahn nicht wieder völlig aus dem Blickfeld verschwinden.«
Die Gegensätze zwischen »Simulanten« und »echten Fliegern« wurden schon bei der Einführung der Simulatoren in den sechziger Jahren ausgiebig diskutiert. Letzten Endes ging es um die Frage, ob Technik Realität zu ersetzen vermag. Die Antwort lautete zunächst: Ja. Nur bei Umschulungen von einem Typ auf den anderen wurde das echte Flugzeug noch als Trainingsobjekt benutzt.
Die Kontroverse um das Für und Wider – die Flugwirklichkeitsnähe oder -ferne – ließ sich jedoch oft genug auf ein banales Problem zurückführen: Alles war eine Frage der exakten Justierung – ein Mangel, der auch anderweitig zutage tritt. Die Piloten wissen Klagelieder über schlecht justierte Radargeräte zu singen, die trotz genialster Technik unbrauchbar waren, weil diese geniale Technik von den zuständigen Technikern nicht sensibel genug eingestellt wurde.
Die Umstellung auf Simulatoren war jedoch nur die eine Hälfte der »stillen Revolution«. Die zweite Hälfte hieß »Procedure-Training«. Sie gab den Simulatoren jene Berechtigung zurück, die ihr eben noch von den Nur-Fliegern abgesprochen wurde.
Während eines achtstündigen Langstreckenfluges wird das Flugzeug nur noch für eine verschwindend kurze Zeitpause von Hand gesteuert; bei der DC 10 beispielsweise nur unmittelbar bei Start und Landung. Weitere Flugphasen, wie Steig- und Sinkflug, können, müssen aber nicht, mit der Hand am Steuer geflogen werden. In der Reiseflughöhe von 11 000 Metern noch von Hand steuern zu wollen hieße, eine brennende Kerze auf der Nadelspitze balancieren zu wollen. Man kann sie auch in den Kerzenhalter stecken – will sagen: den Autopiloten einschalten. Einfach deshalb, weil ein moderner Pfeilflügeljet in großen Höhen so instabil ist, daß er sich kaum noch von Hand und ohne elektronische Hilfsmittel fliegen läßt. Ein Autopilot ist daher in diesen Höhen nicht

in erster Linie eine »Entlastung«, sondern eine absolute Notwendigkeit, überhaupt noch fliegen zu können. Deshalb mußte von Jahr zu Jahr die »Von-Hand-Fliegerei« der »Knopfdruck-Fliegerei« das aerodynamische Feld räumen.

Ein Airbus für die kurzen Wege

Nach zwei mageren Jahren erlebte der Weltluftverkehr 1976 den erhofften Umschwung. In diesem Jahr erzielte die Lufthansa einen Gewinn von 166,3 Millionen DM. Das Passagieraufkommen stieg um 11 Prozent, das Frachtaufkommen um 18 Prozent und lag damit deutlich über dem Weltdurchschnitt. Der Renner des Jahres jedoch wurden die Nahoststrecken. Hier mußte das Sitzplatzangebot um 23 Prozent erhöht werden. Die größte Zuwachsrate für ein einzelnes Ziel verzeichnete Jeddah: 175 Prozent.

Obwohl auch auf dem Nordatlantik eine Steigerung von 13 Prozent erreicht wurde, zeigte man sich damit nicht völlig zufrieden. In seinem Bericht über das laufende Jahr 1976, den Dr. Culmann auf der 23. ordentlichen Lufthansa-Hauptversammlung am 12. Juli 1976 in Köln-Gürzenich erstattete, ging er auf die besonderen Probleme ein:

»Eine für uns entscheidende Frage gilt der Ordnung des Weltluftverkehrs; sie ist einfach nicht mehr zeitgemäß und bedarf dringend einer Revision. Lassen Sie mich diese Behauptung am Beispiel des Nordatlantikverkehrs erläutern. Er bietet sich an, weil er mit rund 25 Prozent Aufkommen nach wie vor der wichtigste Markt des Weltluftverkehrs ist. Lange Zeit war der Nordatlantik der Profitbringer, seine Erträge subventionierten die schwächeren Verkehrsgebiete. Seit 1970 ist die Lufthansa und mit ihr wohl alle Liniengesellschaften über dem Atlantik nicht mehr mit Gewinn geflogen.

Die Ursachen für das Dilemma waren und sind heute noch: Überkapazität und ruinöser Wettbewerb zwischen Linien- und Chartergesellschaften. Die logische Konsequenz wäre unter anderem eine vernünftige, abgestimmte Kapazitätsregulierung, wie sie sich in Europa seit vielen Jahren bewährt hat – übrigens zum Wohle des Passagiers, dem Abflüge zu sinnvollen Zeiten geboten werden. Natürlich auch zum Wohle der Fluggesellschaften. Die positiven Erfahrungen haben die Kanadier bereits vor der Ölkrise überzeugt, Air Canada fliegt seither mit Lufthansa im Pool.

Mit den Amerikanern – zur Zeit fliegt nur eine US-Gesellschaft zwischen der Bundesrepublik und den USA – ist eine ähnliche Vereinbarung bislang nicht möglich, weil die Aufsichtsbehörde, das CAB, eine Kooperation nur unter dem Eindruck des Ölschocks zeitweise halbherzig billigte.

Sorgen der IATA

Knut Hammarskjöld, Generaldirektor der IATA, verglich die amerikanische Szenerie mit einem Football-Spiel, bei dem jeder gegen jeden kämpft. Und er fürchtet wohl nicht zu Unrecht, daß dieses Tohuwabohu bei der Bedeutung der USA für den Welt-

luftverkehr auf die übrige Welt übergreifen könnte. Für den inneramerikanischen Markt wird unter dem Schlagwort ›Deregulation‹ die totale Freiheit für den Luftverkehr propagiert, im internationalen Bereich will sich das CAB dagegen jetzt wohl als weltweite Tarifbildungsbehörde profilieren. Zum 1. Mai sollten neue Transatlantiktarife gültig werden, aber wenige Tage vorher lehnte das CAB einzelne Tarife ab. Zur gleichen Zeit fordert es im Alleingang eine Neugestaltung von Konditionen, die bislang im Rahmen der IATA allgemein akzeptiert worden waren. Die Lage auf dem Nordatlantik und im Fernen Osten, wo sich ein ähnliches wirtschaftliches Debakel zu entwickeln droht, schließlich der Flaggenprotektionismus, wie er vornehmlich in Südamerika praktiziert wird, stellen die Funktionsfähigkeit des Weltluftverkehrs in Frage. Dies alles hat, wohlgemerkt, fast nichts mit der vielzitierten Unfähigkeit der IATA zu tun; die Probleme haben ihre Wurzel in der juristischen Basis des Weltluftverkehrs. Die IATA ist für den internationalen Luftverkehr eine unverzichtbare Institution. Sie befindet sich derzeit, zugegeben, in einer schwierigen Phase, aber jeder weiß, daß ohne IATA die Unordnung zum Chaos werden würde.
Wie es um die politische Basis des Weltluftverkehrs bestellt ist, wird meistens übersehen. Das Instrumentarium der Politiker in Sachen Luftverkehr wurde in den Kriegsjahren 1944 und 1945 auf den Konferenzen von Chikago und Bermuda entwickelt, seither hat sich an den damals fixierten Grundsätzen nichts geändert, um so mehr an der Wirklichkeit des fliegerischen Alltags. Die heute noch gültigen internationalen Regeln waren ein Kompromiß zwischen der amerikanischen Forderung nach einer totalen ›Freiheit der Luft‹ und dem Verlangen der Engländer nach Verkehrsverträgen auf bilateraler Basis. Seitdem hat sich die Zahl der Passagiere vervierzigfacht.
Linie und Charter brauchen veränderte Begriffsbestimmungen
Aus dieser Pionierzeit des modernen Luftverkehrs stammt auch die vage Abgrenzung zwischen Linien- und Nichtlinienverkehr (Charter), an der auch gutgemeinte Modifikationen nichts gebessert haben. Sie macht uns heute schwer zu schaffen. Die Liniengesellschaften müssen viele Voraussetzungen erfüllen, bevor sie zwischen zwei Ländern operieren dürfen, die Chartergesellschaften fliegen praktisch unreguliert. Aus ihrer Außenseiterposition konnten sie sich im Laufe der Jahre von den lukrativen Teilmärkten im Weltluftverkehr beachtliche Marktanteile erobern – zu Lasten des Linienverkehrs und, was besonders ärgerlich ist, vielfach mit dessen Mitteln und den von ihm getragenen Institutionen.«

Das Jahr brachte auf den Routen zwei neue Flugzeugtypen, den Airbus A 300 und die Boeing 747 SL. Die SL unterscheidet sich vom normalen Jumbo durch größere Flexibilität der Innenausstattung. Wahlweise können Frachtpaletten und Passagiersitze auf dem Hauptdeck variiert werden. Die Reichweite ist extrem groß – eine Antwort auf die schnellere Reisezeit der Concorde. Bei der Lufthansa wurde die SL ab 1976 auf der Strecke nach Sydney und nach Los Angeles eingesetzt – mit 249 Sitzplätzen und sechs Paletten-Positionen.
Neu im Flugzeugpark waren die drei Airbusse, für die die Lufthansa ein Jahr zuvor den Kaufvertrag unterzeichnet hatte. Damit bestellte die Lufthansa nach dem Krieg ein Flugzeug, an dessen Herstellung deutsche Firmen wesentlich beteiligt waren.

Doch obwohl die Lufthansa sich auch auf weitere neue Airbusse Option geben ließ, blieb bei den deutschen Vertretern von Airbus Industries der ganz große Jubel aus: Von einem Dutzend verkaufter Flugzeuge kann kein Flugzeughersteller leben. Und so wurden auch jetzt wieder einmal Stimmen laut, die staatliche Luftfahrt solle gefälligst nationale Produkte kaufen, in deren Entwicklung über den Steuerzahler sehr viel Geld investiert worden sei. Beide Seiten sparen nicht mit Vorwürfen. Während die Fluggesellschaften den Herstellern vorwerfen, sie würden an ihren Erfordernissen vorbeiproduzieren und mit einer Vielfalt gegeneinander konkurrierender Modelle Gelder verschleudern, kritisieren diese ihrerseits, die Gesellschaften würden ihnen nicht rechtzeitig genug mitteilen, welches Flugzeug sie eigentlich haben wollten – oder ihre Ansichten darüber zu oft ändern. Der Airbus war in Angriff genommen worden, als sich hinsichtlich des zukünftigen Kurz- und Mittelstreckenflugzeuges ziemliche Ratlosigkeit einstellte. Weder Douglas noch Boeing hatten einen praktikablen Entwurf anzubieten, da witterten die Europäer ihre einmalige Chance.

Einer der in Dienst gestellten Airbusse sollte auf den Namen *Westerland-Sylt* getauft werden. Ein ehrgeiziges Unternehmen, denn zu einer zünftigen Taufe gehört, daß sie auf dem Flughafen der betreffenden Stadt stattfindet. Genau darin bestand die besondere Schwierigkeit für den Airbus. Denn Sylt ist kein Verkehrsflughafen, sondern lediglich ein Verkehrslandeplatz, der noch niemals mit Großraumflugzeugen angeflogen worden war und dafür auch gar keine Abfertigungsgeräte besaß.

Man trug alle notwendigen Informationen zusammen; zum Schluß gab es einen besonderen Punkt, der Kopfschmerzen bereitete: Die Festigkeit und Belastbarkeit der Bahn schien nur Flugzeuge von der Größenordnung der B 737 zuzulassen.

In den »Operations«-Räumen der Abteilung OR 3 gab es noch weitere Punkte, die heftige Diskussionen und Anfragen auslösten:

»Kann der A 300 eine Hundertachtzig-Grad-Drehung am Bahnende durchführen?«

»Können die Rollbahnen überhaupt benutzt werden?«

»Gibt es Fluggasttreppen?«

»Wie kann der A 300 während der Feier zur Namengebung auf dem Vorfeld abgestellt werden?«

»Kann er abrollen, ohne daß seine Abgasstrahlen Beschädigungen verursachen?«

»Wie sieht es mit dem Betanken aus?«

Als eines Tages alle Punkte geklärt waren, das Ministerium für Wirtschaft und Verkehr in Kiel seine Genehmigung gegeben hatte, wurden

zwei Flugzeugtreppen aus Hamburg herangeschafft. Mit reduziertem Reifendruck und Startgewicht durfte der A 300 Sylt anfliegen.
Immerhin war die dortige Bahn hundert Meter länger als die in Bremen, das später plänmäßig mit dem Airbus angeflogen werden sollte. »Ich hoffe, wir werden Sylt finden«, gab der Airbus-Kapitän leicht unterkühlt an die Ehrengäste an Bord durch. »Wir waren noch nie dort!«
Er hat es gefunden.
Allerdings gab es gute Gründe, so dringend auf eine Sylter Taufe an Ort und Stelle zu bestehen. Bei der alten Hansa hatte Sylt eine wichtige Rolle gespielt – welche, das erläutert einer der Ehrengäste des Tauffluges: Franz Preuschoff, Pionier der alten und erster Chefflugingenieur der neuen Hansa.
»Nicht nur, daß die alte Luft Hansa von 1926 bis 1939 einen regelmäßigen Bäderdienst nach Sylt unterhalten hat – sollten wir uns doch erinnern, daß in dem von Westerland nur wenige Kilometer entfernten List die deutsche Seefliegerei ihren Anfang hatte. Schließlich ist 1930 Wolfgang von Gronau hier zu seinem heimlichen, nicht genehmigten Flug über Island nach Grönland, Labrador, Halifax bis New York mit seinem Dornier-Wal D 1422 gestartet und zwei Jahre später zu seinem Weltflug von Sylt nach Sylt über die Stecke von 60 000 Kilometern.«

Was in keine Statistik eingeht, sind die persönlichen, teils heiteren, teils absurden Erlebnisse einzelner Crews. Zum Beispiel ereignete sich in Damaskus-International folgendes:
Eine ankommende Crew verließ ihre Boeing, um in den bereitstehenden Bus zu steigen. Dabei konnte sie beobachten, wie ein heranrollender Jumbo durch den Einwinker in die Nachbarposition gequetscht wurde. (Auf fast allen Welthäfen ist der Park- und Rollraum so gering bemessen, daß die Kapitäne wahre Meisterleistungen vollbringen müssen, um ihr Riesengefährt in ein Nadelöhr zu zwängen, das ein Fahrschüler rückwärts nicht einmal mit dem Auto treffen würde.)
Da der Jumbo bis auf wenige Meter ans Cockpit der eigenen Maschine jongliert wurde, blieb die Crew fasziniert vorm Bug des Jumbo stehen. Dieser mußte dann im letzten Augenblick noch eine krasse Richtungsänderung vornehmen, was nur durch enormen Aufwand an Schub möglich ist. Flucht war nicht mehr möglich. Ein Tornado aus Triebwerkheißluft, Staub, Kerosin und Lärm fegte über die zusammengekauerte Crew hinweg.
Als man sich wiederfand, war das Gepäck weggepustet worden. Zwei Flieger lagen am Boden; aus Flightkits, Koffern und Kosmetiktaschen machte sich der Inhalt selbständig, teilweise wechselten die Dinge ihren

Platz: Aus einer Pilotentasche verschwand ein Satz Anflugkarten, dafür stellte sich ein deutsches Bauernbrot ein – kein schlechter Tausch in Syrien. Weniger Glück hatte der Purser. Sein gesamtes Bordverkaufsgeld ging verloren: vom Winde verweht.

Ein modernes Unternehmen

GRÖSSTER AUFTRAG DER LUFTHANSA-GESCHICHTE!
So oder ähnlich berichteten Zeitungen 1977 über das größte Investitionsvorhaben in der Unternehmensgeschichte. Bestellt wurden fünf Boeing 747 und sechs Boeing 727, für vier weitere B 747 wurden Optionen aufgenommen. Kosten: eine Milliarde DM.
Das Vorhaben war jedoch noch von einer anderen Seite einmalig: Gleichzeitig wurden dafür fünf Boeing 747 und sechs Boeing 727 zurückgegeben! Es handelte sich in erster Linie um eine Umtauschaktion – der größten allerdings, die auf dem alten Kontinent jemals stattgefunden hatte.
Was hatte das Unternehmen bewogen, so viele noch relativ neue Flugzeuge schon wieder abzustoßen?
Die Umtauschaktion war nicht die erste. Als die kleinere Version der 707, die 720, sich für das Frachtaufkommen tatsächlich als zu klein erwiesen hatte, wurde sie gegen die größere 707, 1975 die Erstausgabe der 727 gegen die neuere B-Version umgetauscht. Freilich konnte bei den jetzt betroffenen 747-Jumbos noch keinesfalls von Veralterung die Rede sein.
Man kam wieder davon ab, Passagiermaschinen in reine Frachtmaschinen umzurüsten oder reine Frachter fliegen zu lassen.
Die »Quickchange«-727 tauschte man gegen die neue, größere 727-200 aus, weil man inzwischen mehr und mehr davon abgekommen war, Passagiermaschinen in reine Frachter umzurüsten, seit die neuen Großraumflugzeuge sich gemischt verwenden ließen.
Bei dem Tausch der 747 gegen die Langstreckenversion 747 SL spielten andere Gründe mit. Trotz aller Beschwichtigungsversuche waren und blieben die Pratt & Whitney-Triebwerke der 747 ein Quell steten Ärgernisses. Zunächst wurden ihre mannigfaltigen und sehr ernsten Störungen heruntergespielt. Und selbst als man sie einigermaßen unter Kontrolle gebracht hatte, waren sie gegenüber dem General-Electric-Triebwerk der DC 10 eindeutig im Nachteil: Sie waren unwirtschaftlicher. Die neuen 747 SL nun fliegen nicht mehr mit Pratt & Whitney, sondern mit General Electric!

Hinzu kommt: Die Concorde war von der Flugzeit her ein ernster Konkurrent geworden, aber – sie mußte wegen ihrer geringen Reichweite zum Nachtanken öfter als ein normaler Jet zwischenlanden. Gelang es einem Unterschalljet, diese zeitraubenden Zwischenlandungen zu vermeiden, so konnte dadurch der größte Teil des Concorde-Zeitgewinns wieder wettgemacht werden. Diese Möglichkeit bot die neue 747 SL. Denn SL steht für Super Long (Range). Läßt man auf der Strecke Europa–Australien eine Concorde gegen eine 747 SL fliegen, so ist der Zeitgewinn wegen der häufigeren Zwischenlandungen der Concorde so minimal, daß er nur noch für die Statistik interessant ist.
Über diese Tauschaktion war im *Spiegel* folgende Meldung zu lesen:

»Im elegantesten Geschäft ihrer Geschichte tauschte die Lufthansa sieben größtenteils abgeschriebene Boeing-747-Jumbos gegen sieben neue ein. Für die neuen bekam die Staatslinie vom Hersteller einen Mengen-Rabatt von deutlich über zehn Prozent, so daß fast ein kompletter Jumbo (Kaufpreis 100 Millionen DM) dabei übrig ist. Die Gebraucht-Jumbos setzte die Lufthansa jetzt sämtlich bei der US-Leasingfirma Itel-Corporation in San Francisco ab und erhält dafür nahezu 400 Millionen Mark – weit mehr als den Buchwert der Maschinen. Mit dem Verkauf, spielt die Fluglinie den Deal herunter, sei die ›anteilige Finanzierung der Ersatzinvestition planmäßig sichergestellt‹.«

Hier eine Passage aus einem Interview mit dem zuständigen Lufthansa-Vorstandsmitglied zum gleichen Thema:

Frage: »Hat der Hersteller (Boeing) durch ein günstiges Angebot die Transaktion noch gefördert?«
Antwort: »Einen Sommerschlußverkauf hat es nicht gegeben, aber wir haben sehr ordentliche Konditionen ausgehandelt.«
»Nun hat die Lufthansa zwar für das Jahr 1976 einen Gewinn von 112 Millionen DM ausgewiesen, die Transaktion soll aber rund eine Milliarde kosten. Übersteigt das nicht die finanziellen Möglichkeiten?«
»Bilanzgewinn und finanzielle Möglichkeiten sind zwei Paar Stiefel. Natürlich ist die Finanzierung gesichert.«
»Vielleicht durch eine Kapitalerhöhung?«
»Die Transaktion ist auch ohne Kapitalerhöhung durchführbar. Vergessen Sie nicht, daß ein wesentlicher Teil der Kosten durch den Verkaufserlös der alten Flugzeuge gedeckt wird.«
»Ist es schwer, Käufer für diese Maschinen zu finden?«
»Lufthansa-Flugzeuge genießen auf dem Gebrauchtflugzeugmarkt einen ausgezeichneten Ruf. Unter anderem fliegt auch der Schah von Persien mit einer ehemaligen Lufthansa-727, und er ist sehr zufrieden!«

Als diese Tauschaktion stattfand, wurde ein Teil der ersten Boeing 707, die vielfach als Frachter eingesetzt worden waren, von der Lufthansa abgegeben.

Seit dem Frühjahr 1977 waren sie in neuer Bemalung auf Rhein-Main zu sehen. In Gelb und Blau trugen sie die Aufschrift German Cargo Services. Die Lufthansa hatte eine neue Chartertochter in die Welt gesetzt. Bei den Besatzungen hieß sie bald wegen ihrer Farben nur noch »Curry-Airlines«.
Ihr Start am 8. Mai mit einem sogenannten Splitcharterflug nach Hongkong läutete eine neue Ära im Luftfracht-Charterverkehr ein. Vor dem 31. März waren von der Bundesrepublik ausschließlich Vollcharter-Flüge genehmigt worden: Ein einziger Verlader mußte den gesamten Frachtraum chartern. Jetzt durfte der Frachtraum auf mehrere Verlader aufgeteilt – gesplittet – werden. Neu war auch, daß Güter mehrerer Versender dafür einen Split oder für einen Vollcharterflug als Sammelladung, *Consolidation Charter*, zusammengefaßt werden durften.
Den zuständigen Piloten bescherten die Einsatzpläne nicht gerade rosige Zeiten. Es gab keinen festen Flugplan, keine festen Einsätze. Man wußte nie, wohin und für wie lange der Flug von zu Hause fortführen würde. Jene Ungewißheit, die für die »normale« Linie nur an den Standby- und Reservetagen eintritt, war hier die Regel. Ob man am Flughafen mit dickem Wintermantel oder mit Hawaiihemd im Gepäck zu erscheinen hatte, entschied sich erst eine Stunde vorher beim Anruf.
Oder man saß in Nairobi, Karatschi oder Singapur und wartete auf den nächsten Einsatz. Der konnte innerhalb von zwölf Stunden, aber auch erst nach drei Tagen kommen. Aber die Zeiten, wo solche Unregelmäßigkeiten als ein Rest von Abenteuer verstanden wurden, waren vorbei. Das alte Zitat: »Das war noch Romantik« wäre hier als Trostwort kaum auf fruchtbaren Boden gefallen; man wollte auf dem schnellsten Weg wieder heim. So kam es zu heftigen Protesten der Crews und Kündigungsdrohungen für diese Tochter, bis endlich langsam akzeptablere Mittel und Wege gefunden wurden.
Das Abenteuer blieb. Oft wurden Häfen angeflogen, auf denen kein Vertreter einer mitteleuropäischen Fluggesellschaft, geschweige denn der Lufthansa, anzutreffen war. Flugvorbereitung, Überwachung der Verladung, Erstellung der Ladepapiere usw. blieb der Crew überlassen; Wetterberatung mußte sozusagen mit Schmiergeldern erkauft, der Treibstoff gelegentlich aus eigener Tasche bezahlt werden. Ein Captain:
»Da schick' ich meinen Copiloten mit 'ner dicken Aktentasche los, um 40 Tonnen Kerosin zu bezahlen. Kommt der zurück und teilt mit, man nähme das Geld nur aus der Hand des Kommandanten entgegen! Das sind noch Zustände!«

Flughafen-Notizen

Wie schwer sind Flugpassagiere wirklich?
Im Herbst 1977 mußte sich die Lufthansa mit diesem Problem beschäftigen, mit dem zwar alle Fluggesellschaften gleichermaßen zu kämpfen hatten, das jedoch durch eine Auflage des Luftfahrtbundesamtes für sie akut geworden war.
Auf Fotos der ersten Lufthansa sind Fluggäste zu erkennen, die beim Einchecken am Schalter genauso auf die Waage müssen wie ihr Gepäck. Bei der neuen Hansa hatte man das Wiegeverfahren abgeschafft, nicht jeder Mensch empfindet das als erhebend. Und schließlich waren die neuen Flugzeuge nicht mehr ganz so empfindlich, auf ein paar Kilo mehr oder weniger kam es nicht an. Was Akten- und Buchführung hingegen angeht – damit nahm man es nun weitaus wichtiger als in früheren Zeiten. Vor jedem Flug unterschreibt der Kapitän das sogenannte »Weight and Balance« und »Loadsheet«, zwei Dokumente, die den Kapitän über das jeweilige Flugzeuggewicht beim Abflug und über den wichtigen Trimmpunkt informieren, nach dem er seine Trimmung vor dem Start vornimmt. Allerdings unterschreibt er diese ungemein wichtigen Dokumente, wie so viele andere, mehr oder weniger voller Vertrauen. Denn um die Richtigkeit zu kontrollieren, fehlen Zeit und Möglichkeit. Er müßte sonst sämtliche Container in den einzelnen Frachträumen wieder ausräumen und wiegen lassen. Eine solche Slow-Go-Aktion würde jeden Flug um Stunden verspäten. Sie ist noch niemals von den Piloten der Deutschen Lufthansa durchgeführt worden.
Aus Vereinfachungsgründen setzt man auf diesen Ladepapieren das Gewicht eines Fluggastes mit durchschnittlich 75 Kilo an. Ein Erfahrungswert, der jahrzehntelang realistisch erschien und der jetzt vom LBA in Zweifel gezogen wurde – nach all den Wirtschaftswunderjahren!
Am 19. September 1977 begann in Frankfurt eine neue Wiegeaktion. Nicht nur die Passagiere, auch ihr Handgepäck, so argwöhnte das LBA, seien schwerer geworden.
Freilich, wer einmal miterlebt hat, was Flugzeugpassagiere auf einem achtstündigen Langstreckenflug alles in sich hineinschlingen müssen, weil es doch nun mal im Preis inbegriffen ist und nachdrücklich angeboten wird, der kann diesen Argwohn durchaus begreifen.
Im übrigen stellte die neue Wiegeaktion keinen Passagier öffentlich bloß. Die Skala war versteckt; der Vorgang sollte nebenbei auch eine ganze Anzahl weiterer Informationen liefern: Sind Auslandspassagiere schwerer als Inlandspassagiere? Sind morgens mehr Beleibte unterwegs als abends? Auf welchen Routen fliegen die leichtesten Fluggäste?

Schon in früheren Zeiten war ähnliches vorgekommen: Auch die Super-Constellations waren bei ihren Vollaststarts in Shannon meist übergewichtig. Nirgendwo war damals der Whisky so preiswert wie dort. Jeder mit 75 Kilo angesetzte Passagier (+ 15 Kilo für Handgepäck) schleppte davon an Bord, soviel er nur schleppen konnte.
Und zusätzlich zu den für die lange, lange Atlantiknacht eingekauften Whisky-Vorräten hatten die übervorsichtigen und berechtigt mißtrauischen amerikanischen Kapitäne noch das sogenannte »pocket-fuel« in der Hinterhand. Sie ließen oft heimlich etwas mehr tanken, als laut Flugplan und höchstzulässigem Maximalgewicht überhaupt möglich war, ohne daß diese Menge irgendwo in den Papieren erschien. Sie wußten nämlich, daß die vorausgesagten Winde über dem Nordatlantik oftmals nicht stimmen und daß der als einwandfrei vorausgesagte Hafen sich oftmals unerwartet eine Nebeldecke überzieht. Es war gut für ihr Nervenkostüm, eine geheime stille Reserve an Treibstoff zu haben.

Im Sog der Politik

»Manager des Jahres 1977« war Dr. Herbert Culmann. Die *Welt* nannte ihn Deutschlands heimlichen Luftfahrtminister, und vor allem an folgendem hatte er nicht geringen Anteil: Was für Außenseiter und andere Gesellschaften fast unbegreiflich war, hatte die Lufthansa geschafft: Obwohl mehr als 80 Prozent der Lufthansa-Aktien direkt oder indirekt im Bundesbesitz sind, hat sich die Regierung nie ernsthaft in die Belange und Entscheidungen der Lufthansa eingemischt. Andere, negative Beispiele für staatliche Einmischungen gibt es genug, allen voran Großbritannien. BEA und BOAC – später zu British Airways vereinigt – mußten stets die Produkte der nationalen Flugzeugbauer kaufen. Bei der Viscount lag der günstige Fall vor, daß es sich um ein für ihre Zwecke brauchbares und später international erfolgreiches Flugzeug handelte. Schon weniger Glück hatte man mit der Comet. Sie leistete als erster Linienjet für die Langstrecke zwar Pionierarbeit, wurde aber aufgrund der Unfälle kein internationaler Erfolg. Die Trident war der Boeing 727 hoffnungslos unterlegen. Die Vickers VC 10 sah zwar elegant aus, litt aber unter dem außergewöhnlichen Treibstoffverbrauch der Rolls-Royce-Turbinen. Außerdem bescherte die Anordnung der Triebwerke am Heck der BOAC längere Zeit Anflugverbote für amerikanische Häfen.
Die Franzosen waren kaum glücklicher dran. Längst hätte die Air France zu amerikanischen Kurzstreckenflugzeugen gegriffen, wenn nicht die Caravelle noch immer – wenn auch mit besseren Triebwerken – aus

nationalen Prestigegründen gekauft werden müßte, von der Concorde ganz zu schweigen. Sie fliegt in jedem Monat Millionenverluste ein.
Ähnliche Auflagen, auf Deutschland übertragen, würden zum Beispiel bedeutet haben:
Die Lufthansa hätte als Trainingsmaschine die HFB 320 kaufen müssen, für einen Regionalverkehr (den sie gar nicht will) die VFW 614. Damit soll nichts gegen die Qualität dieser Flugzeuge gesagt werden, die ist ausgezeichnet, es geht lediglich um ihre optimale Verwendbarkeit für die Lufthansa.
Culmann auf die Frage eines *Wirtschaftswoche*-Reporters, ob Bonn nie versucht habe, seine Vorstellungen durchzudrücken:

»Es hat natürlich Wünsche gegeben. Das fängt an bei einem Botschafter, der glaubt, die Lufthansa müsse ein bestimmtes Ziel anfliegen. Oder einem Wirtschaftsminister, der sagt, wir haben ein Flugzeug für teures Geld entwickelt, jetzt kauft mal schön ...«
Politische Gründe spielen aber nur allzuoft beim Ausbau des Streckennetzes im Ausland eine Rolle, bei Landerechten und Flugpreisen.
Culmann: »Es wird ... immer schwerer, neue Verkehrsrechte zu bekommen, und es wird auch immer schwerer, bestehende Verkehrsrechte aufrechtzuerhalten ... Wir fliegen seit Jahren über New York an der Westküste Südamerikas herunter bis nach Chile. In einigen dieser Länder wird der Trend eines national-staatlichen, teils ideologisch orientierten Regierungsapparates immer stärker, die Verkehrsrechte zu beschneiden.«
Wirtschaftswoche: »Was bedeutet das? Müssen Sie andere Strecken aufgeben?«
Culmann: »Es geht nur über den Umweg des Kaufs von Verkehrsrechten ... Sprich: die Partner halten die Hand auf. Da kann man sich moralisch entrüsten, aber das bringt nichts.«

Worauf Culmann unter anderem anspielte, war das Gebaren eines EG-Partners: Die Engländer wollten Geld für Landerechte der Lufthansa haben, obwohl ihnen das bilaterale Abkommen die gleichen Chancen wie die Lufthansa bot.
Als erfreulicher Lichtblick blieb nur die Unabhängigkeit von staatlichen Einmischungen im eigenen Land.
Allerdings geriet die Lufthansa besonders im letzten Jahr in einem Ausmaß in den Sog der Politik, wie man es vorher nie geahnt hatte. Das Jahr 1977 stand im Zeichen des eskalierten Luftterrors. Das erste Todesopfer unter den Besatzungen war zu beklagen. Die Weigerung der Bundesregierung, Hanns-Martin Schleyer auszuliefern, führte zur Entführung der Boeing 737 *Landshut* nach Mogadischu. Der Kommandant Jürgen Schumann mußte sterben.
Die Mallorca-Entführung war möglich durch jahrelangen Schlendrian in bezug auf strenge Kontrollen am Boden. Die Besatzungen, insbesondere die VC, hatten jahrelang vergeblich wirksamere Methoden gefordert.

Nach der Katastrophe von Mogadischu wurden sie eingeführt. *Vorher* hatte unter anderem ein Verkehrsminister über die Streikdrohungen internationaler Pilotenvereinigungen gespottet, die Piloten wollten doch nur »ein verlängertes Wochenende«.
Schon 1972, als der Luftterror in »Mode« kam, hatten zwei Kapitänsfrauen, darunter auch die Frau eines Vorstandsmitgliedes, mit Hilfe der VC eine Unterschriftenaktion für ein Schreiben an den Minister Genscher gestartet. Es drückte die Nöte und Besorgnisse von Frauen aus, die ihre Männer gelegentlich »wie zu einem Fronteinsatz« zum Flughafen ziehen sahen.
Die Regierung reagierte in der üblichen Art: gar nicht. So schrieben die Frauen ein Jahr später einen zweiten Brief, diesmal erhielten sie eine Antwort – Gemeinplätze, allgemeine Phrasen und Feststellungen, keinen einzigen konkreten Vorschlag.

Herrn Minister Genscher
Bundesministerium des Inneren
5300 BONN 7
Rheindorfer Str. 198

Betr.: ÖS 1 – 640 402 II

Sehr geehrter Herr Minister Genscher!
Ein Jahr ist vergangen, seit wir uns in Angst um das Leben unserer Männer an Sie persönlich wandten.
Und Ihre Antwort: Nichts.
Wir hatten nicht viel erwartet, aber so wenig auch nicht.
Wir wußten nun alle, was wir wert sind.
Die lapidaren Zeilen über das Weiterleiten unseres Schreibens ans Verkehrsministerium haben wir nicht als Antwort angesehen.
Inzwischen ist die Zuständigkeit für die Sicherheit im Luftverkehr an den Innenminister zurückgegangen.
Also versuche ich es nochmals.
Die Antwort sind Sie uns noch schuldig.

Mit freundlichen Grüßen

Einschreiben

DER BUNDESMINISTER DES INNERN
53 BONN 7, den 4. Oktober 1973
Gesch.-Z.
ÖS 8 – 643 000 II

Sehr geehrte Frau X!
Ihren Brief vom 10. September 1973 habe ich mit Verständnis für Ihren Unmut über das Ausbleiben einer zufriedenstellenden Antwort auf Ihre erste Eingabe vom 22. September 1972 gelesen. Diese Eingabe war mir noch gut in Erinnerung, weil sie mich wegen Ihres bedeutsamen und sehr verständlichen Anliegens, das durch die zahlreichen Unterschriften von Piloten-Ehefrauen noch unterstrichen wurde, besonders beeindruckt hatte. Ich hatte es damals – in der Annahme, Ihnen sei mit einer Antwort des zuständigen Bundesministers mehr gedient, für richtig gehalten, den Herrn Bundesminister für Verkehr um eine Antwort zu bitten. Daß er sie nicht erteilte, habe ich – als der auf Bundesebene nunmehr auch für Angelegenheiten der Luftsicherheit (Abwehr äußerer Gefahren) und damit auch für die von Ihnen dargelegten Sorgen zuständige Bundesminister – erst jetzt erfahren. Ich meine freilich, daß es auch jetzt noch aktuell ist, auf Ihre und Ihrer Kolleginnen verständliche Sorgen einzugehen und Ihnen zu versichern, daß ich bemüht bin, alles nur Mögliche zu tun, um sie zu verringern.
Wegen der außerordentlichen Empfindlichkeit des Luftverkehrs gegen Störungen durch kriminelle Eingriffe sowie wegen der damit verbundenen Gefahr katastrophaler Verluste an Menschenleben und hohen Vermögenswerten mißt die Bundesregierung dem Schutz des Luftverkehrs besondere Bedeutung bei. Die Vorkehrungen und Maßnahmen, die diesen Schutz bewirken sollen, sind Bestandteil eines umfassenden Sicherheitssystems. Es beruht auf dem Grundgedanken, daß nur eine Vielzahl möglichst wirksamer Sicherungsmaßnahmen zusammengenommen einen höchstmöglichen Sicherheitsstandard gewährleisten kann. Je intensiver diese Abwehrmaßnahmen durchgeführt werden, um so größer ist die Abschreckung potentieller Täter wegen des zunehmenden Risikos vorzeitiger Entdeckung. Eine absolute Sicherheit des Luftverkehrs wird sich freilich nie erreichen lassen. Unser Ziel ist es aber, diesem Zustand möglichst nahe zu kommen.
Ein wichtiger Bestandteil unseres Sicherungssystems ist die Sammlung und Auswertung aller sicherheitsrelevanten Informationen und Erkenntnisse. Sie werden von den Sicherheitsdiensten gewonnen und dienen als

Grundlage für die Beurteilung der jeweiligen Gefahrenlage. Darauf abgestimmt werden dann von meinem Hause die jeweils erforderlichen Sicherheitsmaßnahmen angeordnet. Der Vollzug im einzelnen, für den die Luftaufsichts- und Sicherheitsbehörden der Länder zuständig sind, wird von meinem Haus gelenkt und koordiniert. Die in Betracht kommenden Maßnahmen zum Schutze von Personen und Sachen sind in dem »Rahmenplan – Luftsicherheit« abstrakt erfaßt.
Besonders wichtig ist, daß die Sicherheitsmaßnahmen, soweit irgend möglich, auch zum Schutze von Luftfahrzeugen der Deutschen Lufthansa auf ausländischen Flughäfen durchgeführt werden. Ich habe dazu der Lufthansa Dienstkräfte des Bundesgrenzschutzes zur Verfügung gestellt.
Nach den Erfahrungen, die ich während des ersten halben Jahres meiner neuen Verantwortlichkeit sammeln konnte, tun alle bei den Sicherungsmaßnahmen mitwirkenden staatlichen und privaten Stellen ihr Bestes, um einen wirksamen Schutz des Luftverkehrs zu gewährleisten. Die auf unseren Verkehrsflughäfen und auf den Auslandsstationen der Deutschen Lufthansa durchgeführten Sicherheitsmaßnahmen können deshalb im internationalen Vergleich durchaus bestehen und haben z. T. sogar beispielhafte Bedeutung erlangt.
Soweit sich Verbesserungsnotwendigkeiten ergeben haben, auf die dankenswerterweise auch die Piloten-Vereinigung »Cockpit e. V.« hinweist, habe ich das Erforderliche in die Wege geleitet. Alle Vorschläge zu weiteren Verbesserungen werde ich mit besonderer Aufmerksamkeit prüfen.
Zu weiteren Einzelheiten und Problemen im Zusammenhang mit der Sicherung des Luftverkehrs gegen kriminelle Eingriffe möchte ich mich hier – auch aus Geheimhaltungsgründen – nicht äußern. Ich bitte Sie dafür um Verständnis. Der zuständige Referent meines Hauses, Regierungsdirektor Dr. Köhler, steht Ihnen nach vorheriger Terminabsprache selbstverständlich gern zur Verfügung, um Ihnen in einem persönlichen Gespräch weitere Auskünfte zu geben.

Mit freundlichen Grüßen
(Genscher)

Mogadischu sollte für die Lufthansa noch ein unerfreundliches Nachspiel haben.
Im November 1977, kurz bevor die Lufthansa das beste Geschäftsjahr in der Geschichte ihres Bestehens abschließen wollte, veröffentlichte die Presse Meldungen, nach denen Terroristen gedroht hatten, nach dem 15.

November drei Lufthansa-Maschinen in die Luft sprengen zu wollen – aus Rache für Mogadischu und für die toten Terroristen von Stammheim.
Obwohl es immer wieder anonyme Bombendrohungen gab und gibt – diesmal wurde ihnen von der Presse und der Öffentlichkeit eine solche Bedeutung beigemessen, daß die Buchungszahlen bei der Lufthansa rapide zurückgingen. Viele wichen lieber – wenn möglich – auf andere Gesellschaften oder auf die Bundesbahn aus.
In Wirklichkeit flogen in jenen Tagen Flugzeuge so sicher wie niemals zuvor. Denn endlich waren jene Maßnahmen am Boden in Kraft getreten, die die Piloten seit Jahren gefordert hatten.

Ein normaler Flug

»*Take-Off-Power!*« sagt der Captain.
»*Take-Off-Power!*« bestätigt der Bordingenieur und schiebt die drei Schubhebel der DC 10 vor.
Anrollen, Rotieren, Abheben.
»*Gear up!*«
»*Airborne* um null-sieben!« sagt der Copilot.
So etwa spielt sich die interne Phraseologie beim ersten Startabschnitt im Cockpit ab. Die D-ADGO *Bonn* ist auf der Bahn 01 in Dakar-Yoff zum letzten Streckenabschnitt nach Frankfurt gestartet. Ihr Startgewicht beträgt 210,3 Tonnen. Das bedeutet, daß sie nicht einmal mit voller Leistung zu starten braucht, sondern mit sogenannter »Alternate-Take-Off-Leistung – einer Schonleistung, die die Belastung der Triebwerke herabsetzt. Wenn die Bahn- und Temperaturverhältnisse es erlauben, kann eine DC 10 mit einem Gewicht von 251 Tonnen starten.
Wie spielt sich ein solcher Flug, sozusagen intern, ab? Die D-ADGO kommt bereits aus Asunción, ist über São Paulo nach Rio geflogen und hat dort bereits einmal die Besatzung gewechselt. Hier in Dakar hat ein neuer Besatzungswechsel stattgefunden. Die bisherige Crew berichtet der neuen von den Problemen, die aufgetreten sind, in einem Slang, dessen Übersetzung müßig wäre, selbst sie wäre noch immer nur den technisch Versierten verständlich.
»Das dreier INS hat eine Ablage von mehr als siebzehn Meilen. Der zweier Autopilot hält die Höhe nicht; wenn man auf manuell geht und hold von Hand eindreht, dann geht's. Dann dieser uralte Squawk über Engine zwei, der geht ja schon seit Wochen durch die Bücher. Und, ach ja, beim Reverse eben haben wir ein ziemliches Pitch-up gehabt – mal

drauf achten. Ansonsten war die Intertropische Front dieses Mal ziemlich aktiv, jede Menge bumpy, das übliche in dieser Jahreszeit. Guten Flug!«

Für die Passagiere verheißt diese Sprache weiter nichts als einen ganz normalen Flug ohne Probleme. Denn all diese »Squawks« sind als legal und »in limits« festgelegt worden. Die Crews haben dadurch zwar mehr zu tun, dies aber »in limits«, in erträglichen Grenzen.

Alles normal, und so nimmt die *Bonn* Kurs auf nach Norden, fliegt zunächst über See und querab von Saint Louis im Senegal nach Nouackschott, Mauretanien, und von dort über die Westausläufer der Sahara nach Agadir.

Flugplan und Wetter für die Route und den Ziel- und Ausweichhafen hat die Crew in Dakar erhalten, über Telex von den *Operations Frankfurt*. Der alte, erfahrene Captain hat wohlweislich vier Tonnen mehr tanken lassen, als die Berechnung als Minimum ausweist. Dies unter den mehr oder weniger mißbilligenden Augen des zuständigen Dispatcher, manchmal sogar des eigenen Copiloten. Sie alle glauben, mangels praktischer negativer Erfahrung, an die Allmacht der Theorie und des geduldigen Papiers genauso wie die Wetterfrosch-Gewaltigen, die meistens im Fernsehen zielsicher das falsche Wetter voraussagen.

Dieses Mehr an Kerosin und Erfahrung hat schon so manche Ausweichlandung vermieden, wenn die als Rückenwinde vorausgesagten Winde sich um hundertachtzig Grad in Gegenwinde, die mit Schönwetter eingeplanten Zielhäfen sich in üble Nebelfallen verwandelt hatten.

Wenn es einen konkreten Grund für die hohe Sicherheitsrate der Lufthansa gibt, dann ist es das Mißtrauen erfahrener Kapitäne gegen papierene Voraussagen und Berechnungen. Sie alle haben, oftmals gegen die Empfehlungen ihrer Vorgesetzten, Sicherheiten eingeplant, die sich hinterher als *echte* Sicherheiten entpuppten – ein Verhalten, das in einer Zeit, wo Wirtschaftlichkeit großgeschrieben wird, nicht immer opportun ist.

... Agadir, Casablanca, Tanger. Die *Bonn* hat Anti-Atlas und Atlas überflogen, die Höhe beträgt 33 000 Fuß. Man fliegt mit einer Reisegeschwindigkeit von Mach 0,84; die Außentemperatur beträgt minus 52 Grad Celsius. Im Morgendunst die Ausläufer der afrikanischen Wüste, Gibraltar kommt in Sicht. Der Himmel ist blutrot im Osten, tintenblau über den fernen Kanarischen Inseln; gleich wird die Sonne aufgehen. Schon schiebt der Copilot seine Sonnenblende zurecht.

Der Autopilot ist auf den INS geschaltet worden und fliegt jetzt die einzelnen Strecken ab. Diese müssen allerdings vorher nach Längen- und Breitengrad eingegeben werden, wie überhaupt die Automatik sehr oft

und genau im richtigen Augenblick neu programmiert, aufgeschaltet, abgeschaltet werden muß. Verfahren, die eine gesamte Cockpitcrew durchaus genauso ausreichend beschäftigen können wie früher das simple Von-Hand-Fliegen, insbesondere das Überwachen.
Über Kurzwelle hat der Copilot bereits Kontakt mit der Lufthansa-Station in Frankfurt aufgenommen. Vorausgesetzt, die atmosphärischen Bedingungen sind günstig genug dafür. Die Kurzwelle mit ihrer großen Reichweite ist bekanntermaßen sehr störanfällig; jeder Funkflug kennt die Dämmerungseffekte. Für die Piloten der Nordatlantikstrecke kommen noch die elektromagnetischen Störungen hinzu, wie sie durch das Nordlicht erzeugt werden. Oftmals, insbesondere während der Wintermonate, ist es auf einem Nordatlantikflug nicht ein einziges Mal möglich, auch nur den geringsten Kontakt auf Kurzwelle herzustellen.
Ist die Verbindung einwandfrei hergestellt, sind die Positionsmeldung und voraussichtliche Ankunftszeit in Frankfurt abgesetzt worden, so bleibt Zeit für private Döntjes, die offiziell eigentlich verboten sind:

»Hallo, Frankfurt, habt ihr schon die Ergebnisse vom Länderspiel? Was ist mit Borussia Dortmund?«
»Nix ist mit Borussia Dortmund!«
So etwa. Oder:
»Immer noch das gleiche Scheißwetter wie vor einer Woche?«
»Ja, aber ab morgen soll es...«
»Das haben sie doch schon vor einer Woche gesagt beim Abflug...«
Aber auch andere Gespräche finden statt:
»Technisch ist die Maschine in Ordnung?«
»Ja.«
»Sie soll nämlich zwei Stunden später nach Fernost weiter.«
Bei den immer kürzer werdenden Bodenzeiten ist frühzeitige Verständigung über technische Probleme wichtig. So kann das Überprüfen oder Auswechseln eines Autopiloten, einer Hydraulikpumpe oder eines Generators vorbereitet werden.
Der gesamte Flug ist schon vor dem Start flugsicherungsmäßig gemeldet und genehmigt worden. Der Dispatcher in Dakar hat den Flug per Fernschreiber bei den Flugsicherungen der überflogenen Länder angemeldet. Die Crew fliegt die einzelnen Positionen der Luftstraßen ab und meldet sich über jedem der Checkpunkte bei der zuständigen Kontrollstelle mit der Routinemeldung über Checkpunkt, Zeit, Flughöhe und voraussichtliche Ankunftszeit über dem nächsten Checkpunkt.
»Lufthansa 501 over Castejon um 52, Flight Level 330, estimate Barahona 03.«

Solche Positionsmeldungen werden allerdings durch die zunehmend verbesserte Radarüberwachung immer weniger verlangt; in Amerika sind sie schon seit vielen Jahren abgeschafft.
Kommt dann über der Schweiz das gewaltige Alpenpanorama mit Montblanc, Matterhorn, Mönch, Eiger, Jungfrau in Sicht, so bereitet man sich langsam auf den Abstieg und Anflug vor. Die »Descent«-Checkliste wird gelesen, Anflug- und Landecharakteristika des Zielhafens werden an Hand der Anflugkarten besprochen und repetiert. Dann die Übergabe an Frankfurt Radar. Von jetzt an werden die zu fliegenden Kurse und Höhen von der Bodenkontrolle angegeben. Im Gegensatz zu einer weitverbreiteten Meinung ist Radar jedoch nicht eine Hilfe für die Piloten, weil sie sonst den Platz nicht finden würden – es gab und gibt schließlich Plätze genug ohne Radar. Radar ist vielmehr eine Hilfe für die Anflugkontrolle selber. Es ermöglicht ihnen das haargenaue »Einfädeln« der pausenlos an- und abfliegenden Maschinen.
Nachdem die D-ADGO im richtigen Abstand von der vorausfliegenden und nachfolgenden Maschine eingefädelt worden ist und sich auf dem Gleit- und Kurspfad des Instrumenten-Lande-Systems (ILS) befindet, übernimmt der Kapitän (oder Copilot) den Endanflug nach der entsprechenden Instrumentenanzeige.
Anflug- und Landecheckliste sind gelesen worden, das Fahrwerk ist ausgefahren, volle Klappen sind gesetzt worden. Abfangen, Aufsetzen, Umkehrschub, Bremsen: »Flug LH 501 aus Asunción, São Paulo, Rio de Janeiro und Dakar ist gelandet«, meldet die anonyme Lautsprecherstimme im Frankfurter Terminal.

Die Flotte wird modernisiert – der Flugingenieur weicht

In dem Bestreben, einen möglichst modernen Flugzeugpark zu unterhalten, wurden, insbesondere in den achtziger Jahren, ältere Baureihen der Boeing 737 und Boeing 727 gegen neuere ausgetauscht. Die Erneuerung erstreckte sich auch auf die Boeing 747. Von 1976 bis 1983 wurden mehr als drei Milliarden DM für diese Modernisierung ausgegeben.
Ein zweiter Schwerpunkt war die stärkere Einbeziehung der Regionalfluggesellschaft Deutsche Luftverkehrsgesellschaft mbH (DLT) in die eigenen Dienste. Seit 1978 war die Lufthansa mit 26 Prozent an ihr beteiligt. Sowohl die Flugpläne wie auch die Bemalung der DLT-Maschinen wurden aufeinander abgestimmt. Die Fokker-Turboprops wurden auf Strecken eingesetzt, für die selbst die Boeing 737 eine noch zu große Sitzplatzkapazität bot.

Die Nahverkehrsverbindungen, insbesondere die Flugstrecken unter 400 km, hatten sich schon immer als verlustreich erwiesen. Noch dazu boten sie auf diesen Entfernungen keinen Zeitvorteil gegenüber der Bundesbahn. Aus dieser Problematik wurde der *Lufthansa Airport Express* geboren – ein Spezialzug, der täglich mehrmals Frankfurt zunächst mit Köln-Bonn, später dann auch mit Düsseldorf verbinden sollte. An Bord konnten die Flugpassagiere, die in Frankfurt Anschlußflüge erreichen wollten, bereits einchecken. Eine ausgezeichnete Idee. Bereits in den ersten drei Jahren wurden mehr als 300 000 Passagiere befördert, ab Mai 1990 wurde auch Stuttgart zweimal täglich »angefahren«.
Nachdem 1976 der erste Airbus A 300 in Dienst gestellt wurde, standen die Folgejahre bis heute in bezug auf die Flottenpolitik ganz im Zeichen dieses Flugzeugs. Mit ihm allerdings kam eine neue Problematik auf, die die Geister scheiden sollte und für intensiven Konfliktstoff sorgte: Aus der neuen Generation von Großraumflugzeugen sollte der Flugingenieur, der »dritte Mann«, entfernt werden. Die indonesische GARUDA war wohl die erste Gesellschaft, die sich eindeutig für das Zweimanncockpit entschied. Prompt erhielt es den Beinamen »Arme-Leute-Cockpit«.
»Die Gegensätze sind erschreckend«, stellte die *Flug-Revue* in ihrer Dezember-Ausgabe 1979 fest.
Tatsächlich hat keine zweite Auseinandersetzung die Piloten weltweit so beschäftigt wie die Eliminierung des »dritten Mannes« an Bord. Werner Utter, damals im Vorstand der Lufthansa, sprach sich deutlich für diese Eliminierung aus: »Wenn diese Generation, die heute mit allen Mitteln dagegen motzt, damals schon gelebt hätte, wär's wahrscheinlich so gekommen, daß wir immer noch das alte Modell und die alte Technologie hätten.«
Inzwischen hatte die Vereinigung Cockpit e. V. sehr wohl ein neues Modell und eine neue Technologie entwickelt und vorgestellt: das sogenannte »Forward Facing Crew Cockpit«. Der zukünftige Flugingenieur wurde hierin als ein drittes Besatzungsmitglied integriert, der nicht mehr am alten, seitlich versetzten Pult saß, sondern mit den Piloten nach vorn und auf die Instrumente schaute. Die von der Vereinigung Cockpit vertretene Philosophie ließ sich auf die einfache Formel bringen: Drei Mann sehen mehr als zwei. Der Sicherheitsaspekt schien mit dem neuen Zweimanncockpit nicht gewahrt. Denn während das ganze Problem – übrigens bis heute – immer nur auf die »technische Machbarkeit« hin behandelt wurde, fiel die Zusatzfunktion des dritten Mannes völlig unter den Tisch: Insbesondere bei harten Anflügen in der kollisionsträchtigen, überfüllten Flugplatzumgebung konnte er so manches Mal die Piloten

auf einen in der Hektik vergessenen Punkt in der verlesenen Checkliste aufmerksam machen – oder auf eine auf Kollisionskurs befindliche Maschine. Doch in die Philosophie des technisch Machbaren haben derartige Einwände bis heute keinen Eingang gefunden.
Und so wurde am 11. Dezember 1979 in Frankfurt in einem der größten Luxushotels gegenüber dem Messegelände durch den Weltpilotenverband IFALPA ein Meeting einberufen, in dem feierlich geschworen wurde, *jeden Airbus stehenzulassen, der nur mit einem Zwei-Mann-Cockpit ausgerüstet war.*
Das feierliche Versprechen entpuppte sich als ein Fall von kollektivem Meineid. Als dann die Zwei-Mann-Airbusse auf der Rampe standen, weigerte sich niemand mehr, im Cockpit Platz zu nehmen – Vorstandsmitglieder wie Werner Utter konnten da nur lachen. Alle Journalisten, die aufgrund der Information durch die Vereinigung Cockpit gegen das Zwei-Mann-Cockpit geschrieben hatten, standen plötzlich ganz dumm da. Sie mußten sich nun mit der Tatsache auseinandersetzen, daß die Piloten selbst sie ad adsurdum führten. Denn die stiegen freudig um. Was blieb ihnen auch anderes übrig, wenn sie weiter aufsteigen wollten? Sich dem Airbus zu verweigern hieß, auf einem veralteten Typ hockenzubleiben, bis der über kurz oder lang ausrangiert wurde. Und konnte man von dem verantwortlichen Chefpiloten für diese Airbus-Operation etwas anderes erwarten als begeisterten Zuspruch? Das wäre ein seltsamer Chef gewesen, der sein neues Flugzeug, für das er die Besatzungen ausbildete, als unsicher oder mit schweren Fehlern behaftet präsentiert hätte. Daß die Vereinigung Cockpit zu dieser Kehrtwende schwieg und die Journalisten auflaufen ließ, statt in einem klärenden Bericht diese zu entlasten, hat sie viele Sympathien gekostet. So mancher Reporter schwor sich damals, auch der Vereinigung gegenüber gesundes Mißtrauen zu pflegen.
Schon am 2. April 1979 wurde in Köln ein Auftrag für 25 A 310 unterschrieben. Von diesen Maschinen sollte die Boeing-727-Flotte nach und nach abgelöst werden. Außer auf europäischen Routen kam und kommt der neue Airbus auf den Nahost- und Nordafrikastrecken zum Einsatz.

Nach dem letzten LH-Unfall, dem Boeing-747-Absturz am 20. November 1974 in Nairobi, verunglückte erst fünf Jahre später wiederum eine LH-Boeing: Während des Abflugverfahrens nach dem Start in Rio flog eine Boeing 707 in die Berge. Während der Nairobi-Unfall noch viele Jahre später die Gerichte beschäftigte und immer wieder für Schlagzeilen sorgte, ging der Unfall vom Juli 1979 völlig unter. Denn es hatte sich »nur« um einen Frachter und eine Frachtcrew gehandelt. Die Abflugkontrolle Rios hatte die Maschine über bergigem Gelände auf einen Kurs geschickt und auf einer Höhe gehalten, die unweigerlich zur Kollision führen mußte. Selbstverständlich lagen hier Lotsenfehler vor. Doch seit der Einführung der DC 10 hatte der damals zuständige Chefpilot ein Konzept entwickelt, das Fehler bei Start und Landung verhindern helfen sollte: das Before-Take-Off- und Before-Landing-Briefing. Vor Start und Landung mußte (und muß) der Captain mit seiner Crew exakt das Abflug- oder Landeverfahren besprechen. Doch auch dieses Verfahren hatte die Katastrophe nicht verhindern können. Hätten damals die sogenannten Fachjournalisten nur tiefere Einblicke gehabt, hätten sie für Schlagzeilen und Fragezeichen gesorgt. Doch mangels Fachkenntnis ging der Fall völlig unter.

Piloten gegen die Startbahn West

Im Frühjahr 1981 fand im Hessischen Landtag in Wiesbaden jenes Viertagehearing statt, in dem noch einmal über die Notwendigkeit der geplanten Startbahn West auf dem Flughafen Rhein-Main beraten werden sollte. Ein schauriges Lehrstück über die Ohnmacht der Demokratie in der Bundesrepublik. Denn längst waren alle entsprechenden Bauverträge geschlossen, es konnte gar kein Zurück mehr geben. Doch beide Seiten taten, als sei alles noch in der Schwebe und veränderbar. Schon die Sitzordnung im Saal war bezeichnend. Auf der rechten, der Befürworter-Seite, saßen die höheren Chargen wie Holger Börner, Ministerpräsident von Hessen, Erich Becker, Direktor der Frankfurter Flughafen-AG, und Martin Gaebel, Chefpilot der Lufthansa, gemeinsam mit Vertretern aus Wirtschaft und Bankgeschäft.

Auf der linken Seite dann saßen unter anderem die Piloten der Lufthansa und die Vertreter der Vereinigung Cockpit e. V. Sie alle Gegner der Startbahn und somit auch Gegner der offiziellen Lufthansa-Politik. Natürlich erkannte auch die »rechte Seite« den Nonsens einer solchen Startbahn, da konnte einem der vom Management beorderte Chefpilot schon leid tun: Er mußte, trotz seines besseren Fachwissens, dafür sein. Natürlich wird eine Fluggesellschaft, die einen Flughafen zu ihrem zentralen Einsatzhafen gemacht hat, nicht gegen die Politik dieser Flughafengesellschaft opponieren. Die Kooperation zwischen LH und FAG ist eine Selbstverständlichkeit, darüber braucht kein Wort verloren zu werden. Doch wo waren die Journalisten, die sich mit dem Konflikt jenes Chefpiloten befaßten, der gegen besseres Sachwissen für die Startbahn West stimmen mußte? Oder die diesen frappierenden Gegensatz zwischen

»normalen« Piloten und ihrem Chef auch nur sachlich festgestellt hätten?
Die neue Bahn, bei allem Widerstand, den sie auslöste, wahrhaft teuer erkauft, ist jedoch nur zu einem Viertel funktionsfähig: Lediglich der Start ist in einer einzigen Richtung erlaubt, Landungen sind ohnehin verboten – und auch der Start in der Gegenrichtung darf nicht stattfinden: wegen der nahen, zu hohen Taunusberge. Schon das wäre ein Gegenargument gewesen, traf aber noch lange nicht den Hauptpunkt: Die Bahn sollte errichtet werden, um die Landefrequenz zu erhöhen. Da landende Flugzeuge vor startenden ohnehin stets Vorfahrt haben und die geplante Bahn ohnehin keinen Landeverkehr zuließ, konnte sie nicht den geringsten Fortschritt in dieser Hinsicht bringen. Doch sie war nun mal fest eingeplant.
Folglich stand den Befürwortern der »rechten« Seite stets jede Zeit für ihre Argumente zur Verfügung, während die Gegner »links« immer wieder unterbrochen und ermahnt wurden, doch bitte nicht »längst bekannte Argumente« auszuwalzen, man müsse endlich mal zu einem Ende kommen. Das Schlußwort kam dann stets von rechts. Hätten wir in der Bundesrepublik einen kritischen Journalismus, wie er in den USA selbstverständlich ist, dann wären diese Mißstände in einem sich demokratisch gebenden Land angeprangert worden. Es gab ihn nicht. Und selbst unter den Bürgerinitiativen der Startbahn-Gegner hatte sich kaum jemand mit den sachlichen Einwänden befaßt. Obwohl sich auch Lufthansa-Piloten an den Bäumen anbanden, um die Waldzerstörung durch die Bahn zu verhindern, und genügend sachliche Information zur Verfügung stand, ergingen sich die Gegner lieber in emotionalen Äußerungen, die von den Befürwortern übergangen werden konnten.
Da die Entscheidung gefallen war, bevor sie diskutiert wurde, hätte ein Annullieren der Verträge wahrscheinlich kaum weniger gekostet als der Bau der unsinnigen Bahn, über die die zuständigen Fluglotsen noch jahrelang danach ihre Witzchen rissen, von den zusätzlichen Komplikationen mal abgesehen: Es gab schwerwiegende Konfliktpunkte zwischen dem auf der Bahn 07 landenden Verkehr und den Starts auf der neuen Bahn 18.
Der Beschluß, diese Bahn zu bauen, fußte, auch noch im Jahre 1981, auf einer Expertise aus dem Jahr 1958 (!). Sie wurde verfaßt von zwei Stuttgarter Gutachtern, die selbst zugaben, keine Luftfahrtfachleute, sondern Straßenbauingenieure zu sein. Doch die Lufthansa, notgedrungen, mußte mitspielen. Daß sich dafür ihr damaliger Chefpilot (inzwischen im Vorstand) hergab, sollte mehr Mitleid als Ablehnung erwecken.

Ein Jumbo wird abgeschossen

Am 1. September 1983 schießt ein sowjetisches Jagdflugzeug einen koreanischen Jumbo ab, der auf der Nordpolarroute zwischen Anchorage und Tokio in den sowjetischen Luftraum über Kamtschatka eingedrungen war. Bei dem Abschuß über Sachalin kamen alle 269 Menschen an Bord der KAL 007 ums Leben. Reporter versuchten weltweit, den Fall zu klären – mit dem Resultat: Eine unbeabsichtigte Abweichung sei in dieser Größenordnung fliegerisch unmöglich. Dahinter müsse Absicht gesteckt haben.*

Im Umfeld der monatelangen emotionellen Auseinandersetzung gelang der Presseabteilung der Lufthansa eine beachtliche Fehlleistung: Sie hielt Lufthanseaten, die eine zumindest navigatorische Schuld der koreanischen Crew nicht ausschlossen, für fachlich inkompetent.**

Hatte denn die Lufthansa überhaupt eine Beziehung zu diesem Abschuß? Schließlich waren doch all ihre Piloten eben noch einwandfrei und ohne navigatorische Fehlleistung entsprechend der North Pacific Route Chart 91 C korrekt die Meldepunkte NIPPI und NOKKA abgeflogen. Und nun sollten ihre Flugkapitäne nicht mehr fähig sein, über Fehlkurse auf dieser Route Auskunft zu geben?

Die Hintergründe wurden erst später offenbar: Bei dem fehlfliegenden Jumbo hatte es sich um eine ehemalige Maschine der Lufthansa-Condor gehandelt. Nur der absolute Laie, der nicht weiß, welche Sensibelchen Firmen-Pressesprecher sein können, konnte sich da noch wundern. Schwerwiegender freilich war, daß die Lufthansa einen Kooperationsvertrag mit der inzwischen schwer beschuldigten Korean Air Lines eingegangen war. Aus der Sicht dieses geplanten Pool-Abkommens erklärte sich die allergische und peinlich überzogene Reaktion auf jede Publikation, die diese Zusammenarbeit in ein schlechtes Licht rückte.

1981 war ein Jahr des Niedergangs im Luftverkehr, was zu zahlreichen Fehlplanungen führen sollte. Auch für die Lufthansa sah die Zukunft alles andere als rosig aus. Folglich übernahm sie Piloten, die sie im 119. Flugzeugführerlehrgang der Verkehrsfliegerschule Bremen hatte ausbilden lassen, nicht in den aktiven Flugdienst. Der Konzern, so die Vereini-

* Nach jahrelangen Prozessen gelang es den Hinterbliebenen der Opfer, finanziellen Schadenersatz von der Fluggesellschaft zu erlangen.

** Der Autor bezieht sich hier auf seinen Artikel »Die Vermarktung der Trauer«, der im *Deutschen Allgemeinen Sonntagsblatt* erschien und den oben erwähnten »Leserbrief« aus der LH-Presseabteilung zur Folge hatte.

gung Cockpit, hatte sich in seinen Bedarfsprognosen »deutlich verkalkuliert«. Um sich über Wasser zu halten, arbeiteten einige dieser Piloten dann als Steward, sofern sie überhaupt noch ihre Verbindung zur Luftfahrt aufrechterhalten wollten.

Ihr Durchhaltevermögen wurde erst 1986 belohnt, als nach der Stagnation wiederum die Umkehrung eintrat, auf die niemand vorbereitet war: Ein neuer Boom stand bevor. Die Lufthansa beschloß eine neuerliche Aufstockung. Eben noch hatte man die Fliegerschule Bremen nahezu stillgelegt. Auch andere Airlines hatten, wenig zukunftsträchtig, bis zum Jahr 2000 kaum noch eine Steigerung vorausgesehen. Der neue Aufschwung stellte weltweit alle Fluggesellschaften vor Probleme.

Inzwischen hatte in den USA die sogenannte Deregulation eingesetzt. Die Aufhebung von Wettbewerbsbeschränkungen hatte längst zu harter Konkurrenz und zu ruinösen Preiskämpfen geführt. Neue Gesellschaften schossen wie Pilze aus dem Boden – und gingen genauso schnell wieder ein. Die Piloten, die bei ihren Flügen nach und durch die USA vor allem die negativen Seiten kennengelernt hatten, warnten vor einer ähnlichen Entwicklung in Europa. Natürlich kam sie trotzdem: Plötzlich, nach Jahrzehnten traditioneller Beschränkung, durfte jede Airline alle Strecken fliegen – sogar in Konkurrenz zur Lufthansa innerhalb Deutschlands. Daß die neuen Gesellschaften weder mit dem alten Standard an technischer Wartung noch im Hinblick auf die Streckenroutine ihrer Piloten mit der LH gleichziehen konnten, lag eigentlich auf der Hand. Wer bei der Lufthansa als Copilot lange Jahre »herunterschrubben« mußte, um vielleicht einmal, vielleicht erst nach zehn Copilotenjahren ins Kapitänstraining zu kommen, hatte bei diesen neuen, aus dem Boden gestampften Gesellschaften eine verheißungsvolle Laufbahn vor sich. Innerhalb eines Bruchteils dieser Zeit konnte er es dort bis zum Captain bringen. Und die vielen ahnungslosen Passagiere, die begeistert den besseren Kabinenservice der Newcomer lobten, machten sich nicht klar, daß dort ein Captain flog, der es bei der sicherheitsbewußteren Lufthansa vielleicht erst in sechs, sieben Jahren, vielleicht auch nie zum Captain geschafft hätte.

Die Zeiten zwischen 1975 und dem Anfang der achtziger Jahre gehörten nicht zu den gewinnträchtigsten. Immerhin betrug der Bilanzgewinn 1984 63 Millionen DM. In den zehn Jahren ab 1975 stieg die Zahl der beförderten Passagiere auf 15,3 Millionen. LH rangierte damit international auf dem achten Platz. Von den europäischen Gesellschaften hatte nur British Airways ein besseres Ergebnis aufzuweisen. Im Frachtverkehr kam die Lufthansa sogar, hinter Japan Air Lines, auf den zweiten Platz.

1985 flog die Lufthansa 136 Städte in 74 Ländern an. Ende 1984 wurden 36 500 Mitarbeiter beschäftigt. Zum Cockpitpersonal gehörten 2 213, zum Kabinenpersonal 4 700 Mitarbeiter. Das Bodenpersonal umfaßte rund 25 500 Angestellte weltweit. In der ATLAS-Gruppe waren außer LH noch Alitalia, Air France, Sabena und Iberia zusammengefaßt.
Für die Cockpitcrews war diese Zusammenarbeit nicht immer von Vorteil. So wurde zum Beispiel ein Teil der Wetterradargeräte von Technikern der Iberia überholt. Auf der DC 10 stellten die Piloten dann beim Durchflug von Gewitterfronten regelmäßig fest, daß die Antennen falsch justiert waren und nicht die erforderliche Information abgaben. Auch das Simulatortraining fand von Anfang an in Rom oder Brüssel statt, mit kostspieligen Hotelaufenthalten und zeitraubenden An- und Abflügen.
Wie auch bei anderen Fluggesellschaften mußte die Gewinn-und Verlustrechnung nicht unbedingt aus dem reinen Flugbetrieb erstellt werden. Vielmehr gab es zahlreiche Nebenbetriebe, deren Bilanzen entsprechend ausgleichend eingebracht oder ausgespart werden konnten. 1985 gehörten zum LH-Konzern u. a. zwei Chartergesellschaften: German Cargo Services (fünf DC 8) und Condor (18 Maschinen). Dazu die LSG-Lufthansa-Service GmbH für die Bordverpflegung, die LH-Commercial Holding GmbH (LCH), die Anteile u. a. an den PENTA-Hotels sowie an Inter-Continental, Kempinski und Ferienanlagen in Kenia besitzt.
Am 1. September 1986 konnte die Lufthansa das fünfundzwanzigjährige Jubiläum ihres Nachtpostdienstes feiern. Damals, 1961, wurde die Post noch mit vier Convair CV 440 und einer Viscount 814 befördert. Sie waren inzwischen – über die Boeing 727 – durch vier Airbus A 310 und drei Boeing 737 ersetzt worden. Durch sie wurden jede Nacht rund 120 Tonnen Post befördert. Nach wie vor war Frankfurt der »Nachtluftpoststern am deutschen Himmel«. Um Mitternacht landeten alle sieben Maschinen, um ihre Postsäcke auszutauschen. Als achter im Bunde kam eine Pan-Am-Maschine hinzu, die die Verbindung mit Berlin unterhielt.

Instant-EROPS

1986 führte die Lufthansa ein *Paper-Jet-Programm* durch, wie sie es im Prinzip bei der Einführung der ersten Langstreckenjets vom Typ Boeing 707 Anfang der sechziger Jahre schon einmal gestartet hatte: Sie ließ, lediglich »auf dem Papier«, zweistrahlige Airbus-Maschinen über den Nordatlantik fliegen, um zu testen, ob eine solche zweimotorige Operation sicher genug sei. Das Ergebnis: negativ. *Auf absehbare Zeit* würde sie den Passagieren ein solches Risiko nicht zumuten.

Die Problematik liegt auf der Hand: Wenn nur ein einziges Triebwerk an einer Zweimotorigen ausfällt, ist sofort der totale EMERGENCY da, das Flugzeug muß auf dem nächsten Ausweichhafen landen. (Sowohl bei dem vierstrahligen Jumbo wie auch sogar bei der dreistrahligen DC 10 dürfen zwei Triebwerke ausfallen, bevor dieser akute Notstand eintritt.) Dieser Hafen konnte im ungünstigsten, aber durchaus wahrscheinlichen Fall Söndreström auf Grönland heißen. Ein Fjordhafen, der selbst mit einer intakten Zweimotorigen bei schlechtem Wetter kaum sicher anzufliegen ist. Doch auch Keflavik auf Island kennt unvorhersehbare plötzliche Schlechtwettereinbrüche. Mit Recht erkannte die Lufthansa, daß eine Zweimotorenoperation über den Nordatlantik weit davon entfernt war, den üblichen Sicherheitsstandard zu gewährleisten. Journalisten, die gegen zweistrahlige Atlantikflüge schrieben, lagen klar im Trend.
Freilich nicht lange. Denn die für bestimmte Nordatlantikrouten vorgesehenen neuen Jumbos vom Typ 747-400 trafen mit derartiger Verspätung ein, daß ihre Indienststellung für den geplanten Sommerflugplan ausfiel. Jetzt geschah, was jahrelang die Gemüter der Insider beschäftigen sollte: Entgegen ihrer klaren Unsicherheitsaussage setzte die Lufthansa ab 12. Juni 1989 auf der Route Frankfurt–Montreal–Philadelphia den zweistrahligen Airbus A 300-600 ein. Eine aus rein wirtschaftlichen Gründen logische Maßnahme. Doch die Piloten und einige wenige Journalisten fragten sich verzweifelt, ob denn nun Wirtschaftlichkeit *vor* Sicherheit rangiere.
Der Vertrauensverlust konnte auch nicht durch den Hinweis auf die verschärften Sicherheitsbestimmungen für die Routen mit Zweimotorigen wettgemacht werden. Die sogenannte EROPS-Operation* schreibt bestimmte technische Zusatzeinrichtungen für derartige Flüge vor. Inzwischen freilich wurde der ursprüngliche Abstand zu einem Ausweichhafen bei einem eintretenden EMERGENCY von 60 über 120 auf 180 Meilen ausgedehnt, so daß weltweit unter EROPS-Bedingungen geflogen werden kann. Die Tricks, mit denen die Genehmigung für derartige Flüge eingeholt wird, stellen alles in den Schatten, was ansonsten im Clinch zwischen Sicherheits- und Profitdenken ausgetragen wird. So sind, ein Beispiel von vielen, für die Genehmigung dieser EROPS-Flüge Statistiken über die Zuverlässigkeit der Triebwerke nötig. In die Chronik der Störfälle gingen freilich nur die Ausfälle ein, die tatsächlich über der zu genehmigenden Atlantikroute eingetreten waren. Triebwerkausfälle, die über Land oder auf anderen Strecken eingetreten waren, blieben unberücksichtigt. Als sei es nicht bloßer Zufall, daß bei diesen Ausfällen

* EROPS: Extended Range Operation

gerade Kalifornien oder Westeuropa unter den Tragflächen gelegen hatte. Und mit Recht monierten die Pilotenvereinigungen weltweit, daß der Ausfall von Systemen (Hydraulik, Elektrik etc.) unter Umständen mindestens genauso ernst zu werten sei wie ein Triebwerksausfall.

Inzwischen geht man für die kommenden neunziger Jahre schon wieder einen Schritt weiter: Während bislang für neue Flugzeugtypen eine bestimmte Zahl von Erfahrungsflügen notwendig war, um die Zuverlässigkeit zu belegen und damit die Genehmigung für EROPS-Flüge zu erhalten, soll auf einen Teil dieser Erfahrung verzichtet werden, wenn die Triebwerke für diese neuen Flugzeugtypen wie MD 11 oder Airbus 340 ohnehin schon auf anderen Typen erprobt wurden. So, als käme es nicht auf das Triebwerk, sondern auf die Gegend an, die gerade überflogen wird. Mit Recht wird dieses INSTANT-EROPS-Verfahren von den Piloten weltweit kritisiert. Doch die Verhältnisse, sie sind nicht so. Auch die Lufthansa mußte, um konkurrenzfähig zu bleiben, Abstriche an inzwischen schon antiquiert erscheinenden Sicherheitsvorstellungen machen. Die Tatsache, daß bislang noch nie eine kritische Ausweichlandung auf Grönland stattgefunden habe, daß also doch »alles gutgehe«, hat den gleichen Wert wie die Feststellung, daß in Westdeutschland noch nie ein Atomkraftwerk in die Luft geflogen sei. Das Restrisiko bleibt, und man ist gewillt, mit diesem Restrisiko zu leben – aus wirtschaftlichen Gründen.

Wenn in Kürze wieder weltweit sowohl die dreistrahlige MD 11 wie auch der neue Jumbo und die kommende A 340 auf dem Atlantik eingesetzt werden, wird dieselbe Werbefirma, die eben noch den Zweistrahlbetrieb für absolut sicher verkaufte, sich auf die »neue Sicherheit« durch drei oder vier Turbinen berufen.

Von den verspäteten Auslieferungen der Boeing 747 waren viele Airlines betroffen. Hinzu kam, daß der neue, nur noch von zwei Piloten geflogene Jumbo eine frappierend hohe Zahl von Kinderkrankheiten aufwies. Frappierend deshalb, weil schon der ursprüngliche 747-Jumbo vor mehr als fünfundzwanzig Jahren unter gravierenden Störungen litt, wie z. B. überhitzten Triebwerken. Trotz aller modernsten Computertechnik, durch die bereits viele Daten feststehen, die später erst erflogen werden, gab es auch für die Lufthansa, abgesehen von der verspäteten Auslieferung, eine Fülle von unangenehmen Überraschungen.

1986 beförderte die Lufthansa 16,6 Millionen Passagiere und 709 000 Tonnen Fracht und Post. Im Frachtgeschäft nahm sie damit den ersten Platz ein. Zum Jahresende verfügte sie über folgende Flugzeugflotte:

Boeing	737:	54	(10 mehr als 1985)
	727:	24	(2 weniger als 1985)
	747:	21	(3 mehr als 1985)
Airbus	310:	13	(2 mehr als 1985)
	300:	5	
Douglas	DC 10:	10	
	DC 8:	5	(für German Cargo)

Insgesamt fanden 220 195 Flüge statt – 7,9 Prozent mehr als im Jahr davor. Dabei wurden 277,5 Millionen Flugkilometer zurückgelegt – ein Zuwachs von 9,6 Prozent.
Und wieder einmal wurde – wie bei anderen Airlines auch – verschrottet, was eben noch hochmodern gewesen war: Beim Simulatortraining wurden bislang für Sichtanflüge auf Flughäfen künstliche Landschaften benutzt, über die Fernsehkameras nach den Steuerimpulsen im Cockpit hinwegglitten. Die neue Digitaltechnik und Elektronik ermöglichten es jetzt, praktisch alle Flughäfen der Welt über Computer unmittelbar ins Cockpit zu projizieren. In der durch Verschrottung freigewordenen Halle im Gebäude 310 auf der Frankfurter Basis wurde 1987 der neueste Boeing-737-Simulator eingerichtet.

Nonstop ist IN

Ab 1987 kam ein neuer Trend auf. Während man insbesondere die Fernostrouten bislang mit möglichst vielen Zwischenstops geplant hatte, um möglichst viele Passagiere zwischendurch aufzunehmen, gingen alle Fluggesellschaften weltweit zu Nonstopverbindungen über. Hießen für viele Airlines die zahlreichen Zwischenstops auf der Fernostroute noch Athen, Rom, Dharan, Dubai, Teheran, Karatschi, Kalkutta, Delhi, Bombay, Bangkok, Singapur (von denen sich jede westliche Fluggesellschaft drei bis fünf aussuchte), so galt ab 1987 jene Airline am meisten, die möglichst lange Strecken nonstop bewältigen konnte.
Von den Passagieren unbeachtet, entstanden für die Crews (und für die Einsatzplanung) neue Probleme. Die tarifmäßig festgelegte höchstzulässige Arbeitszeit bzw. Flugdienstzeit lag zwischen zehn bis zwölf Stunden. Doch die neuen Nonstopverbindungen erforderten bis zu 16 Stunden reine Flugzeit. So griff man beim Einsatz der neuesten Flugzeuggeneration der B 747-400 und MD 11 (die u. a. von Swissair und Finnair geflogen wird) auf eine uralte Methode zurück, die zur Zeit der Propellermaschinen (wie der Super-Constellation und der DC 6/DC 7) erforderlich gewesen war: die der »Multiple Crew«. Bei der Lufthansa

wurde, nach Verhandlungen zwischen LH und der Vereinigung Cockpit/DAG, der »Senior FO« geschaffen: ein 1. Offizier, der den Kapitän während seiner Ruhepausen vertritt. Auf der Super-Constellation hatte man dafür die Bezeichnung »Relief-Pilot« gefunden. Da auch für die übrige Crew Ruhemöglichkeiten geschaffen werden mußten, sind auf den neuesten Typen containerähnliche Doppelbett-Kabuffs im Untergeschoß bei den Frachträumen eingeplant. Da sie zum Teil fensterlos sind, wird man in Zukunft einzustellende Besatzungen sicher auch intensiver auf ihre Tendenz zur Klaustrophobie testen müssen.

Für die Crews aller europäischen Airlines (und selbstverständlich auch für alle außereuropäischen, die insbesondere die Bundesrepublik anflogen) wirkte sich die sich anbahnende Deregulation mit der immensen Zunahme des Luftverkehrs zusätzlich stark belastend aus. Die Verspätungen, unter denen in der offiziellen Presse immer nur die Passagiere unmittelbar zu leiden hatten, führten in erster Linie für die Crews zu Streßsituationen. Sie waren dieser Belastung Tag für Tag ausgesetzt, hockten stundenlang am Boden in den Cockpits und warteten auf die Starterlaubnis, die oft genug genau dann eintraf, wenn die Crews gerade noch legal oder auch nicht mehr waren. Und immer wieder die psychische Nötigung durch die Stationsleiter, die Passagiere doch endlich wegzuschaffen zum Zielhafen – dagegen der Zweifel der Crews, ob das noch völlig legal sei oder man nicht doch lieber auf die (oft nicht vorhandene) Ersatzcrew warten oder die Passagiere ins (ebenfalls nicht unmittelbar vorhandene) Hotel schicken solle. Mit der Zunahme des Luftverkehrs hätten eine Aufstockung des Fluglotsenbestandes und eine grundsätzliche Erneuerung der Flugsicherung parallel gehen müssen. Das Gegenteil war der Fall: 1988 gab es in der Flugsicherung bereits eine Personallücke von vier Prozent. Sie hat sich laufend vergrößert und wird bis Mitte der neunziger Jahre auf 20 Prozent ansteigen. Hinzu kommt, daß die Technik den neuen Anforderungen ebenfalls gravierend hinterherhinkt. Mit Recht beklagt die Lufthansa in diesen Jahren die enormen finanziellen Verluste durch Verspätungen, Warteschleifen, ausgefallene Flüge. Ihre Gewinn- und Verlustrechnungen weisen die verheerenden Folgen einer seit Jahren verfehlten Verkehrspolitik aus.

Corporate Identity

Ende der achtziger Jahre wurde ein Schlagwort populär, das als Idee schon lange in den Köpfen der Managements diverser Großfirmen gespukt hatte: Corporate Identity. Die (Luftfahrt-)Welt als Wille und

Vorstellung. Ein neues Erscheinungsbild, eine neue, intensiv betriebene (dringend notwendige) Motivation mußten her. Äußerlich prägte sich die neue Identifikation im Erscheinungsbild des Flugzeugparks ab: Die Flugzeuge wurden mit einem neuen Anstrich versehen.

Keine Malaktion hat jemals soviel Hohn, Spott und nackte Ablehnung herausgefordert wie der erste Entwurf für die neue Corporate Identity der Lufthansa-Flugzeuge. Die gelb bemalte Unterseite der weiter oben in nacktem Weiß gehaltenen Rümpfe veranlaßte die um ihre Meinung (oder auch nicht) gefragten Mitarbeiter zu Kommentaren wie: »Notlandung im Spiegelei«, »Eiweiß und Eidotter als Corporate Identity«, »Kranichcrash im Eierlikör«.

Mit dem Eigelb hatte die Lufthansa schon früher, bei der Einführung der Boeing 727 und entsprechend neuer Bemalung, negative Erfahrungen gemacht. Damals hatte man den von der Ulmer Hochschule präsentierten Entwurf mit seinem Gelb der Condor zugeschoben, die damit bis heute fliegen muß. (Bei der Boeing 727 mit ihren drei am Heck angebrachten Triebwerken wurden insbesondere beim Umkehrschub dunkle Schlieren über den hellgelben Anstrich gepustet.)

Und nur die ganz alten LH-Hasen erinnerten sich finster noch an jene ganz frühe Corporate Identity, als ein von allen guten Geistern verlassener Werbemanager die Lufthansa in den USA als »Airline of the Red Baron« anpries. Ein abschußlüsterner Kriegsheld als Leitbild.

Als das Eigelb von den Rümpfen der LH-Jets entfernt war (oder erst gar nicht mehr initiiert), präsentierten sich die Flugzeuge mit ihrer speziellen, ganz persönlichen CI wie alle neuerdings umgespritzten Maschinen aller namhaften Airlines: Rumpf weiß, ein Hauch von Grau. Noch niemals gab es so viele weiße Flugzeugrümpfe auf einem internationalen Flughafen. Welch eine individuelle Unterscheidung!

1988 schrieb die Vereinigung Cockpit (VC): »In der Tarifpolitik stehen die Zeichen auf Sturm.«

Selbst eine so renommierte Fluggesellschaft wie die Lufthansa konnte sich bei den zunehmenden Verlusten durch den katastrophalen Zustand der Luftverkehrssituation nicht mehr vor der Versuchung der »Ausflaggung« retten. Ein Procedere, das in der Schiffahrt gang und gäbe ist und nun auch in der Luftfahrt durchgeführt wurde: Man verleaste fünf DC-8-Frachter der Lufthansa-Tochter German Cargo an die Cargolux und die vermietete sie dann samt Crews an German Cargo zurück. Schon unterlagen Tarife der Crews nicht mehr den ursprünglichen LH-Bedingungen. Vielmehr mußten sie einen Arbeitsvertrag mit einem Unternehmen auf den Bermudas abschließen, um dann über eine Ver-

leihfirma in Monaco und über Cargolux wieder in der alten Firma zu landen – unter Umgehung des deutschen Arbeits- und Sozialrechts. Die Tendenz auch anderer europäischer Airlines, im Ausland Tochterfirmen zu gründen und dadurch Crews zurückzugewinnen, die nicht mehr dem deutschen Arbeits- und Sozialrecht unterlagen, mußte notwendigerweise die VC zum Protest veranlassen.
Freilich mußte auch sie sich einem Druck beugen, der so nicht voraussehbar war. Seit 1980 stieg die Zahl der Mitarbeiter von rund 30 000 auf 43 500. Der Aufwand an Sozialabgaben und Vergütungen stieg um das Zweieinhalbfache. Daß bei den zahlreichen Konkurrenten für weniger Geld mehr gearbeitet wurde, war längst kein Geheimnis. Im Sommer 1990 traten insgesamt neun amerikanische Luftverkehrsgesellschaften auf dem Nordatlantik gegen die Lufthansa an. Zehn Jahre vorher waren es ganze zwei Airlines gewesen. Im Vergleich zu 1989 hatten sich die Treibstoffkosten bereits wieder um 15 Prozent erhöht. In jenem Jahr hatte der Mehraufwand für Treibstoff 190 Millionen DM betragen. Die Mehrbelastungen aus Verspätungen lagen bei rund 200 Millionen DM. Hinzu kamen, durch die Abschwächung des Dollars und Yen, ca. 110 Millionen DM an »Wertberichtigungsbedarf«.
Wie immer (und eigentlich bereits seit 1955, als man für weniger als 2 000 Mark im Cockpit saß und nicht einmal über einen genau ausgearbeiteten Tarifvertrag verfügte) zeigte sich das fliegende Personal konsensbereit. So wurde im August 1990 ein entsprechender Tarifabschluß getätigt, »um die Konkurrenzfähigkeit der Lufthansa zu erhalten«. Kommentar des Vorsitzenden der Gesamtvertretung des fliegenden Personals in einem Pressegespräch: »Wir haben eine Phase der gegenseitigen Erpressung hinter uns und eine neue Basis der Zusammenarbeit gefunden.«
Auf dieser neuen Basis erklärte sich das Cockpitpersonal bereit, zum gleichen Gehalt mehr Stunden zu fliegen und einen Teil der bislang als Überstunden zusätzlich vergüteten Leistungen zum Normaltarif zu absolvieren. Konkret bedeutete dieser Verzicht, daß die Lufthansa ohne zusätzliche Gehaltskosten 27 Flugzeuge mehr fliegen lassen konnte.

Supervogel flügellahm?

Jeder neue Flugzeugtyp, der von einer Fluggesellschaft in den Liniendienst übernommen wird, leidet unter einer Fülle von Kinderkrankheiten. Einerseits werden moderne Flugzeuge von den Konstruktionsteams zu großen Teilen auf dem Computer »vorprogrammiert«, so daß selbst die späteren Flugdaten und -leistungen schon feststehen. Andererseits haben gerade diese neuen Typen eine Menge von Unzulänglichkeiten gezeigt, die wieder einmal am technischen Fortschritt zweifeln lassen. Der Laie fragt sich, wie denn zum Beispiel folgender Fall möglich sein konnte: An einer neuen Baureihe der ansonsten bestens bewährten Boeing 737 wurde der Seitenruder-Trimmknopf so verführerisch tief unten an der Mittelkonsole angebracht, daß Stewardessen bei ihrer Klarmeldung im Cockpit gern den Fuß zur Abstützung auf diesen Knopf setzten. Dadurch wurde er immer wieder bis zum Anschlag verstellt. Die Maschine startete völlig vertrimmt. Es kam mehrmals zu Fast-Katastrophen, denn es gab keine Warnanzeige für die Vertrimmung.*

Normale Streckenpiloten werden somit zu Testpiloten, wenn sie einen neuen Typ im harten Alltagsdienst ausprobieren. Eine besonders harte Belastung sollte ihnen der neue Boeing-Jumbo von der Baureihe 400 bescheren. Zunächst wurde er nur mit einer vorläufigen Betriebserlaubnis zugelassen, weil zusätzlich strukturelle Verstärkungen im Rumpfsektor angebracht werden mußten.

Anfangs wurde er hauptsächlich auf den Deutschlandstrecken erprobt. Jede dritte Verspätung durch Störungen in der Technik schlug mit über einer Stunde zu Buch. Bei Nachtflügen konnte wegen der Beschränkungen schon eine halbe Stunde mehr oder weniger den Flug endgültig scheitern lassen. Und wieder einmal rangierten die betroffenen Crews haarscharf an ihren höchstzulässigen Arbeitszeiten entlang. Mehrmals mußten Flüge ausfallen, weil die Technik zwar das Problem gelöst, die Crew jedoch nach stundenlanger Wartezeit nicht mehr legal war. Nichts Außergewöhnliches – im Prinzip seit Bestehen aller Airlines von Anfang an praktiziert. So groß also kann der Fortschritt noch immer nicht sein.

»Supervogel flügellahm?« mußte nun sogar in internen Firmenveröffentlichungen nachgefragt werden. Zwei Monate vorher war in derselben Publikation gejubelt worden: »Stolz auf das Flaggschiff ›Victor Alpha‹. Boeing 747-400 bei unseren Piloten sehr gut angekommen.«

Doch genau in dieser Diskrepanz zwischen Schönfärberei und den harten Alltagsanforderungen für die Piloten liegen die Gründe, weshalb die Kluft zwischen ihnen und dem Management sich bislang nie verringert, sondern immer noch ein wenig mehr erweitert hat.

Die Störungen lagen u. a. in den auch früher schon erlebten fehlerhaften Warnanzeigen. (Ein Trainingscaptain bereits 1954 bei der Umschulung auf die Boeing 727: »Wenn wir überhaupt losfliegen wollen, ziehen wir

* Diese Zwischenfälle ereigneten sich bei einer britischen Gesellschaft.

am besten erst mal die Sicherungen für die Warnanlagen. Sonst kommen wir hier nie weg.«) Wesentlicher waren die Triebwerksstörungen. Eine simple Einspritzpumpe namens HMU (Hydro-Mechanical Unit) sorgte für Verspätungen, für die Boeing, nicht die Lufthansa, zuständig war. Doch auch das Toilettensystem brachte durch Verstopfungen Probleme. Und die automatische Kabinendruckregelung hätte vor jedem – auf den früheren Baureihen noch anwesenden – Flugingenieur vor Scham auf Null gehen müssen: Probleme über Probleme.

Um die Schwierigkeiten einigermaßen in den Griff zu bekommen, wurden Sonder-Projektgruppen gebildet. Auch Boeing, reumütig, stellte ein Team von vierzig »Field Engineers« zur Verfügung. Die Lufthansa mußte weltweit auf den Auslandshäfen zusätzlich Techniker bereitstellen. Alles Verfahren, die eigentlich seit 1955 *Normal Procedure* gewesen waren. Andere Fluggesellschaften litten genauso. Bei der neuesten Boeing 767 der British Airways mußten alle Maschinen gegroundet werden, weil sich Risse in der Aufhängung der Rolls-Royce-Triebwerke zeigten.

Das spezielle Kommunikationsproblem einer Fluggesellschaft besteht in dem Verhältnis zu jenem geringen Teil der Belegschaft, der genau jene Aktion vollführt, von der das ganze gewaltige Imperium lebt: Passagiere schlichtweg von A nach B zu befördern. Im Falle der 747 wie auch in allen ähnlichen Fällen vorher tauchte irgendeine Erwähnung der außergewöhnlichen Crewleistung nie auf. Im Gegenteil: Auch die Schwierigkeiten mit der 747-400 dienten anderen Abteilungen noch dazu, sich hervorragend darzustellen: »Dreipunkteprogramm wird kurzfristig die technische Zuverlässigkeit steigern.« Kein Wort über die Piloten, die dieses Dreipunkteprogramm erproben mußten.

Selbst bodenständige Lufthanseaten, wie der Verkehrsleiter vom Dienst in der Zentrale Frankfurt, konnten nicht umhin, gegen die »Lobhudelei wegen der Victor Alpha« zu protestieren: »Fast täglich mußten im innerdeutschen Einsatz andere Flotten aushelfen*«.

Im März 1990 nahm die erste Boeing 747-400 ihren Liniendienst von Frankfurt nach Rio auf. Blumensträuße, Ehrengäste, Kameraklicken, Crew-Geschenke, Chimarrão-Trinkgefäße, um in ruhigen Stunden Mate-Tee zu genießen. Die Crew, sie konnte die Ruhe gebrauchen...

Anfang 1990 wurden in einem Teil der Boeing-747-Langstreckenflugzeuge Ozonkatalysatoren eingebaut. Gefordert hatten dies die Besatzungen vieler Fluggesellschaften weltweit schon länger. Insbesondere Pan-Am-Stewardessen, die auf der besonders hoch fliegenden Boeing 747 SP eingesetzt waren, klagten über gesundheitliche Beeinträchti-

* Rüdiger Kroll Senior, Verkehrsleiter FRA OZ 1

gungen durch die ozonhaltige Luft. Nach dem üblichen Procedere wurden die Klagen der Crews zunächst für eine Methode gehalten, bessere Tarifverträge zu erlangen. Als jedoch auch die Fluggastbeschwerden zunahmen, entschlossen sich viele Airlines zu Gegenmaßnahmen.
So war es zu begrüßen, daß die Lufthansa im Januar 1989 5,6 Millionen Mark für den Einbau bereitstellte. Sie werden auch im kommenden Airbus A 340 für ozonärmere Kabinenluft sorgen. Im Februar 1989 wurde ein Vertrag über den Kauf von 15 A 340 und 15 weitere Optionen abgeschlossen. Wenn die Maschinen ab Herbst 1992 geliefert werden, sollen sie bis 1994 die gesamte DC-10-Flotte ablösen.
Mit dem Sommerflugplan '89 wurde zum ersten Mal die Hauptstadt eines Landes angeflogen, das sich bislang gegen jede Verbindung mit dem Westen gewehrt hatte: Tirana in Albanien. Damit erhöhte sich die Zahl der LH-Ziele auf 174 Städte in 85 Ländern.
Im Frühling 1989 war frischer Wind ins bundesdeutsche Luftfahrtgeschehen gekommen: Die in München beheimatete neue Liniengesellschaft GERMAN WINGS nahm mit zunächst vier zweistrahligen Douglas MD 83 den innerdeutschen Linienverkehr auf und wurde dadurch zum direkten Konkurrenten der Lufthansa. Kein Wunder, daß sich diese gegen das Interline-Abkommen wehrte, nach dem u. a. die G. A.-Tickets auch von der LH anerkannt und zum Flug auf LH-Maschinen dienen sollten. Wie so oft schon bei juristischen Auseinandersetzungen verlor die Lufthansa auch diesen Prozeß.
Geschäftsreisende, insbesondere auch Journalisten, waren begeistert vom neuen, besseren Deutschlandservice dieser Airline. Unisono lobte man den größeren Sitzabstand, die (meistens) freundlichen Stewardessen, die besseren Mahlzeiten. Machte sich eigentlich keiner dieser begeisterten Passagiere mit der nüchternen Frage vertraut, auf wessen Kosten ein derart aufwendiger Betrieb ermöglicht wurde? Irgendwo mußte doch entsprechend gespart werden. Vielleicht doch bei den Crews, in bezug auf ihre dringend notwendigen Ruhezeiten? Bei der technischen Wartung der Maschinen? Falls aber der Sicherheitsstandard genauso hoch wie der der Lufthansa sein sollte, dann mußte, nach Adam Riese, die hochgelobte Airline über kurz oder lang in die Pleite segeln.
Was sie auch tat. Freilich hatte sie noch dazu von vornherein mit einem schweren Handicap zu kämpfen: Die Abflugzeiten, die ihr von den Flughäfen überhaupt noch zugebilligt werden konnten, lagen so ungünstig (zu früh, zu spät), daß sie von vielen Geschäftsleuten aus Termingründen nicht akzeptiert werden konnten. Doch auch nach ihrem Konkurs 1990, als einige hohe LH-Manager hörbar aufatmeten, stand das Positive fest: Sie hatte, als ernster Konkurrent der LH, einige allzu selbstzufriedene

Herren in Führungspositionen aufgeschreckt und zum Nachdenken über (noch) besseren Service gezwungen.
1989 wurden 20,4 Millionen Fluggäste befördert – gegenüber dem Vorjahr wiederum eine Steigerung um 5,5 Prozent. Die zahlende Fracht stieg sogar um 11 Prozent auf fast 870 Tonnen. Die Gesamtauslastung stieg auf den bislang höchsten Wert von 67,6 Prozent.
Trotzdem wurden die Lufthanseaten nicht recht froh. Denn die Treibstoffkosten waren wiederum erheblich gestiegen (+ 25 Prozent), die Verspätungssituation wegen Überfüllung der Häfen und Lufträume hielt unvermindert an. Zum Jahresende besaß die LH 181 Flugzeuge (inkl. 23 Maschinen von DLT). Inzwischen wurden 44 468 Mitarbeiter beschäftigt.

Fly-by-Wire

Im Oktober '89 wurde der Airbus A 320 übernommen. Mit ihm hielt eine neue Art des Fliegens Einzug in die Zivilluftfahrt: Fly-by-Wire. Das normale Steuerrad entfällt; der gesamte Flug wird über Computer mehr oder weniger vorprogrammiert, über einen kurzen Sidestick können einzelne Flugphasen elektronisch gesteuert werden.
Im gleichen Monat wurden versuchsweise auf Nebenstrecken wie Düsseldorf–Stuttgart und Nürnberg–Köln versuchsweise reine Nichtraucherflüge angeboten. Die Ergebnisse wurden der Bundesregierung zur Verfügung gestellt.
Kurz vor Jahresschluß, am 29. Dezember 1989, empfing Heinz Ruhnau auf dem Rhein-Main-Flughafen den zwanzigmillionsten LH-Passagier.
Den Passagieren freilich war sowohl der zwanzigmillionste Fluggast gleichgültig wie auch das sensationelle Fly-by-Wire-Cockpitsystem des A 320. Sie wurden schließlich weder als Ehrengast empfangen, noch saßen sie im Cockpit. Doch in der Kabine traten in diesem technisch fortschrittlichsten Flugzeug Geräuschbelästigungen mit einem Pegelstand auf, wie er so noch nie erreicht worden war. Die Konstruktionsteams vor ihren Computern: ratlos. (Doch eines Tages wird eine für teures Geld finanzierte Expertengruppe unter intensivem Werbeaufwand mitteilen, es sei ihr gelungen, auch dieses Problem zu lösen und den Lärmpegelstand auf den der guten alten Typen der siebziger Jahre zurückzubringen.)
Interne Probleme traten auch auf kürzeren Strecken mit der neuen Business-Class auf. Business-Passagiere gibt es an den Wochenenden kaum, damit befindet sich der Hauptteil der Passagiere in der Economy-Class

im Heck. Zum Trimmausgleich bei Start und Landung mußten oftmals Sandsäcke vorn zusätzlich geladen werden, die pro 25 Kilo acht Mark kosteten.

INTERFLUG – die gescheiterte Zusammenarbeit

Nach der Öffnung der Mauer im Herbst '89 sollte sich auch ein uralter Wunsch der Lufthansa erfüllen: endlich wieder nach Berlin fliegen zu dürfen. Zunächst war es ihr immer nur gelungen, zur Messezeit einige Flüge nach Leipzig durchführen zu können. Jetzt konnte eine eigene LH-Station in der Messestadt eröffnet werden – mit allen Handicaps: räumlicher Enge, personellen Engpässen, überlasteten Telefonverbindungen.
Zwischen Heinz Ruhnau, Chef der Lufthansa, und Dr. Klaus Henkes, Generaldirektor der INTERFLUG, wurden Beratungen und Vereinbarungen über weitere Flugverbindungen und Kooperationen getroffen. Zunächst klang die Aussage Ruhnaus optimistisch: »Die Zeit, in der Deutschland am Katzentisch saß, ist vorbei.« Sie war vorbei, brachte aber eine Fülle von Schwierigkeiten.
Von vornherein stand fest, daß sowohl der Flughafen Tegel wie vor allem auch der bislang in der DDR gelegene Hafen Schönefeld den Anforderungen des kommenden Berlin-Verkehrs nicht gewachsen sein würde. Zunächst wurde INTERFLUG als fast ebenbürtige Fluggesellschaft betrachtet. So Heinz Ruhnau auf der ersten gemeinsamen Pressekonferenz am 19. Januar 1990 in Berlin-Schönefeld: »Wir haben INTERFLUG als guten Partner und ihre Mitarbeiter auf allen Ebenen als motiviert, qualifiziert und effizient kennengelernt.« Training und Schulung wurden für das »INTERHANSA Simulator Zentrum Berlin« eingeplant. Von der Flugschule Bremen wurden zwei Turboprops zum Training in Erfurt stationiert.
Henkes äußerte sich optimistisch über die Zukunft seiner INTERFLUG: Er benötige noch zwölf Airbusse, um seine Routen nach Westen auszudehnen und den dortigen Lärmvorschriften zu entsprechen. Die Piloten für die bereits vorhandenen drei Airbusse flogen zur Einweisung und teilweisen Ausbildung bereits bei Lufthansa mit. Am 3. Februar eröffnete INTERFLUG ihren Liniendienst zwischen Dresden und Köln – allerdings noch mit einer alten, zweistrahligen Tupolev Tu 134 A.
Mit den Sowjets wurde die bereits angelaufene Zusammenarbeit intensiv fortgesetzt. Ein Joint Venture sah den Ausbau des Flughafens Moskau-Sheremetjevo und die technische Betreuung der AEROFLOT-Air-

busflotte vor. Auch die Lufthansatochter Condor, die sich von der bislang gepflegten Typengleichheit abgewandt und Boeing 757 angeschafft hatte, tat sich mit INTERFLUG zusammen. Das gemeinsame Unternehmen sollte INTERCONDOR heißen, starb aber vor der Realisierung. Der Frühjahrsflugplan 1990 wies 31 Verbindungen mit der DDR auf: 14 von Lufthansa, 17 von INTERFLUG.

Doch bald sollten sich, nach dem ersten Jubel, drei Problempunkte herausschälen, die allerdings schon erkennbar gewesen waren, als noch von Optimismus die Rede war:

- der Berlin-Verkehr,
- die Zukunft der INTERFLUG,
- die grundsätzliche Situation Anfang der neunziger Jahre aufgrund des sich verhärtenden Konkurrenzkampfes und der Deregulation.

»Die plötzliche Genesung der Pan-Am-Piloten«, meldete *Die Welt* am 30. Oktober 1990. Der 28. Oktober, ein Sonntag, sollte nach Meinung Heinz Ruhnaus der wichtigste Tag in der Geschichte der Nachkriegs-Lufthansa werden: Endlich wieder durfte die alte Hauptstadt Berlin in eigener Regie angeflogen werden. Doch der denkwürdige Tag wuchs sich auf dem Flughafen Tegel zu einem Desaster aus: stundenlange Verspätungen, zornige Passagiere, gestrichene Flüge.

Primär war die Lufthansa unschuldig. Pan Am hatte ihre Berlin-Flugrechte an die Lufthansa übertragen. Dabei hatte man nur die Pan-Am-Piloten unberücksichtigt gelassen. Alle anderen Abteilungen waren der LH unterstellt worden. Doch die Piloten wurden in ihren, der LH unterstellten Maschinen benötigt. Sie wollten von der Lufthansa genauso übernommen werden wie das Bodenpersonal, da sie sich von diesem Arbeitgeber mehr für die Zukunft versprachen als von ihrer defizitären Pan Am. Im Prinzip eine Entscheidung zugunsten der LH. Doch weil sich diese Verhältnisse so rasch nicht klären ließen, kam es zu Protest-Krankmeldungen und zum Chaos auf Tegel.

Allerdings ist Tegel nun einmal nicht auf eine derartige Anhäufung von Flügen eingerichtet. 1987 fanden täglich ganze 170 Flugbewegungen statt. Seit jenem historischen Sonntag sind es bis zu 400. Prompt schoß der *Spiegel* in einem Interview mit Heinz Ruhnau scharf: Die Lufthansa habe sich damals »mächtig blamiert«. Genau an jenem Festtag des neueröffneten Berlin-Verkehrs, mit Blasmusik, Ansprachen und feierlichen Gesichtern. Am allgemeinen Zustand der Berlin-Abfertigung wird sich so rasch nichts ändern lassen. Ein dritter Flughafen wird schon für die nächste Zukunft geplant werden müssen, wenn Berlin wieder zu einer Drehscheibe im internationalen Luftverkehr werden soll. Die Luft-

hansa plant, in Berlin eine eigene Flotte zu stationieren. Sie wird morgens aus Berlin herausstarten und im Sternverkehr abends zurückkehren. Für Oktober 1991 war die Aufnahme des Simulatorbetriebes in den Gebäuden des Interhansa-Simulatorzentrums der Berlin GmbH geplant. Hier sollten die Crews der Lufthansa, INTERFLUG, AEROFLOT und der tschechischen CSA für den Airbus A 310 ausgebildet werden.
Doch genau ein Jahr vorher schien die anfangs so euphorisch begrüßte Kooperation mit der INTERFLUG in die Brüche zu gehen. »INTERFLUG-Chef wehrt sich gegen Lufthansa«, hieß es im *Spiegel*. Und: Das Gezerre um die ehemalige DDR-Gesellschaft werde immer grotesker. Denn der Geschäftsführer der INTERFLUG, Andreas Kramer, widersprach dem Plan Ruhnaus, INTERFLUG zunächst treuhänderisch zu sanieren und von Mitte 1991 an ganz zu übernehmen. Auch das Kartellamt hatte Einwände.
Während Ruhnau beabsichtigte, INTERFLUG mit ihren veralteten, unwirtschaftlichen Maschinen hauptsächlich nach Osten und in den entsprechenden Randgebieten fliegen zu lassen, schwebte Kramer eine Anti-Lufthansa-Linie als direkte Konkurrenz auch im Westen vor. Zu seiner Unterstützung wäre freilich ein starker Partner notwendig gewesen. Doch weder mit der zunächst interessierten British Airways noch mit der »Metro«-Gruppe kam eine Zusammenarbeit zustande.
»Vorbei das junge Glück, Katerstimmung macht sich breit.« So kommentierte schon im Sommer 1990 *Touristik Report* die aufkommenden Differenzen. Kein Wunder: Mit Kramer kühlte sich die Beziehung ab. Dieser war der Nachfolger Henkes', der seit dem 1. Mai 1990 pensioniert worden war. Kramers Pläne, ein weltumspannendes Streckennetz aufzuziehen, fanden nicht die Billigung Ruhnaus. Freilich konnte Kramer als INTERFLUG-Chef westliche Modelle aus finanziellen Gründen nur leasen. Die Tupolevs und Iljuschins hätten als unwirtschaftlich und veraltet abgestoßen werden müssen.
Das Gerangel um eine endgültige Kooperation mit der INTERFLUG fand am 8. Februar 1991 ein Ende, als die Geschäftsführung der ostdeutschen Gesellschaft durch das Vorstandsmitglied der Treuhandanstalt Dr. Wild über das Aus ihres Betriebes informiert wurde. Immerhin war das, wie viele Mitarbeiter süffisant bemerkten, das erste Mal, daß sie über das Schicksal der INTERFLUG nicht erst aus den Medien erfuhren. Mit Recht beanstandeten sie, daß ihre Leitung niemals auch nur das geringste Mitspracherecht hatte, noch auch nur an den Beratungen über ihr Schicksal teilnehmen durfte.
Die Mehrheit der INTERFLUG-Beschäftigten hatte im Frühjahr 1990 die Fusion mit der Lufthansa gewünscht. Das Bundeskartellamt, anson-

sten nicht übermäßig pingelig, hatte diese Fusion untersagt. Dazu der Vorsitzende des INTERFLUG-Gesamtbetriebsrates Suchowski: »Die verantwortlichen Herren können zufrieden sein. Wettbewerbsmäßig hat sich damit viel bewegt – leider nur der Wettbewerb der Arbeitslosen auf dem Arbeitsmarkt!«
Inzwischen hatte sich die Lufthansa bereits auf Kosten der INTERFLUG wesentliche Räumlichkeiten sowohl im Terminal von Schönefeld wie auch in der Werft gesichert. Wer im Januar 1991 durch diese Räume ging, konnte nachvollziehen, weshalb die »Ossis« sich von den »Wessis« über den Tisch gezogen fühlen: Da hatte die westdeutsche Fluggesellschaft zwei Drittel der Werfthalle belegt und sämtliche INTERFLUG-Geräte auf das letzte Drittel der Halle zusammenschieben lassen. Ähnliches konnte in der Abflughalle Schönefelds registriert werden. Bürokratisch-juristisch alles völlig korrekt, doch es fehlte den zuständigen Managern wieder einmal an Feingefühl. So verscherzt man sich die Sympathien von idealistisch gesinnten Mitarbeitern, die eben noch für eine Fusion waren. Die Lufthansa-Piloten, die inzwischen mit INTERFLUG-Kollegen trainierten und u. a. in Erfurt übten, hatten für diese protzige Zurschaustellung westlicher Überlegenheit über ein angeblich »marodes« Unternehmen kaum Verständnis. Für diese Gruppe von Lufthanseaten waren die INTERFLUG-Piloten gleichwertige Kumpel, noch dazu mit einer Motivation und einem Idealismus, wie er bei westlichen Airlines kaum noch spürbar war.
Am 11. Februar 1991, nach dem endgültigen Aus, stellte der Gesamtbetriebsrat der INTERFLUG fest: »Der Eindruck, der sich bei der Betrachtung... aufzwingt, ist, daß es politischer Wille ist, nichts bestehen zu lassen, was an eine ehemalige DDR erinnern könnte.«

Der Flughafen von Asunción in Paraguay: In der Mittagshitze stehen mehrere vergitterte Container einsam auf dem Rollfeld. Die Maschine für den Rückflug über Rio nach Deutschland wird demnächst beladen werden. In praller Sonne darben Tausende von tropischen Vögeln dahin; Piloten und Stewardessen, die einen Blick durch die Gitter werfen, sind schockiert. Schon jetzt liegen, dicht gestapelt, viele Aras, Sittiche und Papageien in den letzten Zuckungen. Man versucht Wasser aufzutreiben, doch dafür fühlt sich niemand zuständig.
Die Diskussionen, ob man die schändlichen Tiertransporte, insbesondere die Sendungen aus den einstigen Vogelparadiesen Paraguay, Venezuela und Brasilien ablehnen könne, haben so manche Crew weltweit beschäftigt. Doch die Tarifverträge ließen die Ablehnung einer ordnungsgemäß abgefertigten Sendung nicht zu.

So entschloß sich die Lufthansa zu einem sensationellen Verbot: Seit Anfang 1990 verweigert sie Großwildjägern die Beförderung von Trophäen gefährdeter Tierarten. Im November desselben Jahres stoppte sie auch den Transport lebender, in freier Wildbahn eingefangener Vögel. Bislang hatte sie pro Jahr ca. 1,5 Millionen sogenannte »Ziervögel« verfrachtet: Kakadus, Papageien, Beos, Tukane. Höchstens ein Drittel davon kam lebend an – ein Verlust, den die Tierhändler von vornherein einkalkulierten.
Mit dem mutigen Beschluß wurde die Lufthansa zum Pionier. Sie war die erste Fluggesellschaft der Welt, die einen solchen Schritt wagte. Und prompt wurde sie dafür gestraft. Die Zeitschrift *Jagen weltweit* rief ihre halbe Million deutschsprachige Jäger zum Boykott der Fluggesellschaft auf.

Ausblick auf das Jahr 2000

Auf der ILA – 1990 in Hannover – stellte die Vereinigung Cockpit den Entwurf eines berühmten, aber auch extravaganten Designers vor. Das neue Avionik-Cockpit von Luigi Colani sollte den Arbeitsplatz Cockpit erträglicher machen, vor allem in ergonomischer Hinsicht.
Ein scheinbar surrealistischer Entwurf, zumindest in den Augen konventioneller Techniker. Sie können sich nicht vorstellen, daß man ein derartig futuristisch ausgelegtes Cockpit wirklich bauen könnte. Mit einem neuen Fly-by-Wire oder gar Fly-by-Light-System läßt sich nun mal mehr Ingenieurehre einheimsen als mit dem pannenlosen Entleerungssystem der Toilettenanlage oder der korrekten Position der Belüftung und eines Pilotensitzes. Einerseits brüsten sich viele Fluggesellschaften, entscheidend beim Entwurf eines neuen Typs wie der Boeing 737, 747-400 oder der MD 11 mitgewirkt zu haben. Andererseits müssen sich die Pilotenvertretungen weltweit mit technischen Alleingängen befassen, die von ihren Arbeitgebern offiziell gar nicht beachtet und nicht einmal ernsthaft diskutiert werden.
Trotzdem brüsten sich alle Flugzeugwerke immer wieder damit, daß sie ihre Systeme extrem den Erfordernissen und Bedürfnissen der Piloten anpassen. Womit immer nur die Zusammenarbeit mit dem Chefpiloten oder dem ehrwürdigen Piloten im Vorstand gemeint ist. Der freilich ist nur in diesen Posten hineinberufen worden, weil er bereit ist, Entscheidungen zugunsten seiner ehemaligen Kollegen nur dann zu treffen, wenn, primär, die Wirtschaftlichkeit dadurch nicht gefährdet wird.
Inzwischen hat sich die Kluft zwischen Management und Piloten welt-

weit vergrößert. Eine Problematik, die letzten Endes der Kunde zu spüren bekommt.

In der Statistik für das Jahr 1989 gehörte die Lufthansa zu den Größten der Luft (allerdings fehlte darin die sowjetische Aeroflot). Während an erster Stelle British Airways mit 18 Millionen beförderten Passagieren und Air France an zweiter Stelle lag, konnte die LH stolz sein auf den dritten Platz mit 11,6 Millionen Fluggästen. Sie ließ damit sowohl die JAL, wie auch Pan Am, Swissair und KLM hinter sich.
Im Frachtverkehr wurde sie mit 3,8 Milliarden Tonnenkilometern zur Nummer eins – vor dem zweiten Frachtriesen JAL. Vorbei die alten Zeiten, als dem Frachtgeschäft keine Zukunft zuerkannt wurde. Insbesondere durch den Einsatz der Jumbo-Frachter vom Typ Boeing 747-F rückte die Gesellschaft so hoch hinauf.
Und obwohl schwere Jahre vor ihr liegen und so manche Panne passierte, kann sie voller Stolz auf das Erreichte zurückblicken. 1955 begann man den Liniendienst mit vier Convair CV 340. Die Flottenstärke wurde für die absehbare Zukunft auf rund 40 Maschinen festgelegt. Heute fliegen 152 Flugzeuge. Bis zum Jahr 2000 soll der Maschinenpark auf 300 ansteigen. Als Typen werden voraussichtlich eingesetzt werden: Boeing 737-300 und -500; Airbus 310, 320, 321, 340; Boeing 747-400, vielleicht auch 777.
Dem Überschallverkehr steht man aufgeschlossen, aber auch kritisch und teilweise skeptisch gegenüber. Die Concorde kam von vornherein nicht in Frage, weil ihre Reichweite für sichere Nonstopflüge von deutschen Häfen aus nicht für den Verkehr mit den USA ausreichte. Ein Nachfolgemodell unter der Bezeichnung ATSF würde frühestens 2005 auf den Markt kommen -- was bei den üblichen Verzögerungen und Schwierigkeiten eher auf 2010 hindeutet. Auch Airbus legte inzwischen einen Entwurf vor. Die Einsatzmöglichkeiten dieser neuen Generation von Überschallflugzeugen werden mehr und mehr auch von ökologischen, vor allem aber von wirtschaftlichen Gesichtspunkten bestimmt. Die Überschallknall-Schleppe, die die Concorde erzeugt, macht es unmöglich, Überschall über Land zu fliegen. Wirtschaftlich ertragreich könnte aber ein solcher Flug erst werden, wenn er wirklich auf der Gesamtstrecke im Überschall zurückgelegt werden kann. Da auch für LH ein solches Flugzeug noch in weiter Ferne liegt, andererseits die extremen Langstrecken nicht nur den Piloten, sondern auch den Passagieren zu schaffen machen, wird die Komfort- und Unterhaltungsfrage zunächst die Gemüter der Verantwortlichen mehr beschäftigen als die Frage nach einem neuen Überschallflugzeug.

Zur Zeit des Golfkrieges allerdings beschäftigten alle Fluggesellschaften sich weltweit weniger mit der Zukunft des Überschallverkehrs als vielmehr mit dem katastrophalen Rückgang ihrer Buchungszahlen. 1990 hatten mehr als 22 Millionen Passagiere ein Lufthansa-Flugzeug benutzt -- mehr als je zuvor. Ein phantastisches Ergebnis – bis zum katastrophalen Kahlschlag durch den Golfkrieg und die Kerosinpreiserhöhung. Eben noch hatten sich alle europäischen Airlines an Verspätungen gewöhnen müssen, weil sowohl Luftstraßen wie auch Airports hoffnungslos überfüllt waren. Jetzt fanden die Warteverfahren auch noch mit halbleeren Flugzeugen statt. Viele Flüge wurden gestrichen, dem Bordservice der LSG wurde Kurzarbeit verordnet, viele Angestellte wurden in Urlaub geschickt.
Die Streckenpiloten stellten wieder einmal fest: Viele teure »Verspätungen« kamen nur dadurch zustande, daß die Bodenzeiten viel zu knapp eingeplant waren. Hätte man sie von vornherein den aktuellen Gegebenheiten in einem großzügigeren Flugplan angepaßt, wäre alles normal verlaufen. Und die ganz alten Piloten fühlten sich an die Machenschaften aus den sechziger Jahren erinnert. Damals wurden, um die höchstzulässigen Flugdienstzeiten der Crews nicht zu überschreiten, Zwischenstopzeiten eingeplant, die nie einzuhalten waren. Dreißig Jahre Fortschritt von der Super-Constellation bis zum Airbus – doch die Bürokratie steckte teilweise immer noch in der Steinzeit der Gründerjahre.
Dennoch hat sich die Lufthansa eine Marktstellung erobert, auf die sie stolz sein kann. Auch bei allen Konkurrenten traten und treten die gleichen Probleme zwischen Bürokratie und fliegerischer Alltagspraxis auf. Eine rechtzeitige Annahme der Kritik aus den eigenen Reihen könnte sie, mit einem entsprechenden Maßnahmen-Katalog, zu einer Lufthansa 2000 führen, auf die nicht nur ihre Manager stolz sind, nicht nur ihre Passagiere und jetzigen Firmenangestellten, sondern auch jene Pioniere der fünfziger, sechziger, siebziger Jahre, die im Cockpit ihre Geschichte erflogen haben.

Chronik

1926 Am 6. 1. wird die Deutsche Lufthansa AG gegründet. Am 6. 4. nimmt sie auf zunächst sieben Strecken den planmäßigen Flugverkehr auf. Nach einigen Wochen werden 57 deutsche, 15 ausländische Häfen angeflogen. 1. 5.: Eröffnung der ersten Nachtflugstrecke der Welt für Passagiere von Berlin nach Königsberg. 3. 5.: Eröffnung einer Flugbootstrecke Stettin–Stockholm (Flugzeit 5 Stunden). 26. 5.: Nachdem im Pariser Luftfahrtabkommen vom 5. 5. die Beschränkungen der Nachkriegszeit für die deutsche Luftfahrt aufgehoben wurden, eröffnet die Luft Hansa gemeinsam mit der Lignes Forman die Strecke Berlin–Köln–Paris. Im Sommer eröffnet die Luft Hansa mehrere »Bäderstrecken« an die Nord- und Ostseeküste.
Im ersten Betriebsjahr legten die Lufthansa-Flugzeuge 6 537 434 Flugkilometer zurück, beförderten 56 268 Personen und 946 Tonnen Post und Fracht. Die Streckennetzlänge betrug im Sommer 20 408 Kilometer. Die Gesellschaft hat jetzt 1 527 Mitarbeiter.
1927 Eine ganze Anzahl von neuen Strecken wird eröffnet. So am 21. 3. eine neue Nord-Süd-Strecke von Berlin über Dresden und Prag nach Wien, die Verlängerung der von Malmö über Kopenhagen nach Berlin führenden Verbindung. Am 11. 7. Inbetriebnahme der Strecke Berlin–Stettin–Kopenhagen–Göteborg–Oslo. Das Teilstück Stettin–Oslo über der Ostsee wird mit Flugbooten vom Typ Dornier-Wal, später auch mit dem Superwal und der G 24/See beflogen. Am 5. 8. wird die Strecke München–Salzburg–Klagenfurt–Venedig eröffnet. Am 13. August vereinbaren Lufthansa und Reichsbahn eine Zusammenarbeit bei der Güterbeförderung.
In Spanien eröffnet am 14. 12. die mit Beteiligung der Lufthansa gegründete spanische Luftverkehrsgesellschaft »Iberia-Compania Aérea de Transportes S. A.« ihre erste Strecke von Madrid nach Barcelona. Das Flugboot *Atlantico* fliegt mit dem brasilianischen Verkehrsminister Dr. Victor Konder am Neujahrstag nach Florianópolis. Der Flug wird später offiziell als »Beginn der Verkehrsluftfahrt in Brasilien« bezeichnet. Das Condor-Syndikat erhält zum 26. Januar die Konzession für den Personen- und Postflugdienst auf der Küstenstrecke zwischen Rio de Janeiro und Porto Alegre und im September für die Strecke Rio–Natal. Außer-

dem darf das Condor-Syndikat seine Flugboote zwischen der Küste und der Insel Fernando Noronha einsetzen.
Die Lufthansa gründet am 1. 12. in Rio die »Syndicato Condor Ltda.« als brasilianische Luftverkehrsgesellschaft. Die Konzession für das alte Condor-Syndikat, das seit dem 1. Juli 1927 seine Aktivität eingestellt hatte, wird auf die neue überregionale Gesellschaft übertragen.
1928 Am 5. Januar eröffnet die Lufthansa die Strecke Marseille–Barcelona. Letztes Teilstück der durchgehenden Flugverbindung Berlin–Madrid, der Route 12, zu diesem Zeitpunkt die längste Flugstrecke in Europa (2 100 km). 12./13. April: Hermann Köhl, Nachtflugleiter der Lufthansa, überquert gemeinsam mit von Hünefeld und Fitzmaurice in der Junkers W 33 *Bremen* von Irland aus den Nordatlantik. 14. Mai: Schnellverbindung Berlin–Zürich ohne Zwischenlandung (Flugzeit 5 Stunden, 15 Minuten). 21. Mai: Einrichtung eines Flugzeugabholdienstes in Bremerhaven für den Schnelldampfer *Columbus*. 1. Juni: Eröffnung der Schnellverbindung Berlin–Wien mit Anschluß nach Rom (gemeinsam mit der Österreichischen Luftverkehrs AG). 6. Juni: Die Strecke Berlin–Danzig–Königsberg–Riga–Reval–Leningrad wird von der Deruluft eröffnet. Flugdauer 14 Stunden, Zeitgewinn gegenüber der Bahn: 56 Stunden. 9. Juli: Post- und Frachtluftverkehr München–Mailand wird von Lufthansa und Avio Linee eröffnet. Am 27. August startet die Junkers W 33 *Ural* zum ersten Sibirienflug, am 9. September zu einem zweiten. Sie landet am 11. 9. in Irkutsk und kehrt am 24. September zurück. Reine Flugzeit: 73 Stunden, 10 Minuten. Fazit der beiden in Zusammenarbeit mit Deruluft und Dobroljot durchgeführten Flüge: Eine Fluglinie Berlin–Moskau–Sibirien–Shanghai liegt nach dem Ausbau einer entsprechenden Bodenorganisation im Bereich des Möglichen. Eine andere W 33, die *Europa*, fliegt zwischen dem 18. September und 18. Oktober von Berlin nach Tokio.
1929 Am 21. 5. Eröffnung der ersten Reichspoststrecke zwischen Berlin und London. Zweiter Reichspostkurs: Berlin–Malmö (ab 30. 5.), dritter Stuttgart–Basel (ab 1. 6.), vierter Stralsund–Stockholm (ab 1. 7.). In den Sommermonaten 1929 hat das Spezial-Poststreckennetz eine Länge von 4 000 km,
Zwischen dem 25. und 29. Oktober erkundet die Lufthansa mit einem Flug über den Balkan nach Istanbul die Verkehrsmöglichkeiten mit der Türkei. Der erste Postvorausflug nach Nordamerika startet am 22. Juli. Das Heinkel-Schwimmerflugzeug He 12 wird 400 km vor New York auf dem Atlantik vom Passagierschiff *Bremen* katapultiert. Nach zweieinhalbstündigem Flug Landung im Hafen von New York. LZ 127 *Graf Zeppelin* startet am 15. 8. über den Fernen Osten nach Amerika. Zur

Vorbereitung der Südamerika-Route unternimmt am 5. Dezember ein Arado-Postflugzeug einen Flug von Sevilla nach Teneriffa (Flugzeit 10 Stunden, 40 Minuten).

1930 Am 21. 2. gründen das chinesische Verkehrsministerium und die Lufthansa die »Europäisch-Asiatische Luftpostaktiengesellschaft Eurasia«. Der erste Schleuder-Vorausflug des Jahres von der *Bremen* erfolgt am 29. 4. Auch die *Europa* erhält eine Katapultanlage. Insgesamt werden 1930 24 Schleuderflüge ausgeführt. Vom 18. bis 26. 8. macht Wolfgang von Gronau seinen sensationellen Flug von Warnemünde nach New York mit einem Dornier-Wal. Reine Flugzeit 44 Stunden, 25 Minuten. Am 25. 4. landet das erste deutsche Postflugzeug in Istanbul. Am 5. 5. eröffnet die Lufthansa den planmäßigen Luftpostdienst auf der Balkanstrecke Wien–Budapest–Belgrad–Sofia–Istanbul (die Umwandlung in eine Fracht- und Poststrecke erfolgt ein Jahr später am 1. 5. 1931). Die Postlaufzeit zwischen Berlin und Istanbul beträgt 24 Stunden.

Am 18. Mai beginnt eine enge Zusammenarbeit zwischen Lufthansa, Syndicato Condor Ltda. und Delag. Das Luftschiff *Graf Zeppelin* startet zur ersten Südamerikafahrt. Am 22. 5. Landung in Recife, am 25. 5. Ankunft in Rio.

1931 Am 31. 5. wird der regelmäßige Postflugdienst auf der Strecke Shanghai–Nanking–Peking–Manshuli eröffnet (etwa 2 500 km). Am 20. 12. Flug einer Junkers W 33 von Peking in den unerschlossenen Westen Chinas nach Urumtschi (etwa 2 600 km). Am 1. 4. wird der regelmäßige Personenverkehr über die Alpen eröffnet. Ab 1. 6. Erprobung eines Aerobus-Dienstes zwischen Köln und Frankfurt: fünfmaliger Pendelverkehr täglich (neben den planmäßigen Flugzeugen). Der Flugpreis entspricht dem einer 2.-Klasse-Eisenbahnfahrt.

Im Südatlantikdienst werden 1931 12 Flüge zwischen Cadiz und Las Palmas und 3 Flüge bis Bathurst in Britisch-Gambia an der Westküste Afrikas durchgeführt. Dazu kommen 7 Anschlußflüge an die nach Südamerika fahrenden Dampfer; die Syndicato Condor Ltda. versieht den Abholdienst von Fernando Noronha. 31 Schleuderflüge werden 1931 durchgeführt, die beförderte Postmenge wird um 69% gesteigert.

1932 Die erste Etappe (Nanking–Loyang–Sian) der Shanghai–Tschugutschak-Linie zur chinesisch-russischen Grenze wird am 1. 4. eröffnet. In diesem Jahr werden außerdem zwei Probeflüge auf der insgesamt 4 200 km langen Strecke Shanghai–Tschugutschak unternommen. Ab 1. Juli setzt die Lufthansa die Junkers G 38, das größte Landflugzeug der Welt, auf der Strecke Berlin–Amsterdam–London ein.

Im Sommer Verlängerung der Post- und Frachtstrecke zum Balkan bis nach Athen. Die Junkers Ju 52 legt die Alpenstrecke Zürich–Genf–

Mailand–Zürich in der Rekordzeit von 3 Stunden, 43 Minuten zurück. Von März bis Oktober unternimmt das Luftschiff *Graf Zeppelin* neun Atlantikfahrten.
Lufthansa chartert am 1. 7. den Dampfer *Westfalen* als schwimmenden Flugstützpunkt für den Südatlantik. Im Laufe dieses Jahres erfolgen 36 Katapultflüge von der *Bremen* und der *Europa*.
1933 Vom 31. Mai bis 10. Juni werden zwei Junkers W 34 von Deutschland über Sibirien nach Shanghai überführt. Die Heinkel He 70 bricht in diesem Jahr insgesamt 8 Geschwindigkeitsweltrekorde mit einer Höchstgeschwindigkeit von 357,4 km/h. Als erste Eisenbahn-Gesellschaft der Welt gibt die Deutsche Reichsbahn einen Nachtzug zwischen Berlin und Königsberg zugunsten einer Flugverbindung auf. Am 29. 5. erster Schleuderstart eines Dornier-Wals (8 t) mit Großkatapult »K 6« in Bremerhaven. Der Dornier-Wal *Monsun* unternimmt am 6. 6. den ersten Katapultflug nach Natal, *Passat* fliegt den entgegengesetzten Kurs. Der ersten Versuchsreihe folgt im Winter eine zweite.
1934 3. 2.: Erster planmäßiger Flug von Deutschland nach Südamerika und damit erster planmäßiger Transozeanflug der Welt. Planmäßige Beförderungsdauer auf der 14 000 km langen Strecke: 4 bis 5 Tage. Berlin–Breslau, Berlin–Münster und Berlin–Stuttgart werden als sogenannte »Reichsbahnstrecken« in Betrieb genommen. Ab 1. 5. Flugverkehr nach Warschau. Die planmäßige Reisegeschwindigkeit auf großen internationalen Strecken wird von 160–180 km/h auf 240 km/h heraufgesetzt. Grund der Steigerung: der Einsatz von Ju-52-Flugzeugen (Bestand Ende 1934: 38 Stück). Mit der Heinkel He 70 (Reisegeschwindigkeit 280–300 km/h) wird am 15. 6. ein »Blitzstreckennetz« zwischen Berlin, Hamburg, Köln und Frankfurt am Main eröffnet. Am 28. 9. befördert die Lufthansa den einmillionsten Fluggast.
Auf dem Südatlantik Einsatz weiterentwickelter Zehn-Tonnen-Wale und eines zweiten Katapultschiffs, der *Schwabenland*. Zur Überführung einer Ju 52 nach China am 29. 8. wird erstmals die Südroute benutzt: über Ägypten, Bagdad, Allahabad, Rangun, Bangkok, Hanoi, Kanton nach Shanghai.
1935 Am 14. Februar erster Versuchsflug einer Ju 52 nach Kairo. Rückflug nach Berlin (3 300 km) am 20. 2. in 16½ Stunden. Am 5. 6. Flug einer Kairo-Ju 52 von Kairo über Alexandrien–Athen–Budapest nach Berlin (4 000 km) in 21 Stunden. Eröffnung der Strecke Amsterdam–Mailand gemeinsam mit KLM. Am 1. 4. Gründung der Deutschen »Zeppelin-Reederei« gemeinsam mit der Luftschiffbau-Zeppelin GmbH. Ab 30. 3. auf der Südatlantik-Strecke auch Nachtflüge. Dadurch Verkürzung der Postlaufzeit zwischen Deutschland und Rio de Janeiro auf drei, zwischen Deutschland und Buenos Aires auf dreieinhalb Tage. Am 25. 8.

100. planmäßiger Postflug über den Südatlantik. Rund 4 Millionen Luftpostbriefe wurden befördert. Lufthansa gibt ein drittes Katapultschiff, die *Ostmark*, in Auftrag.

1936 Lufthansa stellt Do-18-Flugboote für die Transatlantik-Strecken in Dienst. Leistung der beiden Dieselmotoren je 600 PS. Ozeanüberquerungen werden jetzt bei jedem Wetter ausgeführt.

Am 1. 9. 1937 übernimmt die Lufthansa von der Deruluft, die liquidiert werden soll, die Strecke Berlin–Danzig–Königsberg–Kowno–Riga–Reval–Helsinki. Erste Erkundungen der zentralasiatischen Route. Eine Ju 52 überfliegt im Sommer Hindukusch und Pamir. Gesamtstrecke: 12 240 km, reine Flugzeit: 55 Stunden, 43 Minuten. In Afghanistan wird eine meteorologische Beobachtungsstation eingerichtet.

1937 Am 26. April startet das Luftschiff *Graf Zeppelin* zu seinem letzten Linienflug. Am 24. 7. Gründung der Sociedad Ecuadoriana de Transportes Aereos (SEDTA) durch Fritz Hammer. Sie nimmt den Flugbetrieb mit zwei von der Lufthansa gecharterten Junkers-W 34 auf. Zweite Versuchsreihe auf dem Nordatlantik von insgesamt 14 Flügen mit zwei viermotorigen Blohm & Voss Ha 139 und den Katapultschiffen *Schwabenland* und *Friesenland*. Erster Flug von Horta auf den Azoren nach New York am 15. August, letzter Flug am 18. 11. von New York nach Horta. Längste Flugzeit dieser Serie in Ost-West-Richtung: 19 Stunden, 5 Minuten, kürzeste: 14 Stunden, 35 Minuten. Mitte August zweite Pamir-Expedition in Berlin. Die erste Ju 52 startet nach Kabul, eine Woche später folgt die zweite. Am 24. und 26. 8. überqueren die Flugzeuge den Wakhan-Paß zwischen Rußland und Indien. Ende Oktober Beginn eines Postflugbetriebs Berlin–Bagdad, Verlängerung nach Teheran und Erweiterung auf Fluggastverkehr folgt am 10. 4. 1938. In China muß wegen des chinesisch-japanischen Krieges das Eurasia-Netz völlig umgestellt werden.

1938 Mitte April wird nach sieben Erprobungsflügen die Strecke nach Kabul via Teheran–Herat eröffnet. Gründung der Deutschen Lufthansa A. G., Sucursal Peru. Lima, die am 24. 5. den regelmäßigen Flugdienst Lima–La Paz aufnimmt. Dadurch besteht jetzt eine durchgehende Postverbindung Peru–Deutschland. Die Strecke Lima–La Paz besteht bis 1941.

Zwischen dem 21. 7. und 20. 10. dritte Versuchsserie auf dem Nordatlantik. Insgesamt werden 26 Atlantik-Überquerungen vorgenommen. Im Sommer stellt die Lufthansa neue viermotorige Flugzeuge für Langstrecke, die Focke-Wulf Fw 200 Condor und die Junkers Ju 90, vor. Am 10. 8. erster Nonstopflug der Fw 200 D-ACON von Berlin nach New York.

Am 28. 11. Rekordflug der Fw 200 D-ACON nach Tokio. Flugzeit 46 Stunden und 42 Minuten.
In diesem Jahr werden 254 716 Passagiere, 388 t Gepäck, 1 321 t Fracht und 5 288 t Post befördert. Dazu in Südamerika (Syndicato Condor Ltda.) und China (Eurasia) 26 471 Passagiere, 582,6 t Gepäck und Fracht, 283,4 t Post.
1939 Vom 19. 1. bis 5. 2. deutsch-ntarktische Expedition mit Atlantikfliegern der LH, zwei Dornier-Walen und der *Schwabenland* (7 Fotoflüge, 9 Erkundungsflüge). Das erkundete Gebiet (etwa 600 000 qkm, davon 350 000 qkm fotogrammetrisch erfaßt) erhält den Namen »Neu-Schwabenland«, Berge und Höhenzüge werden nach Lufthansa-Besatzungsmitgliedern benannt.
Am 1. April Übernahme der Transatlantik-Anschlußstrecke Natal–Santiago von Syndicato Condor. Ende Juni überquert eine Fokke-Wulf Fw 200 als erstes Landflugzeug der Lufthansa den Südatlantik (Flugzeit 9 Stunden, 47 Minuten).
Vom 22. 4. bis 22. 5. Tokio-Flug einer Ju 52 über Bangkok, Hanoi und Taipeh. Ab Ende Juli plänmäßige Flüge in 5 Tagesetappen von Berlin über Beirut, Basra, Karatschi und Kalkutta nach Bangkok.
1940 Im November wird der Eurasia-Dienst auf Weisung der chinesischen Führung eingestellt und Kunming geräumt. Die Mitarbeiter verlassen China Ende des Jahres.
1941 Nach dem Kriegseintritt der Vereinigten Staaten muß die Syndicato Condor den Betrieb aus Mangel an Treibstoff Mitte Dezember einstellen.
Am 22. 3. wird auch die Deruluft liquidiert.
1942 Nach der Nationalisierung der Syndicato Condor Ltda. erfolgt die Umbenennung in »Servicos Aéreos Cruzeiro do Sul Ltda.«.
1943–1945 Im Laufe der Kriegsjahre müssen immer mehr Strecken eingestellt werden. Piloten und Werften arbeiten für die Luftwaffe. Die Flugzeuge werden als Luftwaffen-Transporter eingesetzt.
Am 23. März 1945 gibt die Lufthansa ihren letzten Flugplan heraus.
1951 Das »Büro Bongers« nimmt im Mai in Köln seine Arbeit auf.
1952 Das Bundeskabinett beschließt am 26. 9. die Gründung einer Vorbereitungsgesellschaft für den geplanten Luftverkehr.
1953 Am 6. 1. (Gründungstag der alten Hansa) Gründung der Aktiengesellschaft für Luftverkehrsbedarf (Luftag). Am 8. 8. Vertrag über die Lieferung von vier Super-Constellation. Anfang November Beginn einer regelmäßigen Piloten- und Navigatorennachschulung.
1954 Die ordentliche Hauptversammlung der Luftag beschließt Anfang August, den Namen in »Deutsche Lufthansa AG« zu ändern.

Personalstand zum Jahresende: knapp 600 Mitarbeiter.

1955 Am 1. April Beginn des planmäßigen innerdeutschen Flugverkehrs zwischen Hamburg, Düsseldorf, Köln/Bonn, Frankfurt, München. Mitte April trifft die erste Super-Constellation nach einem Nonstopflug von 13 Stunden und 47 Minuten aus New York in Hamburg ein. Diese Maschinen werden zunächst von TWA-Kapitänen geflogen. Mitte Mai Aufnahme des europäischen Auslandsflugverkehrs. Im Juni wird die Deutsche Lufthansa in die IATA aufgenommen Am 8. 6. Start zum ersten planmäßigen Nordatlantikflug in Düsseldorf. Am 8. 8. findet bereits der 100. Nordatlantikflug statt. Eröffnung der Lufthansa-Fliegerschule am 1. 10. in Hamburg. Am 31. 10. wird Stuttgart ins Streckennetz einbezogen. Am 21. 12. Gründung der Deutschen Flugdienst GmbH (später Condor Flugdienst GmbH) durch Norddeutschen Lloyd, Hamburg-Amerika-Linie, Bundesbahn und Lufthansa.

1956 Ende März Start der ersten Super-Constellation mit ausschließlich deutscher Besatzung in die USA. Montreal und Chicago werden Ende April zum erstenmal angeflogen.

Am 1. Mai Eröffnung der Fliegerschule Bremen. Leitung: Flugkapitän Alfred Vermaaten jr. Mitte August Eröffnungsflug einer Super-Constellation nach Südamerika (Hamburg–Düsseldorf–Frankfurt–Paris–Dakar–Rio de Janeiro–São Paulo–Buenos Aires).

Anfang September Eröffnung des Orient-Dienstes über Istanbul, Beirut, Bagdad nach Teheran.

1957 Am 2. 4. Eintreffen der ersten beiden von fünf Convair 440 Metropolitan in Hamburg-Fuhlsbüttel. Einsatz der Maschinen nach Zürich und Wien. Mitte April Luftverkehr zwischen Deutschland und Österreich von deutscher Seite wiederaufgenommen. Anfang April Eröffnungsflug von Hamburg nach Montevideo. Die erste Super Star legt bei ihrem Überführungsflug Anfang Oktober von Burbank/Kalifornien nach Hamburg die 9 300 km nonstop zurück, in 17 Stunden und 19 Minuten. Durchschnittsgeschwindigkeit 537 km/h. Anfang Dezember Eröffnung eines reinen Frachtdienstes (zweimal wöchentlich) zwischen Deutschland und den USA mit einer gecharterten viermotorigen DC 4 mit einer Tragfähigkeit von 8 t.

1958 Am 5. 2. Start der ersten Lockheed Super Star – die auch bei starken Gegenwinden nonstop von Deutschland in die USA fliegen kann – von Hamburg mit Zwischenlandung in Frankfurt nach New York. Größte Verkehrsausweitung seit Aufnahme des Flugbetriebes. Gegenüber dem Vorjahr Eröffnung des Transportvolumens für Personen-, Luftpost- und Frachtverkehr um etwa 60 Prozent. Wöchentlich finden 30 Nordatlantikflüge statt. Gemeinsam mit der BEA erster Europafrachtdienst zwischen London, Düsseldorf, Frankfurt und Stuttgart. Am 3. 10. erster Flug in den Fernen Osten. Die erste der neun Vickers Viscount 814 für das Europanetz kommt Anfang Oktober in Hamburg an. Seit dem Winter Flüge nach Kairo mit Super-Constellations.

1959 Am 11. 1. Absturz einer Super-Constellation beim Anflug auf Rio. Anfang März Eröffnung des Luftfracht-Nonstop-Dienstes von Frankfurt nach New York. Am 20. 4. wird der Dienst nach Stockholm, am 16. 5. nach Athen wiedereröffnet. Im Winter werden Karatschi, Kalkutta und Bangkok angeflogen.

1960 Die erste Boeing 707-430 trifft Anfang März in Hamburg-Fuhlsbüttel ein. Erster Flug mit einer Boeing 707 nach San Francisco mit Zwischenlandungen in Paris und Montreal.

1961 Ende Januar Verlängerung der Fernoststrecke von Bangkok über Hongkong nach Tokio und Umstellung der Streckenführung auf Boeing 707. Mitte des Jahres werden von wöchentlich 64 Weltflügen bereits 74 Prozent mit Boeing beflogen. Eintreffen der ersten vier Boeing 720B, die ab 1. 7. in den Nahen und Mittleren Osten fliegen. Ab 1. 9. Errichtung eines Nachtflugpostnetzes in der Bundesrepublik. Auf dem 2 200 km langen deutschen Streckennetz werden vier Convair 440 und eine Viscount 814 eingesetzt.

Die Deutsche Flugdienst GmbH firmiert ab 1. 11. als »Condor Flugdienst GmbH«. Ab 1. 12. gemeinsam mit der amerikanischen Seabord World Airlines Nur-Fracht-Dienst auf dem Nordatlantik.

1962 Eine Boeing 720 B legt in der ersten Januarhälfte die 3 043 km lange Strecke Hongkong–Tokio in 2 Stunden und 39 Minuten zurück (Durchschnittsgeschwindigkeit: 1 148 km/h). Ab März zweimal wöchentlich Flüge nach Lagos/Nigeria. Es ist der erste Afrika-Dienst der Lufthansa. Im Mai Eröffnung der Strecke nach Johannesburg über Athen, Khartum, Nairobi, Salisbury.

1963 Am 1. 4. Beginn eines Airbus-Dienstes mit Super-Constellations: Wegfall von Buchungs- und Abfertigungsverfahren, Verzicht auf Bordservice und Verringerung des Flugpreises. Das Experiment wird 1966 wieder eingestellt. Palma de Mallorca wird erstmals angeflogen, auf der Fernoststrecke Neu-Delhi ins Streckennetz einbezogen.

1964 Die erste von zwölf Boeing 727 landet am 21. 3. in Hamburg-Fuhlsbüttel. Ab April werden die Europa-Jets schrittweise auf Europa- und Nahoststrecken eingesetzt.

Amsterdam wird erstmals planmäßig angeflogen, die Flüge nach Khartum und Kairo werden über Tripolis (Libyen) anstelle von Athen geführt. Mit der Polroute Frankfurt–Hamburg–Kopenhagen–Anchorage–Tokio Eröffnung der zweiten Ostasienstrecke.

1965 Am 1. 4. wird Australien in das Streckennetz aufgenommen. Boston und Philadelphia sind neue Landeplätze in Nordamerika.
Auf dem Werftgelände der Boeing-Werke in Seattle übernimmt Anfang November die Lufthansa den ersten Düsenfrachter, eine Boeing 707, der auf der Strecke Frankfurt–New York verkehrt. 56 395 t Fracht werden in diesem Jahr befördert. Bestellung von zehn Boeing 727-30 in »Quick-Change«-Ausführung (schnell umrüstbare Passagier-Frachtflugzeuge).
1966 Tunis wird ab 5. 1. angeflogen. Ebenso Eröffnung eines neuen Dienstes über New York in den karibischen Raum zur Westküste Südamerikas.
Am 28. 1. zweiter Absturz einer LH-Linienmaschine. Nach einem mißglückten Landeanflug auf Bremen stürzt die Metropolitan CV 440 beim Durchstarten ab.
Prag wird im April als erste Stadt im Ostblock, Nairobi im Ostafrikadienst angeflogen. Am 6. 4. erster Touristik-Charterflug einer Boeing 707 von Frankfurt nach Moskau.
Am 1. 7. Gründung einer neuen Tochtergesellschaft, der Lufthansa Service GmbH.
Ab November Flüge nach Oslo, ab Ende Dezember nach Khartum im Sudan, Entebbe in Uganda und Daressalam in Tansania. Im Dezember Beteiligung an der Gründung der DHG, Deutsche Hotelgesellschaft für Entwicklungsländer mbH.
Ende 1966 besteht die Flotte aus 31 Düsenflugzeugen und 23 Kolbenmotor- bzw. Propellerturbinenflugzeugen, werden 294 Flugkapitäne beschäftigt.
1967 Eröffnung des Dienstes nach Bodga/Kolumbien. Ab 1. 7. Schnellroute Frankfurt–Athen–Karatschi–Singapur–Djakarta.
Ende August werden Jugoslawien (Belgrad, Zagreb), Rumänien (Bukarest) und Ungarn (Budapest) ins Streckennetz einbezogen, das jetzt 76 Städte in 53 Staaten der Erde verbindet. Am 6. 10. wird die letzte Superconnie außer Dienst gestellt. Die Flugzeuge dieses Typs haben bei der Lufthansa bei insgesamt 185 000 Flugstunden etwa 83 Millionen Flugkilometer zurückgelegt.
1968 Am 1. 1. Übernahme sämtlicher Anteile der Chartergruppe »Südflug«. Die erste von 21 Boeing 737 landet am 4. 2. in Hamburg-Fuhlsbüttel. Im April Zusammenschluß von Air France/UTA, Lufthansa, Alitalia und Sabena zur ATLAS-Gruppe. Neue Anflugorte im Lufthansa-Streckennetz sind: Helsinki (ab April), Genua und Neapel (ab 1. Juli) sowie Tel Aviv (ab November).
1969 Auf dem Flughafen London-Heathrow nimmt die Lufthansa am 1. 1. eine eigene Frachtanlage in Betrieb. Auf der Polroute nach Japan

Verlängerung der drei Wochendienste bis Osaka, Äthiopien wird in das Afrikanetz eingefügt. 1969 hat die Lufthansa 5,9 Millionen Passagiere befördert, 18 Prozent mehr als im Vorjahr. Auf dem Frachtsektor kann sie den zweiten Platz im internationalen Frachtverkehr behaupten. Mit einem Überschuß von 69 Millionen DM in diesem Jahr hat die Lufthansa ihr bisher bestes Ergebnis erwirtschaftet.

1970 Lufthansa übernimmt im März, als erste europäische Fluggesellschaft, ihr erstes Großraumflugzeug vom Typ Boeing 747-130. Neue Strecken: Sofia (Bulgarien) wird angeflogen, der Verkehr nach Mauritius aufgenommen.

Der Aufsichtsrat stimmt am 23. 9. dem Kauf von vier DC 10-30 zu. Der Hangar V, die größte Flugzeug-Wartungshalle der Welt, wird am 2. 10. auf dem Frankfurter Rhein-Main-Flughafen seiner Bestimmung übergeben.

1971 Im März gründet die Lufthansa ein touristisches Unternehmen, die »Intercontinental Package Tours GmbH und Co. KG«, INCOPAC. Das letzte Flugzeug mit Propeller-Turbinen-Antrieb, eine Vickers Viscount 814, wird Ende März außer Dienst gestellt. Casablanca in Marokko wird angeflogen, ab Anfang April Warschau. Bombay wird anstelle von Kalkutta in das Streckennetz einbezogen. Im Mai wird das neue Lufthansa-Frachtzentrum in Frankfurt in Betrieb genommen. Am 2. 6. Eröffnung der Strecke nach Asunción in Paraguay mit Zwischenlandungen in Brasilien und Venezuela.

Als 16. Stadt in Afrika wird Anfang November die Hauptstadt von Zaire, Kinshasa, auf dem Weg nach Johannesburg angeflogen. Am 5. 11. Beginn der Flüge nach Teneriffa, am 4. 12. nach Saloniki.

Die Lufthansa-Flotte umfaßt Ende des Jahres insgesamt 75 Verkehrsflugzeuge der Baumuster Boeing 707, 727, 737 und 747.

1972 Seit Anfang Februar zweimal wöchentlich Nonstopflüge von Frankfurt nach Moskau. Nassau auf den Bahamas wird angeflogen, ebenso Quito (Ecuador). Ab April wird der Jumbo-Frachter sechsmal wöchentlich zwischen Frankfurt und New York eingesetzt. Nach langwierigen Verhandlungen kann die Lufthansa auch Toronto als zweiten Hafen in Kanada anfliegen.

Zwei Lufthansaflugzeuge sind entführt worden, eine B 747 nach Aden und eine B 727 nach Zagreb. Außerdem registrierte die Lufthansa 23 Entführungsandrohungen, 92 Bombenwarnungen und 2 Erpressungsversuche mit Bombendrohungen.

1973 Mitte Februar nimmt die Lufthansa (mit Condor) ihre hundertste Boeing in Empfang. Anfang August Errichtung eines Schnellkurses von Frankfurt über Moskau und Sibirien nach Tokio. Die Strecke ist

9 500 km lang, damit 3 400 km kürzer als die Polarroute und 5 100 km kürzer als die Verbindung über Südostasien.
Am 27. 12. Gründung der Lufthansa Dienstleistungs-Gesellschaft mbH (seit dem 25. 1. 1974 Lufthansa Commercial Holding GmbH).

1974 Anfang des Jahres wird die erste DC 10 auf der Route Frankfurt–Rio eingesetzt, im Sommer werden auch die Fernost/Südrouten und Australienstrecken mit DC 10 bedient, im Spätherbst tritt die fünfte DC 10 ein.

1975 Eine Boeing 707-A der Lufthansa, die seit 1960 im Einsatz ist, stellt im März mit über 55 000 Flugstunden und über 20 000 Landungen einen Weltrekord auf. Am 25. 6. Unterzeichnung eines Kaufvertrages über drei Flugzeuge vom Typ Airbus A 300 B 2 mit einer Option auf neun weitere. Auslieferung des ersten Flugzeuges am 30. 1. 1976.

1976 Am 6. 1. jährt sich zum fünfzigsten Male der Gründungstag der alten Lufthansa. Die neue Lufthansa, die 1953 unter dem Namen »Luftag« wiedergegründet wurde, ist 23 Jahre »alt«.

1977 Kurz vor Abschluß des besten Geschäftsjahres der Nachkriegs-Lufthansa führt eine anonyme Drohung zu einem erheblichen Rückgang der Buchungen. Kurz vorher war bei der Entführung des City-Jets *Landshut* das erste Todesopfer unter den Besatzungen durch Terror zu beklagen.
Eine großangelegte Umtauschaktion alter 727- und 747-Jets gegen moderne Baureihen beginnt.

1978 Ende 1978 stehen 61 Kurz- und Mittelstreckenflugzeuge und 32 Langstreckenflugzeuge im Dienst der Lufthansa. Fünf weitere sind fest bestellt.

1979 Die Reduzierung der Flugingenieure beginnt. Die neuen Airbustypen machen mit ihrem Zweimanncockpit den dritten Mann überflüssig. Den Ingenieuren wird die Möglichkeit zur Umschulung als Pilot geboten.

1981 Erneute Auseinandersetzungen um den Bau der Startbahn West. Wegen der Nutzlosigkeit der Bahn, die nur in einer einzigen Richtung zum Start benutzt werden kann, für Landungen nicht zugelassen ist, protestieren Streckenpiloten gegen ihr Management. Die Zukunft des Luftverkehrs wird allgemein nicht als rosig angesehen. Auch die Lufthansa reduziert und kürzt.

1984 Die Lufthansa beschäftigt 36 500 Mitarbeiter, darunter als Cockpitpersonal 2 213, als Kabinencrew 4 700.

1986 Fünfundzwanzigjähriges Jubiläum des Nachtpostdienstes. Einführung des Paperjet-Programms, das die Einsatzmöglichkeit zweimotoriger Flugzeuge auf der Nordatlantikroute erproben soll.

Insgesamt fanden 220 195 Flüge statt. Dabei wurden 277,5 Flugkilometer zurückgelegt.

1987–1990 Immer mehr Nonstoprouten werden Ende der achtziger Jahre eingerichtet. Da eine einzige Cockpitcrew aus arbeitsrechtlichen Gründen nicht die Gesamtstrecke fliegen darf (und kann), greift man auf das alte System der fünfziger Jahre zurück – das der »multiple Crew«. 1989 werden 20,4 Millionen Fluggäste befördert. Zum Jahresende besitzt die Firma 181 Flugzeuge (inkl. 23 der DLT). 44 468 Mitarbeiter werden beschäftigt. Im Herbst wird der erste Fly-by-Wire-Airbus A 320 übernommen.

1990–1991 Die zunächst positiv angelaufene Zusammenarbeit mit der ostdeutschen INTERFLUG geht mit ihrer Auflösung im Frühjahr 1991 wieder zu Ende. Zunächst hat es eine kurze, aber intensive Kooperation gegeben: Piloten der INTERFLUG fliegen zur Einweisung auf ihre 3 neuen Airbusse A 310 bei Lufthansa; auf Berlin-Schönefeld ist ein gemeinsames Simulatorzentrum geplant. Zunächst verbietet das Bundeskartellamt eine Fusion beider Gesellschaften, dann erteilt im Februar 1991 die Treuhandgesellschaft das endgültige AUS für INTERFLUG. Der Golfkrieg führt auch bei der Lufthansa zu einem immensen Rückgang der Buchungszahlen. Insbesondere auf der Route in die USA fliegen viele Maschinen fast leer. Viele Flüge müssen gestrichen werden. Wie fast alle übrigen internationalen Fluggesellschaften gerät auch die Lufthansa durch den Krieg in die roten Zahlen. Ihre Flugzeuganschaffung steht nach wie vor ganz im Zeichen von Airbus: Vom A 320 sind 31 bestellt, 17 ausgeliefert. Vom A 321 wurden 20 bestellt, vom A 340 15.